Quarks and Letters

Literatur- und Naturwissenschaften

Publikationen des
Erlangen Center for Literature and Natural Science/
Erlanger Forschungszentrums für Literatur-
und Naturwissenschaften (ELINAS)

Herausgegeben von
Aura Heydenreich, Christine Lubkoll und Klaus Mecke

Band 2

Quarks and Letters

Naturwissenschaften in der Literatur und Kultur der Gegenwart

Herausgegeben von
Aura Heydenreich und Klaus Mecke

DE GRUYTER

ISBN 978-3-11-040635-1
e-ISBN (PDF) 978-3-11-040654-2
e-ISBN (EPUB) 978-3-11-041760-9
ISSN-Print 2365-3434

Library of Congress Cataloging-in-Publication Data
A CIP catalog record for this book has been applied for at the Library of Congress.

Bibliografische Information der Deutschen Nationalbibliothek
Die Deutsche Nationalbibliothek verzeichnet diese Publikation in der Deutschen Nationalbibliografie; detaillierte bibliografische Daten sind im Internet über http://dnb.dnb.de abrufbar.

Umschlaggestaltung: Joseph Reinthaler
Satz: PTP-Berlin, Protago-TEX-Production GmbH, Berlin
Druck und Bindung: CPI books GmbH, Leck
♾ Gedruckt auf säurefreiem Papier
Printed in Germany

www.degruyter.com

Inhalt

Teil II: Biologie und Hirnforschung – Evolution und Menschenbilder

Anhang

Aura Heydenreich und Klaus Mecke

Literatur- und Naturwissenschaften – Wissenskulturen in Wechselwirkung

Plädoyer für eine interaktionale Diskurszone zwischen den epistemischen Gemeinschaften

Die Quarks wurden 1964 als konzeptuelles Modell für die elementaren Bausteine der Materie von dem theoretischen Physiker Murray Gell-Mann in das Standardmodell der Physik eingeführt, um den beobachteten subatomaren Streuprozessen einen naturgesetzlichen Rahmen zu geben. So wie die *Quarks* als physikalische Objekte die Vielfalt von Wechselwirkungen der Materie als Erscheinungsformen einer fundamentalen mathematischen Symmetrie ordnen, können *Letters* (Buchstaben) als die elementaren Bausteine der Literatur verstanden werden, die aufgrund von grammatikalischen Regeln und semantischen Interaktionen der Bedeutungsvielfalt eine schriftliche Form verleihen. In seinem Artikel *A Schematic Model of Baryons and Mesons* bezieht sich Gell-Mann mit der Einführung des Begriffs explizit auf James Joyces *Finnegans Wake*.[1] 20 Jahre später gibt er im narrativen Modus des autobiographischen Schreibens das *tertium comparationis* preis, das der Analogie zwischen Literatur und Quantenfeldtheorie zugrunde liegt, die Zahl:

> In 1963, when I assigned the name „quark" to the fundamental constituents of the nucleon, I had the sound first, without the spelling, which could have been „kwork". Then, in one of my occasional perusals of *Finnegans Wake*, by James Joyce, I came across the word „quark" in the phrase „Three quarks for Muster Mark". [...] From time to time, phrases occur in the book that are partially determined by calls for drinks at the bar. I argued, therefore, that perhaps one of the multiple sources of the cry „Three quarks for Muster Mark" might be „Three quarts for Mister Mark", in which case the pronunciation „kwork" would not be totally unjustified. In any case, the number three fitted perfectly the way quarks occur in nature.[2]

Dieses wechselseitige Spiel zwischen Zahl und Erzählung liegt auch dem ersten Beitrag des vorliegenden Bandes zugrunde, in dem die Funktion metaphorischer Erkenntnisprozesse für die Theoriebildung in der Physik analysiert wird. Die Zahl

1 Murray Gell-Mann: A Schematic Model of Baryons and Mesons. In: *Physics Letters* 3.3 (1964). S. 214–215, hier S. 215.

2 Murray Gell-Mann: *The Quark and the Jaguar*. New York: W. H. Freeman, 1994. S. 180–181. Wir danken Dirk Vanderbeke für den Hinweis auf diese Quelle.

als Inbegriff der Gleichheit ist in der Physik das *tertium comparationis*, das es erlaubt, Redundanzen zweier zuvor unterschiedlich konzeptualisierter Messerzählungen festzustellen und deren Äquivalenz sichtbar zu machen. Naturgesetze der Materie erscheinen so als Synonyme in einer textbasierten Beschreibung der Natur.

Die durch die Zahl sichtbar gewordenen Isomorphien der beobachteten Phänomene führen über quantitative und ontologische Metaphern zu neuen physikalischen Objekten, die das Wissen über die Naturphänomene neu konfigurieren und in einer mathematischen Welt in eine symmetrische Form bringen. Diese durch die Zahl auf den Begriff gebrachte Präzisierung metaphorischer Denkmöglichkeiten liegt auch der Konzeptualisierung der Quarks im Standardmodell der Elementarteilchen zugrunde.

Der Zusammenhang zwischen Zahl und Erzählung motivierte auch die thematische Konzeption der Ringvorlesung, deren Ergebnisse in diesem Band dokumentiert werden. Sie wurde vom *Erlanger Forschungszentrum für Literatur- und Naturwissenschaften* (ELINAS) in Kooperation mit dem *Interdisziplinären Zentrum für Literatur und Kultur der Gegenwart* im Wintersemester 2012/2013 an der Friedrich-Alexander Universität Erlangen-Nürnberg veranstaltet. Während der Konzeptionsphase war der Schriftsteller Thomas Lehr am Erlanger Poetik-Kolleg zu Gast, der uns dankenswerterweise den passenden Vorlesungstitel vorschlug: *Quarks and Letters*. Mit der Idee zu diesem Titel schreibt Thomas Lehr den Wissenstransfer, der zunächst von der Literatur in die Physik führte, fort. Der Titel schließt seinerseits die Elementarteilchen der Materie mit denen der Texte kurz und suggeriert, dass es sowohl im physikalischen als auch im sprachlichen Bereich komplexer Relationen und Interaktionen zwischen den Elementarteilchen bedarf, damit Naturphänomene und/oder Sinn entstehen. Doch der Weg führt nicht zurück in die Literatur, sondern in eine dritte Zone des interdiskursiven Austausches zwischen Literatur- und Naturwissenschaftlern. Der vorliegende Band gründet auf der Überzeugung seiner Herausgeber, dass der Transfer zwischen Literatur- und Naturwissenschaften, wie oben gezeigt, über Metaphern, Modelle, Narrationen und interdiskursive Wissenstransformationen erfolgt, aber auch durch den interaktionalen Austausch zwischen den epistemischen Gemeinschaften der Natur- und Literaturwissenschaftler reflektiert werden will. Deshalb plädieren wir für die Etablierung und Habitualisierung des interaktionalen Austauschs in einer offenen *Diskurszone* der verständigungsorientierten Kommunikation – motiviert einerseits durch Peter Galisons Konzept der *trading zones*[3] und andererseits durch Jürgen Habermas' Konzeption des ‚Diskur-

3 Vgl. Peter L. Galison: *Image and Logic. A Material Culture of Microphysics*. Chicago: University of Chicago Press, 1997. S. 803–840.

ses' als Form der Kommunikation zur Verhandlung problematisch gewordener Geltungsansprüche, auf die wir später noch ausführlicher eingehen werden.[4] Indem dort implizites Wissen ausgestellt und interaktionale Expertise erworben werden kann, soll ein Konsens über nicht auflösbare Dissenssphären und mögliche gemeinsame Forschungsfragen erreicht werden. Doch dazu später noch ausführlicher. Dass diese Diskurszone jedenfalls noch in ihren Anfängen steckt, illustriert nicht zuletzt das Motiv auf dem Cover des vorliegenden Bandes, bei dem ein junger Autor, Joseph Reinthaler, den Explosionsmechanismus eines anderen Elementarteilchens, des Higgs-Teilchens, zum Anlass nimmt, um Thomas Lehrs Titel visuell zu illustrieren.

Literature and Science Studies: Theoretische und methodische Zugänge

Die *Literature and Science Studies* sind ein Forschungsfeld von wachsender Relevanz und vielfältiger Anschlussfähigkeit, wie zahlreiche Publikationen belegen,[5] die in letzter Zeit erste Bilanzen ziehen und Strukturierungen des Forschungsfeldes vorschlagen.[6] Zum einen erkennt man ein starkes Interesse der Literatur- und Kulturwissenschaften an den Weisen der Produktion, Selektion, Transformation und Zirkulation des kulturellen Wissens *sui generis*, wie die Überblicke belegen, die in Ralf Klausnitzers Studienbuch[7] und Tilmann Köppes gleichnamigem Sammelband zu *Literatur und Wissen*[8] geboten werden. Zum anderen lässt sich auch eine gewisse Ausdifferenzierung feststellen, um den spezifischen Zugang zu den Methoden, Sprachen und Erkenntnisweisen einzel-

4 Vgl. Jürgen Habermas: Wahrheitstheorien. In: ders.: *Vorstudien und Ergänzungen zur Theorie des kommunikativen Handelns*. 3. Aufl. Frankfurt a. M.: Suhrkamp, 1984. S. 137–186. Anders als im Falle des postmodernen Diskursbegriffs Foucault'scher Prägung verwenden wir hier den Begriff des ‚Diskurses' im Sinne des kommunikativen Aushandelns von Argumenten.

5 Vgl. für den anglo-amerikanischen Sprachraum Dirk Vanderbeke: *Theoretische Welten und literarische Transformationen. Die Naturwissenschaften im Spiegel der ‚science studies' und der englischen Literatur des ausgehenden 20. Jahrhunderts*. Tübingen: Niemeyer 2004; Walter Schatzberg (Hrsg.): *The Relations of Literature and Science. An Annotated Bibliography of Scholarship, 1880–1980*. New York: Modern Language Association of America, 1987.

6 Nicolas Pethes: Literatur- und Wissenschaftsgeschichte. Ein Forschungsbericht. In: *Internationales Archiv für Sozialgeschichte der deutschen Literatur* 28 (2003). S. 181–231.

7 Ralf Klausnitzer: *Literatur und Wissen. Zugänge – Modelle – Analysen*. Berlin: De Gruyter, 2008.

8 Tilmann Köppe (Hrsg.): *Literatur und Wissen. Theoretisch-methodische Zugänge*. Berlin: De Gruyter, 2011.

ner Disziplinen zu finden; so zum Beispiel die der Medizin, Biologie, Chemie, Mathematik, die aus kulturwissenschaftlicher Perspektive untersucht werden. Umfassende Überblicke über theoretisch-systematische Ansätze und historische Zugänge zu diesem Forschungsfeld bieten das Studienbuch Klausnitzers und das von Roland Borgards, Nicolas Pethes und Harald Neumeyer herausgegebene – ebenfalls *Literatur und Wissen* betitelte – Metzler-Handbuch[9] sowie für den angloamerikanischen Sprachraum der von Bruce Clarke und Manuela Rossini herausgegebene *Routledge Companion to Literature and Science*.[10]

Dabei wurden unterschiedliche Hauptkriterien zur Strukturierung des Forschungsfeldes vorgeschlagen,[11] je nachdem, ob der Wissenstransfer zwischen Literatur und Wissenschaft hauptsächlich über die Instanz des Autors,[12] wie im Falle des sogenannten hermeneutischen Intentionalismus,[13] über Text-Kontext Relationen[14] oder über parallele, jedoch miteinander korrelierbare Entwicklungstendenzen in den Systemen der Literatur einerseits und der Wissenschaft andererseits konzeptualisiert werden.[15] Der Forschungsansatz der Poetologie des Wissens[16] plädiert dafür, diese Trennung gänzlich aufzuheben, weil man prinzipiell davon ausgeht, dass Literatur und Wissenschaften gemeinsame diskursiv konstituierte Wissensobjekte und Erkenntnisbereiche haben, deren Herstellungs- und Darstellungsformen aus diskursanalytischer Perspektive untersucht wer-

---

9 Roland Borgards, Harald Neumeyer und Nicholas Pethes (Hrsg.): *Literatur und Wissen. Ein interdisziplinäres Handbuch*. Stuttgart: Metzler, 2013.

10 Bruce Clarke und Manuela Rossini (Hrsg.): *The Routledge Companion to Literature and Science*. London: Routledge, 2011.

11 Vgl. hierfür den Vorschlag Olav Krämers in: Intention, Korrelation, Zirkulation. Zu verschiedenen Konzeptionen der Beziehung zwischen Literatur, Wissenschaft und Wissen. In: *Literatur und Wissen. Theoretisch-methodische Zugänge*. Hrsg. von Tilmann Köppe. Berlin: De Gruyter, 2011. S. 77–115; sowie ebd. die Einführung Tilmann Köppes: Literatur und Wissen. Zur Strukturierung des Forschungsfeldes und seiner Kontroversen. S. 1–28.

12 Paisley Livingston: *Art and Intention. A Philosophical Study*. Oxford: Clarendon, 2007.

13 Lutz Danneberg: Zum Autorkonstrukt und zu einem methodologischen Konzept der Autorintention. In: *Rückkehr des Autors. Zur Erneuerung eines umstrittenen Begriffs*. Hrsg. von Fotis Jannidis, Gerhard Lauer u. a. Tübingen: Niemeyer, 1999. S. 77–105.

14 Marion Gymnich (Hrsg.): *Kulturelles Wissen und Intertextualität. Theoriekonzeptionen und Fallstudien zur Kontextualisierung von Literatur*. Trier: WVT Wiss. Verl. Trier, 2006; Lutz Danneberg: Kontext. In: *Reallexikon der deutschen Literaturwissenschaft*. Bd. 2. Hrsg. von Harald Fricke u. a. Berlin: De Gruyter, 2000. S. 333–337.

15 Vgl. Horst Thomé: *Roman und Naturwissenschaft. Eine Studie zur Vorgeschichte der deutschen Klassik*. Frankfurt a. M.: Lang, 1978.

16 Vgl. Joseph Vogl: *Poetologien des Wissens um 1800*. München: Fink, 1999.

den.[17] Einen vermittelnden Standpunkt zwischen den systemtheoretischen[18] und diskursanalytischen Positionen stellt Jürgen Links Interdiskurstheorie dar, in der literarische Texte aufgrund von fiktionalen und ästhetischen Kriterien einerseits als Spezialdiskurse gelten und dennoch – im Unterschied zu den Spezialdiskursen der Expertenwissenschaften – eine zusätzliche Dimension kennen, die der Interdiskursivität.[19] Dank dieser können sie Problemkomplexe und Konzepte unterschiedlicher Wissensbereiche ästhetisch modellieren und mit eigenen Fragehorizonten konfrontieren. Indem sie diese neu konfigurieren, werden Probleme und Widersprüche der Spezialdiskurse sichtbar, die nur in diesem interdiskursiven Konnex verdeutlicht werden können. Doch der Weg des Transfers ist natürlich in doppelter Richtung gangbar, denn mit den *Rhetorics of Science* hat sich mit den Studien von Alan Gross,[20] Charles Bazermann,[21] Lawrence Prelli[22] und Leah Ceccarelli[23] eine Forschungsrichtung etabliert, die naturwissenschaftliche Diskurse aus kulturwissenschaftlicher Perspektive untersucht, wodurch die erkenntnisleitende Kraft wissenschaftlicher Metaphorik und Begriffsprägung und somit die sprachliche Verfasstheit naturwissenschaftlicher Forschung deutlich wurden.

Zugleich wurde in der Literaturwissenschaft eine Debatte darüber geführt, ob literarische Texte überhaupt Träger von Wissen sein können oder ob (so die literaturwissenschaftliche Position, die der analytischen Philosophie verpflichtet ist) das propositionale Wissen nur Erkenntnissubjekten zuzuschreiben ist.[24] Die Kontroverse zeigt, dass es sich hierbei nicht nur um eine genuin literaturwissenschaft-

---

17 Vgl. Joseph Vogl: Poetologien des Wissens. In: *Einführung in die Kulturwissenschaft.* Hrsg. von Harun Maye. München: Fink, 2011. S. 49–72.

18 Vgl. hierzu Bruce Clarke: Systems Theory. In: *The Routledge Companion to Literature and Science.* Hrsg. von Bruce Clarke und Manuela Rossini. London: Routledge, 2011. S. 214–225.

19 Vgl. Jürgen Link: Diskursanalyse unter besonderer Berücksichtigung von Interdiskurs und Kollektivsymbolik. In: *Handbuch sozialwissenschaftliche Diskursanalyse.* Hrsg. von Reiner Keller. 3. Aufl. Wiesbaden: Verl. für Sozialwissenschaften, 2011. S. 433–458; ders.: *Elementare Literatur und generative Diskursanalyse.* München: Fink, 1983.

20 Alan G. Gross: *Starring the Text. The Place of Rhetoric in Science Studies.* Carbondale: Southern Illinois UP, 2006.

21 Charles Bazerman: *Shaping Written Knowledge. The Genre and Activity of the Experimental Article in Science.* Madison, WI: University of Wisconsin Press, 1988 [Rhetoric of the Human Sciences].

22 Lawrence J. Prelli: *A Rhetoric of Science. Inventing Scientific Discourse.* Columbia, SC: University of South Carolina Press, 1989.

23 Leah Ceccarelli: *Shaping Science with Rhetoric. The Cases of Dobzhansky, Schrödinger, and Wilson.* Chicago: University of Chicago Press, 2001.

24 Vgl. dazu die Kontroverse, die in der *Zeitschrift für Germanistik* geführt wurde: Tilmann Köppe: Vom Wissen in Literatur. In: *Zeitschrift für Germanistik* 17 (2007). S. 398–410; Roland liche Debatte handelt und dass nicht nur die philosophische Tradition (Gottfried Gabriel,[25] Peter Lamarque/Stein Olsen,[26] Kendall Walton,[27] Oliver Scholz[28]), sondern auch jüngere philosophische Forschungsansätze die kognitive Signifikanz literarischer Texte problematisieren, so der kürzlich von Christoph Demmerling herausgegebene Band mit philosophischen Beiträgen zu *Wahrheit, Wissen und Erkenntnis in der Literatur*.[29]

Eine bisher fehlende Perspektive in den *Literature and Science Studies* ist das implizite Wissen der Experten, die in der naturwissenschaftlichen Forschung tätig sind: Genannt sei hier beispielhaft die empirische Erfahrung der Widerständigkeit der Naturphänomene, die Bedeutung von Zahlen und quantitativen Größen in Messprozessen sowie die Möglichkeit der Rekonstruktion des naturwissenschaftlichen Wissens in der mathematischen Modellbildung.

Ein Desiderat ist die Einrichtung und Etablierung einer interaktionalen Diskurszone der relevanten Disziplinen, nicht nur die der Literatur- und Naturwissenschaften, sondern auch der Philosophie, Wissenschaftsgeschichte und Wissenschaftstheorie. Ziel ist die Herausarbeitung gemeinsamer Probleme und die Identifizierung von nicht hintergehbaren bzw. nicht auflösbaren Dissenssphären.[30] Daraus ergibt sich unser Plädoyer für die Etablierung ebendieser interdisziplinären Diskurszone, wofür das *Erlanger Forschungszentrum für Literatur und Naturwissenschaften* (ELINAS) steht. Ein erster Schritt zur Gründung von ELINAS war die Veranstaltung der Ringvorlesung *Quarks and Letters*, deren Beiträge wir im vorliegenden Band vorstellen.

Borgards: Wissen und Literatur. Eine Replik auf Tilmann Köppe. In: *Zeitschrift für Germanistik* 17 (2007). S. 425–428.

25 Gottfried Gabriel: *Fiktion und Wahrheit. Eine semantische Theorie der Literatur.* Stuttgart: Frommann-Holzboog, 1975.

26 Peter Lamarque und Stein Olsen: *Truth, Fiction and Literature. A Philosophical Perspective.* Oxford: Oxford UP, 1994.

27 Kendall Walton: *Mimesis as Make-Believe. On the Foundations of Representational Arts.* Harvard: Harvard UP, 1990.

28 Oliver R. Scholz: Kunst, Erkenntnis und Verstehen. Eine Verteidigung einer kognitivistischen Ästhetik. In: *Wozu Kunst? Die Frage nach ihrer Funktion.* Hrsg. von Bernd Kleimann und Reinold Schmücker. Darmstadt: Wissenschaftliche Buchgesellschaft, 2001. S. 34–48; ders.: Fiktion, Wissen und andere kognitive Güter. In: *Fiktionalität. Ein interdiziplinäres Handbuch.* Hrsg. von Tobias Klauk und Tilmann Köppe. Berlin: De Gruyter, 2014. S. 209–234.

29 Christoph Demmerling und Ingrid Vendrell Ferran (Hrsg.): *Wahrheit, Wissen und Erkenntnis in der Literatur. Philosophische Beiträge.* Berlin: De Gruyter, 2014 [Deutsche Zeitschrift für Philosophie: Sonderband 35]; Richard Gaskin: *Language, Truth, and Literature. A Defence of Literary Humanism.* Oxford: Oxford UP, 2013.

30 Ian Hacking: *The Social Construction of What?* Harvard: Harvard UP, 1999.

Wissenstransfer: Die Beiträge des vorliegenden Bandes

Die Beiträge des Bandes knüpfen an die oben genannten Forschungsansätze an und bieten eine Übersicht über die aktuelle Vielfalt der theoretischen Zugänge und der interpretatorischen Praxis in den *Literature and Science Studies.* Sie widmen sich der doppelten Richtung des Wissenstransfers zwischen Literatur und Naturwissenschaften: Im ersten Teil des Bandes wird mit philologischem Instrumentarium operiert, um die Rhetorik und Ästhetik der Wissenschaftssprache in Physik (Mecke, Vanderbeke, Malinowski/Thielmann) und Mathematik (Illi) zu untersuchen; im zweiten Teil gehen die Beiträge der Frage nach, wie die akuten Probleme der Hirnforschung (Welsh), der *Life Science Technologies* (Kley/Höpker), der Meeresbiologie (Neumeyer) und der Evolutionstheorie (Müller) in literarischen Texten diskursiv verhandelt werden.

Als Ergebnis der Auseinandersetzung mit den Voraussetzungen, Bedingungen und Methoden der Hervorbringung von Wissen in Physik und Literaturwissenschaft nimmt der Beitrag von Klaus Mecke die eigene Disziplin der Physik aus metatheoretischer Perspektive in den Blick und bietet einen metapherntheoretischen Zugang zur Konzeptualisierung von physikalischen Größen sowie zur Beschreibung von Naturgesetzen. Beschrieben wird hier die Einführung physikalischer Eigenschaften aufgrund von Messerzählungen, durch deren performative Ausführung ihre quantitative Vergleichbarkeit festgestellt wird. Die Zahl als Schlüsselbegriff des metaphorischen Übertragungsprozesses fungiert dabei als *tertium comparationis,* das die Beobachtung stabiler, persistenter Beziehungen zwischen unterschiedlichen Erfahrungsbereichen ermöglicht. Sie führt letztendlich über die Feststellung einer quantitativen Äquivalenz bzw. Synonymie von Messerzählungen zur Erkenntnis von Naturgesetzen. Der Beitrag führt zudem die Unterscheidung zwischen Mess- und Modellerzählungen ein, wobei letztere ontologische Metaphern in mathematischen Objekten konzeptualisieren und dadurch eine logische Rekonstruktion physikalischer Weltmodelle erlauben. Wichtig ist die klare Unterscheidung zwischen dem in der Physik erkannten naturgesetzlichen Rahmen und der in ihm möglichen Vielfalt der Phänomene bzw. Einzigartigkeit von Ereignissen. Allein die experimentell-technische Fähigkeit der Reduktion dieser Vielfalt auf eine überschaubare Anzahl von relevanten Freiheitsgraden in einem physikalischen System lässt kausale Beziehungen zwischen Ereignissen erkennbar werden. Somit wird deutlich, dass der Konnex zwischen Metapher und Messung nicht nur eine wichtige Bedingung der Möglichkeit von Naturerkenntnis ist, sondern auch Freiheit und Geschichtlichkeit in der Physik denkbar macht.

Eine Reihe von Beiträgen widmet sich der vergleichenden Untersuchung dessen, was die Wissenschaftssprachen in den Expertendiskursen kennzeichnet und wie sie poetisch funktionalisiert werden. Bernadette Malinowski und Winfried Thielmann wählen einen doppelten Untersuchungszugang: Sie analysieren strukturelle kulturspezifische Merkmale der Wissenschaftssprache aus linguistischer und literaturwissenschaftlicher Perspektive und arbeiten heraus, wie sich wissenschaftliches Wissen unter anderem auch sprachlich bzw. sprachkritisch konstituiert. Im Vordergrund stehen Argumentationsstrategien sprachlicher bzw. narrativer Eristik, die im Kontext bestimmter wissenschaftlicher Handlungskonstellationen praktiziert werden. Der Polemik der *Royal Society* gegen rhetorische Praktiken in der Wissenschaftssprache wird die Kritik Berkeleys gegenübergestellt, um die historische Dimension des (sprach)philosophischen Denkens aufzuzeigen, das die unreflektierte Ontologisierung mathematischer Modelle und den daraus abgeleiteten universalen Erklärungsanspruch hinterfragt, der zwar auf Messbarkeit und Quantifizierbarkeit beruht, aber die historisch-kulturelle Bedingtheit der Entstehungsbedingungen der Erkenntnis und ihre sprachlichen Darstellungsformen zu wenig berücksichtigt. An einem Ausschnitt aus Darwins *Origin of Species* analysieren Malinowski und Thielmann einerseits die argumentativen Funktionen der Rhetorik in der Wissenschaftssprache, während sie andererseits an Kellers *Sinngedicht* das epistemologische Reflexionspotential literarischer Texte herausarbeiten.

Dirk Vanderbekes Beitrag ergründet, unter welchen Bedingungen und mit welchen Konsequenzen ästhetische Urteile in den Naturwissenschaften und in der Literatur gefällt werden. In naturwissenschaftlichen Diskursen – Vanderbeke konzentriert sich hier auf die Physik und die Aussagen von Heisenberg, Dyson und Penrose – wird nicht über die Schönheit der Natur geurteilt, sondern es zählt das wissenschaftliche Ringen um die Schönheit der Theorien, die die Zugänge zur Naturerkenntnis ermöglichen. Formale Einfachheit bei größtmöglicher logisch-mathematischer Stringenz, höchste Konzentration von Information bei maximaler Erklärungsreichweite unterschiedlicher Phänomene: Das sind die Merkmale, die die Schönheit mathematischer Gleichungen und der ihnen zugeordneten Theorien auszeichnen. In einem zweiten Schritt beschäftigt sich der Beitrag mit kognitionswissenschaftlichen Untersuchungen zur evolutionären Ästhetik, die vergleichbare ästhetische Kategorien für literarische Texte ausmachen, und untersucht das Konzept der Selbstähnlichkeit näher, die sich als mögliche kategoriale Brücke zwischen ästhetischen Prinzipien in den Naturwissenschaften und Literatur erweist.

Der Frage, ob es trotz aller Differenzen mögliche Gemeinsamkeiten zwischen der Sprache der Mathematik und der Sprache der Lyrik gibt, widmet sich Manuel Illis Beitrag, der zunächst definitorische Kriterien für die mathematische Fachsprache anführt, um dann zu untersuchen, ob es ähnliche Beschreibungskriterien für die Sprache der Lyrik gibt, die notwendig und hinreichend sind, um diese adäquat zu beschreiben. Schließlich konzentriert sich der Beitrag auf Spielformen und Variationen der Intertextualität und Interdiskursivität, die poetische Texte von Hans Magnus Enzensberger, Oskar Pastior, Max Bense und Thomas Sibley zwischen Mathematik und Poesie performativ inszenieren, um zugleich auf metapoetischer Ebene Parallelen und Differenzen zu reflektieren.

Holger Helbigs Beitrag fokussiert einen ganz anderen Zusammenhang der Rhetorik und Ästhetik in den Wissenschaften: Da im Zuge des *practical/material turn* wissenschaftliche Objekte in Museumsausstellungen eine erhöhte Aufmerksamkeit gewinnen, analysiert Helbig die kontextuellen Zuschreibungen, mit denen Objekte in Ausstellungen wissenschaftlicher Sammlungen versehen werden, um als Exponate stellvertretend für gesamte Sammlungen zu fungieren. Helbig untersucht die beiden Grundverfahren des Aufbaus von Ausstellungen – Reduktion und Rhetorik – und die durch sie legitimierten Weisen der Bedeutungszuschreibung für einzelne wissenschaftliche Objekte. Dabei zeigt er, wie Kontexte ausstellungsrhetorisch konstituiert und wie durch sie Bedeutungen generiert werden. Die Re-Kontextualisierung der Objekte in neue Ausstellungszusammenhänge evoziert die wissenschaftshistorischen Narrative, Fragestellungen und Beobachtungsperspektiven, in deren Rahmen unterschiedliche naturwissenschaftliche Disziplinen die Exponate als Erkenntnisobjekte unter die Lupe nehmen. Das Objekt wird erst durch die Herstellung der Kontexte des wissenschaftlichen Umgangs mit ihm zum Exponat und durch die kontextuelle Zuschreibung in der Ausstellung zum Referenzpunkt von Interdisziplinarität.

Aura Heydenreichs Beitrag stellt das wissenschaftstheoretische Erkenntnisparadigma der „Rettung der Phänomene" dar, das der Konzeptualisierung physikalischer Theorien in der Geschichte der Astronomie zugrunde liegt und die Sukzession zwischen Modellbildung und Modellablösung von der ptolemäischen zur kopernikanischen Astronomie bewirkt. Laut Pierre Duhem und Bas van Fraassen dominiert diese Forderung auch die Physik des zwanzigsten Jahrhunderts. Der Aufsatz zeigt, wie dieser Denkmechanismus als Diskursmodell in literarischen Texten funktionalisiert wird und die narrativen Strukturen von Raoul Schrotts Roman *Finis Terrae* prägt. Die grundlegende Denkfigur ist die der Kipp- oder Pendelbewegung zwischen Chaos und Kosmos – zwischen der unübersichtlichen Vielfalt der existierenden Phänomene und den wissenschaftlichen Modellen, die als Ordnungsmuster für die Bewältigung der Komplexität stehen. Diese Kippfigur wird durch die ästhetischen Strukturen des Romans performativ inszeniert: Einerseits werden kosmologische Ordnungsmodelle aus Platons Dialogen *Politeia* und *Timaios* sowie Eudoxos von Knidos' astronomisches Modell der homozentrischen Sphären makrostrukturell vorgeführt, zugleich werden sie andererseits durch das Diskursmodell des Labyrinths, das den Roman mikrostrukturell prägt, infrage gestellt. Die ästhetische Machart des Romans zeigt, dass Kategorien wie Ordnung und Chaos, Symmetrie und Zufall, die als Ausgangshypothesen für den Aufbau der theoretischen Modelle wichtig sind, nicht dichotomisch angelegt sind, sondern komplementär. Es geht nicht um die essentialistische Betrachtung dieser Objekte – Welt und Werk – als entweder chaotische oder geordnete, sondern es geht darum, welche Perspektive der Beobachter auf sie einnimmt, mit welchen Hypothesen, explikativen Mustern und Modellkonstruktionen er seine Gegenstände konzeptualisiert.

Eine zweite Reihe von Beiträgen beleuchtet den interdiskursiven Konnex zwischen Literatur und den zeitgenössischen naturwissenschaftlichen Problemkomplexen aus Hirnforschung und Neurobiologie, Medizin und Biotechnologie sowie der Meeresbiologie. Sie hinterfragen die biopolitischen Konzepte, wissensgenerierenden Argumentationsfiguren und machtökonomischen Wissensverbreitungsstrukturen, die durch diesen Konnex beobachtbar werden.

Caroline Welshs Beitrag greift die innerwissenschaftliche Debatte um reduktionistische Ansätze der Neurobiologie auf, die aus der Perspektive der *critical neuroscience* betrachtet werden. Aus dieser Sicht erscheint es wenig sinnvoll, cartesianische Dualismen in der zeitgenössischen Hirnforschung unhinterfragt fortzuführen. Vielmehr sollten Gehirn und Körper in Wechselwirkung miteinander und unter Einbeziehung ihrer spezifischen Umwelt erforscht werden. Vor diesem Hintergrund analysiert Welsh die kulturelle Resonanz des reduktionistischen Programms der Neurobiologie und prüft eingehend die Akzeptanz ihrer Grundannahmen, die in neurophilosophischen Überlegungen verhandelt und in populärwissenschaftlichen Schriften verbreitet werden. Darüber hinaus stellt Welsh Aris Fioretos' und Durs Grünbeins essayistische Texte als kritisch-alternative Perspektiven zur reduktionistischen Hirnforschung dar. Motiviert wird dies durch die Annahme, dass die literarischen Texte die Implikationen und Konsequenzen der neurobiologischen Forschung einerseits in einem breiteren anthropologischen Kontext reflektieren, andererseits dabei die Selbstverortung der subjektiven Innenperspektive nicht ignorieren. Sodann führt Welsh in exemplarischen Analysen zweier Gedichte Durs Grünbeins aus dessen Band *Schädelbasislektion* vor, dass diese im wissensgeschichtlichen Kontext der psychopharmakologischen Forschung zur Wirkungsweise der Neurotransmitter zu verorten sind; sie zeigt zugleich, wie der neurochemische Wissenskontext wiederum für Grünbeins Theorie der poetischen Kreativität fruchtbar gemacht wird.

Der Beitrag von Karin Höpker und Antje Kley beschreibt anhand von Richard Powers' Roman *Generosity. An Enhancement* die medial höchst effizient inszenierten Fortschrittsoptimismus-Diskurse der Biotechnologie-Branche, die unter wissenschaftlichen Vorwänden Selbstoptimierungstechnologien als Normalisierungsstrategien propagieren, sich somit den biopolitischen Zugriff auf den Körper sichern und ihn in marktstrategische Vorteile umfunktionieren. Insofern stellen Höpker und Kley eine große Diskrepanz fest zwischen den hochkomplexen medialrhetorischen Vermarktungsstrategien biomedizinischer Technologien und den Standards, die für wissenschaftsinterne Kommunikationscodes relevant sind: die Modellabhängigkeit und wahrscheinlichkeitstheoretische Bedingtheit der Produktion wissenschaftlichen Wissens und die damit verbundene, notwendig begrenzte explanatorische Reichweite wissenschaftlicher Theorien.

Harald Neumeyers Beitrag widmet sich den Fragestellungen und Gegenständen, die die zeitgenössische Meeresbiologie untersucht, und beschreibt, anhand welcher Darstellungsmuster und Argumentationsstrukturen ihre Forschungsobjekte problematisiert werden. Entscheidend ist die Untersuchung des Konnexes zwischen der Auswertung statistischer Daten, die der meeresbiologischen Forschung aus der Vergangenheit zur Verfügung stehen, und den daraus resultierenden probabilistischen Modellsimulationen in Bezug auf die Zukunft meeresbiologischer Ökosysteme. Neumeyer beobachtet in seinem Beitrag die Argumentationsfiguren, mit denen in der Meeresforschung die Grenzen der eigenen methodischen und technologischen Zugänge thematisiert bzw. das eigene Nicht-Wissen problematisiert und in den Fahrplan künftiger Forschung integriert werden. Anhand von Frank Schätzings Roman *Der Schwarm* zeigt Neumeyer, dass die Literatur einerseits aktuelle Fragen meeresbiologischer Forschung in ihrer Komplexität aufgreift und andererseits ihr imaginatives Potential poetisch potenziert, indem sie Szenarien für die Auslotung des Nicht-Wissens fiktional modelliert.

Patrick Müller beschäftigt sich in seinem Beitrag mit Harry Thompsons Roman *The Thing of Darkness* und untersucht, wie darin die Kontroverse ‚Evolutionstheorie vs. biblische Schöpfungsmythen' nicht nur auf diegetischer Ebene verhandelt wird, sondern auch die narrativen Strukturen des Romans prägt, den Müller als postmoderne historiographische Metafiktion liest. Zwar wird vor dem Hintergrund evolutionsgeschichtlicher Narrative das Erzählmodell der teleologischen Geschlossenheit biblischer Herkunft infrage gestellt, doch der Roman reflektiert andererseits ebenso, dass auch das evolutionsgeschichtliche Modell deutliche Grenzen in seiner Erklärungsreichweite hat. Die Metafiktion eröffnet narrative Möglichkeiten, den absoluten Anspruch beider Diskurse auf Deutungshoheit zurückzuweisen, und gibt zu bedenken, dass eine Kontroverse, in der apodiktisch argumentiert wird und die bloß auf dualistischen Denkmodellen basiert, der Gefahr ausgesetzt ist, durch Unterkomplexität ihrem Gegenstand nicht gerecht zu werden.

Der Aufsatz von Monika Gänßbauer schließlich untersucht den Stellenwert und die Funktion der Poetisierung biologischer und medizinischer Begriffe in den literarischen Texten der chinesischen Autorin Can Xue. Implizit stellt Gänßbauer aus komparatistischer Perspektive die Frage, ob die im europäischen und angelsächsischen Sprachraum so prominent geführte *Science and Literature*-Debatte eine Entsprechung im chinesischen Kultur- bzw. Wissenschaftssystem findet. Aufgrund der Tatsache, dass in China die Ausdifferenzierung und Spezialisierung der Wissenschaftsdisziplinen erst sehr spät und nur unter starkem europäischem bzw. amerikanischem Einfluss erfolgt ist, setzt eine entsprechende Diskussion im chinesischen Kulturraum erst viel später ein und konzentriert sich zunächst auf die subversive Kritik an Szientifismus, Wissenschafts- und Technologiegläubigkeit, die von ideologisch geprägten Diskursen mit ungebrochenem Fortschrittsoptimismus propagiert werden.

Der Überblick über die Beiträge von Welsh, Kley und Höpker sowie Neumeyer zeigt, welch eine wichtige Funktion die Literatur als Interdiskurs für die Verhandlung aktueller Problemkomplexe einzelner spezialdiskursiver Naturwissenschaften hat. Doch wenn mit kulturwissenschaftlichen bzw. naturwissenschaftlichen Analysemethoden die blinden Flecken der jeweils anderen Disziplinen sichtbar werden, wäre es dann nicht vorteilhaft, wenn dieser Diskurs der Sichtbarmachung von den Expertengemeinschaften kritisch aufgegriffen würde, um produktiv weiter gedacht zu werden?

ELINAS – Das Erlanger Forschungszentrum für Literatur und Naturwissenschaften

Die Ringvorlesung von 2012/2013 war der erste Schritt eines noch immer langen Weges zur Etablierung einer Kultur des Dialogs und der Zusammenarbeit auf Augenhöhe zwischen den Literatur- und Naturwissenschaftlern. Ein zweiter Schritt war 2014 die Gründung des interdisziplinären Forschungszentrums ELINAS, des *Erlanger Forschungszentrums für Literatur und Naturwissenschaften*, an dem alle Autoren des Bandes als Mitglieder oder Kooperationspartner beteiligt sind. ELINAS ist ein *Emerging Field*-Projekt der Friedrich-Alexander-Universität Erlangen-Nürnberg, das von der Naturwissenschaftlichen, der Philosophischen und der Medizinischen Fakultät getragen wird. Das Zentrum ist ein Forum naturwissenschaftlicher (Physik, Astronomie, Neurobiologie) und philologischer Disziplinen (Germanistik, Anglistik, Amerikanistik, Romanistik) sowie der Mathematik und Philosophie zur Untersuchung kulturspezifisch geprägter Wissenschaftssprachen, zur Analyse der Ethik und Rhetorik wissenschaftlicher Argumentation und zur Reflexion der kulturellen Bedeutung natur- und literaturwissenschaftlicher Forschung. In Erweiterung der bisherigen, kulturwissenschaftlich geprägten *Literature and Science Studies* bringen hier auch die Naturwissenschaften ihre eigenen methodischen und epistemologischen Grundlagen ein. Zum Arbeitsprogramm von ELINAS gehört die Organisation internationaler wissenschaftlicher Tagungen, Workshops und Sommerakademien, die interdisziplinäre forschungsorientierte Lehre, die sowohl an der naturwissenschaftlichen als auch an der philosophischen Fakultät angeboten wird, und nicht zuletzt der Dialog mit Schriftstellern durch die Veranstaltung von Lesungen und Podiumsdiskussionen und durch die Einrichtung des *Science & Poetry-Lab* (www.elinas.fau.de). Eine Reihe von ‚Werkstattdialogen' mit zeitgenössischen Schriftstellern, die sich in ihrem Werk intensiv mit Theorien und Modellen der Physik bzw. mit den Naturwissenschaften allgemein auseinandersetzen, ist im ersten Band der ELINAS-Schriftenreihe dokumentiert.[31]

Das Zentrum ist aus der Überzeugung heraus gegründet worden, dass die Überschneidungsbereiche zwischen naturwissenschaftlicher und sprachlich-kultureller Praxis ein Forschungsfeld von anerkannter, wachsender Relevanz und vielfältiger Anschlussfähigkeit sind, dass jedoch bislang auf dem *Literature and Science*-Feld die nötige Vernetzung zwischen den Akteuren dieser spezialisierten Expertendiskurse fehlt. Für eine Wissenschaft allerdings, die sich ihrer gesellschaftlichen Verantwortung bewusst ist und daher technologische und kulturelle Innovationen und Gefahren im Verbund in den Blick nehmen will, ist der gelingende Dialog notwendig. Zur Untersuchung naturwissenschaftlicher Begriffsbildung bedarf es der Kompetenzen der Sprach- und Literaturwissenschaft, während für die Analyse der Transformation naturwissenschaftlichen Wissens in Literatur die naturwissenschaftliche Perspektive vonnöten ist. So fand im Mai 2014 die Gründungstagung des Zentrums zum Thema *Physik und Literatur. Theorien – Popularisierung – Ästhetisierung* statt, an der über hundert Gäste aus elf Ländern teilnahmen und die sowohl Literatur- und Kulturwissenschaftler als auch Physiker als Referenten vereinte. Im Dezember 2014 folgte die ELINAS-Tagung *Argumentation und Rhetorik in der Physik*, die in Zusammenarbeit mit der *Deutschen Physikalischen Gesellschaft* – namentlich mit dem Fachverband *Geschichte der Physik* und dem Arbeitskreis *Philosophie der Physik* – veranstaltet wurde. Basierend auf den gemeinsamen Lehr- und Forschungsaktivitäten der

31 Aura Heydenreich und Klaus Mecke (Hrsg.): *Physik und Poetik. Produktionsästhetik und Werkgenese. Autorinnen und Autoren im Dialog*. Berlin: De Gruyter, 2015. Hier finden sich Dialoge mit Ulrike Draesner, Durs Grünbein, Michael Hampe, Jens Harder, Reinhard Jirgl, Thomas Lehr, Raoul Schrott, Ulrich Woelk und Juli Zeh.

letzten Jahre steht ELINAS nun für eine Kultur des interdisziplinären Austausches zwischen den epistemischen Gemeinschaften.

Die Erfahrungen zeigen dabei, dass die große Herausforderung der interdisziplinären Arbeit darin besteht, aus den hochdifferenzierten, methodisch kontrollierten Spezialdiskursen beider Expertenkulturen einen gemeinsamen systematischen Zugang zu entwickeln, um die genannten Diskurse – diachron und synchron – in ihrer textuellen Verfasstheit zu analysieren und ihre wechselseitigen Transformationen zu konzeptualisieren. Hierfür eröffnet die ELINAS-Schriftenreihe, für die 2015 bei De Gruyter der Grundstein gelegt wurde, eine Plattform: Sie will das Forschungsfeld historisch und systematisch erschließen, indem sie die kultur- und naturwissenschaftlichen Kompetenzen der Fachkulturen bündelt. Zudem bietet die Schriftenreihe ein Forum für interaktionale Diskurse zwischen den Expertengemeinschaften der Literatur- und Naturwissenschaften.

Vorschlag zur Etablierung einer interaktionalen Diskurszone

Mit dem Begriff der Diskurszone greifen wir, wie eingangs erwähnt, einerseits auf das von Peter Galison vorgeschlagene Konzept der *trading zones*[32] zurück, andererseits auf Jürgen Habermas' Konzeption des ‚Diskurses' zur „Verhandlung problematisch gewordener Geltungsansprüche".[33] Die wichtigsten Annahmen der beiden Ansätze, die aus unserer Sicht für die Etablierung einer Ebene des kommunikativen Austauschs zwischen den Literatur- und Naturwissenschaftlern fruchtbar gemacht werden können, seien hier kurz erläutert.

Peter Galison zufolge entwickelt sich auf Gebieten, in denen *Cutting edge*-Forschung notwendig ist, eine Art von mittlerer Zone der interdisziplinären Kommunikation, in der Vertreter verschiedener Fächer eine Art von gemeinsamer *interlanguage* entwickeln, um sich über die eigenen Forschungsgegenstände, die jenseits oder quer zu den disziplinären Grenzen angesiedelt sind, zu verständigen. In seiner Studie *Image and Logic* geht Galison von der Annahme aus, dass selbst innerhalb einer Expertenkultur – er konzentriert sich auf die der Physik Ende des neunzehnten Jahrhunderts bis Mitte der 1980er Jahre – nicht nur global zu betrachtende homogene Entwicklungen stattfinden, die einheitlich und konvergent unter dem Vorzeichen von Leitparadigmen verlaufen, sondern

32 Peter L. Galison: *Image and Logic*, S. 803–840.
33 Jürgen Habermas: Wahrheitstheorien, S. 130.

dass die Forschungsfelder innerhalb einer Disziplin in ihrer lokalen Heterogenität zu beschreiben sind, je nachdem, welche Expertengruppen sich welchen Problemen und Fragestellungen widmen und welcher materiellen Medien und technischen Apparaturen sie sich dabei bedienen. So sei es die Aufgabe der Wissenschaftshistoriographie, die Expertengemeinschaft der Physik nicht als monolithische darzustellen, sondern vielmehr spezifische Mikrokulturen – etwa die Theoretische Physik, die Experimentalphysik und die technische Physik – unter die Lupe zu nehmen:

> I will argue that even specialities within physics cannot be considered homogeneous communities. [...] I will call this polycultural history of the development of physics *intercalated* because the many traditions coordinate with one another without homogenization. Different traditions of theorizing, experimenting, instrument making, and engineering meet – even transform one another – but for all that, they do not lose their separate identities and practices.[34]

Erst das Zusammenspiel zwischen einer gewissen Homogenität des Feldes, die die Methodendisziplin garantiert, und der Heterogenität der Interaktion mit anderen Experten außerhalb des Feldes erschließt Wege der innovativen Produktivität. In dieser *trading zone* des interdisziplinären Austausches über das Wissen, aber auch über die Voraussetzungen, die Erkenntnisinteressen und das Selbstverständnis der beteiligten Expertengemeinschaften, kann man bei einem ernsthaften Interesse für das Verständnis der anderen Disziplin eine interaktionale Expertise[35] als *third kind of knowledge* gewinnen. Mit der interaktionalen Ebene wird jene Zwischenebene eingezogen, auf der die Kommunikation zwischen den Experten einer Fachkultur mit den Vertretern anderer Fachkulturen stattfindet, die gemeinsam an einem interdisziplinären Projekt arbeiten.

Im Anschluss an Galison plädieren wir dafür, auch die Beschreibungskategorien des Wissenstransfers bzw. des Interferenzfeldes zwischen Literatur- und Naturwissenschaften zu verfeinern. Denn globale Leitmetaphern und übergreifende Narrative reichen nicht aus, um das feine Raster der Produktivität von sich herausbildenden interaktionalen Mikrokulturen zu berücksichtigen. Dafür plädiert auch Koschorke mit dem Argument, die heterogene Beschaffenheit jedes epistemischen Feldes zu berücksichtigen:

---

34 Peter L. Galison: *Image and Logic*, S. 782. Herv. im Orig.

35 Vgl. hierzu die Konzeption von Harry Collins, Robert Evans und Mike Gorman: Trading Zones and Interactional Expertise. In: *Studies in History and Philosophy of Science* 38 (2007). S. 657–666.

> Das Problem, wie sich die Evidenz des Faktischen, Sachzwang, Forderung nach Systematik und Kohärenz, kognitive Dispositionen, technische Apparaturen und schließlich sozialer Druck innerhalb und außerhalb einer *epistemic community* zueinander verhalten, entsteht auf jedem Gebiet zu jedem Zeitpunkt anders und neu. Entsprechend ist der Grenzverlauf zwischen kultureller Selbst- und Fremdreferenz immer wieder neu zu kartieren. Gesellschaftliches Wissen stellt sich, so betrachtet, als eine überaus heterogene Landschaft von Machtfeldern dar, auf die gleichzeitig verschiedenartigste Kräfte einwirken. Man kommt ihm nicht mit einfachen Oppositionen und deren Derivaten (Paradoxie, Tautologie) oder Kompromissbildungen bei.[36] [Kursivierung im Original]

Unserer Ansicht nach ist eine Spezialisierung und Fokussierung der interdisziplinären Arbeit vonnöten, um lokale Interaktionszonen zu bilden, innerhalb derer Experten unterschiedlicher Fachkulturen eng miteinander arbeiten. Zudem gilt es, Differenzen festzustellen, die nicht global für das gesamte Forschungsfeld von Wissen/Wissenschaft/Naturwissenschaft einerseits und Literatur/Kultur andererseits gelten. Vielmehr muss zunächst das enge Feld des Wissenstransfers und des interaktionalen Austausches zwischen einzelnen Disziplinen (Physik, Mathematik, Biologie etc.) mit ihren je eigenen spezifischen Ansätzen, Methoden und Praktiken und der Literatur bzw. Literaturwissenschaft ausgelotet werden. Dies ist deshalb notwendig, weil die interdisziplinäre Arbeit nicht darauf abzielen soll, nur bei der Feststellung globaler dichotomischer Differenzen stehen zu bleiben, die scheinbar geordnete Übersichtsstrukturen im Forschungsfeld suggerieren, sondern sich gleichzeitig mit Fremd- und Eigenblick fragen muss, was das für die eigene und für die jeweils andere Disziplin bedeutet. Um zu beschreiben, wie das erfolgen kann, sei zunächst noch auf einige Punkte der Habermas'schen Theorie des kommunikativen Handelns einzugehen.

Jürgen Habermas entwickelte eine kommunikative Konsenstheorie für die Verständigung in politischen bzw. sozialen Handlungsfeldern. Um den Rahmen dieser Einleitung nicht zu sprengen, beschränken wir uns auf diejenigen Punkte, die aus unserer Sicht für die Definition und für die weitere Konzeptualisierung einer Diskurszone des interdisziplinären Austauschs zwischen Literatur- und Naturwissenschaftlern fruchtbar gemacht werden können.

Für unsere Konzeption ist zunächst wichtig, dass Habermas die Unterscheidung zwischen zwei Kommunikationsbereichen vorschlägt. Er definiert einerseits den Bereich handlungsbezogener Erfahrungen:

---

36 Albrecht Koschorke: *Wahrheit und Erfindung. Grundzüge einer Allgemeinen Erzähltheorie.* Frankfurt a. M.: Fischer, 2012. S. 352.

> Unter dem Stichwort „Handeln“ führe ich den Kommunikationsbereich ein, in dem wir die in Äußerungen (auch in Behauptungen) implizierten Geltungsansprüche stillschweigend voraussetzen und anerkennen, um Informationen (d. h. handlungsbezogene Erfahrungen) auszutauschen.[37]

Davon grenzt er den Kommunikationsbereich der argumentativen Verhandlung von Geltungsansprüchen ab, deren Legitimität es zu hinterfragen gilt:

> Unter dem Stichwort „Diskurs“ führte ich die durch Argumentation gekennzeichnete Form der Kommunikation ein, in der problematisch gewordene Geltungsansprüche zum Thema gemacht und auf ihre Berechtigung hin untersucht werden. Um Diskurse zu führen, müssen wir in gewisser Weise aus Handlungs- und Erfahrungszusammenhängen heraustreten. Hier tauschen wir keine Informationen aus, sondern Argumente, die der Begründung (oder Abweisung) problematisierter Geltungsansprüche dienen.[38]

Das Heraustreten aus der Handlungszone ist notwendig, weil die Befreiung von Handlungszwängen die Suspendierung von semantischen Gewohnheiten und die Flexibilisierung von Denkpositionen ermöglicht.

> Die von Handlungszwang und Erfahrungsdruck freigesetzte Kommunikationsform ermöglicht es, in Situationen der gestörten Interaktion eine Verständigung über problematisch gewordene Geltungsansprüche wiederherzustellen.[39]

Notwendige Voraussetzungen für einen gelungenen Dialog sind die Ansprüche auf Verständlichkeit, Wahrheit, Wahrhaftigkeit und Richtigkeit,[40] die bei der Herstellung von Kommunikationsebenen adressiert und problematisiert werden sollten. Schließlich seien hier die von Habermas beschriebenen Etappen des prozessorientierten Kommunikationsvorgangs angegeben, um die notwendigen Schritte für die Etablierung einer Diskurszone und die Habitualisierung der interaktionalen Expertise zu beschreiben:

> Der erste Schritt ist der Übergang von problematisierten Behauptungen, die selbst Handlungen darstellen, zu Behauptungen, deren kontroverser Geltungsanspruch zum Gegenstand eines Diskurses gemacht wird (Eintritt in den Diskurs). Der zweite Schritt besteht in der theoretischen Erklärung der problematisierten Behauptung, also in der Angabe (mindestens) eines Arguments innerhalb eines gewählten Sprachsystems (theoretischer Diskurs). Der dritte Schritt ist der Übergang zu einer Modifikation des zunächst gewählten Sprachsystems oder zu einer Abwägung der Angemessenheit alternativer Sprachsysteme (metatheoretischer Diskurs). Der letzte Schritt [...] besteht im Übergang zu einer Reflexion auf

---

37 Habermas: Wahrheitstheorien, S. 130.

38 Habermas: Wahrheitstheorien, S. 131.

39 Habermas: Wahrheitstheorien, S. 131.

40 Vgl. Habermas: Wahrheitstheorien, S. 138.

> die systematischen Veränderungen der Begründungssprachen. Die Nachkonstruktion des Erkenntnisfortschritts, der sich in Form einer substantiellen Sprachkritik, eben einer sukzessiven Überwindung von unangemessenen Sprach- und Begriffssystemen vollzieht [...]. (Kritik der Erkenntnis)[41]

Zudem ist wichtig, dass die Dialogteilnehmer von der Kommunikations- zur Metakommunikationsebene wechseln,[42] um die impliziten Regeln des Kommunikationsprozesses bzw. die Sprech- und Handlungsintentionen der Akteure zu beobachten und zu problematisieren. Ideal wäre es, wenn die Kommunikation in der Diskurszone nicht strategisch verläuft und von erfolgsorientierten Handlungen dominiert wird. Ziel ist, dass der Kommunikationsprozess verständigungsorientiert[43] bleibt und auf der intersubjektiven Anerkennung von Geltungsansprüchen basiert.

Das Heraustreten aus zielorientierten Forschungsprojekten, um sich über die Grundlagen des Faches in einer von der Expertenkommunikation verschiedenen Metakommunikation zu verständigen, findet bei Umbrüchen in allen Disziplinen statt. Die Auseinandersetzung zwischen Literatur- und Naturwissenschaften und die damit verbundene Problematisierung kontroverser Geltungsansprüche ist kein exzeptionelles, sondern ein nur stark akzentuiertes Phänomen. Normalerweise konstituieren sich Disziplinen über die implizite Akzeptanz von Geltungsansprüchen. Doch ein Blick in den historischen Prozess der Etablierung von Disziplinen zeigt, dass es auch innerhalb der naturwissenschaftlichen Disziplinen Kontroversen und unvereinbare Positionen über den Erkenntniswert von Methoden gab bzw. immer noch gibt und dass dort Wahrheitsansprüche ebenfalls auf einem kommunikativ hergestellten Konsens basieren. Auch in der Physik mit ihren Mess- und Modellerzählungen wird eine diskursive Einigung über die Wahrhaftigkeit ihrer Akteure, d. h. über die Einhaltung der Normen guter wissenschaftlicher Praxis, vorausgesetzt, um den Erfolg ihrer Methode überhaupt zu gewährleisten. An der Genealogie mancher Forschungsfelder in der Physik ist erkennbar, dass aus interdisziplinären Diskurszonen dann neue Expertengemeinschaften hervorgehen, wenn die kontroversen Geltungsansprüche ausgehandelt sind und ein Konsens über neue legitime Begründungen erzielt worden ist.

Bereits bei der Einführung der experimentellen Methode in die Naturphilosophie des siebzehnten Jahrhunderts gab es ein kommunikatives Ringen um den Erkenntniswert des Experiments. Da die experimentelle und mathematisch-quan-

---

41 Habermas: Wahrheitstheorien, S. 174.

42 Vgl. Jürgen Habermas: *Theorie des kommunikativen Handelns.* Bd. 1: Handlungsrationalität und gesellschaftliche Rationalisierung. Frankfurt a. M.: Suhrkamp, 1995. S. 444.

43 Vgl. Habermas: *Theorie des kommunikativen Handelns*, 1, S. 385.

titative Methode nicht selbstverständlich war, bemühte Galileo Galilei im *Saggiatore*[44] die Metapher vom Buch der Natur, das in mathematischen Zeichen geschrieben sei. Damit wurde u. a. eine Kontroverse darüber eröffnet, wer oder was als Autorität in der Naturforschung herangezogen werden kann bzw. welche Geltungsansprüche anerkannt werden können.

Zu Beginn des zwanzigsten Jahrhunderts wurden Geltungsansprüche über den Erkenntniswert mathematisch-theoretischer Modelle gegenüber der experimentellen Methode in der Physik problematisiert, was durch neu aufgekommene Fragen einer kinetischen Theorie (Mach, Boltzmann) sowie der Relativitäts- und der Quantentheorie (Einstein, Heisenberg) ausgelöst wurde. Hier standen sich die an beobachtbaren Phänomenen orientierten und die in mathematischen Strukturen argumentierenden Wissenschaftler gegenüber. Die epistemische Bedeutung mathematischer, d. h. rein theoretischer Modellargumente war nicht geklärt. Für die Identifizierung von Dissenssphären und die Erzielung eines heuristischen Konsenses war die Rolle der Philosophie wichtig, indem z. B. Karl Popper vorschlug, die Falsifizierbarkeit als prinzipielle Forderung an legitime Theorien zu stellen. Über dieses Kriterium kann nach wie vor wissenschaftstheoretisch gestritten werden; die Idee half jedoch, theoretische Spekulationen in mathematischen Modellen zu akzeptieren, solange sie nicht aus dem Blick verlieren, falsifizierbare Vorhersagen zu machen.

Die wesentliche Neuerung, die durch diesen Diskurs ausgehandelt wurde, ist, dass Theorie erkenntnisleitend ist, oder mit anderen Worten ausgedrückt: dass das Argumentieren mit Objekten und Strukturen in einer mathematischen Modellwelt als Erkenntnismethode akzeptiert worden ist. Dies führte dazu, dass die Postulierung von bisher nicht beobachteten Phänomenen allein aufgrund theoretischer Modellüberlegungen so überzeugend war, dass sie zu teuren, langwierigen experimentellen Forschungsprojekten führte. Diese sollten die theoretisch postulierten fiktiven Entitäten nachweisen (z. B. Neutrino, Higgs-Teilchen, Strings). Es geht nicht mehr nur um die ‚Rettung der Phänomene', sondern die Rettung von theoretischen Weltmodellen. Diese sind dank ihrer Kohärenz so überzeugend geworden, dass man nicht bereit ist, sie allein aufgrund von ‚Beobachtungslücken' aufzugeben, sondern sie werden vielmehr als erkenntnisleitend für weitere experimentelle Forschungen anerkannt.

Infolge der Verhandlungen ihrer jeweiligen Geltungsansprüche ergab sich aus dieser Kontroverse zwischen Experimentalphysik, Theoretischer Physik und Philosophie ein neues Fachverständnis der Physik. Durch den Diskurs (Habermas fol-

44 Galileo Galilei: *Il Saggiatore*. Rom: Giacomo Mascardi, 1623 [dt. *Prüfer mit der Goldwaage*].

gend) entstand eine neue Episteme im Foucault'schen Sinne,[45] die mit der Emanzipierung bzw. Autonomisierung der Theoretischen Physik als einer eigenen Disziplin einherging und dazu führte, dass man diese legitimerweise betreiben konnte, ohne auf experimentelle Ergebnisse und auf die beobachteten Naturphänomene Bezug nehmen zu müssen. Dies war die notwendige Voraussetzung dafür, dass heute Quantengravitation, Stringtheorie und moderne Kosmologie als physikalische Disziplinen Akzeptanz finden. Der neue epistemische Wert mathematischer Modelle misst sich u. a. daran, dass ‚Theorie' als eigenständige disziplinäre Argumentationsform nicht nur in der Physik, sondern auch in allen anderen Naturwissenschaften entstand; so etablierte sich beispielsweise die Theoretische Biologie parallel zur Theoretischen Physik seit Beginn des zwanzigsten Jahrhunderts, die Theoretische Chemie in Folge der Debatten um die Quantentheorie seit Mitte des zwanzigsten Jahrhunderts und die Theorie der künstlichen Intelligenz und Kognition in der zweiten Hälfte des zwanzigsten Jahrhunderts.

Das Beispiel der Physik als Wechselwirkungsfeld von experimenteller Empirie und theoretischer Modellbildung zeigt, dass die Verhandlung von Dissenssphären in den Diskurszonen mit dem Ziel, ein gemeinsames Verständnis von Wissenschaft erreichen zu können, erfolgreich sein kann. Doch es gibt diverse Ebenen des Dissenses und verschiedene Grade der Akzeptanz und Infragestellung von Geltungsansprüchen. Deshalb gilt es auch die Unterschiede zu berücksichtigen zwischen den Möglichkeiten eines Diskurses innerhalb einer etablierten Disziplin und einer Diskurszone zwischen den Literatur- und Naturwissenschaften. Im Rahmen der letzteren müssen Geltungsansprüche auf allen Ebenen neu verhandelt werden: nicht nur die Weisen der Wissensproduktion, sondern auch, was überhaupt als Wissen gelten kann. Nicht nur die Spezifizierung der Forschungsgegenstände, sondern auch, wie überhaupt ein Forschungsgegenstand konstituiert wird. Nicht nur die Suche nach einem adäquaten Begriff für neue (fiktive) Größen, sondern auch, wie überhaupt ein Begriffssystem einer adäquaten interdisziplinären Wissenschaftssprache konstituiert werden kann.[46]

---

45 Michel Foucault: *Die Ordnung der Dinge. Eine Archäologie der Humanwissenschaften*. Frankfurt a. M.: Suhrkamp, 2003.

46 Vgl. hierzu auch die grundlegenden Ausführungen von Bernadette Malinowski und Gert-Ludwig Ingold: Chancen und Grenzen des interdisziplinären Dialogs. Erfahrungsbericht über das Seminar „Farben und Licht in ästhetischer und physikalischer Perspektive". In: *Physikerinnen stellen sich vor. Dokumentation der Deutschen Physikerinnentagung 2003*. Hrsg. von Cosima Schuster. Berlin: Logos, 2004 [Augsburger Schriften zur Mathematik, Physik und Informatik 3]. S. 107–112; sowie Bernadette Malinowski: Literatur und Naturwissenschaft, in: *Theorien der Literatur. Grundlagen und Perspektiven*. Bd. 2. Hrsg. von Hans Vilmar Geppert und Hubert Zapf. Tübingen: Francke, 2005. S. 21–47.

Weil ein neues Forschungsfeld trotz dieser großen Problemfelder ein Desiderat bleibt, plädieren wir für die Einrichtung einer Diskurzone zwischen Literatur- und Naturwissenschaften. Sie ist ein Raum der interaktionalen Kommunikation zwischen den Expertengemeinschaften, der ein Kontinuum von Austauschprozessen in einem Umfeld ermöglicht, in dem die Experten von Handlungs- und Erfahrungszusammenhängen befreit sind. Sie dient der argumentativen Verhandlung von Geltungsansprüchen, die problematisch geworden und deshalb im interdisziplinären Wechselwirkungsfeld neu zu perspektivieren sind.

Denn wo Geltungsansprüche problematisiert werden, kann nicht disziplinär weiter diskutiert werden, sondern es muss im Rahmen einer Diskurszone zwischen den Expertengemeinschaften versucht werden, einen Konsens über die Bedingungen der Erkenntnisgewinnung zu erzielen – oder zumindest unauflösbare Dissenssphären zu benennen, die durch unterschiedliche Wahrheits-, Objektivitäts- und Geltungsansprüche der disziplinären Wissensproduktion entstehen.

Ziel der interdisziplinären Arbeit in einer Diskurszone ist es, die Denk- und Kommunikationsmechanismen der jeweiligen Disziplinen füreinander zu explizieren. Das setzt die Bereitschaft voraus, über die Grundlagen des Selbstverständnisses des eigenen Faches im direkten Austausch zu diskutieren und die Praxis einer interaktionalen Expertise zu habitualisieren. Damit wird eine Metaebene geschaffen, von der aus eine gemeinsame wechselseitige Beobachtung der Denkmechanismen bzw. Wissensherstellungspraktiken der unterschiedlichen Disziplinen ausgeübt wird. Gleichzeitig wird reflektiert, wie die Argumentationsfiguren der impliziten und expliziten Wissensvermittlung innerhalb einer Expertenkultur und im interdisziplinären Austausch funktionieren.

Was nun unterscheidet die Kommunikation in der Diskurszone von der Kommunikation innerhalb einer Expertengemeinschaft? Dass das, was in letzterer stillschweigend als Grundlage angenommen wird bzw. als implizites Wissen akzeptiert wird, in der Diskurszone explizit ausgestellt werden muss. Dies ist eine Aufgabe jedes Experten: die impliziten Voraussetzungen, das disziplinäre Selbstverständnis der eigenen Fachkultur zu erforschen und auszustellen. Das ist notwendig, damit die hergestellte kommunikative Ebene das Kriterium der Verständlichkeit erfüllt. Nur so ist gewährleistet, dass ein gleichberechtigt-symmetrischer Wissensstand herrscht, sodass in der Diskurszone „alle Teilnehmer die gleiche Chance haben, Sprechakte zu wählen und auszuführen“, und keine „Vormeinung auf Dauer der Thematisierung und der direkten Kritik entzogen bleibt.“[47] Denn der Sinn der Diskurszone liegt darin, dass nur „der zwanglose

47 Habermas: Wahrheitstheorien, S. 177.

Zwang des besseren Arguments und das Motiv der kooperativen Wahrheitssuche“[48] zugelassen ist. Ideal wäre es, wenn der Einblick in die Denkpraxis der jeweils anderen Disziplin nicht nur deren *blinden Flecke* sichtbar machen würde, sondern der erworbene Fremdblick auch zur Identifizierung derjenigen in der eigenen Disziplin führen würde. Ein wichtiger Schritt dazu ist, zur Diskussion innerhalb der Disziplin zurückzukehren, dort Konsequenzen zu bedenken und den dort stattfindenden Umdenkprozess wiederum in die Diskurszone zurückzutragen. Die Rückkehr zur eigenen Fachkultur würde dann auch die selbstreflexive Problematisierung der eigenen Denk- und Handlungspraxis voraussetzen.

Um die Kopplung des interdisziplinären Wechselwirkungsfeldes an die Expertenkulturen und einen ständigen Informationsfluss in beide Richtungen des Austausches zu gewährleisten, sollte die Kommunikation auf einer viel früheren Ebene angesiedelt werden – auf der Ebene des praxeologischen Austausches, den wir ‚interaktionale Expertise‘ nennen.[49] Das Wissen, das daraus hervorgeht, ist ein Wissen im Zwischenbereich, das heißt zwischen den Disziplinen, das auf einer Beobachtungsebene zweiter Ordnung die Interferenzen, aber auch die wechselseitigen produktiven Differenzen konzeptualisiert.

Ein erstes wichtiges Ziel einer solchen Diskurszone ist es, wie bereits erwähnt, einen Konsens über bestehende Dissenssphären zu erzielen, d. h. über nicht auflösbare Unterschiede in grundlegenden erkenntnistheoretischen oder naturphilosophischen Positionen. Ein Beispiel für einen solchen Beginn eines Dialoges liefert Ian Hacking mit Blick auf die Auseinandersetzung zwischen dem (sozialen) Konstruktivismus und den Naturwissenschaften, indem er die drei „sticking points“ der Kontingenz, des Nominalismus und der Stabilität benennt.[50] Anders als mit den „sticking points“ wird mit dem Begriff der ‚Dissenssphäre‘ ein symmetrisches Kontinuum an legitimen Positionen beschrieben, weil in Diskurszonen die Vielfalt gleichberechtigter Argumentationsperspektiven Akzeptanz finden soll. In dem Wechselwirkungsfeld eines gemeinsamen Erkenntnisinteresses von Literatur- und Naturwissenschaften gehören zu den Dissenssphären vermutlich die Begriffe ‚Wahrheit‘, ‚Wirklichkeit‘, ‚Objektivität‘ und ihr Stellenwert bei der Begründung von Wissen.

---

48 Habermas: Wahrheitstheorien, S. 177.

49 In jüngster Zeit favorisiert die Literatur- und Kulturwissenschaft Ansätze, basierend auf der historischen Epistemologie (Nicola Gess und Sandra Janßen [Hrsg.]: *Wissensordnungen. Zu einer historischen Epistemologie der Literatur.* Berlin: De Gruyter, 2014) oder auf den *Science and Technology Studies* (Andrea Albrecht: *Theorien, Methoden und Praktiken des Interpretierens.* Berlin: De Gruyter, 2015), die danach fragen, ob und unter welchen Bedingungen die praxeologische Wende der Wissenschaftsforschung nach dem Modell der *Science Studies* auch in den Literatur- und Kulturwissenschaften Einzug finden kann.

50 Vgl. Hacking: *Social Construction of What?*, S. 63–99.

Ein zweites Ziel einer Diskurszone besteht darin, Möglichkeiten zu finden, mit den identifizierten Dissenssphären gemeinsam umzugehen: sich zu vergewissern, dass die unterschiedlichen Vorgehensweisen gegenseitige Akzeptanz finden und durch die argumentative Begründung der Geltungsansprüche legitimiert werden.

Das dritte Ziel einer Diskurszone wäre der Beginn gemeinsamer Forschungsprojekte, für die man auf das Wissen, das aus beiden Disziplinen kommt, in gleichem Maße angewiesen ist, um neue Forschungsfragen stellen und bearbeiten zu können. Ein solches Forschungsprojekt innerhalb von ELINAS betrifft die Frage, ob eine Narratologie der Physik entwickelt werden kann – etwa um zu klären, wie Objektivität erreicht werden kann in einer textbasierten Physik, in der Messhandlungen und theoretische Modelle Konventionen und kulturellen Kontexten unterliegen. Gibt es bestimmte narratologische Verfahren in der Physik, um eine in Messerzählungen konstruierte Kontextunabhängigkeit zu erreichen?

Umgekehrt könnte dies zu einer Präzisierung von Begriffen in der Literaturwissenschaft führen (Zufall, Kontinuum, Interferenz), indem durch die Explikation der zugrundeliegenden mathematischen Strukturen relevante Implikationen berücksichtigt werden können. So versteht man unter Zufall nicht nur Kontingentes, sondern auch die Bedingtheit zufälliger Prozesse durch universale Wahrscheinlichkeitsverteilungen. Damit Zufall nicht ein konturloser Begriff bleibt, muss er durch Angaben dazu präzisiert werden, welche Art von Prinzipien (z. B. Unabhängigkeit), bzw. welche Art von Verteilung (z. B. Gaußverteilung) dem Zufallsprozess unterliegen.

Literaturwissenschaftliche Fiktionsbegriffe und Fiktionalitätstheorien wären so zu rekonzeptualisieren, dass sie z. B. auch für die Physik anschlussfähig sind um die erkenntnisleitenden Funktionen fiktiver Größen zu analysieren. Etwa um die Frage zu beantworten, welche Funktion die Einführung fiktiver Größen wie *dark matter* oder *dark energy* für die theoretische Modellbildung in der Physik bzw. Kosmologie hat. Oder wie die Einführung der fiktiven Größen für die ‚Rettung theoretischer Modelle' argumentativ legitimiert wird. Oder ob die begriffliche Fassung des Nicht-Wissens in der Physik einen Einfluss darauf hat, wie Forschungsdiskurse befördert oder verhindert werden.

Auch die Metapher eines Wechselwirkungsfeldes zwischen Disziplinen können wir durch eine Orientierung am eingangs erwähnten Quarkmodell präzisieren als ein sogenanntes Eichfeld mit einer fundamentalen inneren Symmetrie. Die Wechselwirkung von Quarks basiert auf Feldern von Austauschteilchen, den Gluonen, die an die Quarks als fundamentalen Materieteilchen angekoppelt sind. Diese Austauschfelder sind Eichfelder, bei denen der Wert des Feldes in jedem Punkt des Raumes zwischen den Teilchen nicht festgelegt ist, sondern einer ‚Eichfreiheit' unterliegt – hier konkret einer Drehsymmetrie SU(3), die anschaulich der unmerkbaren Drehung einer Kugel entspricht. Die wirkenden

Austauschkräfte sind dennoch eichinvariant, d. h. sie hängen nicht von der Wahl einer bestimmten ‚Eichung' bzw. Richtung auf der Eichsphäre ab. Dies ist die fundamentale Symmetrie der Wechselwirkung, die Murray Gell-Mann durch die Konzeption von Quarks beschrieben hatte.

Bei einem Wechselwirkungsfeld zwischen den Disziplinen geht es analog um Austauschprozesse von Argumenten, wobei in jedem Punkt beachtet werden muss, dass unterschiedliche Positionen zu den im Feld enthaltenen Dissenssphären möglich sind. Die geometrische Symmetrie einer Sphäre drückt die Gleichberechtigung der legitimen Meinungen im Dissens aus. Analog zur Kraft eines Eichfeldes darf auch die erfolgreiche Kommunikation nicht von unterschiedlichen Positionierungen in der Dissenssphäre abhängen. Denn man kann sich trotzdem auf verbindende Forschungsfelder verständigen, ohne dass dies von der Positionierung in der Dissenssphäre verhindert wird. Man muss sich nicht in allem einig sein, um erfolgreich wechselwirken zu können, da trotz gewisser lokaler Dissenspositionen ein produktiver Austausch über gemeinsame Forschungsfragen möglich ist. Das Verbindende ist der Konsens, der die Verschiedenheit der Dissenspositionen miteinbezieht und der sich in einer grundlegenden Symmetrie der Wechselwirkung in der Diskurszone ausdrückt.

So wie das Feld von Austauschteilchen ständig an die Quarks rückgekoppelt sein muss, um über den Zwischenraum hinweg wirken zu können, so müssen die ausgetauschten Argumente im Wechselwirkungsfeld an die Disziplinen rückgekoppelt sein, um in der Diskurszone wirken zu können. Aufgrund der Wechselwirkung zwischen den Quarks entsteht die Vielfalt der Atomkerne und damit der Materie – trotz der nicht festgelegten Eichung der Austauschfelder. Die Vielfalt der Forschungsfragen, die gemeinsam im Austausch einer Diskurszone zwischen Literatur- und Naturwissenschaft ergründet werden können, ist heute noch gar nicht abzusehen. Im Falle der Gluonenfelder entstanden unter hohen Wechselwirkungskräften überraschenderweise neue Quarks, d. h. neue Materieteilchen als ein Effekt der vielen Freiheitsgrade im Feld. Im Idealfall wird auch in der Diskurszone zwischen Literatur- und Naturwissenschaft das genuine Wechselwirkungsfeld zu einer neuen Disziplin ‚kondensieren': als kollektives Phänomen einer gelungenen Verständigung.

Angesichts der hier genannten Herausforderungen liegt es auf der Hand, dass sowohl die Etablierung der Diskurszone als auch die Habitualisierung der interaktionalen Expertise viele Jahre vertrauensvolle Zusammenarbeit an gemeinsamen Forschungsfragen voraussetzt. Um solche Fragen gemeinsam zu bearbeiten, wurden das *Erlanger Forschungszentrum für Literatur- und Naturwissenschaften* und die vorliegende Schriftenreihe gegründet. Natürlich erhebt dieser zweite Band der Reihe nicht den Anspruch, die oben beschriebenen Desiderate bereits einzulösen, sondern dokumentiert die Bereitschaft, eine Diskurszone für eine Forschungsgemeinschaft, die wir uns international so rege und vielfältig wie möglich erhoffen, zu eröffnen. Ein erster Schritt in diese Richtung auf internationaler Ebene wurde mit der erwähnten ELINAS-Gründungstagung 2014 getan. Eine ausführliche Darstellung der Bedingungen und Möglichkeiten der Konzeptualisierung einer interaktionalen Diskurszone zwischen der Physik und der Literaturwissenschaft wird im nächsten Band der Schriftenreihe folgen, die die Ergebnisse der ELINAS-Gründungstagung dokumentieren wird und den Titel trägt: *Physics and Literature: Theory – Popularization – Aestheticization.*

Danksagung

Der vorliegende Band hätte nicht entstehen können ohne den unermüdlichen Einsatz unserer ELINAS-Doktoranden und Hilfskräfte: Bastian Greven, Alexander Laska, Maria Sawitzki, Christina Sontowski, Vera Podskalsky, Elena Walter und Stefan Winter. Ihnen sei hier für den regen Ideenaustausch, die produktive Arbeitsatmosphäre und für zahlreiche redaktionelle Arbeiten herzlich gedankt. Manuela Gerlof und dem Walter de Gruyter Verlag ist für die Einrichtung der ELINAS-Schriftenreihe zu Literatur- und Naturwissenschaften zu danken, Stella Diedrich für die Betreuung des Manuskripts, Rainer Rutz für das sorgfältige Lektorat. Unser Dank gilt auch der Friedrich-Alexander-Universität Erlangen-Nürnberg für die großzügige finanzielle Unterstützung des Forschungszentrums ELINAS im Rahmen der Emerging-Fields Initiative.

Erlangen, 22. Juli 2015 Aura Heydenreich und Klaus Mecke

Literatur

Albrecht, Andrea, Lutz Danneberg u. a.: *Theorien, Methoden und Praktiken des Interpretierens.* Berlin: De Gruyter, 2015.

Bazerman, Charles: *Shaping Written Knowledge. The Genre and Activity of the Experimental Article in Science.* Madison, WI: University of Wisconsin Press, 1988 [Rhetoric of the Human Sciences].

Borgards, Roland: Wissen und Literatur. Eine Replik auf Tilmann Köppe. In: *Zeitschrift für Germanistik* 17 (2007). S. 425–428.

Borgards, Roland, Harald Neumeyer und Nicholas Pethes (Hrsg.): *Literatur und Wissen. Ein interdisziplinäres Handbuch.* Stuttgart: Metzler, 2013.

Ceccarelli, Leah: *Shaping Science with Rhetoric. The Cases of Dobzhansky, Schrödinger, and Wilson.* Chicago: University of Chicago Press, 2001.

Clarke, Bruce: Systems Theory. In: *The Routledge Companion to Literature and Science*. Hrsg. von Bruce Clarke und Manuela Rossini. London: Routledge, 2011. S. 214–225.
Collins, Harry, Robert Evans und Mike Gorman: Trading Zones and Interactional Expertise. In: Studies in *History and Philosophy of Science* 38 (2007). S. 657–666.
Danneberg, Lutz: Zum Autorkonstrukt und zu einem methodologischen Konzept der Autorintention. In: *Rückkehr des Autors. Zur Erneuerung eines umstrittenen Begriffs*. Hrsg. von Fotis Jannidis, Gerhard Lauer u. a. Tübingen u. a.: Niemeyer, 1999. S. 77–105.
Danneberg, Lutz: Kontext. In: *Reallexikon der deutschen Literaturwissenschaft*. Bd. 2. Hrsg. von Harald Fricke u. a. Berlin: De Gruyter, 2000. S. 333–337.
Demmerling, Christoph und Ingrid Vendrell Ferran (Hrsg.): *Wahrheit, Wissen und Erkenntnis in der Literatur. Philosophische Beiträge*. Berlin: De Gruyter, 2014 [Deutsche Zeitschrift für Philosophie: Sonderband 35].
Foucault, Michel: *Die Ordnung der Dinge. Eine Archäologie der Humanwissenschaften*. Frankfurt a. M.: Suhrkamp, 2003.
Gabriel, Gottfried: *Fiktion und Wahrheit. Eine semantische Theorie der Literatur*. Stuttgart: Froomann-Holzboog, 1975.
Galison, Peter L.: *Image and Logic. A Material Culture of Microphysics*. Chicago: University of Chicago Press, 1997. S. 803–840.
Gaskin, Richard: *Language, Truth, and Literature. A Defence of Literary Humanism*. Oxford: Oxford University Press, 2013.
Gell-Mann, Murray: A Schematic Model of Baryons and Mesons. In: *Physics Letters* 3.3 (1964). S. 214–215.
Gell-Mann, Murray: *The Quark and the Jaguar*. New York: W. H. Freeman, 1994
Gess, Nicola, und Sandra Janßen (Hrsg.): *Wissensordnungen. Zu einer historischen Epistemologie der Literatur*. Berlin: De Gruyter, 2014.
Gross, Alan G.: *Starring the Text. The Place of Rhetoric in Science Studies*. Carbondale: Southern Illinois University Press, 2006.
Gymnich, Marion (Hrsg.): *Kulturelles Wissen und Intertextualität. Theoriekonzeptionen und Fallstudien zur Kontextualisierung von Literatur*. Trier: WVT Wiss. Verl. Trier, 2006.
Habermas, Jürgen: Wahrheitstheorien. In: ders.: *Vorstudien und Ergänzungen zur Theorie des kommunikativen Handelns*. 3. Auflage. Frankfurt a. M.: Suhrkamp, 1984. S. 137–186.
Habermas, Jürgen: *Theorie des kommunikativen Handelns*. Bd. 1: Handlungsrationalität und gesellschaftliche Rationalisierung. Frankfurt a. M.: Suhrkamp, 1995.
Hacking, Ian: *The Social Construction of What?* Harvard: Harvard University Press, 1999.
Heydenreich, Aura und Klaus Mecke (Hrsg.): *Physik und Poetik. Produktionsästhetik und Werkgenese. Autorinnen und Autoren im Dialog*. Berlin: De Gruyter, 2015.
Klausnitzer, Ralf: *Literatur und Wissen. Zugänge – Modelle – Analysen*. Berlin: De Gruyter, 2008.
Köppe, Tilmann: Vom Wissen in Literatur. In: *Zeitschrift für Germanistik* 17 (2007). S. 398–410.
Köppe, Tilmann: Literatur und Wissen. Zur Strukturierung des Forschungsfeldes und seiner Kontroversen. In: *Literatur und Wissen. Theoretisch-methodische Zugänge*. Hrsg. von Tilmann Köppe. Berlin: De Gruyter, 2011. S. 1–28.
Koschorke, Albrecht: *Wahrheit und Erfindung. Grundzüge einer Allgemeinen Erzähltheorie*. Frankfurt a. M.: Fischer, 2012. S. 352.
Krämer, Olav: Intention, Korrelation, Zirkulation. Zu verschiedenen Konzeptionen der Beziehung zwischen Literatur, Wissenschaft und Wissen. In: *Literatur und Wissen. Theoretisch-methodische Zugänge*. Hrsg. von Tilmann Köppe. Berlin: De Gruyter, 2011. S. 77–115

Lamarque, Peter und Stein Olsen: *Truth, Fiction and Literature. A Philosophical Perspective.* Oxford: Oxford University Press, 1994.
Link, Jürgen: *Elementare Literatur und generative Diskursanalyse.* München: Fink, 1983.
Link, Jürgen: Diskursanalyse unter besonderer Berücksichtigung von Interdiskurs und Kollektivsymbolik. In: *Handbuch sozialwissenschaftliche Diskursanalyse.* Hrsg. von Reiner Keller. 3. Auflage. Wiesbaden: Verl. für Sozialwissenschaften, 2011. S. 433–458.
Livingston, Paisley: *Art and Intention. A Philosophical Study.* Oxford: Clarendon, 2007.
Malinowski, Bernadette und Gert-Ludwig Ingold: Chancen und Grenzen des interdisziplinären Dialogs. Erfahrungsbericht über das Seminar „Farben und Licht in ästhetischer und physikalischer Perspektive". In: *Physikerinnen stellen sich vor. Dokumentation der Deutschen Physikerinnentagung 2003.* Hrsg. von Cosima Schuster. Berlin: Logos, 2004 [Augsburger Schriften zur Mathematik, Physik und Informatik 3]. S. 107–112.
Malinowski, Bernadette: Literatur und Naturwissenschaft, in: *Theorien der Literatur. Grundlagen und Perspektiven.* Bd. 2. Hrsg. von Hans Vilmar Geppert und Hubert Zapf. Tübingen: Francke, 2005. S. 21–47.
Pethes, Nicolas: Literatur- und Wissenschaftsgeschichte. Ein Forschungsbericht. In: *Internationales Archiv für Sozialgeschichte der deutschen Literatur* 28 (2003). S. 181–231.
Prelli, Lawrence J.: *A Rhetoric of Science. Inventing Scientific Discourse.* Columbia, SC: University of South Carolina Press, 1989.
Schatzberg, Walter (Hrsg.): *The Relations of Literature and Science. An Annotated Bibliography of Scholarship,* 1880–1980. New York: Modern Language Association of America, 1987.
Scholz, Oliver R.: Kunst, Erkenntnis und Verstehen. Eine Verteidigung einer kognitivistischen Ästhetik. In: *Wozu Kunst? Die Frage nach ihrer Funktion.* Hrsg. von Bernd Kleimann und Reinold Schmücker. Darmstadt: Wissenschaftliche Buchgesellschaft, 2001. S. 34–48.
Scholz, Oliver R.: Fiktion, Wissen und andere kognitive Güter. In: *Fiktionalität. Ein interdisziplinäres Handbuch.* Hrsg. von Tobias Klauk und Tilmann Köppe. Berlin: De Gruyter, 2014. S. 209–234.
Thomé, Horst: *Roman und Naturwissenschaft. Eine Studie zur Vorgeschichte der deutschen Klassik.* Frankfurt a. M.: Lang, 1978.
Vanderbeke, Dirk: *Theoretische Welten und literarische Transformationen. Die Naturwissenschaften im Spiegel der ‚science studies' und der englischen Literatur des ausgehenden 20. Jahrhunderts.* Tübingen: Niemeyer 2004
Vogl, Joseph: *Poetologien des Wissens um 1800.* München: Fink, 1999.
Vogl, Joseph: Poetologien des Wissens. In: *Einführung in die Kulturwissenschaft.* Hrsg. von Harun Maye. München: Fink, 2011. S. 49–72.
Walton, Kendall: *Mimesis as Make-Believe. On the Foundations of Representational Arts.* Harvard: Harvard University Press, 1990.

Teil I: **Physik und Mathematik – Rhetorik und Ästhetik der Wissenschaftssprache**

Klaus Mecke

Zahl und Erzählung

Metaphern in Erkenntnisprozessen der Physik

Abstract: Es soll der Versuch unternommen werden, die naturwissenschaftliche Beschreibung von Phänomenen als einen metaphorischen Prozess zu begreifen, der durch Messerzählungen die Übertragbarkeit quantitativer Begriffe auf unterschiedliche physikalische Erfahrungsbereiche ermöglicht.

Naturgesetze können dann als ‚synonyme quantitative Metaphern' verstanden werden, ohne ontologisch auf Objekte einer realen Welt und ihre Eigenschaften Bezug nehmen zu müssen. Durch diese erkenntnistheoretische Perspektive wird nicht nur die Bedeutung von Metaphern für die naturwissenschaftliche Forschung deutlich, sondern sie ermöglicht es auch, naturwissenschaftliche Erkenntnisse, insbesondere Formeln, stilistisch als Tropen einzusetzen.

> Was macht ein Physiker mit Metaphern?
> (Raoul Schrott im Interview am 14. Mai 2012)[1]

Albert Einsteins Formel $E = mc^2$ wurde zum Kultobjekt des zwanzigsten Jahrhunderts und zum Sinnbild der physikalischen Welterkenntnis. Interessanterweise aber formulierte Einstein die Erkenntnis, die in dieser Formel steckt, in seiner ersten Arbeit zur Äquivalenz von Energie und Masse lediglich in Worten und Sätzen, ohne eine Formel zu verwenden:

> Gibt ein Körper die Energie L in Form von Strahlung ab, so verkleinert sich seine Masse um L/V^2. [...] Die Masse eines Körpers ist ein Maß für dessen Energieinhalt; ändert sich die Energie um L, so ändert sich die Masse in demselben Sinne um $L/9 \cdot 10^{20}$, wenn die Energie in Erg und die Masse in Grammen gemessen wird.[2]

In dieser Arbeit verwendete er auch nicht die Zeichen E oder c, sondern er sprach über die ‚Lebendige Kraft' L und wählte das Symbol V für die ‚Velozität' des Lichtes. Erst 1912 ersetzte er L durch E für ‚Energie' und V durch c für ‚Lichtgeschwindigkeit', ohne die Bedeutung des Naturgesetzes zu verändern. Die Formel

1 Sokratische Dialoge. Raoul Schrott im Dialog zu „Tropen" und „Gehirn und Gedicht". In: *Physik und Poetik. Produktionsästhetik und Werkgenese. Autoren und Autorinnen im Dialog*. Hrsg. von Aura Heydenreich und Klaus Mecke. Berlin: De Gruyter, 2015.

2 Albert Einstein: Ist die Trägheit eines Körpers von seinem Energieinhalt abhängig? In: *Annalen der Physik* 18 (1905). S. 639-641, hier S. 641.

$E = mc^2$ verwendete als erster Max Planck im Jahr 1907 – und Albert Einstein selbst wohl erst 1946.[3]

Was hat aber die ‚Lebendige Kraft' mit ‚Masse' oder mit der Geschwindigkeit des Lichtes zu tun? Eine metapherntheoretische Antwort liegt möglicherweise darin, dass nicht nur ‚Lebendige Kraft' eine physikalische Metapher ist, die ihre übertragene Bedeutung erst aus einer erläuternden Messvorschrift erhält, sondern auch die vertrauten physikalischen Eigenschaften ‚Masse' und ‚Geschwindigkeit'. Einstein schreibt, „die Masse eines Körpers [sei] ein Maß für dessen Energieinhalt", und führt ‚Masse' damit nicht als (konstante) Eigenschaft ein, sondern als synonymen Begriff für etwas, das er ‚Energieinhalt' nennt. Er verwendet die Messvorschrift der Einheit ‚Erg' für das, was er ‚Energie' nennt, sowie die Messvorschrift der Einheit ‚Gramm' für das, was er ‚Masse' nennt, und stellt eine quantitative Beziehung zwischen den jeweils gemessenen Werten fest. Offensichtlich eröffnen Messvorschriften oder Messerzählungen, die durch Handlungen zu Zahlen führen, die Möglichkeit, Begriffe als synonym zu erkennen, was durch Formeln ausdrückbar wird.

Was bedeutet es also, wenn in der Physik Zahlen und Formeln benutzt werden? Um dies genauer zu verstehen, lohnt es sich, die physikalische Naturerkenntnis zuerst als einen metaphorischen Prozess zu begreifen. Im Folgenden wird argumentiert, dass Zahlen ohne Messerzählungen keine weitere physikalische Bedeutung haben und dass Erzählungen, die zu Zahlen führen, einen neuen Typ von Metaphern erlauben: ‚synonyme quantitative Metaphern', die in eine mathematische Sprache als Formeln übersetzbar sind.

1 Was ist Naturerfahrung? Metaphern und Messungen

Um die epistemologische Funktion von ‚Zeichensprache' ausloten zu können, müssen wir zuerst einen Schritt zurücktreten und genauer betrachten, was Erfahrung ist und was dies mit Metaphern zu tun hat. „Wer vom Erlebnis zur Erfahrung will, muss über das Drahtseil des Gedankens."[4] Dieser Aphorismus von Thomas Lehr macht zweierlei deutlich:

---

3 Vgl. Gleichung (48) in Max Planck: Zur Dynamik bewegter Systeme. In: *Sitzungsberichte der Königlich-Preussischen Akademie der Wissenschaften* 29.1 (1907). S. 542–570; Albert Einstein: $E = mc^2$: the most urgent problem of our time. In: *Science Illustrated* 1 (April 1946). S. 16–17.

4 Thomas Lehr: *Größenwahn passt in die kleinste Hütte. Kurze Prozesse*. München: Hanser, 2012. S. 13.

(i) *Ereignisse* sind konkret, einmalig, nicht wiederholbar,
(ii) *Erfahrungen* sind prägend, persistent, mitteilbar.

Das Bindeglied zwischen beiden sind die Begriffe, die Bausteine des Gedankens, die aufgrund der *Persistenz* von Erfahrung möglich sind: Die Begriffe ‚Löwe', ‚Fluss' und ‚Quelle' werden deswegen von allen Deutsch Sprechenden verstanden, weil sie erstens jeder aus dem kollektiven Gedächtnis gelernt hat, auch wenn er noch nie einen Löwen gesehen hat, und zweitens, weil auch nach Jahrtausenden ein ‚Fluss' an einer ‚Quelle' entspringt und ins Meer fließt. Unter *Persistenz* möchte ich hier eine Wiedererkennbarkeit verstehen, die unabhängig von Zeitpunkt, Ort oder beobachtender Person ist. Wir erkennen einen Fluss als ‚Fluss', egal ob daneben eine Schafherde steht oder nicht, ob er durch eine Weide oder einen Wald fließt, groß oder klein ist. Natürlich sind der Löwe und der Fluss nicht immer die gleichen, sondern stets einmalige Ereignisse und sehen auch durchaus verschieden aus. Die Variation der Ereignisse überträgt sich auf eine Unschärfe des Begriffs: Was wir z. B. als ‚Fluss' bezeichnen, ist nicht eindeutig feststellbar, und ‚Gleichheit' ist nicht wirklich wohldefiniert.

Diese etwas naive Beschreibung von Begriffsbildung soll zwei Aspekte deutlich machen: Begriffe basieren auf *Persistenz*, die einen abstrakten Begriff von *Gleichheit* von Ereignissen ermöglicht, obwohl wir immer nur einmalige Ereignisse beobachten können. Beides hat zunächst nichts mit Zahlen und Mathematik zu tun, sondern ist die Grundlage jeder Art von Begriffen. Neben den Begriffen ‚Löwe' und ‚Fluss' wurde in der menschlichen Sprache aber auch der Begriff ‚Anzahl' hervorgebracht und mit der Mengenlehre und Algebra ein begrifflicher Rahmen für Zahlen geschaffen, in dem ‚Gleichheit' ein wohldefinierter Begriff ist; die *Zahl ist der Inbegriff der Gleichheit* bzw. die ‚Gleichheit' ist mengentheoretisch die definierende Eigenschaft von Zahlen. Ob zwei Zahlen gleich sind, ist ohne weitere Abstraktion bzw. Absehen von Unterschieden eindeutig gegeben. Um den Begriff ‚Zahl' auf ein Ereignis anwenden zu können, muss eine Messvorschrift angegeben werden. Beobachten wir z. B. Löwen in der Savanne, dann können wir jeden einzelnen markieren und für jede Markierung einen Strich auf einer Liste machen, auf der die natürlichen Zahlen geschrieben sind. Wird das Experiment am nächsten Tag wiederholt, dann erhalten wir eine Zahl, deren Gleichheit mit der vorherigen Zahl wir eindeutig feststellen können. Weil der Zahlbegriff eindeutig ist, hat *Persistenz* eine genaue Bedeutung gewonnen. Im Unterschied zu den Begriffen ‚Löwe' und ‚Fluss' können wir bei dem Begriff ‚Anzahl' exakt angeben, ob ihr Wert gleich, d. h. zeitlich unverändert geblieben ist. Wichtig ist bei diesem Beispiel, dass die ‚Anzahl' durch eine Erzählung gegeben ist, wie sie zu bestimmen sei. Ihr konkreter Wert entsteht dann durch eine konkrete Handlung, d. h. das Ausführen des Erzählten.

Die Zahl wird uns einen völlig neuen Typ von Metapher ermöglichen. Doch zuerst müssen wir genauer betrachten, was Metaphern sind. *Metaphorá* ist ein Wort, das den griechischen Begriff μεταφορα latinisiert und im Deutschen ‚Übertragung' bedeutet. Für Friedrich Nietzsche sind Begriffe aller Art immer bereits Metaphern, da sie Bedeutung auf einzelne Ereignisse in der Natur übertragen.[5] Sie sollen hier *Metaphern 1. Art* genannt werden, um sie von dem Metaphernbegriff abzugrenzen, wie er seit Aristoteles' Poetik in ständigen Modifikationen verstanden wird. Dieser basiert im Wesentlichen auf der Übertragung eines Begriffes auf einen anderen, weshalb ich diese klassischen Metaphern im Folgenden auch *Metaphern 2. Art* nenne.

Das kollektive Gedächtnis kennt Begriffe aus allen möglichen verschiedenen Erfahrungsbereichen, die zunächst nichts miteinander zu tun haben, die aber komplex zusammengesetzt sein können. Mit ‚Schiff' wird ein schwimmendes, technisches Gerät bezeichnet, mit dem Menschen und Güter auf dem Wasser transportiert werden können. Es wird aber auch eine ‚schwankende Bewegung' mit diesem Begriff assoziiert. Erinnert sei etwa an ein Kamel zum Transport in der Wüste, sodass die Wortkombination ‚Wüstenschiff' möglich wird. Das kollektive Gedächtnis erlaubt die Bildung von Metaphern, d. h. die Übertragung von Begriffen von einem Erfahrungsbereich (Bewegung auf dem Wasser) auf einen völlig anderen (Kamelritt in der Wüste), wobei ‚etwas Ähnliches' – die ‚schwankende Bewegung' – ein Bindemittel ist, das einen Vergleich ermöglicht, das sogenannte *tertium comparationis*. Aristoteles beschreibt daher in seiner *Poetik* Metaphern im Sinne einer verkürzten Analogie:

> [Metapher] ist die Übertragung eines Wortes [...] nach den Regeln der Analogie. [...] [D]as Alter verhält sich zum Leben wie der Abend zum Tag; der Dichter nennt also den Abend ‚Alter des Tages', oder, wie Empedokles, das Alter ‚Abend des Lebens' oder ‚Sonnenuntergang des Lebens'.[6]

Das ‚Leben' hat keinen ‚Abend', aber ein Ende wie der Tag. ‚Abend' wird in ‚Lebensabend' also uneigentlich gebraucht, während seine eigentliche Bedeutung das Ende eines Tages ist. Das *tertium comparationis* von ‚Leben' und ‚Tag' ist u. a. das ‚Ende eines Zeitabschnittes', das es uns ermöglicht, den uneigentlichen Gebrauch des bildspendenden Begriffs ‚Abend' zu verwenden. Obwohl Aristoteles der Metapher eine Erkenntnisfunktion zuschrieb, wurde sie jahrhundertelang

---

5 Friedrich Nietzsche: Über Wahrheit und Lüge im außermoralischen Sinn. In: ders.: *Werke. Kritische Gesamtausgabe*. 3. Abt. Bd. 2: Nachgelassene Schriften 1870–1873. Hrsg. von Giorgio Colli und Mazzino Montinari. Berlin: De Gruyter, 1973. S. 369–384, hier S. 379–380.

6 Aristoteles: *Poetik*. Übers. und hrsg. von Manfred Fuhrmann. Stuttgart: Reclam, 2006. S. 67–69 (Kap. 21, 1457b).

eher als eine Trope, als rhetorisches Ausdrucksmittel verwendet. Im Folgenden soll die Metapher aber nicht als ein literarisches Stilmittel betrachtet werden, sondern nur auf ihre erkenntnistheoretische Funktion fokussiert werden. In einem ersten Schritt soll die Zuschreibung von physikalischen Eigenschaften wieder als ein metaphorischer Prozess erkennbar gemacht werden, da viele physikalische Größen wie ‚elektrischer Strom' oder ‚Spannung' nicht mehr als Metaphern wahrgenommen werden. Tote Metaphern sind solche, bei denen die Metaphorik, d. h. die Übertragung fremder Bildbereiche, nicht mehr bewusst ist oder erkannt wird. Beispiele sind ‚Handschuh', ‚Ohrfeige', aber auch ‚federleicht' und ‚weiße Milch'. Andere physikalische Metaphern sind nach wie vor lebendig – so etwa ‚Schwarzes Loch' oder ‚grüne Quarks' –, da ein *tertium comparationis* zwar existiert, aber nicht offensichtlich ist. Theoriekonstitutive Metaphern zielen gerade auf das *tertium comparationis*, das Erkenntnis stiftet. Als Beispiel kann ‚grüne Quarks' dienen, bei denen das *tertium comparationis* dem lernenden Physiker zunächst nicht bekannt ist. Erst durch ein Studium erfährt er, dass die drei Grundfarben dreifachen Ladungen entsprechen, die zusammengenommen etwas Neutrales, Weißes ergeben. Sie sind das sinnstiftende Dritte, das es zu erkennen gilt. Erst einmal erkannt, wird die Metapher schnell zu einer physikalischen Eigenschaft. Bei der analogen Metapher ‚weißer Quark' wird der metaphorische Gehalt schon kaum mehr wahrgenommen.

Metaphern sind Aristoteles zufolge Übertragungen zwischen unterschiedlichen Erfahrungsbereichen, wobei eine Gleichartigkeit erkannt wird. Die Physik hat – spätestens mit Galileo Galilei – eine genuin eigene Art gefunden, verschiedene Erfahrungsbereiche miteinander zu verknüpfen und eine Gemeinsamkeit zu konstituieren: die *Messung*. Nicht mehr nur beobachten, assoziieren, vergleichen (aufgrund des tradierten Wissens) und Schlüsse ziehen ist seitdem der Kern der Naturwissenschaft, sondern die konkrete Handlungsanweisung, eine ‚Skala' zu bauen und diese an die Beobachtung, an die Ereignisse ‚anzulegen'. Diese Handlungsanweisung kann man in verschiedenen Erfahrungsbereichen anwenden, und die Gleichheit oder Übereinstimmung des abgelesenen Skalenwertes ermöglicht eine Übertragbarkeit der Bedeutung von einem Erfahrungsbereich auf den anderen.

Die klassische Metapher ‚Achill ist ein Löwe' funktioniert, weil wir u. a. die traditionell überlieferten Eigenschaften ‚stark' und ‚mutig' des Löwen auf Achill übertragen können, obwohl ‚Löwe' sicherlich keine Eigenschaft von Achill ist. ‚Grün' ist zunächst auch keine Eigenschaft von ‚Quarks', sondern das Ergebnis einer quantitativen Messerzählung, die die von Farben vertrauten Phänomene auf die Wahrnehmung von ‚Quarks' überträgt. Die eigentliche Bedeutung von ‚grün' macht bei Quarks keinen Sinn. Dieser metaphorische Prozess im Kontext physikalischer Messungen ist sicherlich von Metaphern, die im literarischen Kontext verwendet und durch Metapherntheorien u. a. von Max Black untersucht wurden, zu unterscheiden, da diese in ihrer Bedeutungsvielfalt nicht abschließbar sind. Quantitative Metaphern wie ‚grüne Quarks' werden dagegen durch eine physikalische Messerzählung nicht nur gestiftet, sondern in ihrer Bedeutung auch festgelegt. Sie können daher schnell zu bloßen Bezeichnungen von Eigenschaften von Dingen werden, wenn ihr Übertragungscharakter vergessen wird. ‚Eigenschaften' und ‚Dinge' sind aber ontologische Begriffe eines realistischen Weltbildes, die wir auf dieser Stufe der Reflexion des physikalischen Erkenntnisprozesses noch gar nicht benötigen, sondern erst beim metaphorischen Prozess der mathematischen Modellbildung, der durch ‚ontologische Metaphern' geleitet wird (Kapitel 4). Zunächst soll aber der metaphorische Prozess im Kontext physikalischer Messungen wieder aufgedeckt werden, um physikalische Größen als ‚quantitative Metaphern' (Kapitel 2) und Naturgesetze als ‚synonyme quantitative Metaphern' (Kapitel 3) verstehen zu können.

Als Michael Faraday die bis zum Beginn des neunzehnten Jahrhunderts rätselhaften magnetischen Phänomene untersuchte, konnte er auf keine gewohnten Begriffe oder Bilder für die ‚raumgreifende' magnetische Kraft zurückgreifen. Über Jahre rang er um eine angemessene Beschreibung der Beobachtungen, was ihn schließlich zum Bild eines ‚Feldes' führte, das raumfüllend wogt und wie die Ähren in einem Weizenfeld an jedem Ort in eine Richtung zeigt. Doch damit nicht genug: Er findet in seinen Beobachtungen ‚Quellen' und ‚Senken', ‚Wirbel' und ‚Zirkulationen'; neue Wörter wie *Divergenzen* und *Gradienten* entstehen. Als Physiker kann Faraday sich aber nicht mit einer metaphorischen Beschreibung der neuen Phänomene begnügen, er muss für seine Bildbegriffe auch quantitative Messvorschriften finden. So streut er kleine magnetische Staubkörner auf sein ‚Feld' und sieht, wie sie sich daran entlang Linien und Wirbeln anordnen. Nun kann er die Anzahl dieser ‚Staublinien' zählen bzw. messen und gelangt zur quantitativen Metapher der ‚Feldstärke' bzw. des ‚magnetischen Flusses'. Den ‚elektrischen Strom' von Ladungen kannte man bereits. Im Unterschied zum elektrischen Strom ‚fließen' beim ‚magnetischen Fluss' aber weder Ladungen noch irgendwelche anderen Teilchen. Hier herrscht eine metaphorische Rede, um eine kontinuierliche Durchdringung auszudrücken, deren sichtbarer Ausdruck ‚Staublinien' sind, wie man sie auch auf einem Bach sehen kann. Deren Dichte kann als ein Maß für den ‚magnetischen Fluss' verwendet werden. Seinen Zahlenwert kann Faraday mit anderen Messhandlungen von bereits bekannten quantitativen Metaphern wie ‚Kraft', ‚Energie', ‚Impuls' oder ‚Leistung' (mit ihren jeweiligen, unabhängigen Messvorschriften) vergleichen und nach zeitlich persistenten Verhältnissen suchen. Eine erstaunliche Erfahrung ist, dass dieses metaphorische, physikalische Denken tatsächlich zu persistenten Relationen führen kann. Der Grund hierfür liegt darin, dass – im Unterschied zu klassischen Metaphern mit ihrem Assoziationsreichtum – bei solchen quantitativen Metaphern eine Übertragung allein durch gemessene Zahlen erfolgt: das *tertium comparationis* wird auf die Zahl festgelegt.

2 Sind Zahlen der Tod der Metapher? Quantitative Metaphern als Zahl und Erzählung

Physiker sind fasziniert von Zahlen, weil durch ihre Eindeutigkeit das Nicht-Richtige, das Nicht-Übereinstimmende zutage tritt. Was haben aber Zahlen mit Wörtern, gar mit Metaphern zu tun? Eine erste poetische Antwort deutet Miguel de Unamuno in seinem Gedicht „Wörter und Zahlen" an:

> Seele waren uns Wörter und Zahlen,
> ernster Kindheit Morgenfrische;
> Garten arithmetischer Sprache,
> Zahl und Erzählung gaben uns Lieder.[7]

Im Folgenden wird ‚Erzählung' nicht als eine Bezeichnung für eine literarische Gattung verwendet, sondern als eine sprachliche Darstellung eines Geschehens, das der Reihe nach aufzählt und Handlungen mit Worten wiedergibt. ‚Zahl' und ‚Erzählung' haben den gleichen Stamm und können bei einer physikalischen Größe nicht getrennt werden. Eine *Messerzählung* zählt nicht nur die einzelnen Schritte auf, die für eine Messung der Reihe nach durchgeführt werden müssen, sondern ihre Durchführung führt auch definitionsgemäß zu einer *Zahl* als Messergebnis der Erzählung.

Ist ein Begriff, d. h. eine Metapher 1. Art, mit einer Handlungsanweisung definiert, die das Ablesen einer Skala beinhaltet, dann möchte ich sie eine *quantitative Metapher 1. Art* nennen. Jede physikalische Größe bezeichnet einen Erfahrungsbereich, in dem eine quantitative Metapher möglich ist. Temperatur, Farbe, Gewicht, ja selbst Abstände und Zeitdauern sind durch Messvorschriften gegebene Begriffe.

- ‚Zeit' ist das, was mir eine ‚Uhr' anzeigt. Der Herzschlag ist eine gute natürliche Uhr.
- ‚Temperatur' ist das, was mir ein ‚Thermometer' anzeigt. Die Haut ist ein natürliches Thermometer.

7 Miguel de Unamuno: Wörter und Zahlen. In: *Lob des Fünfecks*. Hrsg. von Alfred Schreiber. Norderstedt: Books on Demand GmbH, 2008. S. 8.

- ‚Farbe' ist das, was mir ein ‚Spektrometer' anzeigt. Das Auge ist ein natürlicher Farbenmesser.
- ‚Kraft' ist das, was mir eine ‚Spiralfeder' anzeigt. Muskeln sind ein natürlicher Kraftmesser.
- ‚Masse' oder Gewicht sind das, was mir eine Waage anzeigt. Meine beiden Hände sind eine natürliche Waage.

‚Zeit', ‚Temperatur', ‚Kraft' etc. sind also Metaphern für Phänomene, die durch Erzählungen beschrieben werden, welche eine Konstruktion von Messgeräten beinhalten, die durch Begriffe wie ‚Uhr', ‚Thermometer' oder ‚Spiralfeder' bezeichnet werden und an denen man Zahlen ablesen kann. Wir können auch formelhaft zusammenfassen: *Physikalische Größe = Zahl und Erzählung*.

Wenn im Folgenden von ‚Kraft', ‚Gewicht' oder ‚Farbe' die Rede ist, dann ist der jeweilige Erfahrungsbereich gemeint, der durch eine Messvorschrift (natürlich oder technisch) mit einer Skala versehen ist, d. h. dem Zahlenwerte zugeordnet werden können. Der metaphorische Gehalt steckt dann nicht im Zahlenwert, sondern in der Erzählung, d. h. in dem Messgerät, das einer *Einheit* entspricht und eine Messvorschrift mit einer Skala umfasst. Die Messerzählung wird in der Physik oft mit einer physikalischen ‚Einheit' zusammenfassend bezeichnet, in der alles aufgezählt wird, was zur Messung der physikalischen Größe relevant ist. Die physikalische Größe ‚Temperatur' misst man z. B. in der Einheit ‚Celsius' oder in der Einheit ‚Fahrenheit', die sich in der Beschreibung darüber unterscheiden, wie das ‚Thermometer' zu konstruieren und seine Skala zu justieren sei. Wir können also formelhaft zusammenfassen: *Physikalische Einheit = Messerzählung*.

Physikalische Größen gewinnen im Unterschied zu einer Messerzählung (Einheit) erst durch ihre Übertragung auf ein konkretes natürliches Phänomen ihre Bedeutung, weshalb ich sie auch im Sinne Nietzsches als Metapher begreifen und sie als ‚quantitative Metapher 1. Art' bezeichnen möchte. Erst eine konkrete Messhandlung liefert eine Zahl für ein einzelnes Ereignis und überträgt den Begriff auf ein Ereignis. Die Messung von ‚Temperatur', ‚Kraft' oder ‚Farbe' hat nur in Bezug auf eine Handlung in der Natur eine Bedeutung, während es durchaus sinnvoll ist, Messerzählungen als ein rein sprachliches Phänomen zu betrachten.

Für physikalische Größen sowie für physikalische Einheiten hat die Physik *Symbole* eingeführt, die stellvertretend die Größe und deren Einheit, d. h. die Messerzählung bezeichnen sollen und die durch Konvention festgelegt werden. Bekannte Beispiele für Symbole, die physikalische Größen repräsentieren, sind:

x für ‚Ort'	F für ‚Kraft'	U für ‚Spannung'
t für ‚Zeit'	T für ‚Temperatur'	I für ‚elektrischen Strom'
m für ‚Masse'	E für ‚Energie'	R für ‚Widerstand'

Bekannte Beispiele für Symbole, die physikalische Einheiten repräsentieren, sind:

m für ‚Meter'	N für ‚Newton'	V für ‚Volt'
s für ‚Sekunde'	°C für ‚Grad Celsius'	A für ‚Ampere'
kg für ‚Kilogramm'	J für ‚Joule'	Ω für ‚Ohm'

Bei Phänomenen, die erst durch einen Physiker entdeckt und durch eine Messvorschrift mit einer Einheit quantitativ fassbar wurden, ist oft dessen Name als Symbol verwendet worden.

Die Einführung solcher Symbole kann allerdings eine tückische epistemologische Falle sein. Suggerieren solche Symbole doch, dass physikalische Größen objektive Eigenschaften der Dinge in der Welt seien, die durch Messungen immer präziser festgestellt werden könnten. Die Einheiten sind in dieser Sichtweise nur Definitionen von Messvorschriften bzw. von physikalischen Größen, die die physikalischen Eigenschaften der Dinge immer genauer fassen. Dieser naive Realismus würde zwar die *Persistenz* der Erfahrung wunderbar erklären, ist aber keine notwendige Voraussetzung oder Konsequenz einer objektiven Naturerkenntnis, worauf wir später noch zu sprechen kommen werden.

Die meisten Erfahrungsbereiche erlauben keine persistente (d. h. auch unabhängige) quantitative Fassung und keine quantitativen Metaphern. Zum Beispiel zieht ‚Wüstenschiff' zwar auch ein technisches Gerät zum Vergleich heran, allerdings keine Skala – und ist daher kein Messgerät und keine quantitative Metapher. Die Metapher ‚Temperatur' verwendet dagegen in ihrer Messerzählung eine Skala an einem Glasröhrchen und kann daher eine quantitative Metapher sein. Der Begriff ‚Temperatur' bezeichnet nichts anderes als diese Messerzählung, die ihre Bedeutung mit ihrer Übertragung in die Natur durch eine Messhandlung gewinnt. Sie ist kein Stoff, der fließt (Temperamentenlehre), und auch kein Feld, Äther oder *Noumenon*. Sie ist epistemologisch eine skalenbehaftete Metapher und unterliegt Konventionen der Erzählung, die angeben, wie sie zu messen ist. ‚Celsius', ‚Kelvin' oder ‚Fahrenheit' sind verschiedene Messerzählungen, sodass man konsequenterweise für die dazugehörige Größe unterschiedliche Symbole verwenden sollte, d. h.

- T_C für ‚Celsius-Temperatur' mit der Einheit ‚°C' für ‚Grad Celsius'
- T_K für ‚Kelvin-Temperatur' mit der Einheit ‚°K' für ‚Grad Kelvin'
- T_F für ‚Fahrenheit-Temperatur' mit der Einheit ‚°F' für ‚Grad Fahrenheit'.

Die Zahlen, die sich aus den Messerzählungen T_C, T_K und T_F ergeben, erlauben aber einen quantitativen Vergleich. Führt man die einzelnen Messhandlungen aus, so findet man reproduzierbar, d. h. persistent und unabhängig vom Experimentator, dass die Messergebnisse proportional zueinander sind: $T_C \sim T_K \sim T_F$.

Es liegt daher nahe, nur ein Symbol, T, für ‚Temperatur' zu verwenden, da die gemessenen Werte der physikalischen Größen T_C, T_K und T_F durch eine lineare Umskalierung der Skalen aufeinander abgebildet werden können und im Rahmen der Messgenauigkeit wohl synonyme Messerzählungen vorliegen. Man beachte aber, dass diese Proportionalität kein rigoroses mathematisches Gesetz ist, sondern nur empirisch mit endlicher Genauigkeit und Gewissheit festgestellt wurde. Es ist nicht ausgeschlossen, dass Ereignisse gefunden werden, bei denen sie nicht auftritt. Wären diese Ereignisse persistent, d. h. wiederholbar und unabhängig von Ort, Zeit oder Beobachter, dann müssten die Messerzählungen ‚Celsius', ‚Kelvin' und ‚Fahrenheit' als nicht äquivalent aufgefasst werden. Dadurch entstünde ein neues Forschungsgebiet, um den Grund der Nicht-Übertragbarkeit scheinbar äquivalenter quantitativer Messungen zu verstehen, das zu neuen quantitativen Metaphern und neuen Konventionen von physikalischen Größen führen könnte.

Ein wichtiges Beispiel für äquivalente Messerzählungen sind ‚schwere Masse' m_s und ‚träge Masse' m_t. Die Masse eines Körpers kann man z. B. durch die Kraft messen, die man braucht, um den Körper im Schwerefeld der Erde zu halten. Man misst diese ‚schwere Masse' oder das ‚Gewicht' durch eine Waage, etwa durch eine geeichte Spiralfeder, an der man ihre Ausdehnung ablesen kann. Man kann die Masse eines Körpers aber auch durch die Kraft messen, die man braucht, um einen ruhenden Körper zu beschleunigen. Seit Isaac Newton stellt man fest: ‚Schwere Masse ist träge Masse' oder $m_s \sim m_t$ oder ‚Gewicht ist Trägheit'. Albert Einstein hat diese Äquivalenz oder Synonymie der beiden Messerzählungen so lange umgetrieben, bis er über eine Kette von Metaphern – ‚Masse ist Energie', ‚Energie ist Krümmung', ‚Krümmung ist Trägheit' – eine Begründung für ‚Gewicht ist Trägheit' fand, die man heute Allgemeine Relativitätstheorie nennt.

‚Achill ist ein Löwe' ist eine klassische Metapher, deren *tertium comparationis* nicht eindeutig gegeben ist. Reduzieren wir sie aber auf den Vergleich der ‚Stärke', können wir versuchen, sie als eine quantitative Metapher aufzufassen. ‚Achill ist eine Giraffe' oder ‚Achill ist ein Kaninchen' schwächen die übertragene ‚Stärke' wohl etwas ab. Wir können uns vorstellen, dass wir die durch Menschen zugewiesene ‚Stärke' von Tieren vergleichen und in eine Ordnung bringen: z. B. vom Kaninchen über die Giraffe zum Löwen. So einigen wir uns etwa durch Konvention auf hundert Tiere, die wir von eins bis hundert durchnummerieren können. Nun genügt es zu sagen ‚Achill ist zehn' oder ‚Achill ist 84' auf der Tierskala. Stilistisch ist natürlich der metaphorische Wert durch diese Mathematisierung verlorengegangen, ja, die Metapher ist tot. Erkenntnistheoretisch entspräche ‚Achill ist 84' aber einer Metapher, die nur durch Konvention einer Skala, d. h. durch eine Messvorschrift, in eine quantitative Form gebracht wurde. Ein solches Verfahren ist prinzipiell mit sehr vielen Metaphern möglich. In der Tat ist eine solche

Tierskala kein unübliches Verfahren: So gibt es z. B. ‚Vogelstimmenuhren' und ‚Blumenuhren' oder ‚Blütenkalender'. Selbst das ‚Wüstenschiff' können wir modifizieren in ‚Wüstentanker' oder ‚Wüstenjolle' oder ‚Wüstenschoner'. Den Grad der assoziierten schaukelnden Bewegung können wir wiederum ordnen und quantifizieren.

Wie sinnvoll ist aber ein solches Verfahren? Die Antwort hängt natürlich vom spezifischen Interesse ab, wozu eine Metapher dienen soll. Ein naturwissenschaftliches Interesse ist die *Suche nach persistenten Skalen*, nach gleichbleibenden Zahlenverhältnissen, da Physiker an persistenter Naturerfahrung interessiert sind. Nach unserer Erfahrung sind Skalen, die auf der subjektiven Einschätzung von Menschen beruhen (Tierskala, Wüstenschiff), größeren Schwankungen unterworfen als Skalen, die auf unbewusster Natur aufbauen (Blütenuhr), oder gar Skalen, die auf unbelebter Materie basieren. So hat sich die Konvention, wie ‚Temperatur' gemessen werden soll, von der Armbeuge eines gesunden Mannes, über die Konsistenz von Butter bis zu der heute noch üblichen Ausdehnung einer dünnen Quecksilbersäule verschoben. Unverändert bei diesen verschiedenen Messerzählungen blieb die metaphorische Bedeutung der Zahl als *tertium comparationis*, die eine Übertragung überhaupt erst ermöglicht.

Unbestreitbar gründet sich moderne Naturwissenschaft auf eine operationale Definition ihrer Begriffe durch normierte Messverfahren. Physikalische Größen lassen sich aber nicht eindeutig und bedeutungserschöpfend festlegen. Es bleibt ein metaphorischer Assoziationsspielraum immanent – wie in jeder Erzählung, so auch in der Messvorschrift. Der gerade beschriebene metaphorische Prozess durch eine Messerzählung ist aber nicht subjektiv oder beliebig, sondern die Messvorschrift wird durch die Handlung stets zu einer Zahl, die durch die persistente und unabhängige Natur gesetzt wird – nicht durch den Messenden oder die Messvorschrift. Zentral für eine quantitative Metapher ist die Anbindung der Messerzählung an die Natur, an die persistenten Erfahrungen. Nur durch die Durchführung der Messvorschrift, durch die Handlung, entsteht eine Zahl, nur dadurch wird die Messerzählung quantitativ. Das Ergebnis der Messung steht nicht im Belieben des Messenden. Oft genug ist ein Messereignis ein Widerfahrnis, ein unerwartetes Ereignis, das gegen Erwartungen und Erfahrung ist. Hier zeigt sich die *Widerständigkeit der Natur*, die zu akzeptieren ein Naturwissenschaftler gelernt hat und die den Erfolg der Naturwissenschaft ausmacht, mit quantitativen Metaphern die Natur zu beschreiben.

Physikalische Größen sind sowohl Zahl als auch Erzählung, wobei die Zahl den rigorosen eindeutigen Teil darstellt. In der Messerzählung bleibt aber eine Unbestimmtheit oder eine *Unschärfe quantitativer Metaphern*, die wir von allen Sprachphänomenen kennen: Missverständnisse, Zweideutigkeiten, Unklarheiten etc. Auch kulturelle Prägungen und geschichtliche Traditionen bestimmen die

Lesart von Messerzählungen. Ein drastisches Beispiel für die Folgen solcher Unbestimmtheit war 1999 der Absturz des Mars Climate Orbiter: Amerikanische Ingenieure von Lockheed Martin verwenden traditionellerweise nicht die internationalen Standardeinheiten ‚Newton' und ‚Kelvin', sondern sind gewohnt, in ‚Pound' (lb) und ‚Fahrenheit' zu rechnen. Missverstehen sie aber Zahlen in anderen Einheiten, wird z. B. eine Marssonde nicht rechtzeitig abgebremst und verglüht in der Marsatmosphäre. Solche Missverständnisse sind in der Regel viel subtiler und geben Soziologen und Anthropologen genügend Beispiele, um über die gesellschaftliche Bedingtheit des Wissens zu forschen. Natürlich leiten kulturelle Kontexte und Paradigmen die Konstruktion von Messgeräten und die Definition von physikalischen Größen und Einheiten. Allerdings ist die Feststellung von Redundanzen, von synonymen quantitativen Metaphern, aufgrund der Zahl als Inbegriff der Gleichheit weder von der sozialen noch von der geschichtlichen Situation abhängig, sondern wird als unabhängige *Persistenz* der Natur erfahren. Die Gleichheit ist daher universell und stiftet ein objektives Naturgesetz, solange sich die Natur, die wir erleben, nicht ändert. Auch dieser metaphorische Zugang zur Naturgesetzlichkeit basiert auf der *Persistenz* von Erfahrungen, die vorausgesetzt werden muss und nicht begründbar ist.

Das intuitive Problem damit, physikalische Größen als Metaphern zu sehen, liegt wohl an zwei komplementären Gründen: Entweder werden sie durch ein (kompliziertes) technisches Gerät ermöglicht, wie ‚magnetischer Fluss' oder ‚Farbladung', und gehören damit nicht zur Alltagserfahrung von Menschen. Oder sie entsprechen zu sehr der Alltagserfahrung, wie ‚Farbe', ‚Temperatur' oder ‚Gewicht', als dass die Übertragung noch als solche wahrgenommen würde. Sie erscheinen damit unmittelbar als physikalische Eigenschaften von Dingen. Die Beispiele ‚Gewicht' und ‚Spannung' mögen diese Unterschiede illustrieren.

Eine Waage ist ein typisches Messgerät mit einer Skala zur Bestimmung von ‚Gewicht'. Da dieses technische Gerät – wie auch das Schiff – bereits seit Jahrtausenden verwendet wird, ist es in den Fundus metaphorisch möglicher Rede eingegangen: Beispiele für gängige Gewichtsmetaphern reichen von ‚eine Tat wiegt schwer' bei Gericht über ‚er ist zu leicht befunden' im Bereich der moralischen Bewertung bis hin zur ‚Lebenswaage'. Messgeräte jüngeren Datums haben es deutlich schwerer, als Metaphern anerkannt zu werden: ‚Akustischer Spektrumanalysator' als Metapher für Ohr ist wohl nur ein Rätsel für Physiker. ‚Spannungsmeter' ist da schon eingängiger.

Simon Ohm ist dadurch bekannt geworden, dass er eine neue Messerzählung für das Phänomen ‚Spannung' U gefunden hat, die einen elektrischen Strom I durch einen metallischen Leiter fließen lässt. Er ersetzte die bisher verwendeten ‚Volta'schen Säulen' zur Erzeugung elektrischer Spannung durch ‚Thermoelemente‘ und änderte damit die Messerzählung, d. h. die Einheit.[8] Diese Änderung des Messaufbaus ermöglichte erst die Einführung des elektrischen Widerstandes $R = U/I$ als reproduzierbar messbare Größe, d. h. als eine Messerzählung des Widerstandes R und damit des ‚Ohm‘ Ω als Einheit des Widerstandes R. Heute sprechen wir vom Widerstand R eines elektrischen Bauelementes, als ob er eine Eigenschaft wäre. Dies ist er aber nur deswegen, weil Messerzählungen ‚Volt‘ V und ‚Ampere‘ A für U und I gefunden wurden, sodass für viele elektronische Bauelemente $U \sim I$ gefunden wurde. Die quantitative Metapher ‚Widerstand‘ mit der Einheit ‚Ohm‘ ist allein durch diese von Simon Ohm geschilderte Messerzählung möglich geworden.

Quantitative Metaphern 2. Art: Die Zahl als tertium comparationis

Physikalische Größen wie ‚Spannung‘ und ‚Strom‘ wurden, Nietzsche folgend, hier als quantitative Metaphern 1. Art bezeichnet. Die Zahlen von quantitativen Metaphern erlauben nun eine spezifische Übertragungsmöglichkeit, die literarische Metaphern in ihrer Bedeutungsvielfalt nicht haben: ‚Spannung ist Strom‘. Hier werden zwei verschiedene quantitative Metaphern 1. Art aufeinander bezogen, weil persistente Relationen zwischen ihren gemessenen Zahlenwerten beobachtet werden. Herkömmlich würde dies als ein funktionaler Zusammenhang physikalischer Eigenschaften verstanden werden. Hier möchte ich den sprachlichen Aspekt der metaphorischen Übertragung betonen, um deutlich zu machen, dass physikalische Eigenschaften zunächst als Messerzählungen gegeben sind, die unterschiedliche Erfahrungen mit einer Skala versehen. Diese Skalen erlauben erst die Rede von ‚Spannung ist Strom‘. Solche Metaphern zweiter Stufe – Vergleichsmetaphern im aristotelischen Sinn – möchte ich *quantitative Metaphern 2. Art* nennen. Begreifen wir physikalische Größen als quantitative Metaphern 1. Art, dann wird deutlich, dass der Forschungsfortschritt in der Physik viel mit metaphorischer Arbeit zu tun hat und entdeckte Naturgesetze als quantitative Metaphern 2. Art verstanden werden können.

---

8 Bringt man zwei verschiedene Metalle in Berührung, so entsteht eine Spannung zwischen ihnen, die von der Temperatur abhängig ist, und daher durch Temperaturänderungen sehr genau kontrolliert werden kann. Die Volta'schen Säulen beruhten dagegen auf chemischen Reaktionen, deren Kontrolle im neunzehnten Jahrhundert (im Gegensatz zu heutigen Batterien) nicht hinreichend gewährleistet war, sodass oft ein unkontrollierter Spannungsabfall eintrat, sobald man einen Strom ‚zog‘. Dieser Effekt ist bei Thermoelementen viel geringer, sodass die Spannung U dieser Stromquelle als unabhängig vom verwendeten Strom I angesehen werden konnte.

Michael Faraday erkannte z. B., dass sein ‚magnetisches Feld', genauer: die Messerzählung ‚magnetische Zirkulation', symbolisch: Γ_M, etwas mit dem ‚elektrischen Strom', symbolisch: I, zu tun hat: Die Messerzählungen führten zu ähnlichen Werten, egal auf welche konkrete elektro-magnetische Situation er sie anwandte. Eine Gleichheit konnte er aber nicht feststellen. Erst James Clerk Maxwell erkannte, dass noch eine Messerzählung fehlte, um eine Gleichheit der Zahlenwerte zu erreichen: der heute sogenannte Maxwell'sche Verschiebungsstrom, bzw. der ‚elektrische Fluss', symbolisch: Φ_E. Die Metapher ‚Strom' oder ‚Fluss' suggeriert, dass etwas ‚fließt', nur wird sie hier auf jeweils völlig verschiedene Phänomene übertragen. Die Messvorschrift ist aber in allen drei Fällen ähnlich und erlaubt einen quantitativen Vergleich der erhaltenen Zahlenwerte. Erstaunlicherweise fand Maxwell – und seitdem jeder, der die Messerzählungen wiederholte –, dass die Gleichheit $\Gamma_M = I + \Phi_E$ stets erfüllt ist – heute bekannt als *Ampere'sches Gesetz*. Dies ist eine der vier sogenannten *Maxwell'schen Gesetze*, die das Fundament der Elektrodynamik darstellen und die Grundlage nahezu jeder technischen Anwendung von Elektrizität sind. Die Gleichheit der gemessenen Zahlenwerte erlaubt die metaphorische Rede von ‚magnetischer Zirkulation ist elektrischer Strom', obwohl mit ‚magnetischer Zirkulation' und ‚elektrischem Strom' nach wie vor unterschiedliche Erfahrungen benannt werden und nach ihren eigentlichen Bedeutungen eine Zirkulation kein Strom ist. Auf solche quantitativen Metaphern 2. Art, die als Naturgesetze erkannt wurden, werden wir im folgenden Kapitel 3 ausführlicher eingehen und im Kapitel 4 deren Mathematisierung durch ontologische Metaphern beschreiben. Am Beginn der mathematisch-physikalischen Theorie stand aber die Metapher des ‚Fließens' und ihre Übertragung auf den neuen Erfahrungsbereich der magnetischen und elektrischen ‚Felder', die zu magnetischen und elektrischen ‚Flüssen' führen.

Ein völlig neues Gebiet der Naturforschung war damit geboren – ein Gebiet, das als ‚Feldtheorie' die Physik des zwanzigsten Jahrhunderts maßgeblich bestimmte. Weder Elektrodynamik noch Quantenmechanik und Allgemeine Relativitätstheorie sind ohne diese begriffliche Fassung des ‚Feldes' denkbar. Die Revolution der Physik zu Beginn des zwanzigsten Jahrhunderts fand daher nicht erst mit Max Planck, Albert Einstein und Erwin Schrödinger statt, da deren Erkenntnisse zentral auf der quantitativen Metapher des ‚Feldes' aufbauten, sondern bereits 50 Jahre früher mit Michael Faraday und James Clerk Maxwell. Die Geschichte der Physik scheint eher eine schleichende Geschichte des Wandels von Metaphern zu sein, auf denen später paradigmatische Umwälzungen basierten und in denen das physikalische Wissen in mathematischen Gleichungen neu geordnet und interpretiert wurde. Die neue mathematische Fassung der Phänomene in einem revolutionären Modell erscheint somit erst als Schlusspunkt eines Metaphernwechsels, der viel früher und zunächst unbemerkt in Zeiten einer festgefügten Welterzählung begann.

3 Was ist ein Naturgesetz? Synonyme quantitative Metaphern

Michael Faraday schrieb am 19. März 1849 in sein Laborbuch:

> All this is a dream. Still examine it by a few experiments. Nothing is too wonderful to be true, if it be consistent with the laws of nature; and in such things as these, experiment is the best test of such consistency.[9]

Auch wenn uns Phänomene wie ein Traum vorkommen, können wir messen und erstaunliche Übereinstimmungen feststellen. In Naturgesetzen erkennen wir, dass das zunächst verschieden Erscheinende doch gleich ist. Aber alles bleibt möglich, solange das in Naturgesetzen entdeckte Gleichbleibende nicht verletzt wird. Faraday möchte diese Konsistenz in der Vielfalt der Phänomene testen, indem er die in Experimenten gefundene Übereinstimmung von quantitativen Metaphern durch wiederholte Messungen verschiedener physikalischer Größen überprüft.

Am Beispiel der Temperatur haben wir bereits ein einfaches Beispiel eines Naturgesetzes kennengelernt, das durch Übertragung von einer quantitativen Metapher auf eine andere entsteht. Die Entdeckung der ‚Übereinstimmung' der Temperaturbegriffe, $T_C \sim T_K \sim T_F$, ist nur durch das Vergleichen der Zahlen aus den Messhandlungen möglich. Die quantitativen Metaphern T_C, T_K, T_F wurden durch den Zahlenvergleich als ‚Synonyme', als ‚bedeutungsgleich' erkannt, d. h. als verschiedene, aber in ihren Zahlenwerten übereinstimmende Messerzählungen. Diese quantitativen Metaphern liegen allerdings so nahe, dass der metaphorische Prozess kaum sichtbar ist. Überraschend und erkenntniserweiternd sind dagegen die Übertragbarkeit so verschiedener Begriffe wie ‚Krümmung' auf ‚Energie' oder ‚Kraft' auf ‚Impulsstrom'. Bevor wir uns um die Übertragungsmöglichkeit so verschiedener Erfahrungsbereiche kümmern, wollen wir ein naheliegendes Beispiel aus der Physikgeschichte etwas genauer betrachten. Gemeint ist die Entdeckung des Naturgesetzes der Energieerhaltung, die viel mit der Entdeckung synonymer Messerzählungen zu tun hat: *Was ‚ist' Energie?*

9 Zit. nach Henry Bence Jones (Hrsg.): *The Life and Letters of Faraday.* Bd. 2. London, Longmans, Green, and Co., 1870. S. 253.

Einer der im Schulunterricht schwierigsten physikalischen Begriffe ist wohl die *Energie*, da es für sie – im Unterschied zu ‚Raum', ‚Zeit', ‚Kraft', ‚Farbe' oder ‚Temperatur' – kein körpereigenes Messinstrument oder keine alltägliche ‚Messerfahrung' gibt. Umso geeigneter ist ein metaphorisches Verständnis, da ‚Energie' in der Alltagssprache noch nicht zu einer bloßen Eigenschaft von Dingen geronnen ist. Wenn wir davon reden, dass jemand ‚viel Energie hat', dann meinen wir damit ein hohes Potential an Handlungsfähigkeit oder Bewegungsmöglichkeit. Dies entspricht der griechischen Bedeutung, die kulturell überliefert und somit aufgrund des kulturellen Gedächtnisses metaphorisch verwendbar wird. Doch was bedeutet es, wenn in der Physik gesagt wird, dass ein Stein ‚viel Energie hat'? Hier brauchen wir offensichtlich keine griechischen Begriffe, die uns die uneigentliche Bedeutung der Metapher vermitteln, sondern eine Messerzählung, die die Bedeutung von ‚Bewegungsmöglichkeit' in Zahlen fasst. Üblicherweise wird ein Kraftmeter (mit der Einheit ‚Newton' N) verwendet, wenn man einen Körper in eine bestimmte Höhe anhebt und gleichzeitig der zurückgelegte Weg (in der Einheit ‚Meter' m) gemessen wird. Diese Messerzählung nennt man *Joule* und kürzt es symbolisch mit J oder auch Nm ab. Die gleiche Einheit kann man verwenden, um ein Gas in einem Kolben zusammenzudrücken, das sich dabei erwärmt. Man kann aber auch die Messerzählung ‚Caloricum' bzw. *Kalorien* cal erfinden, indem man ‚Temperaturänderung' in ‚Celsius' misst und damit ein ‚Kalorimeter' baut, das die beim Kolbendrücken erzeugte Wärme in Form von Temperaturänderung angibt. Es war ein Meilenstein in der Physikgeschichte, als Mitte des neunzehnten Jahrhunderts durch wiederholte Messungen festgestellt wurde, dass hier *synonyme Messerzählungen* vorliegen, da ein Zahlenvergleich der verschiedenen Messungen unter bestimmten Voraussetzungen stets ergibt: *Kalorie ‚ist' Joule*.

Es wurden also nicht zwei verschiedene physikalische Größen definiert, sondern zweimal ein und dieselbe. Nur ist das nicht offensichtlich, da die Messerzählungen unterschiedlicher nicht sein können und eine Übertragungsmöglichkeit der Metaphern ‚Caloricum' und ‚Joule' allein durch die gemessenen Zahlen möglich wurde. Heute spricht man von unterschiedlichen ‚Erscheinungsformen der Energie', die ineinander umgewandelt werden können. Man kennt ‚Lage-Energie' oder ‚potentielle Energie', ‚Bewegungs-Energie' oder ‚kinetische Energie', ‚Wärme-Energie', ‚elektrische Energie', ‚Licht-Energie' – um nur einige zu nennen.[10] Heute wird das ‚Joule' für alle diese ‚Formen der Energie' verwendet, egal ob mechanisch, thermisch, elektrisch oder chemisch. Eingeführt wurde es

10 ‚Lage-Energie' oder ‚potentielle Energie' wird durch ‚Joule'gemessen: Verschiebt man einen Körper um einen ‚Meter' m, indem man eine Kraft von einem ‚Newton' N wirken lässt, braucht man die Energie von einem ‚Joule' J. Das entspricht der Energie, die benötigt wird, um eine 100 Gramm schwere Tafel Schokolade vom Boden auf einen Tisch zu heben, der 1 Meter hoch ist.

durch Wilhelm Siemens in seiner Antrittsrede als Präsident der British Association for the Advancement of Science am 23. August 1882:

> The unit of heat has hitherto been taken variously as the heat required to raise a pound of water at the freezing-point through 1° Fahrenheit or Centigrade, or, again, the heat necessary to raise a kilogramme of water 1° Centigrade. The inconvenience of a unit so entirely arbitrary is sufficiently apparent to justify the introduction of one based on the electro-magnetic system, viz., the heat generated in one second by the current of an Ampere flowing through the resistance of an Ohm. In absolute measure its value is 10^7 C.G.S. units, and, assuming Joule's equivalent as 42.000.000, it is the heat necessary to raise 0.238 grammes of water 1° Centigrade, or, approximately, the 1/1000th part of the arbitrary unit of a pound of water raised 1° Fahrenheit and the 1/4000th of the kilogramme of water raised 1° Centigrade. Such a heat unit, if found acceptable, might with great propriety, I think, be called the Joule, after the man who has done so much to develop the dynamical theory of heat.[11]

Das fundamentale *Naturgesetz der Energieerhaltung* besagt nun, dass die Summe der Messungen aller Energieformen an einem (abgeschlossenen) System zu jeder Zeit die selbe Zahl ergibt. In welcher Form ‚Energie' auftreten kann, wird durch das Naturgesetz weder abschließend beantwortet noch auch nur nahegelegt. Der Vielfalt der Phänomene sind durch das Naturgesetz keine Grenzen gesetzt, und

---

Als eine Einheit gemessen an einem mechanischen System mit den Messerzählungen ‚Meter' m, ‚Sekunde' s und ‚Kilogramm' kg kann die Messerzählung ‚Joule' J auch durch die Messerzählungen $J = kg\,m^2/s^2$ ausgedrückt werden, da wir bereits die synonymen Messerzählungen für Kraft ‚Newton' $N = kg\,m^2/s^2$ kennen. Da m/s einer Messerzählung für Geschwindigkeit entspricht, liegt es nahe, eine andere mechanische Messerzählung für Energie zu verwenden: die ‚Bewegungs-Energie'. ‚Bewegungs-Energie' oder ‚kinetische Energie' werden ebenfalls durch ‚Joule'gemessen: Misst man an einem Körper die Masse ‚ein Kilogramm' (1 kg) und die Geschwindigkeit ‚ein Meter pro Sekunde' (1 m/s), dann hat er die ‚Bewegungs-Energie' ‚ein Joule' (1 J). ‚Wärme-Energie', gemessen durch ‚Caloricum' cal, ist wiederum die Energie, die aufgebracht wird, um Wasser vom Gewicht eines Gramm g um die Temperatur von einem Grad ‚Celcius' zu erwärmen; man findet hier $1\,J = 0{,}239$ Kalorie. Heute wird diese Messerzählung eigentlich nur noch in der Physiologie verwendet, um den ‚Energieinhalt' von Nahrungsmitteln anzugeben. In der Wissenschaft war es üblicher, die elektrische Messerzählung von ‚Wärme' zu verwenden: die Energie, gemessen in ‚erg', die durch einen Strom von ‚einem Ampere' während der Dauer von ‚einer Sekunde' an einem elektrischen Widerstand von ‚einem Ohm' entsteht. Man findet $1\,J = 10^7$ erg. ‚Elektrische Energie', gemessen durch ‚Voltamperesekunde', ist die Energie, die aufgewandt wird, um einen elektrischen Strom von ‚einem Ampere' A für ‚eine Sekunde' s durch einen Draht fließen zu lassen, an dem die Spannung von einem ‚Volt' V anliegt. In der Wissenschaft ist die Verwendung ‚Elektronenvolt' eV üblicher, da oft der Strom aus einzelnen Elektronen mit der Ladung e besteht, während im Haushalt aber die ‚Kilowattstunde' kWh gebräuchlich ist mit $1\,J = 2{,}778\;10^{-7}$ kWh. ‚Licht-Energie' wird durch ‚Lumen' lm, ‚Lux' lx oder ‚Candela' cd gemessen.

11 Wilhelm Siemens: Address by the President. In: *Report of the Fifty-Second Meeting of the British Association for the Advancement of Science*. London: John Murray, 1883. S. 1–33, hier S. 6–7.

in der Tat entdecken Physiker z. B. in Teilchenbeschleunigern neue Formen der Energie wie die starke und schwache ‚Kernenergie'. Das Naturgesetz ist nur Ausdruck dafür, dass bisher stets Messerzählungen für solche neuen Energieformen gefunden werden konnten, sodass die Summe ihrer Zahlenwerte konstant blieb. Um einen Grund für dieses Naturgesetz angeben zu können, benötigen wir aber nicht eine neue Messerzählung, sondern eine Modellerzählung über die Welt, was wir im folgenden Kapitel 4 beschreiben werden. Es ist dieses Erhaltungsgesetz, das zu einer bestimmten ontologischen Modellerzählung verführt, die z. B. eine Stoff-Metapher für die Energie einführt, um von ‚Phlogiston' oder ‚Caloricum' als Substanzen zu reden. Dies ist allerdings irreführend, da ‚Energie' – wie die zu Beginn des Kapitels 2 diskutierte ‚Temperatur' – eine Messerzählung voraussetzt. Sie ‚ist' keine Substanz, kein Stoff, der fließt, kein Phlogiston oder Caloricum, und auch kein Feld, Äther oder Noumenon. ‚Energie' ist eine skalenbehaftete Metapher für Bewegungsmöglichkeiten in der betrachteten Natur.

Auch ohne einen Grund für dieses Naturgesetz gelegt zu haben, ist das Vertrauen in die Synonymie der verschiedenen Messerzählungen der ‚Energie' bei Physikern beispielsweise so groß, dass, nachdem bei einer Messung radioaktiver Zerfälle eine scheinbare Verletzung der Energieerhaltung festgestellt wurde, Wolfgang Pauli 1930 postulierte, dass es eine neue Form von Teilchen geben müsste, die unbemerkt in irgendeiner Form ‚Energie davongetragen' hat. Also suchten Physiker nach neuen Messmöglichkeiten dieses sogenannten ‚Neutrino'-Teilchens, das ihnen in der Tat 1956 im sogenannten ‚Poltergeist-Experiment' ins Netz ging und das Naturgesetz der Energieerhaltung beeindruckend bestätigte. Auch ohne einen Grund angeben zu können, erkennen wir im Naturgesetz der Energieerhaltung die Synonymie von quantitativen Metaphern in unseren Messerzählungen der Natur.

Entdeckung des Gleichen: Synonyme quantitative Metaphern

Der Wert der Einführung von physikalischen Größen als ‚quantitative Metaphern' zeigt sich in den neuen Übertragungsmöglichkeiten, die sich durch die Zahl ergeben. Es soll nun der Versuch unternommen werden, eine metaphernbasierte Erkenntnistheorie der Physik zu formulieren. Um diese zu motivieren, stellen wir uns vor, Alexander von Humboldt und Charles Darwin würden gemeinsam eine Forschungsreise in einen Urwald machen, tagsüber getrennte Wege gehen und abends einander berichten, was sie beobachtet haben. Humboldt spricht vom ‚Breitnasenaffe' und Darwin vom ‚monkey' und nach einer Weile des Vergleichens stellen sie fest, dass *Breitnasenaffe = New World monkey* ist. Sie haben verschiedene Bilder verglichen und Experimente gemacht, um festzustellen, dass sie über das gleiche Phänomen sprechen, das zunächst verschieden erschien. Ein Naturgesetz scheint nichts anderes zu sein als die über verschiedene Messungen gewonnene Einsicht in die *Redundanz der Wahrnehmung*. Was zunächst als verschieden erfahren wird, erscheint nun als die Perspektiven der verschiedenen Messungen auf das gleiche Phänomen in der Natur.

Ein weiteres Gedankenspiel: Ein Blinder und ein Gelähmter sitzen gemeinsam an einem Bach. Der Blinde hält seine Hand hinein und spürt die Kraft des fließenden Wassers. Er ertastet den Fluss, die Wirbel und Stromschnellen und legt mental eine Karte zusammen über die lokale Kraftverteilung im Bach. Der Gelähmte bleibt sitzen und betrachtet die Stromlinien, die treibenden Blätter, wie sie an Felsen stoßen, sich drehen, schneller und langsamer werden. Auch er zeichnet eine Karte, aber nicht die der Kräfte, sondern die der Geschwindigkeitsänderungen bzw. ‚Beschleunigungen' oder ‚Impulsströme', wie Physiker diese Größe bei einer inkompressiblen Flüssigkeit nennen würden. Erstaunt stellen sie fest, dass ihre Karten gleich sind, d. h. dass *Karte der gespürten Kraft = Karte der gesehenen Impulsströme* ist. Wenn man das gleiche Phänomen betrachtet, aber verschiedene Wörter und Bilder verwendet, sollte man nicht verwundert sein, dass manche von ihnen, sicherlich nicht alle, redundant sind. Das Verwunderliche an den Naturgesetzen scheint also nicht die Gleichheit des Verschiedenen zu sein, sondern die Verschiedenheit der Wahrnehmung des Gleichen. Diese resultiert aber vermutlich aus den verschiedenen Sinnesorganen und der Fähigkeit des Menschen, verschiedenartige Messapparate zu bauen.

Wenn ein Naturgesetz die Entdeckung des Gleichen in verschiedenen Wahrnehmungen ist, dann muss es in allen möglichen Kontexten dieser Wahrnehmungen auffindbar sein. Ob man nun die Geschwindigkeit (Impuls) des Wassers oder eines Steins beobachtet, oder ob man die Kraft des fließenden Wassers oder die Kraft, mit der man einen Stein wirft, misst, sollte für ein Naturgesetz als Ausdruck synonymer Messerzählungen ‚Kraft' und ‚Impulsstrom' egal sein. Isaac Newton erkannte, dass die ‚Kraft' F (die man durch einen Muskelapparat, z. B. eine Spiralfeder, misst) und der ‚Impulsstrom' $\dot{p}$ (d. h. die ‚Beschleunigung', die durch Galileis Messvorschrift für Geschwindigkeit und Zeit messbar wurde) stets proportional zueinander sind, egal an welchem Körper die Messungen vorgenommen wurden. Es gilt das *Newton'sche Bewegungsgesetz Kraft = Impulsstrom* bzw. $F = \dot{p}$ als universeller Ausdruck der Übereinstimmung der beiden Messerzählungen. Naturwissenschaftliche Gesetze entdecken also, dass manche der quantitativen Metaphern 2. Art eigentlich Synonyme sind, d. h. redundante Messerzählungen. Das ist der Kern dieses erkenntnistheoretischen Verständnisses der Physik als eines metaphorischen Prozesses. Solche quantitativen Metaphern 2. Art, die stets eine Übereinstimmung ausdrücken, möchte ich *synonyme quantitative Metaphern*

nennen. Bekannte Beispiele, bei denen zuvor getrennte Erfahrungsbereiche durch quantitative Messungen als Synonyme erkannt wurden, sind:
- das *Ampere'sche Gesetz des magnetischen Feldes* (Magnetische Zirkulation = Elektrischer Strom bzw. $\Gamma_M = I + \Phi_E$)
- das *Gauß'sche Gesetz des elektrischen Feldes* (Elektrischer Fluss = Elektrische Ladung bzw. $\Phi_E = Q$)
- *Einsteins Gesetz der Gravitation* (Krümmung = Energie bzw. $R_{\mu\nu} = T_{\mu\nu}$).

Es wäre eine interessante Aufgabe, alle bekannten Naturgesetze auf ihren Gehalt an quantitativen Metaphern hin zu überprüfen. Wenn dieser metapherntheoretische Zugang zur Naturgesetzlichkeit Bestand haben soll, dann müsste jedes Naturgesetz einen metaphorischen Kern haben, d. h. über synonyme quantitative Metaphern fassbar sein. Die Bezeichnung von Naturgesetzen als synonyme quantitative Metaphern lenkt den Blick darauf, dass sie weder als mathematische Formeln begründet werden noch eine ontologische Bestimmung einer Welt der Dinge sind, sondern Ausdruck redundanter Wahrnehmungen, die in quantitative Begriffe gegossen wurden. So drückt das Ampere'sche Gesetz nur aus, dass die ‚magnetische Zirkulation' und der ‚elektrische Strom' als Messerzählungen synonym sind.

Synonyme quantitative Metaphern 2. Art sind nur bei quantitativen Metaphern 1. Art möglich, da allein die Zahl die Gleichheit entdeckt und damit eine Übertragung ermöglicht. Aber nicht jede quantitative Metapher 2. Art ist auch eine synonyme quantitative Metapher. Ob eine quantitative Metapher wirklich synonym ist, ist nur empirisch feststellbar, und oft genug musste die Annahme korrigiert werden. Ein Beispiel ist das Ohm'sche Gesetz ‚Volt' ~ ‚Ampere' für die Spannung und den Strom in einem Leiter, der auf die Definition des Widerstandes $R = U/I$ des Leiters führte. Man könnte nun annehmen, dass ‚Spannung ist Strom' eine synonyme quantitative Metapher ist. Aber im Gegensatz zum Newton'schen Gesetz oder zum Ampere'schen Gesetz hängt das Verhältnis R von dem jeweiligen Körper ab, an dem Spannung und Strom gemessen wurde. Auch findet man durchaus kleine Abweichungen von der Proportionalität ‚Volt' ~ ‚Ampere', und es gibt sogar Leiter, bei denen sie gar nicht zu beobachten ist. Das Ohm'sche Gesetz ‚Spannung ist Strom' ist also eine mögliche quantitative Metapher 2. Art, aber keine synonyme quantitative Metapher. Wir müssen also zwischen wirklichen Synonymen, sogenannten Fundamentalgesetzen der Natur, und einfachen quantitativen Metaphern 2. Art unterscheiden, die nur in bestimmten Situationen und Phänomenen möglich sind. Einen einfachen Fall von synonymen quantitativen Metaphern stellen alternative Messverfahren für die gleiche physikalische Größe dar. Allerdings erscheinen diese nur deswegen als einfach, weil wir uns an ihre Synonymie gewöhnt haben. So waren die verschiedenen Messerzählungen der

‚Temperatur' und ‚Energie' im neunzehnten Jahrhundert nicht selbstverständlich, sondern ein wichtiger Erkenntnisfortschritt dahingehend, was alles als ‚Energie' messbar ist.

Nicht nur lineare Relationen zwischen Messgrößen können Ausdruck synonymer quantitativer Metaphern sein. Es gibt auch viele nicht-lineare Gesetzmäßigkeiten. Oft können diese aber durch eine modifizierte Messerzählung oder Skala auf eine lineare Beziehung gebracht werden. Phänomene wie der Quanten-Hall-Effekt zeigen aber auch, dass eine physikalische Messgröße konstante Werte annehmen kann, die sogar durch Naturkonstanten festgelegt sind und sich als natürliche Zahlen erweisen. Auch wenn kein linearer Zusammenhang zu einer anderen Messgröße besteht, wird hier die mögliche Redundanz einer Messerzählung offensichtlich.

Die Bezeichnung ‚synonyme quantitative Metaphern' scheint zunächst ein Widerspruch in sich zu sein. Echte Synonyme sind in jeder Sprache schwer zu finden. Stets machen kleine Bedeutungsunterschiede, minimale Verschiebungen der Assoziationen eine Gleichheit des Bezeichneten zu etwas nur Ähnlichem. Allein bei Übertragungen aus einer anderen Sprache – wie ‚Trottoir' für ‚Gehsteig' – scheinen echte Synonyme anzutreffen zu sein. Und natürlich in der Mathematik, wo ‚fünf Zwanziger' oder besser ‚fünf mal zwanzig' tautologisch eindeutig als ‚hundert' verstehbar ist. Aber natürlich gibt es auch bei den Metaphern, die in Naturgesetzen als Synonyme erkannt wurden, Bedeutungsunterschiede. ‚Kraft' ist nicht dasselbe wie ‚Impulsstrom', da die Messerzählungen unterschiedlicher nicht sein könnten. Dennoch stiftet die Zahl eine Übertragungsmöglichkeit, die stets gegeben ist, weshalb der Begriff ‚synonyme quantitative Metaphern' angemessen erscheint.

Synonyme quantitative Metaphern wie ‚Kraft ist Impulsstrom' sind aber auch keine Tautologien, da die Übertragungsmöglichkeit, d. h. die Gleichheit der Zahlenwerte, die die Metapher überhaupt erst ermöglicht, nicht aus den Messerzählungen selbst abgeleitet werden kann. Die Gleichheit der Zahlenwerte erweist sich erst in der Handlung und ist Ausdruck der *Persistenz* der Natur. Es sind Mess*handlungen*, die die quantitativen Metaphern konstituieren. Die Handlung ist die Basis, die jedes Naturgesetz in der Natur gründet. Synonyme und damit Naturgesetze sind unabhängig vom Beobachter und auch unabhängig von der Nützlichkeit des Handlungsaktes. Im Gegensatz zu einem sozialen Konstruktivismus sind synonyme quantitative Metaphern daher metapherntheoretisch als objektive Erkenntnis zu betrachten, die unabhängig vom Subjekt sind. Nur liegt die Begründung der Naturgesetze nicht mehr in einer Objektivität der Welt, sondern in der Redundanz der menschlichen Wahrnehmung. Verschiedene Messerzählungen desselben Phänomens sind wie verschiedene Sprachen mit anderen Wörtern und Grammatiken. Wie bei ‚New World monkey = Breitnasenaffe' werden auch verschiedene Messsprachen als synonym erkannt, wenn sie auf der Gleichheit gemessener Zahlen beruhen.

Lebendige Metaphern: Entfaltung des Vielfältigen

Durch die Tatsache, dass Naturgesetze synonyme quantitative Metaphern sind, erklärt sich vielleicht auch die *heuristische Funktion von Metaphern* für den physikalischen Erkenntnisprozess. So wie es optische Täuschungen gibt, kann man Metaphern als ‚sprachliche Täuschungen' begreifen: Sie sagen nicht, was sie sagen, sondern bedeuten, was sie eigentlich nicht bedeuten. Wegen dieser bewussten Täuschungsabsicht wurden Metaphern in der traditionellen Wissenschaftstheorie als legitime Methode der Erkenntnis oft ausgeschlossen. Dies hat sich geändert, vor allem aufgrund der zahlreichen Beispiele, bei denen Metaphern theorieinspirierend gewirkt haben. Bekannt sind Kekulés Schlange, Bohrs Atom als Sonnensystem, Einsteins Gedankenexperimente zu beschleunigten Fahrstühlen, ‚Schwarze Löcher' und der Urknall in der Astrophysik oder der ‚genetische Code' in der Biologie. Metaphern haben zumindest die Funktion eines ‚Katalysators', der Gedanken anstößt, auch wenn er am Gedankengang selbst nicht teilnimmt.

Neue Metaphern für neue Phänomene zu finden, war oft die Grundlage von Erkenntnis, auch wenn sie zunächst nur als rhetorisches Mittel, als Argumentationshilfe eingesetzt wurden, wie bereits Aristoteles feststellte:

> Es ist aber bei weitem das Wichtigste, daß man Metaphern zu finden weiß. Denn dies ist das Einzige, das man nicht von einem anderen erlernen kann, und ein Zeichen von Begabung. Denn gute Metaphern zu bilden bedeutet, daß man Ähnlichkeiten zu erkennen vermag.[12]

Gute quantitative Metaphern zu bilden, ist besonders wichtig, da manche von ihnen nicht nur Ähnlichkeiten, sondern sogar Synonyme erkennen lassen und die Entdeckung von Naturgesetzen durch Messung von Zahlen ermöglichen.

Naturwissenschaft scheint mir vor allem zwei faszinierende komplementäre Aspekte zu haben: die *Entdeckung der Vielfalt* an möglichen Ereignissen und die *Ordnung der Erfahrungen*. Die Entdeckung von Naturgesetzlichkeiten, die die Vielfalt der Phänomene ordnen und Redundanzen aufdecken, ist nur der zweite faszinierende Aspekt von Naturwissenschaft.

Ersteres geschieht durch einen Forschungsreisenden, der zu unbekannten Gewässern oder Kontinenten aufbricht, in den Urwald geht und neue Arten entdeckt; oder durch einen Optiker, der ein Teleskop erfindet und plötzlich Gala-

12 Aristoteles: *Poetik*, S. 75–77 (Kap. 22, 1459a).

xien sieht; oder durch einen Physiker, der einen Teilchenbeschleuniger baut und Quarks entdeckt. Die Erweiterung der menschlichen Erfahrung ist ein faszinierender Aspekt von Naturwissenschaft: Durch technische Errungenschaften werden Sterne und Galaxien, Atome und Quarks zu beobachtbaren Ereignissen. Da diese neuen Phänomene auch bezeichnet sein wollen, werden durch physikalische Forschung und durch technische Erfindungen eine Reihe von schönen Metaphern möglich, etwa ‚Wüstenschiff' oder ‚Spiralfeder'. Manche von diesen neuen Begriffen können zu tragfähigen quantitativen Metaphern werden. Begriffe erhalten dadurch plötzlich doppelte Bedeutungen: z. B. ‚Strom' sowohl für den elektrischen Strom als auch für den großen fließenden Bach, ‚Feld' für die magnetische Kraft und das im Wind sich wiegende Getreide. Diese Vielfalt der Phänomene führt zu neuen ontologischen Metaphern, die Phänomene als neue Dinge in der Welt bezeichnen und um die wir uns im folgenden Kapitel 4 genauer kümmern müssen, da sie eine Mathematisierung der Welt leiten.

4 Was ist der Zustand der Welt? Mathematisch-ontologische Metaphern

1960 schrieb der Physiker Eugene Wigner:

> We have seen that there are regularities in the events in the world around us which can be formulated in terms of mathematical concepts with an uncanny accuracy. There are, on the other hand, aspects of the world concerning which we do not believe in the existence of any accurate regularities. We call these initial conditions.[13]

Zahlen sind ein Weg, um quantitative Metaphern zu ermöglichen, und öffnen damit einen spezifisch naturwissenschaftlichen Weg, die Natur zu entschlüsseln und neue Welten zu erschließen. Natürlich helfen Naturgesetze, die Vielfalt der Erscheinungen zu ordnen. Wir verstehen z. B. die Bewegung eines geworfenen Steins, weil wir in Newtons Gesetz die Übereinstimmung von Impulsströmen erkennen. Wir können den Unterschied von Sonne und Erde verstehen, weil wir durch Einsteins Gesetz $E = mc^2$ die Übereinstimmung von Masse und Energie sehen. Wir können elektrische Motoren und Generatoren bauen, weil wir durch Maxwells Gesetze um die Übereinstimmung von elektrischen und magnetischen Flüssen und Zirkulationen wissen.

---

13 Eugene Wigner: The Unreasonable Effectiveness of Mathematics in the Natural Sciences. In: *Communications in Pure and Applied Mathematics* 13 (1960). S. 1–14, hier S. 11.

Wir können naturwissenschaftlich aber nicht erklären, warum ein Stein geworfen wurde. Wir können nicht die Existenz unseres so wundersam gestalteten Sonnensystems verstehen und auch nicht, warum ein Ölfleck sich in einem Wasserglas befindet oder warum sich die Französische Revolution 1789 Jahre nach der Geburt von Jesus Christus ereignete. Alle diese Phänomene bleiben für uns einmalige Ereignisse, weil die Physik zwar das Gleichbleibende an Ereignissen verstanden hat, nicht aber die Ereignisse selbst. Ebendies nannte Eugene Wigner die „initial conditions". Dabei hat er bereits eine mathematische Modellbildung im Kopf, die die Vielfalt der Phänomene ontologisch auf einen Zustand der Welt reduziert. Um diese Ontologisierung soll es nun gehen, da sie eine Mathematisierung der Naturerfahrung leitet, die Messgrößen auf Zustandsgrößen und Naturgesetze auf Bewegungsgleichungen von Zustandsgrößen reduziert. Einem Mythos nicht unähnlich, bietet eine mathematisch-physikalische Modellerzählung zudem einen Grund dafür an, warum die in den Synonymen erkannten Redundanzen auftreten, d. h. warum diese Naturgesetze gelten.

Ontologische Metaphern: Das ‚Dinghafte' der Natur

Ein zentrales Phänomen in der Natur ist, dass uns ‚Dinge' begegnen: Wir erleben Körper, Teilchen, Objekte als Dinge in der Welt. Primär erleben wir durch unsere Sinnesorgane vermittelte Eigenschaften, z. B. Festes, Flüssiges, Flüchtiges. Diese Phänomene – zusammen mit der durch Erinnerung konstituierten Identität – lassen uns ‚Dinge' erleben:

- Festes als Körper, Steine, Teilchen ...,
- Fluide als flüssige Substanzen, Ströme, Meer ...,
- Flüchtiges als alles durchdringende Luft, Äther, Felder ...

‚Stein', ‚Wasser', ‚Luft' können noch als gelernte und vertraute Begriffe gelten, mit denen wir das bezeichnen, was uns in der Natur begegnet, die Dinge der Welt. ‚Körper', ‚Teilchen', ‚Felder' sind bereits abstrahierte Begriffe, die ganze Klassen von Dingen umfassen, aber aus der Alltagssprache noch vertraut sind. ‚Quarks' und ‚Quanten', ‚Deltadistributionen' und ‚Zustandsvektoren' sind allerdings Begriffe, mit denen viele nicht mehr viel anfangen können, obwohl sie wie ‚Stein' und ‚Teilchen' nur Dinge in der Welt bzw. ihre vom Einzelnen abstrahierte Klasse bezeichnen. Diese Begriffe möchte ich im Folgenden *ontologische Metaphern 1. Art* nennen, weil sie keine messbaren Eigenschaften bezeichnen, keine Messgrößen oder quantitativen Metaphern sind, sondern ‚Entitäten' bezeichnen, die durch mehr oder weniger Eigenschaften mehr oder weniger eindeutig charakterisiert werden. Ein ‚Stein' ist räumlich ausgedehnt, fest, hat ein bestimmtes Gewicht, eine bestimmte Textur etc. Wie bei den quantitativen Metaphern 1. Art müssen wir erzählen, was ein Stein ist, und diese Erzählung auf ein Phänomen übertragen. Dies ist aber keine Messerzählung, die zu einer Zahl führt, sondern eine *Modellerzählung*, die eine *Welt der Dinge* schafft. Wir können aber die in der Erzählung verwendeten quantitativen Metaphern 1. Art auf ontologische Metaphern 1. Art übertragen: ‚Die Milch ist weiß', ‚der Stein ist 1 kg schwer'. Üblicherweise wird dies als die Zuschreibung von Eigenschaften zu Dingen verstanden. Es ist aber ein metaphorischer Prozess, der uns lediglich zu vertraut geworden ist, um noch als solcher aufzufallen. ‚Das Quark ist grün' überträgt die Messerzählung von der chromodynamischen ‚Farbladung' ‚grün' auf ein Konstituent des Protons, das sich als punktartig in Streuexperimenten gezeigt hat und noch durch eine Reihe anderer Messerzählungen charakterisiert wird, z. B. durch ‚Ladung', ‚Spin' und ‚Masse'. So wie ‚Stein' ist ‚Quark' in der Alltagssprache erst einmal eine ontologische Metapher für eine Sammlung von feststellbaren Messgrößen.

Was ‚ist' Licht?

Den metaphorischen Prozess der Verdinglichung durch Übertragung von ontologischen Metaphern erkennt man gut daran, dass solche Ideen oder Konzepte auch wieder fallen gelassen und vergessen wurden, weil die ontologischen Metaphern gestorben waren. Nachdem z. B. im siebzehnten Jahrhundert Wellenphänomene beim Licht beobachtet wurden, übertrug man die Ontologie des ‚Feldes' bzw. des ‚Fluidums' auf Licht: Wie die Wellen des Wassers ‚ist' Licht die Schwingung eines ‚Äthers', eine Metapher aus dem griechischen Wort αιθηρ, das im Deutschen mit ‚blauer Himmel' übersetzt werden könnte. 1704 resignierte Isaac Newton in seinem großartigen Buch Opticks angesichts der ontologischen Fassung des Lichtes: „Denn was der Äther ist, weiß ich nicht."[14] 200 Jahre später beendete Albert Einstein in seiner berühmten Arbeit „Zur Elektrodynamik bewegter Körper" jede ontologische Spekulation über einen Äther:

> Die Einführung eines „Lichtäthers" wird sich insofern als überflüssig erweisen, als nach der zu entwickelnden Auffassung weder ein mit besonderen Eigenschaften ausgestatteter „absolut ruhender Raum" eingeführt, noch einem Punkte des leeren Raumes, in welchem elektromagnetische Prozesse stattfinden, ein Geschwindigkeitsvektor zugeordnet wird.[15]

14 Isaac Newton: *Optik oder Abhandlung über Spiegelungen, Brechungen, Beugungen und Farben des Lichts*. Übers. und hrsg. von William Abendroth. Thun, Frankfurt a. M.: Harri Deutsch, 1996 [Reprint der Ausgabe Leipzig 1898]. S. 109.

15 Albert Einstein: Zur Elektrodynamik bewegter Körper. In: *Annalen der Physik* 17 (1905). S. 891–921, hier S. 892.

Erst zu Beginn des zwanzigsten Jahrhunderts begriff man mit Einsteins Relativitätstheorie, dass eine solch substantielle Sicht in Konflikt mit anderen messbaren Phänomenen steht. Eine substantielle Fassung als ‚Fluidum' ist auch gar nicht notwendig, um das messbare Phänomen ‚Licht' ontologisch zu beschreiben. Mit Faradays Metapher eines ‚Feldes' ist bereits eine hinreichende ontologische Fassung erfolgt, die die Ordnung der Lichtphänomene und eine Mathematisierung in einem Objekt erlaubt. Lichtphänomene bedürfen keines weiteren Mediums zur ‚Realisierung', sondern können mit der mathematisch-ontologischen Metapher ‚Licht ist ein elektromagnetisches Feld' gefasst und mathematisiert werden. Dies machte den Weg frei für das ‚elektromagnetische Feld' als eigenständige mathematisch-ontologische Metapher, die keinen weiteren ‚substantiellen Träger' benötigt. Die ungeheure Produktivität dieser Metapher wurde 20 Jahre später deutlich, als Erwin Schrödinger mit seiner ‚Wellenfunktion' eine weitere, noch abstraktere mathematisch-ontologische Metapher schuf, die sich wie das ‚elektromagnetische Feld' eigenständig im Raum bewegt und den Zustand von Teilchen darstellt. In diesen metaphorischen Prozessen, die sich sowohl auf ‚Welle' als auch auf ‚Teilchen' bezogen, liegt der Grund für das heutige Verständnis von Licht und Materie als ‚Quantenfeld', das beide Phänomene gemeinsam umfasst.

Diese Geschichte der Physik des Lichtes zeigt schön, wie sinnvoll es ist, quantitative Metaphern von ontologischen Metaphern zu trennen, d. h. aufeinander übertragbare Messerzählungen von den Modellerzählungen über die Dinge der Welt. Naturgesetze des Lichtes sind vor allem die Gesetze der Brechung und Reflexion an lichtdurchlässigen Grenzflächen. Die Messungen von quantitativen Metaphern wie den ‚Winkeln' bzw. ‚Richtungen' und von ‚Farben' oder ‚Lichtintensitäten' sowie deren quantitative Beziehungen zueinander waren unstrittig. Dissens gab es darüber, wie diese Phänomene und Naturgesetze zu erklären seien, d. h. durch ontologische Ordnung zu begründen seien. Hier seien nur fünf klassische, sich widerstreitende ontologische Metaphern angeführt.

- *Licht ist Druck in Kugelpackungen*: Metaphorisch ist der ‚Äther' eigentlich bereits bei René Descartes geboren worden, als er 1637 Licht als Bewegung dicht gepackter, kugelförmiger Teilchen verbildlichte und es ihm mit dieser mathematischen Modellbildung gelang, die 1621 von Willebrord van Roijen Snell aufgestellten Brechungsgesetze zu begründen. Das *tertium comparationis* der ontologischen Metapher ist der (statische) Druck. Übt man einen Druck auf das Auge aus, sieht man Lichteffekte. Die quantitative Metapher ‚Druck' kann man an Grenzflächen vermessen und stellt fest, dass die quantitativen Beziehungen der Druckausbreitung bei der Lichtbrechung die gleichen sind wie bei den mechanischen Systemen der Kugelpackungen.
- *Licht ist Puls im Kontinuumsmedium*: Eine andere ontologische Fassung von ‚Licht' geht auf Robert Hooke zurück, der 1665 das Konzept von Wasserwellen

auf eine homogene Substanz übertrug, in der ‚Pulse' als Licht erscheinen. Das *tertium comparationis* ist der ‚Impuls', ein Bewegungszustand, der als Licht weitergegeben wird und in verschiedenen Medien verschiedene Geschwindigkeiten hat. Metaphorisch sind zwei Aspekte entscheidend anders als bei Descartes: Erstens ist der Äther kein (diskretes) Korpuskelmedium mehr, sondern ein homogenes Kontinuum; zweitens ist mit ‚Impuls' eine Bewegung assoziiert und kein statischer Zustand mehr wie beim Druck. Das Brechungsgesetz des Lichtes bleibt das gleiche, nur seine ontologische Interpretation ist eine andere, da die ontologischen Metaphern für Licht verschieden sind. Hooke vergleicht ‚Impulse', Descartes aber ‚Drücke'; für beides findet man aber das gleiche Brechungsgesetz.

– *Licht ist Welle im Äther*: Um 1680 griff Christiaan Huygens die Wellen-Metapher auf und fasste das ‚Kontinuumsmedium' als einen alles durchdringenden ‚Äther', der den leeren Raum ausfüllt. Das *tertium comparationis* ist die ‚Schwingung'. Da er damit alle quantitativen Metaphern, alle Naturgesetze der Reflexion und Brechung, natürlich begründen konnte, blieb der Äther bis zu Beginn des zwanzigsten Jahrhunderts die vorherrschende ontologische Metapher des Lichts.
– *Licht ist Fluss von Teilchen*: Folgt man der Ontologie der Newton'schen Mechanik und fasst Licht als ein Gas von ‚Licht-Teilchen' mit Orten und Geschwindigkeiten, dann kann man zwar das Brechungsgesetz natürlich erklären, hat aber mit den zahlreichen Beugungsphänomenen einige Schwierigkeiten.
– *Licht ist Welle des elektromagnetischen Feldes*: Dies ist die ontologische Metapher, die auch heute noch für die klassischen Eigenschaften des Lichtes gelehrt wird. Erst mit der Entdeckung von Quanteneffekten des Lichts und mit der Begründung des Photoeffekts durch Lichtquanten fasst man ontologisch ‚Licht als ein Quantenfeld'.

Ein anderes Beispiel dafür, wie versucht wurde, Phänomene dinglich zu ordnen, die sich später als so nicht reduzierbar erwiesen, ist das *Phlogiston* oder *Caloricum*, das im siebzehnten Jahrhundert eingeführt wurde, um Wärmephänomene stofflich zu beschreiben. Die ontologische Metapher ‚Wärme ist Caloricum' fasst Wärme als Substanz auf. Das *tertium comparationis* ist das ‚Entweichen'. So wie ein Gas aus einem Behälter flieht, verliert ein Körper seine Wärme. Diese ontologische Metaphorik begründet eine Reihe von beobachtbaren Phänomen und ordnet diese, so z. B. die Phänomene der Verbrennung: Ein brennbarer Körper enthält Phlogiston, der bei der Verbrennung entweicht. Da die Luft in einem abgeschlossenen Behälter nur eine bestimmte maximale Menge an Phlogiston aufnehmen kann, verlöscht eine Kerze nach einiger Zeit. Antoine Lavoisier änderte aber diese Meinung aufgrund anderer beobachtbarer Phänomene, die durch die ontologische Metapher ‚Wärme ist Caloricum' nicht mehr eingeordnet werden konnten, und stellte fest, dass Wärme nicht als Stoff gefasst werden kann. 1798 zeigte dann Benjamin Thompson, dass die ontologische Metapher ‚Wärme ist Caloricum' eine wichtige Assoziation nicht erfüllt: Als Stoff müsste die Wärmemenge in einem Körper begrenzt sein. Die Stoff-Metapher der Wärme ist unvereinbar mit der Vorstellung, dass sie unbegrenzt entstehen oder einfach aus der Welt verschwinden kann. Die Metapher bricht, wenn mit der quantitativen Metapher ‚Menge' gezeigt werden kann, dass Wärme entsteht und vergeht. Genau dies hat Thompson durch das Bohren von Kanonenrohrlöchern quantitativ gezeigt. Heute verwendet man daher keine ontologische Metapher für Wärme, sondern die quantitative Metapher ‚Wärme ist eine Energieübertragungsform', die sie als Messgröße eines Arbeitsprozesses charakterisiert.

Modellerzählungen: Die Mathematisierung der Naturerfahrung

Im normalen Sprachgebrauch verstehen wir, was mit der ontologischen Metapher ‚Stein' gemeint ist. Was ist aber ein ‚Punktteilchen'? Ein Punkt im Raum, ein Stückchen Kuchen? Ein Punkt, der sich wie ein Körper verhält? Oder ein Körper, der sich wie ein Punkt verhält?

Physiker verstehen unter der Metapher ‚Punktteilchen' eine reellwertige, vektorartige Funktion $\vec{r}(t)$, die ein mathematisches Modell eines sich bewegenden Steines im Raum darstellen soll. ‚Der Stein ist ein Punktteilchen' ist wie ‚Achill ist ein Löwe' eine Metapher, die in der eigentlichen Bedeutung keinen Sinn macht, sondern nur in einer übertragenen. Das *tertium comparationis* ist wie bei den quantitativen Metaphern wiederum die Zahl; diesmal allerdings zwischen einem mathematischen Objekt in einer formalen Sprache und messbaren Phänomenen in der Natur. Modellerzählungen mit solchen ontologischen Metaphern, die als mathematisches Objekt verstehbar sind, leiten die Mathematisierung der Naturerfahrung ein.

Wieso funktioniert die Metapher ‚Der Stein ist ein Punktteilchen'? Der Schlüssel sind wieder die quantitativen Metaphern 1. Art, die durch Messerzählungen mit Zahlen ein Verbindungsband zwischen Sprache und Natur knüpfen. Weil wir durch Messhandlungen einem Stein Messwerte zuordnen, diese aber auch als Konkretisierungen mathematischer Objekte verstehen können, ist eine Übertragung der ontologischen Metapher ‚Punktteilchen' auf einen Stein möglich.

Die Metapher 2. Art ‚Ein Stein ist ein Punktteilchen' überträgt die beiden Aspekte ‚Ausdehnungslosigkeit' und ‚sich bewegend' der mathematisch-ontologischen Metapher ‚Punktteilchen' auf die ontologische Metapher ‚Stein', wobei das *tertium comparationis* die Zahlen der quantitativen Metaphern ‚Ausdehnung',

‚Ort', ‚Geschwindigkeit' etc. sind. Andere quantitative Metaphern, die zwar auf einen Stein, nicht aber auf ein ‚Punktteilchen' übertragen werden können, werden dabei ausgeblendet – so z. B. Farbe, Härte, Geschmack. Zu betonen ist, dass das *tertium comparationis* nur aufgrund von quantitativen Metaphern funktioniert, da die Übertragung von ‚Ausdehnung', ‚Ort', ‚Geschwindigkeit' nur durch die Zahlen der jeweiligen Messvorschriften möglich ist. Wie soll man auch sonst die ‚Geschwindigkeit eines Steines' und die ‚Geschwindigkeit einer Funktion $r(t)$' zueinander in Beziehung setzen können?

So wie wir ‚weiß' als einen normalen Begriff auffassen können oder aber als quantitative Metapher 1. Art, die durch eine Messerzählung zu Zahlen führt, können wir auch manch ontologische Begriffe als *mathematisch-ontologische Metaphern 1. Art* verstehen, die durch eine Modellerzählung zu *mathematischen Objekten* in einer mathematischen Sprachwelt führen. Beispiele sind

- *Punktteilchen*: wie ein Punkt im Raum wird ein ‚Punktteilchen' durch eine reelle Funktion $r(t)$ dargestellt, die seine Bahn in der Zeit angibt;
- *Feld*: eine kontinuierlich sich verändernde Entität, die als Funktion $\phi(r, t)$ beschrieben wird, wobei der Zielraum Skalare, Vektoren oder Tensoren sein können;
- *Mannigfaltigkeit*: geometrische Menge M von Punkten, deren lokale Umgebung wie ein euklidischer Raum aussieht – anschaulich eine beliebig gebogene Fläche;
- *Quantenzustand*: ein Vektor $|\psi\rangle$ in einem Hilbertraum H – anschaulich eine ‚Wellenfunktion' im Raum.

Oft wird der mathematische Charakter der mathematisch-ontologischen Metaphern durch Zusätze deutlich, die präzisieren, was man mathematisch unter ‚Teilchen', ‚Feld' oder ‚Quantenzustand' versteht: Man spricht dann von ‚Punktteilchen' für eine Abbildung $r(t)$ oder von ‚Vektor-Feld' für eine Abbildung $\vec{F}(r, t)$. Tatsächlich sind diese Modellerzählungen noch viel ausführlicher, um alle Aspekte des mathematisch-physikalischen Modells der Dinge zu schildern. In unserem Kontext ist es nun wichtig, dass diese Erzählungen metaphorisch gebraucht werden, d. h. dass ‚Die Milch ist ein Feld', ‚Der Stein ist ein Punktteilchen' nicht im eigentlichen, sondern im übertragenen Sinne verstanden werden. Dieser metaphorische Prozess stellt eine *Mathematisierung der Naturerfahrung* dar und führt zur mathematischen Modellbildung in der Physik. Die dazu notwendigen Geschichten sind Modellerzählungen im Unterschied zu den Messerzählungen der quantitativen Metapher.

Offensichtlich gibt es ontologische Metaphern, die eine Bedeutung in der mathematischen Sprache haben, wie ‚Punktteilchen' oder ‚Feld', und solche, die nur in der Alltagssprache Verwendung finden, wie ‚Stein' oder auch ‚Quark'.[16] Ob eine ontologische Metapher eine Mathematisierung erlaubt, ist zunächst nicht ersichtlich. Es gab zahlreiche Versuche, dinghafte Objekte in die Beschreibung der Natur einzuführen, bei denen es allerdings nicht gelungen ist, erstens Eigenschaften so zuzuschreiben, dass zweitens eine mathematische Modellbildung möglich ist, die quantitative Metaphern konsistent beschreibt. Es gibt daher auch ontologische Metaphern, die wieder abgeschafft oder vergessen wurden: ‚Caloricum', ‚Äther', ‚N-Strahlen', ‚Partonen', ‚Strings'.[17]

Mathematisch-ontologische Metaphern konstituieren eine neue Welt in einer neuen Sprache: das mathematisch-physikalische Modell. Durch ihre Übertragung auf mathematische Objekte bilden sie eine Bühne, auf der ein mathematisches Stück aufgeführt werden kann. Der metaphorische Charakter von physikalischen Eigenschaften wird nun besonders deutlich, wenn z. B. von der ‚Geschwindigkeit eines Punktteilchens' gesprochen wird. Die ‚Geschwindigkeit' eines Steines haben wir verstanden als eine quantitative Metapher, die eine Messerzählung auf das anwendet, was als ‚Stein' in der Natur bezeichnet wird. ‚Geschwindigkeit' ist eben keine Eigenschaft des Objektes ‚Stein', sondern eine sprachliche Beziehung einer Messerzählung auf eine ontologische Metapher, die durch Handlung zu einer Zahl wird. Als solches ist es egal, ob die Beziehung auf eine alltagssprachliche Bezeichnung eines natürlichen Objektes oder auf eine formalsprachliche Bezeichnung eines mathematischen Objektes bezogen wird. Die ‚Geschwindigkeit eines Punktteilchens' hat eigentlich keine Bedeutung, nur im übertragenen Sinne, wenn die Messerzählung ‚Geschwindigkeit' auf die mathematisch-ontologische Metapher ‚Punktteilchen' angewandt wird.

Ontologische Metaphern (wie ‚Stein') und mathematisch-ontologische Metaphern (wie ‚Punktteilchen') sind zu unterscheiden, da sie in verschiedenen Sprachwelten leben. Quantitative Metaphern stiften aber eine Übertragungsmöglichkeit, da ihre Messerzählungen auf beide Sprache angewandt werden können. Durch die Modellerzählung kann die Messerzählung in die mathe-

16 Diese Unterscheidung ist uns bereits bei den Metaphern begegnet, die Eigenschaften beschreiben: ‚Temperatur' kann durch eine Messerzählung den quantitativen Charakter einer Zahl annehmen; bei ‚liebevoll' oder ‚herbstlich' ist das eher nicht der Fall.

17 Ontologische Metaphern wie ‚Atome' und ‚Moleküle' leiten die Mathematisierung der Wahrnehmung. Man mag einwenden, dass Atome und Moleküle doch existieren. Wir können sie doch mittlerweile sehen! Doch ist die Art, wie wir sie ‚sehen', mit der Wahrnehmung des Blinden am Flussbett vergleichbar, der seine Hand in den Strom hält und die Kraftverteilung misst. Wir haben Messgeräte entwickelt, die fein genug sind, um die Kraftverteilung zu messen, wenn wir eine Hand (*Cantilever*) an ein Atom (‚Elektronenflüssigkeit') legen. Davon fertigen wir räumliche Karten an. Wir haben also keine ‚Teilchen', ‚Atome' oder ‚Moleküle' gesehen, sondern durch Handlung gemessene Kraftverteilungen, die wir ontologisch als ‚Teilchen' interpretieren.

matische Sprache übersetzt werden, sodass die gemessenen Zahlen mit den mathematisch gemessenen, d. h. berechneten Zahlen verglichen werden können und die Zahlen dadurch ein *tertium comparationis* darstellen für die Metapher ‚Ein Stein ist ein Punktteilchen'. Darauf basiert die Möglichkeit der Falsifizierung von mathematischen Modellerzählungen.

Messerzählungen in Modellerzählungen: Messgrößen werden Zustandsgrößen

Da mit einer mathematisch-ontologischen Metapher ein mathematisches Objekt verbunden ist, lässt sich eine Messerzählung nicht nur als Handlung, als tatsächliche Messung verstehen, sondern auch als mathematische Operation in der formalen Sprachwelt, als formale Umformung des mathematischen Objektes. So wird die Messung der ‚Geschwindigkeit eines Punktteilchens' zur Bildung eines Differentialquotienten $v = \mathrm{d}r(t)/\mathrm{d}t$ des ‚Punktteilchens' $r(t)$. Eine Messung an einem ‚Feld' $F(r, t)$ entspricht in der mathematischen Sprachwelt oft einer lokalen partiellen Ableitung $\Delta F(r, t)$, sie kann aber auch einem Integral $\int \mathrm{d}nF$ entsprechen. Die Messung an der mathematisch-ontologischen Metapher ‚Quantenzustand' $|\psi\rangle$ bedeutet dagegen eine Projektion $P_e|\psi\rangle$ auf einen Eigenvektor $|e\rangle$ des Messoperators.

Durch die Messhandlung in der realen Welt werden quantitative Metaphern zu ‚Messgrößen', d. h. zu Zahlen mit einer Einheit. Durch die *Messhandlung in der mathematischen Welt* werden quantitative Metaphern zu *Zustandsgrößen*, d. h. zu mathematischen Objekten mit einer Einheit. Zustandsgrößen sind physikalische Messgrößen, übersetzt in ein mathematisches Modell. Zustandsgrößen sind keine Messgrößen, da sie nicht nur Zahlen sind, sondern eine Reihe von mathematischen Strukturen mit sich tragen, die von der mathematisch-ontologischen Metapher kommen. So ist die Messgröße ‚Ort' einfach eine (einheitsbehaftete) Zahl, die Zustandsgröße ‚Ort' dagegen eine stetige und differenzierbare Funktion $r(t)$, wenn die Modellerzählung ‚Punktteilchen' verwendet wird. In der Modellerzählung ‚Feld' wird die gleiche Messgröße ‚Ort' allerdings zu einer anderen Zustandsgröße ‚Ort', und das erst recht in der Modellerzählung ‚Quantenzustand'. Zustandsgrößen sind Übersetzungen von Messgrößen, d. h. von quantitativen Metaphern in eine formal-logische Sprache durch eine mathematische Modellerzählung. Dadurch unterliegen sie auch den Beschränkungen der jeweiligen Modellerzählung.

Es sind die Zahlen von quantitativen Metaphern, die das *tertium comparationis* von mathematisch-ontologischen Metaphern 2. Art wie ‚Punktteilchenstein' bzw. ‚Der Stein ist ein Punktteilchen' sind. Die Zahl erlaubt den Vergleich von Messerzählungen für verschiedene Objekte – egal ob als Anschauungsobjekt in der Natur oder als mathematisches Objekt auf der Bühne einer formalen Sprache. Stimmen die Werte der Messerzählungen beim Anschauungsobjekt und beim mathematischen Objekt stets überein, dann ist die Übertragung des einen Begriffs auf den anderen möglich: ‚Der Stein ist ein Punktteilchen'. Die ontologischen Metaphern erlauben zwar eine Mathematisierung der Naturerfahrung, es sind aber die quantitativen Metaphern, die eine Verbindung und einen Vergleich der mathematischen Welt mit der Natur ermöglichen und damit die Objektivität der mathematischen Naturbeschreibung gewährleisten.

Mathematisch-ontologische Metaphern: Naturgesetze werden Gleichungen

Naturgesetze wurden in Kapitel 3 verstanden als synonyme quantitative Metaphern. Entscheidend für die Begründung war die Gleichheit der Zahlenwerte von quantitativen Metaphern. Nicht entscheidend waren mathematische Strukturen oder Objekte. Diese wurden erst durch mathematisch-ontologische Metaphern relevant, die zu einer Reduktion der Vielfalt der Messgrößen auf Zustandsgrößen führte. Was geschieht bei dieser Mathematisierung mit den Naturgesetzen? Synonyme quantitative Metaphern werden zu *Formeln und Gleichungen* zwischen mathematisch-ontologischen Metaphern, d. h. zwischen mathematischen Objekten.

Formeln wie $E = mc^2$ sind mathematische, symbolische Ausdrücke eines Naturgesetzes. Im Unterschied zur bloßen Gleichheit zwischen Symbolen – wie wir sie z. B. bei $\Gamma_{\mathrm{M}} = I + \Phi_{\mathrm{E}}$ verwendet haben, um das Ampere'sche Gesetz symbolisch zu repräsentieren – beinhalten Formeln mathematische Operationen – wie das Quadrieren bei c^2 –, die mathematische Strukturen und Objekte voraussetzen. Formeln setzen mathematisch-ontologische Metaphern voraus, die die Natur in eine mathematische Welt fassen.

Quantitative Metaphern können auf verschiedene mathematisch-ontologische Metaphern übertragen werden, indem die Messerzählung gemäß der Modellerzählung einer mathematisch-ontologischen Metapher interpretiert wird. So kann der ‚Impulsstrom' für eine Flüssigkeit wie das fließende Wasser im Bach gemessen werden oder für einen festen Körper wie einen fliegenden Stein. In der Modellerzählung ‚Wasserfeld' (‚Fluidum') wird aus dieser Messgröße die Zustandsgröße $\partial_t v + v \cdot \partial_r v$, während in der Modellerzählung ‚Punktteilchen' die Zustandsgröße $\mathrm{d}p/\mathrm{d}t$ ist. Entsprechend übersetzt werden auch die Naturgesetze. ‚Kraft' und ‚Impulsstrom' sind synonyme quantitative Metaphern, d. h. Newtons Bewegungsgesetz wird übertragen auf den ‚Stein als Punktteilchen' zu *Newtons Bewegungsgleichung* $F = \mathrm{d}p/\mathrm{d}t$ als das mathematisierte Naturgesetz ‚Kraft = Impulsstrom'. Überträgt man die synonymen quantitativen Metaphern ‚Kraft' und ‚Impulsstrom' dagegen auf die ontologische Metapher ‚Feld' oder ‚Fluidum', dann wird Newtons Bewegungsgesetz zu den *Navier-Stokes-Gleichungen* bzw. *Euler-Gleichungen* $-\partial P = \partial_t v + v \cdot \partial_r v$. Umgekehrt werden die Navier-Stokes-Gleichungen oft auch als Newtons Bewegungsgleichung – übertragen auf eine Flüssigkeit – bezeichnet. Trotz der verschiedenen ontologischen Metaphern und mathematischen Schreibweisen bleibt der Kern des Naturgesetzes, d. h. die Redundanz der zwei Messerzählungen für ‚Kraft' und ‚Impulsverteilung', unverändert. Das Naturgesetz basiert allein auf einem quantitativen Vergleich von gemessenen Zahlen, nicht aber auf einer Mathematisierung durch mathematisch-ontologische Metaphern. Formeln können verschiedene Formen annehmen, je nachdem, welche Symbole für quantitative Metaphern verwendet werden. Insbesondere ist es üblich, das Symbol zu wechseln, wenn eine quantitative Metapher auf eine andere mathematisch-ontologische Metapher übertragen wird. Das Naturgesetz bleibt dabei dasselbe.

Die Formeln oder Gleichungen der Physik sind Ausdruck von Naturgesetzen in einer mathematischen Modellerzählung. Das Naturgesetz, die synonyme quantitative Metapher, wird übersetzt in eine formal-logische Sprache und so zu einer Gleichung zwischen Zustandsgrößen. Dadurch unterliegt sie auch den Beschränkungen der Modellerzählung. Newtons Bewegungsgesetz in der Modellerzählung ‚Punktteilchen' hat viel weniger Freiheitsgrade als in der Modellerzählung ‚Feld' – worauf wir in Kapitel 5 noch zu sprechen kommen werden –, da durch die mathematische Modellerzählung auch eine Reduktion der Natur auf einen ‚Zustand der Welt' erfolgt.

Während quantitative Metaphern 1. Art, d. h. physikalische Größen, durch ihre Messerzählungen einen experimentell-praktischen Zugang zu Phänomenen bieten, führen ontologische Metaphern zu einer Mathematisierung der Naturbeschreibung, wenn die Messerzählungen auf mathematische Objekte übertragen werden. Mit der Mathematisierung geht sowohl eine Ordnung der Phänomene (u. a. durch Symmetrie) einher, aber auch eine Reduktion auf mathematische Objekte und Operationen. Die Vielfalt der Phänomene, deren Entdeckung wir noch in Kapitel 3 als Aufgabe naturwissenschaftlicher Forschung beschrieben haben, wird in der mathematischen Modellbildung auf Bewegungsgleichungen von Zustandsgrößen reduziert. Dieser Übertragungsprozess in die mathematische Sprache wird gerechtfertigt durch quantitative Metaphern, deren Zahlen einen Vergleich des eigentlich nicht Vergleichbaren, einen Vergleich von Erlebnissen und mathematischen Objekten erlauben.

Mathematik als Sprache der Natur oder Ausdruck von Naturerfahrung

Eugene Wigner schrieb in seinem bereits angeführten Essay „The Unreasonable Effectiveness of Mathematics in the Natural Sciences“: „The miracle of the appropriateness of the language of mathematics for the formulation of the laws of physics is a wonderful gift which we neither understand nor deserve.“[18]

Das ‚Buch der Natur‘ ist zwar eine weit vor der modernen Physik verbreitete Metapher, die allerdings 1623 bei Galileo Galilei in *Il Saggiatore* eine spezifische Bedeutung bekam:

> Die Philosophie steht geschrieben in dem großen Buch, das uns fortwährend offen vor Augen liegt, dem Universum, aber man kann sie nicht begreifen, wenn man nicht die Sprache verstehen und die Buchstaben kennen lernt, worin es geschrieben ist. Es ist geschrieben in mathematischer Sprache, und die Buchstaben sind Dreiecke, Kreise und andere geometrische Figuren; ohne diese Mittel ist es dem Menschen unmöglich, ein Wort davon zu verstehen; es ist nur ein sinnloses Herumirren in einem finsteren Labyrinth.[19]

Mit der Mathematik scheint eine Sprache gefunden worden zu sein, in der man sich mit der Natur unterhalten kann. Diese Faszination der mathematischen Beschreibung der Natur führte zu logizistischen Versuchen, eine universelle Sprache zu finden. Weitverbreitet ist die in der platonischen Tradition stehende Ansicht, dass die Mathematik ein eigenes Universum ist, das seine Realisierung in der Welt gefunden hat und daher die *unreasonable effectiveness* erklärt.

George Lakoff und Raphael Núñez kritisieren in ihren Arbeiten diesen platonischen Realismus mathematischer Begriffe, Strukturen und Theoreme, indem sie in einer Analyse mathematischer Ideen sogenannte *konzeptuelle Metaphern* identifizieren, die ‚bodily based mechanisms and everyday experience‘ im Wahrnehmungs- und Denkprozess zu rein imaginierten Größen in einem metaphorischen Raum machen, für die dann ein formal begründbarer Zusammenhang gilt.[20]

Eine Konsequenz dieser Sicht ist, dass Mathematik aufgrund ihrer formalen Begründbarkeit zwar universell gültig, aber keine universell existierende Sprache ist, da ihre Grundbegriffe durch Menschen als Konzeptualisierungen ihrer Umgebungswahrnehmung konstruiert sind. Es kann daher kein vor dem Menschen

---

18 Wigner: The Unreasonable Effectiveness of Mathematics, S. 14.

19 Zit. nach Eduard Jan Dijksterhuis: *Die Mechanisierung des Weltbildes*. Berlin u. a.: Springer, 1983 [Reprint der Ausgabe Berlin u. a. 1956]. S. 403.

20 George Lakoff und Raphael Núñez: *Where Mathematics Comes From: How the Embodied Mind Brings Mathematics into Being*. New York: Basic Books, 2000. S. 9.

existierendes mathematisches Universum geben, da mathematische Ideen erst durch die Evolution des Menschen, seine neurobiologische Verfassung und seine kulturelle Prägung entstehen. Im Unterschied zur Naturwissenschaft und den von ihr entdeckten Gesetzmäßigkeiten kann die Mathematik aber einen unumstößlichen Wahrheitsanspruch erheben, da ihre Gesetze nicht nur exakt und konsistent, sondern auch logisch formal begründbar sind, obwohl ihre Grundbegriffe konstruiert wurden.

Die Effektivität der Mathematik für die Beschreibung der Natur, in der wir leben, ist daher weniger verwunderlich, sondern teilweise Ausdruck der gemeinsamen Evolution des Wahrnehmungssystems und des Bewusstseins, d. h. auch der mathematischen Objekte, als Werkzeuge zur Bewältigung des Lebens. Es ist kein Widerspruch zur universellen Gültigkeit der Mathematik, wenn eine Geschichte ihrer Objekte angenommen wird, die zur Beschreibung der quantitativen Messerzählungen von Phänomenen und zur Konstitution einer Welt der mathematischen Dinge benötigt werden. Messerzählungen werden so zu mathematischen Operationen in einer logisch konsistenten Sprache. Es ist daher kein Wunder, wenn der Mensch in seinem Bewusstsein genau diese geometrische Formensprache entwickelt, die er dann auch in der Natur anwenden kann. So können Phänomene wie ‚fraktale' Küstenstrukturen erst der Anlass sein, ‚selbstähnliche Mengen' als mathematische Objekte in das bereits entstandene mathematische Universum konsistent einzuführen.

Die Physik in ihrer Entfaltung der Vielfalt der Phänomene ist dabei ein unerschöpflicher Ideengeber: So wird der Galilei'sche Geschwindigkeitsbegriff zur Infinitesimalrechnung bei Leibniz und Newton, das Faraday'sche Konzept eines Feldes zur mathematischen Welt partieller Differentialgleichungen, die Dirac'sche Idee einer ‚punktlokalisierten' Größe zur mathematischen Theorie der Distributionen.

Umgekehrt stößt die konsistent (widerspruchsfrei) entfaltete Mathematik auch stets neue physikalische Beschreibungsmöglichkeiten von Phänomenen an: Nachdem im mathematischen Universum die Infinitesimalrechnung zu Riemann'schen Mannigfaltigkeiten ausgebaut wurde, konnte Albert Einstein ‚Krümmung' und ‚Energie' als aufeinander bezogene Größen erkennen. Nachdem partielle Differentialgleichungen als universelle Methode zur Beschreibung raumzeitlich verteilter Größen entstanden sind, sind nicht nur Navier-Stokes-Gleichungen der Hydrodynamik und Maxwells Gleichungen der Elektrodynamik möglich geworden, sondern auch Schrödingers Wellengleichung der Quantenphänomene. In allen drei Beispielen konnten erst durch die Verwendung von partiellen Differentialgleichungen als mathematische Werkzeuge der ‚Gleichheit von Zahlen' die verschiedenen physikalischen Flüsse (Impuls, elektromagnetisch, Wahrscheinlichkeit) als quantitative Metaphern erkannt werden.

Mathematische Modellbildung, d. h. die Übersetzung quantitativer Metaphern in die Sprache der Mathematik, ist daher nicht überflüssig im naturwissenschaftlichen Erkenntnisprozess, sondern erlaubt u. a. die Einführung von Größen, die zunächst als nicht messbar gelten (z. B. das Vektorpotential als Eichfeld), oder von Begründungen, die erst formalisiert erkennbar werden (z. B. das Noether-Theorem zur Begründung von Erhaltungsgesetzen aus Symmetrieprinzipien), weshalb wir im folgenden Abschnitt Symmetrie und physikalische Ästhetik als wichtige Aspekte des modernen Naturverständnisses betrachten müssen. Viele physikalische Prinzipien und Konzepte entfalten ihre Wirkmächtigkeit im Erkenntnisprozess erst aufgrund ihrer Eleganz und Schönheit in der mathematischen Sprache und werden dann zu einer Quelle von neuen messbaren Beziehungen zwischen quantitativen Metaphern. Dieses Wechselspiel der Entwicklung von mathematischer Sprache und physikalischen Messerzählungen basiert auf Erlebnissen handelnder Menschen und ist ein nie abschließbarer, offener kreativer Prozess.

Ordnung der Phänomene: Symmetrie erklärt Gleiches durch Identisches

Mathematisch-ontologische Metaphorik, also die Welt der mathematischen Objekte, erlaubt nicht nur die Übersetzung von quantitativen Metaphern, Messerzählungen und Naturgesetzen in mathematische Objekte, Operationen und Gleichungen, sondern auch eine Begründung der festgestellten Redundanzen von Wahrnehmungen. Die mathematische Sprachwelt kann im Gegensatz zur Natur im Detail analysiert und *logisch rekonstruiert* werden. Die mathematische Sprache ist nicht an den Raum der Anschauung, an den durch unsere Sinne und Messungen gegebenen Raum, gebunden, sondern kann sich eine eigene Bühne kreieren und ihre Objekte anordnen, zusammenstellen und auch neu schaffen. Insbesondere werden Symmetrien und Äquivalenzklassen von mathematisch-ontologischen Metaphern – d. h. von mathematischen Objekten F und Strukturen in Räumen R – durch invariante Messgrößen M erkannt. So kann eine Kugel F als geometrische Figur im dreidimensionalen Raum R mit einer euklidischen Struktur definiert werden als die Menge derjenigen Punkte, die zu einem Zentrum den gleichen Abstand M haben. Dieser ist invariant unter der Drehsymmetrie des Raumes, die die Kugel als ausgezeichnetes Objekt definiert. Ist eine Drehsymmetrie gegeben, sind alle Punkte der Kugel – bis auf einen – redundante Information. Wird eine Kugel gedreht, erscheint die neue Ansicht wie die alte, weil die Kugel als drehsymmetrisches Objekt dieselbe bleibt. Gleichheit wird somit durch die Identität der drehsymmetrischen Kugel erklärt. *Symmetrie ist der mathematische*

Ausdruck für Redundanz, für die Synonymie quantitativer Metaphern, für das Gleichbleibende, für die verschiedenen Ansichten desselben mathematischen Objektes. Die Bildung von Äquivalenzklassen entfernt die Redundanz durch die Definition eines neuen mathematischen Objektes. Umgekehrt kann man Metaphern als gebrochene, unvollständige Symmetrien in der Sprachwelt verstehen. Sie bringen die verschiedenen Ansichten eines Begriffs durch Transformation oder Übertragung zum Vorschein.

Die Welt der mathematisch-ontologischen Metaphern kann so erzählt werden, dass die Redundanz, die Gleichheit von Messerzählungen, in der mathematischen Sprachwelt als Symmetrie erscheint, d. h. durch die Identität symmetrischer *Elementarfiguren F* in einem strukturierten Raum, der *mathematischen Weltbühne R*, begründbar ist. Die verschiedenen Ansichten werden zu einer *Identität* zusammengesetzt, zu einem Objekt oder besser: einer Skulptur *F*, deren Gestalt auf der mathematischen Weltbühne die Gleichheit der Erscheinungen wiedergibt. So ist

– das *Synonymiegesetz der Temperaturerzählungen* eine Folge der *Gleichgewichtsrelation*. Die verschieden definierten Temperaturen sind nur noch verschiedene Repräsentanten der identischen Äquivalenzklasse *F* von Gleichgewichtszuständen im Gibbsraum *R*.
– *das Newton'sche Bewegungsgesetz* eine Folge der *symplektischen Form* des Phasenraumes *R* (Sp(2n)-Symmetrie). ‚Kraft' und ‚Impulsstrom' sind nur noch die zwei Seiten der in der Bewegung identischen Figur. Eine Trajektorie *F* verbindet alle Orte im Phasenraum, die zu einem Zustand gehören. Ein ‚Punktteilchen' bleibt in seiner Bewegung dasselbe Objekt, die Bewegung, d. h. seine Trajektorie, ist nur noch Ausdruck der Symmetrie seines Zustandes.
– das *Naturgesetz der Energieerhaltung* in der mathematischen Sprache nur noch eine Folge der Symmetrie der Kräfte in der Zeit, d. h. der *Homogenität* des Zeitraums *R*. Alle Trajektorien, die sich nur durch eine Verschiebung im Zeitraum unterscheiden (Translationssymmetrie), werden als äquivalent betrachtet und zu einem identischen Zustand *F* zusammengefasst.
– Und so ist das *Naturgesetz des Elektromagnetismus*, die Maxwell'schen Gleichungen, mathematisch eine Folge einer lokale Eichtheorie, d. h. es lässt sich durch die *Kreisform* (U(1)-Symmetrie) eines Faserbündels *R* erklären, in dem das elektromagnetische Feld *F* eine eichinvariante Figur darstellt.

Gleichgewichtsrelation, *symplektische Form*, *Homogenität*, *Kreisform* sind mathematische Metaphern für die *Gestalt* von mathematischen Elementarfiguren *F* (Äquivalenzklasse, Trajektorie, Feld), die in der mathematisch-physikalischen Welt eine Identität besitzen und deren symmetrische Gestalt im jeweiligen strukturierten Raum *R* (Gibbsraum, Phasenraum, Zeitraum, Faserbündel) sich in Naturgesetzen ausdrückt. Wegen der Symmetrie dieser Elementarfiguren erscheinen uns Messgrößen redundant, oder besser, umgekehrt formuliert: Die mathematisch-physikalische Sprachwelt wird so konstruiert, dass die in Messerzählungen gefundenen Redundanzen als Symmetrien von mathematischen Elementarfiguren in strukturierten Räumen ausdrückbar werden. Die mathematisch-physikalische Welt ist somit kein Modell der Natur, sondern der quantitativen Metaphern und ihrer Synonymien. Mit der Symmetrie wird die mathematische Struktur der Naturgesetze, der synonymen Messerzählungen entdeckt. Jede Symmetrie impliziert eine geometrische Struktur, die invariant unter ihr bleibt – und damit eine identisch bleibende mathematische Elementarfigur als Kern des Naturgesetzes.

Die ‚Gestalten' der Elementarfiguren, ihre Formen, sind selbst quantitative Metaphern und können gemessen werden, z. B. als Gleichheit (Invarianz) von Messgrößen *M*: Temperatur *T*, Wirkung *S*, Energie *E*, elektrische Ladung *Q*. Die Symmetrien der mathematischen Elementarfiguren werden so zu quantitativen Metaphern, zu Messerzählungen, die in der gemessenen Gleichheit von Zahlen die Identität der Elementarfiguren zum Vorschein bringen.

Im Unterschied zu beliebigen mathematischen Objekten entsprechen Elementarfiguren *F* den Naturgesetzen, d. h. sie sind stets auf die Natur bezogen, sie sind mathematisch-ontologische Metaphern für Objekte der Wahrnehmung. Ihre symmetrische Gestalt gibt die Redundanzen der Wahrnehmung wieder.

Zusammenfassend halten wir fest, dass die Naturgesetze in der mathematischen Sprachwelt eine notwendige Folge der Symmetrie einer Elementarfigur *F* in einem strukturierten Raum – der Weltbühne *R* – sind. Die Gleichheit von Messerzählungen, d. h. die beobachtete Redundanz, ist damit eine Folge der Identität der symmetrischen Elementarfigur *F*. Dieses mathematische Objekt kann in vielfältiger Weise ‚gedreht und gewendet' werden, es bleibt dasselbe – das ist das Naturgesetz. Mit der Entdeckung dieser Identität werden die Phänomene der Natur geordnet, aber nicht festgelegt. Das Naturgesetz drückt nur die Möglichkeit dieser Drehungen und Wendungen der komplexen Elementarfigur aus, nicht aber, wie viele verschiedene es tatsächlich gibt und wie vielgestaltig eine einzige Elementarfigur schon ist. Die Vielfalt der Phänomene entspricht der Vielzahl und der Komplexität der Elementarfiguren, die durch die Symmetrie nicht festgelegt bzw. eingeschränkt ist. So wie es viele Kugeln verschiedener Radien gibt, die alle die Drehsymmetrie ausdrücken, so gibt es viele mögliche symmetrische Elementarfiguren *F* auf der Bühne *R* . Diese entsprechen in der Natur den möglichen Ereignissen, die alle wegen ihrer Symmetrie notwendigerweise den Naturgesetzen genügen. Die Wahl einer einzigen solchen symmetrischen Elementarfigur auf der mathematischen Weltbühne wird auch der ‚Zustand der mathematisch-physikalischen Welt‘ genannt, auf dessen reduzierende Funktion wir in Kapitel 5 noch zu sprechen kommen werden.

Die komplexen, symmetrischen Formen der mathematisch-ontologischen Metaphern begründen nicht nur die Naturgesetze, sie sind auch der Grund für die Schönheit der physikalischen Naturerkenntnis. Da die Symmetrien der mathematischen Figuren in einem strukturierten Raum erscheinen, lohnt es sich, nach einer Ästhetik der mathematisch-physikalischen Welt zu fragen.

Physikalische Ästhetik: Harmonie mathematisch-ontologischer Metaphern

Welche Darstellungsmöglichkeiten für die Synonymie quantitativer Metaphern gibt es? In den Symmetrien von komplexen mathematischen Elementarfiguren gewinnen die Redundanzen der Naturgesetze, die Formeln, eine schöne Form. Diese Symmetrien werden oft erst sichtbar, wenn neue mathematische Objekte eingeführt werden, z. B. das Vektorpotential des elektromagnetischen Feldes, die Metrik einer gekrümmten Mannigfaltigkeit oder der symplektische Phasenraum. So gewann Einsteins spezielle Relativitätstheorie erst mit Hermann Minkowskis ‚Raumzeit‘ ihre schöne Form, da diese die Lorentz-Symmetrie einheitlich ausdrückte. Mit der Identität symmetrischer Elementarfiguren wird Gleichheit zur Tautologie, das Naturgesetz zum notwendig Wahren. In den verschiedenen Ansichten der identisch bleibenden Figur, deren Symmetrien sich in Naturgesetzen ausdrückt, zeigt sich die Einfachheit und *Schönheit der mathematischen Sprache zur Beschreibung der Natur*. Die Schönheit liegt in der Gestalt dieser mathematisch-ontologischen Metaphern, die Naturgesetze als Identität erscheinen lassen.

Eine physikalische Ästhetik beruht nicht auf der Form von Dingen im Raum der Wahrnehmung, sondern auf der Form von Figuren im Raum der mathematischen Bühne *R*. Zwei Aspekte müssen daher gewährleistet sein: die Schaffung von mathematischen Objekten durch mathematisch-ontologische Metaphern und ihre Form, die sich in ihren Eigenschaften durch quantitative Metaphern zeigt. Die Schaffung von beidem, von Objekten und ihrer Form, ist ein ständiger kreativer Prozess, ein ästhetisches Arbeiten mit der physikalisch-mathematischen Sprache. Zwei Beispiele mögen dies verdeutlichen:

(i) Oft löst die *Schöpfung einer mathematisch-ontologischen Metapher* als neue mathematische Elementarfigur ein ganzes Puzzle verwirrender Redundanzen. Das *Massenäquivalenzgesetz*, das besagt, dass ‚schwere Masse‘ und ‚träge Masse‘ synonyme quantitative Metaphern sind, erscheint in der mathematischen Sprachwelt einer *energetisch-gekrümmten Mannigfaltigkeit F* als natürlich, da in dieser Raumzeitwelt der Allgemeinen Relativitätstheorie nicht mehr zwischen ihnen unterschieden wird: Das ‚Schwere' einer Masse entspricht der ‚Krümmung' der Raumzeit, und die ‚Krümmung' entspricht der ‚Trägheit' der Masse. Die Gleichheit der Zahlenwerte legt die Synonymie der Messerzählungen ‚Schwere', ‚Krümmung' und ‚Trägheit' offen, die zu verschiedenen Ansichten eines einzigen mathematisch-physikalischen Objektes werden: der energetisch-gekrümmten Mannigfaltigkeit. Wegen dieser ‚Einfachheit' des Zusammenhangs der Mannigfaltigkeit als Elementarfigur F mit dem Naturgesetz der Gravitation wird die Allgemeine Relativitätstheorie von Physikern als schön und wahr empfunden.

(ii) Oft ist die *Suche nach geeigneten Formen* von bereits eingeführten Objekten ein langwieriger Prozess: Nachdem Faraday die mathematisch-ontologische Metapher ‚Feld' einführte, konnte Maxwell Gleichungen für das Feld F als mathematisches Objekt aufstellen. Die schöne Form dieser Gleichungen, ihre Symmetrie, war aber zunächst nicht offensichtlich. Erst eine logische Rekonstruktion führte über die Vektornotation, die Einführung des Vektorpotentials und des Faraday-Tensors zu einer relativistischen kovarianten Form und schließlich zu einer koordinatenfreien Form $dF = 0$ in Gestalt der Maxwell-Gleichungen. Das elektromagnetische Naturgesetz ist bei all diesen Umformulierungen des Objektes F aber unverändert geblieben. Wegen dieser ‚Einfachheit' des Zusammenhangs des komplexen Feldes als Elementarfigur F mit dem Naturgesetz der Elektrodynamik wird auch diese Theorie von Physikern als schön und wahr empfunden. Man beachte, dass das physikalisch-mathematische Modell nicht als eine Abbildung der Natur, sondern der synonymen quantitativen Metaphern verstanden wird, sodass eine physikalische Theorie selbst dann wahr bleiben kann, wenn die Redundanzen durch neue Messungen als gebrochen erkannt werden, wenn also das Naturgesetz als nicht mehr gültig angenommen werden muss.

In der Erklärbarkeit von gemessenen Redundanzen durch Symmetrien mathematisch-ontologischer Metaphern liegt auch der *heuristische Wert der logisch-formalen Sprache*, von mathematisch-physikalischer Theoriebildung für den Forschungsprozess, der die in Kapitel 3 besprochene heuristische Funktion von Metaphern ergänzt. Physiker lassen sich auf ihrer Suche nach Naturgesetzen leiten von Symmetrien und Strukturen der mathematischen Objekte. Es ist die Schönheit der unter Symmetrien identisch bleibenden Strukturen in der mathematischen Sprachwelt, die zum Kriterium für das Verständnis redundanter Messerzählungen wird. Durch logische Rekonstruktion der Modellerzählung mit neuen mathematisch-ontologischen Metaphern und Gleichungen ist es oft möglich, eine einfache mathematische Struktur zu finden, die in der erzählten physikalischen Welt der Mathematik die Naturgesetze begründet. Ziel einer physikalischen Ästhetik ist es, solche mathematisch-ontologischen Metaphern zu finden, deren Symmetrien den gemessenen Redundanzen entsprechen. ‚Harmonie' oder das Aufscheinen von Symmetrie beruht auf dem Zusammenfügen von zunächst nicht Zusammenpassendem zu einem Ganzen, zu einer Elementarfigur. ‚Gleichheit' (Kapitel 1), ‚Einheit' (Kapitel 2), ‚Übereinstimmung' (Kapitel 3) und ‚Identität' (Kapitel 4) sind ähnliche, aber verschiedene Begriffe des physikalischen Erkenntnisprozesses, um dieses Ganze zu beschreiben.

Erst in der ‚Identität', in der Fassung des Ganzen in einem elementaren Objekt, zeigt sich die *Einfachheit der Mathematik* zur Beschreibung der Natur: die Rückführung der Naturgesetze auf die Symmetrien einer einzigen komplexen Elementarfigur. ‚Einfachheit' oder ‚Primitivität' bezeichnet die Eigenschaft eines Phänomens, auf ‚das Eine' zurückgeführt werden zu können. ‚Einfachheit' ist die Eigenschaft eines mathematisch-physikalischen Modells, die Physiker als schön bezeichnen. Schönheit bezieht sich nicht nur auf eine logisch-konsistente Struktur, das jedes korrekte mathematische Modell aufweist, sondern auch auf eine primitive Struktur, in der durch ein elementares Objekt eine Vielfalt von Eigenschaften ableitbar ist. Primitivität ist daher im Gegensatz zur Umgangssprache ein positiv besetzter Begriff. Mit ihm wird ein erster Baustein benannt, aus dem alles errichtet wird; ein erstes Objekt, auf das alles zurückgeführt werden kann. ‚Der Erste in seiner Art' impliziert ein dynamisches Moment: Es kommt noch sehr viel nach. Die ‚Einfachheit' der Elementarfigur F zur Beschreibung der Natur liegt in der Identität auf der mathematischen Weltbühne R und bezieht sich nicht auf den Raum der menschlichen Wahrnehmung, in dem ein solches symmetrisches Objekt sehr vielfältig aussehen kann. Ihre Rückübertragung als mathematisch-ontologische Metaphern in den Anschauungsraum verwandelt ihre Einfachheit in die unüberschaubare Vielfalt der Phänomene. Die eine symmetrische Elementarfigur kann im Anschauungsraum der Sinne und Messungen in vielfältigen Formen erscheinen. So entsprechen

- einer Äquivalenzklasse F von Gleichgewichtszuständen im Gibbsraum R die Vielzahl von Körpern in der Natur, bei denen man eine Temperatur messen kann;
- einer Trajektorie F als symmetrischer Elementarfigur im Phasenraum R die komplexe Bewegung vieler Teilchen im Anschauungsraum;
- einem Feld F als symmetrischer Elementarfigur im Faserbündel R die vielfältigen elektromagnetischen Phänomene von Licht, Elektrizität und magnetischer Anziehung.

Die Vielfalt entsteht durch die Rückübertragung der einen mathematisch-ontologischen Metapher durch die vielen möglichen quantitativen Metaphern in die Welt der Wahrnehmung. Analog zu einem gelungenen Design eines Gebrauchsgegenstandes, das nicht nur Prinzipien einer ästhetischen Theorie genügen, sondern auch durchsichtig und funktional einfach sein sollte, liegt die Schönheit der mathematisch-physikalischen Welt in ihrer Einfachheit: Es geht um die eine

Elementarfigur, die Vielfältiges ermöglicht. Im Unterschied zu den geometrischen Figuren, die Galilei als Buchstaben der mathematischen Sprache bezeichnete, sind diese elementaren Figuren die Grundbausteine der mathematisch-physikalischen Welt, Skulpturen auf der mathematischen Weltbühne, die durch Buchstaben, Wörter und Sätze der mathematischen Sprache geschaffen werden. Es sind ganze Modellerzählungen, kondensiert in elementaren Figuren, in mathematisch-ontologischen Metaphern, die die Redundanz von Messerzählungen, die synonymen quantitativen Metaphern in ihren Gestalten auf den Punkt bringen.

Diese komplex-symmetrische Elementarfigur zur Anschauung zu bringen, sie sinnlich erfahrbar zu machen, geschieht durch quantitative Metaphern. Hier werden die Messerzählungen zu einer *physikalischen Ekphrasis*, die die mathematischen Objekte zu Objekten der Wahrnehmung macht. So wird die im Phasenraum symmetrische Elementarfigur, z. B. die Trajektorie im Phasenraum, durch die Übertragung zu einem Phänomen mit ‚Orten' und ‚Geschwindigkeiten' zu bestimmten ‚Zeitpunkten'. So bringen die quantitativen Metaphern, die Messhandlungen von ‚Kraft' und ‚Impulsstrom', zwei verschiedene Wahrnehmungen, zwei unterschiedliche Perspektiven der einen symmetrischen Elementarfigur hervor. Diese physikalische Ekphrasis macht den mathematisch Denkenden zum Wahrnehmenden, je nach Wahl der quantitativen Metapher zum Sehenden, Hörenden, Messenden. Die physikalische Ekphrasis konstituiert in der Tat eine synästhetische, ganzheitliche Erfahrung. Hier trifft sich Physik mit Poesie, wenn Natur in ‚poetischen Gemälden' erfahrbar wird: Messerzählungen sind naturwissenschaftliche Lehrgedichte und quantitative Naturlyrik. Sie bringen die schöne Gestalt der Elementarfiguren zum Vorschein und ihre Vielfalt zur Erfahrung.

Quantitative Metaphern leiten die Rückübertragung der in Elementarfiguren übertragenen Natur. In umgekehrter Richtung wandeln quantitative Metaphern ihre Bedeutung; sie sind nicht mehr Messerzählungen von Phänomenen der Natur, sondern anthropomorpher Ausdruck der Elementarfiguren. Wir messen ‚Ort' und ‚Kraft', weil Menschen lokale, mit Muskeln bestückte Lebewesen sind. Im Prozess der Wahrnehmung und der Handlung des Messens erweckt die physikalische Ekphrasis die mathematischen Objekte zum Leben – in all ihrer sinnlichen Vielfalt. Der Mensch bringt als Leser der Messerzählungen die vielfältigen Perspektiven derselben Elementarfigur durch Messungen zum Vorschein. Der Mensch ist aber nicht nur Leser, sondern auch Buch oder Schreibwerkzeug, da erst seine Ausstattung mit Sinnen, Gehirn und Händen die Elementarfiguren lesbar macht. Der Mensch ist als Teil der Natur auch Autor und wird damit zu einem sich selbst schreibenden Buch, da er durch sein Handeln erst auswählt, welche Elementarfigur in welcher Form zum Ausdruck kommen soll.

Dass Naturgesetze als komplizierte Beziehungen wahrgenommen werden, liegt an der Kompliziertheit der menschlichen Sinne und Messerzählungen, nicht an der Identität der mathematischen Elementarfigur. Vermutlich muss man die Perspektive umkehren: Naturgesetze erscheinen kompliziert, weil die von Menschen entwickelten Messvorschriften es sind. So kann man spekulieren, dass die Trennung des Phasenraumes in Orte und Geschwindigkeiten etwas mit der persistenten Eigenbasis von quantendynamischen Ortsoperatoren zu tun hat (*pointer states*), während die Geschwindigkeiten als dazu konjugierte Größen nicht mehr als Raum wahrgenommen werden können.

Die Kompliziertheit der mathematischen Formen der Naturgesetze ist damit der Kompliziertheit der menschlichen Wahrnehmung geschuldet. Weil wir nicht die Symmetrie der Elementarfiguren ‚sehen', sondern nur ihre Aspekte, die durch unsere Sinne gegeben sind, erscheinen Naturgesetze als komplizierte mathematische Strukturen. Der Mensch ist ein komplexes Wesen der Natur, das nicht einfach der Gestalt der Elementarfiguren folgt. Es ist die Beziehung der Messerzählungen zu den Symmetrien, die kompliziert ist. Über die Erscheinung der Naturgesetze in der Natur zu reden, heißt über den Menschen, seine Messerzählungen und seine Sprachfähigkeiten zu reden.

Die ‚unverständliche Effektivität' von Buchstaben und Grammatik zur Formulierung von Sprache und Bedeutung überrascht kaum jemanden, da sie als menschliche Konstruktion zur Lebensbewältigung begriffen wird. Warum sollte es bei der mathematischen Sprache anders sein? Die Einfachheit ist eine Eigenschaft der mathematisch-ontologischen Metaphern, die eingeführt wurden, um in der Natur messbare quantitative Metaphern in einer formal-logischen Sprachwelt zu beschreiben. Im Umkehrschluss wird die Einfachheit zur mathematischen Begründung von empirischen Naturgesetzen. Begreifen wir Naturgesetze als Redundanzen der menschlichen Wahrnehmung, dann ist es nicht verwunderlich, dass in der mathematischen Welt elementare Objekte gefunden werden können, die diese Redundanzen ausdrücken. Mit der mathematischen Sprache wird versucht, eine mathematisch-physikalische Welt zu bauen, die alle synonymen Metaphern enthält und dennoch reichhaltig genug ist, um allen beobachteten Phänomenen Raum zu geben. Mit der mathematisch-physikalischen Welt ist es gelungen, eine Bühne zu bauen, die groß genug ist für das aufgeführte Stück und einen passenden Rahmen setzt für die Vielfalt des Geschehens. Es ist nicht selbstverständlich, dass Sprache dies erlaubt, es ist aber auch kein Wunder, da der Rahmen der Naturgesetze nicht sehr eng ist. Das mathematische Weltmodell der Physik legt nur sehr wenig fest. Dieses wenige zu kennen, erlaubt aber sehr viel: die Präparation von Phänomenen, das, was wir Technik nennen. Allerdings ist der Preis hierfür die Festlegung auf wenige Freiheitsgrade durch die Wahl der mathematischen Objekte, worauf wir im folgenden Kapitel zu sprechen kommen.

Die *Effektivität der Mathematik* liegt in der Fähigkeit des Menschen, eine mathematische *Sprachwelt* zu schaffen, in der alle quantitativen Metaphern ihren

Platz durch mathematisch-ontologische Metaphern finden und die die Synonyme als redundante Messungen des mathematisch Identischen einbaut. Dass das möglich ist, erscheint nicht mehr so verwunderlich angesichts der vielen Metaphern und Begriffe, die sich nicht in eine quantitative Form bringen lassen. Man darf sich nicht täuschen lassen durch den Erfolg der mathematisch-physikalischen Welt, der tatsächlich auf sehr wenigen quantitativen Metaphern beruht. Das meiste, was uns begegnet, bleibt nicht-messbar, für nahezu alle Phänomene und Erfahrungen finden wir keine quantitativen Metaphern.

Die Effektivität der Mathematik beruht auf der Effektivität der wenigen quantitativen Metaphern, die notwendig sind für eine *technische Kontrolle* von Vorgängen in der Natur. Diese Effektivität liegt aber allein darin begründet, dass die Kenntnis von Redundanzen, d. h. von Naturgesetzen, ein intelligentes Design von (scheinbar überraschenden) Vorgängen, Phänomenen und Ereignissen erlaubt. Ein Stein schlägt dort ein, wo ich es erwarte und geplant habe, da die Kenntnis der Redundanz von ‚Kraft' und ‚Impulsstrom' es erlaubt, die Ausgangssituation mit geringem Aufwand zu präparieren. Warum und wieso ich es so wollte, bleibt ein Phänomen, das keinen Platz hätte in der mathematischen Welt.

Die Effektivität der Mathematik liegt auch an der *logischen Rekonstruierbarkeit* der mathematisch-physikalischen Sprachwelt. Es gibt eine volle Kontrolle über den Aufbau der erzählten Welt. Es können neue mathematische Objekte eingeführt und die Struktur der Welt logisch-formal untersucht werden. Konzeptuelle Metaphern, die ‚bodily based mechanisms and everyday experience' zu mathematischen Objekten machen, sind nur der erste Schritt; die formal-logische Spracharbeit schafft neue mathematische Objekte, Strukturen und Räume, die die konzeptionellen Metaphern ordnen und Redundanzen von Wahrnehmungen durch Symmetrien von Elementarfiguren ausdrücken.

Die Effektivität der Mathematik erklärt sich schließlich aus der Ordnung der Phänomene durch solche mathematisch-ontologischen Metaphern, die Redundanzen der Messerzählungen durch *Symmetrien einer Elementarfigur* zum Verschwinden bringen. Diese Einfachheit wird als schön empfunden. Das, was die Symmetrie nicht festlegt, die Vielzahl möglicher symmetrischer Elementarfiguren, wird durch die Wahl einer von ihnen auf einen ‚Zustand der mathematischen Welt' reduziert. Eugene Wigner bezeichnet dies – wie erwähnt – als Festlegung der ‚initial conditions', auch ‚Anfangswerte' oder ‚Freiheitsgrade' genannt. Die Reduktion der Natur auf einen ‚Zustand der Welt' mit bestimmten Werten für alle wohldefinierte Zustandsgrößen ist aber allein ein Vorgang in der mathematischen Sprachwelt. Als Metapher ist die Rückübertragung des ‚Zustands der Welt' in die Natur allerdings ein natürlicher Sprachvorgang, in dem ein mathematisches Objekt zu einer Entität in der Natur wird. Die Rückübertragung der mathematisch-ontologischen Metapher ‚Zustand der Welt' auf die Phänomene der Natur macht die Natur zu einer Welt der Dinge, was nicht ohne Konsequenzen für das Selbstverständnis des Menschen, seine Freiheit und Geschichtlichkeit, seine Moral und Religion ist. Für das Verständnis von Naturgesetzlichkeit und vom Erfolg einer mathematischen Naturbeschreibung ist sie aber nicht notwendig. Der physikalische Realismus begründet sich auf der Rückübertragung der mathematisch-ontologischen Metaphern als Dinge der Natur. Diese physikalische Welt der Dinge ist ein festes Ufer für den Fluss der Phänomene.

5 Mündet der Ereignisstrom in eine Welt der Dinge? Die Rettung der Vielfalt der Phänomene

Quantitative und mathematisch-ontologische Metaphern haben als Metaphern gemeinsam, dass sie sich auf Phänomene außerhalb der Sprache beziehen: Sie verweisen auf eine Natur, in die ihre Bedeutung übertragen wird. Das unterscheidet sie von Begriffen und anderen mathematischen Größen, die sprachimmanent bleiben, logisch abgeleitet und eindeutig definierbar sind. Eins zu sein mit den Phänomenen der Natur, ist dagegen nur metaphorisch möglich. Hans Blumenberg schreibt zu Beginn von *Quellen, Ströme, Eisberge*:

> Man kann nicht zweimal in denselben Fluss steigen, aber man kehrt an dasselbe Ufer zurück, und dies sogar dann, wenn man sich im Fluss, um mit ihm als demselben wenigstens für eine Zeit eins zu bleiben, hat treiben lassen.[21]

Um dieses ‚dasselbe' soll es hier nun gehen. Die Wirklichkeit fließt – als Strom einmaliger Ereignisse, als Bewusstseinsstrom nicht wiederholbarer Erlebnisse. Diese Weisheit Heraklits steht am Beginn eines Widerspruchs, der sich durch die gesamte Philosophiegeschichte zieht. Dass der Fluss immer derselbe sei, ist eine hartnäckige Illusion, die entsteht, wenn die Landschaft von oben betrachtet wird. Eine Perspektive, die wir nicht einnehmen können, es aber doch tun, wenn wir meinen, am Ufer zu sitzen. Dann wird die Natur zu einer unveränderlichen Welt der Dinge, in der die vorbeiziehenden Erscheinungen eingebettet sind. Der Fluss der Ereignisse wird für den am Ufer Sitzenden zu einer Landschaft der Dinge mit Eigenschaften.

21 Hans Blumenberg: *Quellen, Ströme, Eisberge*. Berlin: Suhrkamp, 2012. S. 103.

Reduktion der Natur: Der Zustand der Welt

Die oben geschilderte Geschichte der Physik des Lichtes zeigte, dass es wichtig ist, Messerzählungen von den ‚Eigenschaften eines Zustandes' sowie Naturgesetze von ‚Bewegungsgleichungen eines Zustandes' zu trennen. Durch die Fassung der Natur in eine mathematische Welt geschieht nämlich noch etwas Zweites über die Übertragung von Messgrößen in Zustandsgrößen und von Naturgesetzen in Gleichungen hinaus. Aufgrund der mathematischen Struktur der mathematisch-ontologischen Metaphern wird die Natur auf einen formal wohldefinierten ‚Zustand' reduziert. Mathematische Sprache erlaubt, die Metapher ‚Zustand der Welt' in eine eindeutige Form zu fassen. Dabei ist mit ‚Zustand' keine Messgröße gemeint, sondern eine *Ordnung von Messgrößen* in eine einzige mathematisch-ontologische Metapher. ‚Zustand' ist dabei eine sehr spezielle ontologische Metapher, deren Eigenart erst nach der Entdeckung von Bewegungsgesetzen durch Galilei und Newton erkannt wurde und die seitdem die Diskussion über Reduktion und Einheit der Physik bestimmt: Was ist der ‚Zustand der Welt'? Gewöhnlich wird der *Zustand* eines physikalischen Systems definiert als die minimale Menge aller derjenigen Zustandsgrößen (physikalische Messgrößen in einem Modell), die für eine vollständige Beschreibung des Systems in der mathematischen Sprachwelt benötigt werden. Insbesondere lassen sich aus der Kenntnis des Zustandes in der Modellerzählung alle messbaren Größen zu allen Zeiten des Systems berechnen. Welche Zustandsgrößen den Zustand bestimmen, hängt von dem betrachteten System ab und hat sich durch die Einsicht in die Physik des Systems auch geändert. Je nach Teilgebiet der Physik kommen unterschiedliche Zustandsdefinitionen zur Anwendung, und die Definition des ‚Zustandes' des Systems legt auch fest, welche mathematisch-physikalische Theorie für die Beschreibung zuständig ist.

Der Zustand eines Systems ist keine Messgröße, d. h. er beruht nicht auf einer Messerzählung, sondern auf einem ontologischen Konzept darüber, ‚was das betrachtete System ist'. Es ist eine Modellerzählung. Entscheidend ist nun, dass dadurch alle quantitativen Metaphern mathematisch zu abgeleiteten Größen der mathematisch-ontologischen Metapher werden. Aus dem Zustand lassen sich durch ‚Messhandlungen in der mathematischen Welt' die bestimmten Werte aller Messgrößen ableiten und mit den Messhandlungen an ‚Dingen in der Welt' vergleichen. Darauf basiert die *Falsifikation eines mathematisch-physikalischen Modells* als die zentrale wissenschaftstheoretische Charakterisierung der Naturwissenschaften.

Freiheitsgrade der mathematisch-physikalischen Welt

Wie kommt man nun zu einer mathematischen Beschreibung des ‚Zustandes der Welt'? Die ontologische Metapher leitet die Mathematisierung, aber die Metapher selbst wird geleitet durch Beziehungen zwischen quantitativen Metaphern. Nun sind nicht alle Messgrößen gleich sinnvoll für eine Festlegung des Zustands: Mathematische und physikalische Gesetze sowie Messerzählungen führen zu Relationen zwischen Zustandsgrößen. Kennt man die eine, dann folgt die andere. Insbesondere synonyme quantitative Metaphern reduzieren die Anzahl der Zustandsgrößen, die man kennen muss, um einen Zustand festzulegen. Die verbleibenden notwendigen Zustandsgrößen nennt man *Freiheitsgrade*, da ihre Kenntnis den ‚Zustand der Welt' festlegt. Physikalische Messgrößen werden in einem mathematischen Modell daher zu Zustandsgrößen, die unterschieden werden können in den Zustand definierende ‚Freiheitsgrade' und ‚abgeleitete Größen'. Es ist eine Ironie der Sprachgeschichte, dass ausgerechnet das, womit die Welt determiniert werden soll, ‚Freiheitsgrad' genannt wurde. Mit mathematisch-ontologischen Metaphern geht eine Reduktion der Phänomene auf die feststellbaren Freiheitsgrade eines eindeutigen mathematischen Objektes einher, z. B. eines ‚Punktteilchens' oder eines ‚Feldes'. Diese Objekte bilden ‚dasselbe Ufer', an das ein Physiker immer wieder zurückkehrt, wenn er sich im Strom der Phänomene hat treiben lassen.

Was die Physik in den fundamentalen Naturgesetzen entdeckt, ist nicht die Vielfalt der Erscheinungen und auch nicht die Vorhersage der Zukunft, sondern nur das, was in den vielfältigen Veränderungen gleich bleibt. Das mag verwundern, gelten Naturgesetze doch oft als Inbegriff der physikalischen Weltreduktion und des Determinismus. Betrachten wir daher ein einfaches klassisches Beispiel: den Wurf eines Steines. Klassisch physikalisch stellt man die Newton'schen Gleichungen der Bewegungen auf, löst sie als Funktion der Zeit und erhält die korrekte Vorhersage, wann der Stein wo sein wird, wenn man die richtigen Anfangsbedingungen gewählt hat. Aber bereits in der ersten Vorlesung zur theoretischen Physik lernt ein Student, dass er zuerst die sogenannten *Invarianten der Bewegung* finden muss, deren Werte die Bewegung bestimmen. Im kanonischen Fall sind das z. B. die Anfangswerte der Bewegung, die die gesamte Bewegung bestimmen, weil zu jedem Zeitpunkt (*Persistenz*) der ‚Impulsstrom' des fliegenden Steins gleich der ‚Kraft' ist, die auf den Stein ‚wirkt'. Der Flug des Steins wird als Bewegung gesehen, weil wir nicht die Invarianten sehen bzw. messen, sondern Abstände und Zeitdauern. Das Naturgesetz ‚Kraft = Impulsstrom' bestimmt aber nicht die Werte der Invarianten einer Bewegung.

Effektivität der Technik: Die Festlegung endlich vieler Freiheitsgrade

Wie ist das nun aber mit der erstaunlichen technischen Beherrschung der Natur? Wir bauen z. B. Flugzeuge, die tatsächlich fliegen können, weil wir das Newton'sche Bewegungsgesetz als Naturgesetz entdeckt haben, das uns erlaubt, einen bestimmten Bewegungszustand herzustellen und dadurch die Bahn des Fliegers vorherzusagen. Das Naturgesetz drückt aber nur die Übereinstimmung der Impulsströme aus, die das Flugzeug naturgemäß nicht abstürzen lässt. Dass es aber fliegt, hängt an den komplexen Anfangsbedingungen, d. h. am Bau des komplizierten Gerätes, an seiner Bereitstellung am Flughafen, an der Zufuhr des Kerosins und dem Zünden der Treibwerke. Diese komplexe Bereitstellung der Anfangsbedingungen lässt das Flugzeug tatsächlich fliegen und eine komplexe Bewegung ausführen. Die Naturgesetze garantieren nur, dass die komplexen Anfangsbedingungen in eine komplexe Bewegung umgesetzt werden, die einen vorher bestimmten komplexen Endzustand erreicht. Natürlich spielten bei der Bereitstellung der Anfangsbedingungen auch wieder (möglicherweise andere) Naturgesetze eine Rolle; aber nur, um wiederum durch die Übereinstimmung von quantitativen Metaphern einen anderen früheren Anfangszustand in den gewünschten späteren Anfangszustand zu bringen. Die Vielfalt der Erscheinungen bzw. die Komplexität der Anfangsbedingungen erklären die Naturgesetze nicht. *Naturgesetze bestimmen nicht die invarianten Werte einer Bewegung*, deren Kenntnis erst die Bewegung bestimmt.

‚Zustand der Welt' ist die (quantitative) Reduktion einer ontologischen Metapher auf ein mathematisches Modell. Nur in dieser reduzierten Form der Phänomene gibt es die Begriffe ‚Zustandsgröße', ‚Freiheitsgrad' oder ‚Determinismus'. Diese Begriffe sind an ein mathematisches Modell der Welt gebunden und haben nur indirekt mit Naturgesetzlichkeit zu tun. Die Freiheitsgrade bezeichnen die Vielfalt der Phänomene, die nicht durch Naturgesetze verboten sind, die also der synonymen Redundanz widersprechen. Es gibt keinen Grund anzunehmen, dass die Anzahl der Freiheitsgrade begrenzt ist. Sie wird nur endlich durch eine Reduktion auf relevante Zustandsgrößen im Rahmen einer bestimmten Modelldefinition. Die gewählte *Anzahl der Freiheitsgrade ist eine Wahl der Genauigkeit der Beschreibung der Phänomene.*

Die Anzahl der invarianten Werte ist damit eine Folge der mathematischen Modellbildung, d. h. der verwendeten mathematisch-ontologischen Metaphern. Verwendet man für das Newton'sche Naturgesetz ‚Kraft = Impulsstrom' die ontologische Metapher ‚Punktteilchen' oder ‚Feld', erhält man jeweils eine andere Anzahl von Invarianten der Bewegung. Insbesondere die Endlichkeit oder Mächtigkeit dieser Anzahl hängt von der Wahl der mathematischen Objekte ab, auf die man die Naturgesetze überträgt. Der Reduktionismus und in der Folge der Determinismus der Welt findet nur in der mathematischen Sprache statt, in der Übersetzung der Naturgesetze in Gleichungen von Zustandsgrößen. Für die Erkenntnis von Naturgesetzen in der Vielfalt der Phänomene ist diese Reduktion nicht notwendig und eine Determiniertheit der Phänomene zunächst nicht ersichtlich. Allein in der Präparation einer Situation kann die Reduktion auf eine endliche Anzahl von Freiheitsgraden in der Natur imitiert werden. Das ist die *Technik oder die Kunst des Experimentes*: in Kenntnis der Naturgesetze bestimmte Ausgangswerte der relevanten Freiheitsgrade zu realisieren. Je genauer ich etwas beschreiben oder präparieren möchte, desto mehr Freiheitsgrade muss ich im mathematischen Modell einführen und in der Lage sein, sie im Experiment feststellen zu können.

Natürlich ist es eine enorme wissenschaftliche Leistung, mit den Naturgesetzen etwas Gleichbleibendes in den Naturvorgängen gefunden zu haben. Das andere Faszinierende der Naturwissenschaft ist aber die Entdeckung der phantastischen Vielfältigkeit der Erscheinungen: die Formen des Lebens, die Verflechtungen der Bewegungen, die Gestalt der Materie. Die Freiheitsgrade sind eigentlich Ausdruck der Kapitulation der Physik und der mathematischen Sprache vor dieser Vielfalt der Phänomene.

Mythos Realismus: Metalepsen in physikalischen Erzählungen

Die wichtigen Revolutionen in der Physik geschahen oft durch das Beiseiteräumen ontologischer Annahmen über die Welt der Dinge und durch eine Hinwendung zu dem Phänomen als messbare Größe: Einstein räumt die Zeit als absolute Eigenschaft der Welt beiseite und stellt sich auf den Grund, dass Zeit das ist, was man mit einer Uhr messen kann. Heisenberg räumt die Bahn als Bewegung eines Teilchens in der Welt beiseite und begründet Observablen als Gesamtheit von möglichen Messwerten. Man mag spekulieren, ob die Physik zu einem Ende kommt, wenn alle ontologischen Annahmen aus der Beschreibung der Naturerfahrung entfernt sind.

Realismus ist eine ontologische Annahme, die weder notwendig noch empirisch belegt ist. Bei Protonen und Neutronen von ‚existierenden Teilchen' zu sprechen, ist sogar irreführend. Da ist ‚weißer Quark' für ein Proton durchaus eine bessere Metapher, die das kontinuierliche Meer von Quarks und Gluonen in einem Proton als Flüssigkeit mit zur Assoziation bringt. Die Diegese einer physikalischen Erzählung ist nicht die Welt der Dinge, sondern die Welt der beschreibenden (und gemessenen) Beobachtungen. Physik als metaphorischer Prozess kann nicht Bezug nehmen auf eine Welt der Dinge, da dies eine ontologische Annahme ist, die die Messerzählungen überschreitet und eine Metalepse in der Erzählung der Naturerfahrung wäre. Sie kann aber eine Metapher ‚Zustand' einführen, die in einer quantitativen Form z. B. zur Wellenfunktion oder zum Vektor im Hilbertraum wird.

Physikalischer Realismus ist ein Mythos zur Erklärung der wundersamen *Persistenz* physikalischer Gesetze. In ihm nimmt man eine Objekthaftigkeit von Entitäten an, die unveränderlich existieren und vom Menschen nur beobachtet werden. Dies ist eine Umkehrung des bisherigen wissenschaftlichen Prozesses, der Beschreibung der Naturerfahrung durch quantitative Metaphern, da ausgehend von einer Welt der Dinge physikalische Messgrößen aus den Eigenschaften der Dinge abgeleitet werden. Mythen machen verständlich, was nicht erklärt werden kann. Man nähert sich ihnen daher auch besser nicht mit Kategorien der Wahrheit und empirischen Evidenz, sondern mit solchen des Glaubens und der Weltbewältigung. Ein Mythos ist nicht nur eine Erzählung über das Wesen der Welt, sondern auch über das Tun des Menschen. Auch der physikalische Realismus, d. h. die Annahme einer ‚Welt der Dinge', ist ein Mythos, der nicht nur *erkenntnistheoretisch* eine Begründung für die *Persistenz* der Erfahrungen liefert, sondern auch Bedeutung für das Selbstverständnis des Menschen hat und damit *ethische* Folgerungen für Handeln und Moral nahelegt.

Die Rettung der Vielfalt der Phänomene

Begreift man Physik als einen metaphorischen Prozess, dann treffen sich die zwei Kulturen der Geistes- und der Naturwissenschaften. Kein Naturgesetz erklärt die Werte der Invarianten einer Bewegung. Die Anfangswerte jedes Phänomens sind nicht Gegenstand von Naturwissenschaft. Die Vielfalt und Einmaligkeit der Phänomene beruht auf der Vielzahl dessen, was nicht durch Naturgesetze festgelegt ist, durch die Vielzahl der Anfangswerte bzw. Invarianten einer Bewegung. *Freiheit und Geschichtlichkeit* sind daher mögliche Naturphänomene, die im Einklang mit Naturgesetzlichkeit stehen. Nur die Reduktion der Phänomene auf einen ‚Zustand der Welt' durch mathematisch-ontologische Metaphern legen einen Determinismus in der mathematischen Modellerzählung nahe. Naturgesetze bilden aber nur eine Bühne, stecken nur einen Rahmen ab, innerhalb dessen alles geschehen kann. So kann die Ausdifferenzierung der Natur in Lebewesen das freie Handeln und sogar das Planen und Entscheiden ermöglichen, wenn das Phänomen Erinnerung durch die natürliche Entstehung des Gehirns in Erscheinung tritt.

Eine endliche Anzahl von Freiheitsgraden ist eine reduzierende Konstruktion und liegt einzig und allein an der mathematisch-ontologischen Metapher des

‚Zustandes der Welt'. Die Naturgesetzlichkeit, d. h. die synonymen quantitativen Metaphern, sind unabhängig davon. Die Determination der Welt geschieht metaphorisch erst durch die Reduktion auf eine endliche Anzahl von Freiheitsgraden. Dies ist ein sinnvolles Konzept für die Präparation eines Systems durch einen Experimentator, nicht aber für die gesamte Welt, die System und Experimentator umfasst. Anzunehmen, dass auch die gesamte Welt aus nur einer endlichen Anzahl von Freiheitsgraden besteht, ist eine Hypothese, die man machen kann, aber nicht machen muss. Die Unverletzlichkeit der Naturgesetzlichkeit erzwingt dies nicht.

Physik und Poesie: Sind Formeln Tropen?

Wenn quantitative Metaphern als synonym erkannt werden, geht ihre Bedeutungsvielfalt und damit ihre metaphorische Funktion scheinbar verloren. Das ist tatsächlich aber nicht der Fall: Quantitative Metaphern behalten ihre Nuancierungen, Interpretationsmöglichkeiten und Bedeutungsvielfalt. Trotz der Zahl, die die Erzählung fast zum Schweigen gebracht hat, lässt sich die Metapher selbst in der physikalischen Forschung nicht töten. Es gibt auch zahlreiche bekannte Beispiele, wo Metaphern theorieinspirierend gewirkt haben und wie ein Katalysator Gedanken anstoßen konnten. Haben solche physikalische Metaphern auch eine Bedeutung für die Literatur? Weil Metaphern eine erkenntnistheoretische Funktion in der Physik haben, liegt es nahe, danach zu fragen, ob Formeln neue Tropen sind, d. h. eine neue Erkenntnisweise des sprachbegabten Menschen und damit ein mögliches Stilmittel in der Literatur. Bestünde der Sinn von Literatur darin, die Welt zu verstehen und eine Verortung des Menschen zu finden, dann läge es nahe, auch den metaphorischen Prozess der physikalischen Naturerfahrung literarisch zu verwenden. Die Formel als mathematischer Ausdruck von synonymen quantitativen Metaphern könnte zu einem neuen Tropus werden, der Persistentes in Erfahrung erkennbar macht. In physikalischen Metaphern könnte zudem mehr erfahrbar sein als das, was in Freiheitsgraden feststellbar ist. Sie könnten durch ihre Mehrdeutigkeit das sichtbar machen, was in der Übersetzung in die mathematische Sprachwelt durch ihre Eindeutigkeit verlorengegangen ist. Die Verwendung von physikalischen Metaphern in Literatur könnte das Selbstverständnis von Physikern infrage stellen, die *conditio physica* ausloten und einen neuen Blick auf das ermöglichen, was Physiker als Naturwissenschaftler tun.

Es gibt viele literarische Beispiele, in denen eine ‚Rückübersetzung' physikalischer Metaphern und Formeln gelungen ist. In Alfred Döblins *Berlin Alexanderplatz* wird z. B. die Naturgesetzlichkeit, wie Franz Biberkopf seine Braut Ida erschlägt, durch Newtons Kraftformel $F = \mathrm{d}p/\mathrm{d}t$ ausgedrückt:

Was die Sekunde vorher mit dem Brustkorb der Frauensperson geschehen war, hängt zusammen mit den Gesetzen von Starre und Elastizität, und Stoß und Widerstand. Es ist ohne Kenntnis dieser Gesetze überhaupt nicht verständlich. Man wird folgende Formeln zu Hilfe nehmen:
Das erste Newtonsche [njutensche] Gesetz, welches lautet: Ein jeder Körper verharrt im Zustand der Ruhe, solange keine Kraftwirkung ihn veranlaßt, seinen Zustand zu ändern [bezieht sich auf Idas Rippen]. Das zweite Bewegungsgesetz Njutens: Die Bewegungsänderung ist proportional der wirkenden Kraft und hat mit ihr die gleiche Richtung [die wirkende Kraft ist Franz, beziehungsweise sein Arm und seine Faust mit Inhalt]. Die Größe der Kraft wird mit folgender Formel ausgedrückt:

$$f = c \lim \frac{\overline{\Delta v}}{\Delta t} = cw\,.$$

Die durch die Kraft bewirkte Beschleunigung, also den Grad der erzeugten Ruhestörung, spricht die Formel aus:

$$\Delta v = \frac{1}{c} f \,\Delta t\,.$$

Danach ist zu erwarten und tritt tatsächlich ein: Die Spirale des Schaumschlägers wird zusammengepresst, das Holz selbst trifft auf. Auf der andern Seite, Trägheits-, Widerstandsseite: Rippenbruch 7.–8. Rippe, linke hintere Achsellinie. Bei solcher zeitgemäßen Betrachtung kommt man gänzlich ohne Erinnyen aus. Man kann Stück für Stück verfolgen, was Franz tat und Ida erlitt. Es gibt nichts Unbekanntes in der Gleichung. Bleibt nur aufzuzählen der Fortgang des Prozesses, der so eingeleitet war.[22]

Hier erscheint die Formel direkt als Tropus, um die Eindeutigkeit des Geschehens zu beschreiben. Eine solche Eindeutigkeit der Zahlen wirkt oft auch unmenschlich, da wir uns im täglichen Leben auf die Unschärfe der Begriffe verlassen. Allerdings dürfen wir nach dem bisher Gesagten nicht vergessen, dass die Notwendigkeit und Determiniertheit des Geschehens keine Folge des Naturgesetzes ‚Kraft = Impulsstrom' ist, sondern nur aus der Konditionierung des Geschehens aus der vorherigen Festlegung der Freiheitsgrade folgt. Franz bleibt frei zu handeln trotz der Naturgesetzlichkeit des Geschehens.

Als Trope gewänne eine Formulierung wie *Quarks and Letters* eine neue Bedeutung: So wie *Wörter* nur der gestellte Teil des Gemeinten sind, sind *Teilchen* nur die Reduktion auf das Allernötigste, um das Geschehen zu beschreiben. So wie Literatur das in Worten mit Assoziierte zum Leben bringt, kann es auch das in der Reduktion auf Teilchen nicht Erfasste wieder vorscheinen lassen: das in den quantitativen Metaphern nicht Gemessene.

Die Farbe von Quarks hat nichts mit der Farbe der sichtbaren Dinge zu tun. Sie hat ihren Ursprung im metaphorischen Spiel mit der Farbmischung, d. h. mit der Überblendung von grünem, roten und blauen Licht, das weiß erscheint. Durch

22 Alfred Döblin: *Berlin Alexanderplatz* [1929]. Ottobrunn: Franklin, 1982. S. 84.

Messungen wurde festgestellt, dass jedes Proton aus *drei* verschieden farbgeladenen Quarks zusammengesetzt ist. Nach außen ist keine Farbwechselwirkung sichtbar, d. h. das Proton ist *farbneutral*, mit anderen Worten: *weiß*. Wir können also berechtigt sagen: *Proton ist weißer Quark*.

Bedeutet diese Metapher etwas für die Physik? Vielleicht sind Metaphern deswegen so wichtig als heuristisches Werkzeug, um neue Phänomene und Naturgesetze zu entdecken, weil der menschliche Erkenntnisprozess ein metaphorischer ist, der manchmal durch die Zahl ermöglicht und zugleich verborgen wird.

Literatur

Aristoteles: *Poetik*. Übers. von Manfred Fuhrmann. München: Heimeran, 1976.

Blumenberg, Hans: *Quellen, Ströme, Eisberge*. Berlin: Suhrkamp, 2012.

Dijksterhuis, Eduard Jan: *Die Mechanisierung des Weltbildes*. Übers. von Helga Habicht. Berlin, Heidelberg, New York: Springer, 1983 [Reprint der Ausgabe Berlin u. a. 1956].

Döblin, Alfred: *Berlin Alexanderplatz* [1929]. Ottobrunn: Franklin, 1982.

Einstein, Albert: Ist die Trägheit eines Körpers von seinem Energieinhalt abhängig? In: *Annalen der Physik* 18 (1905). S. 639–641.

Einstein, Albert: Zur Elektrodynamik bewegter Körper. In: *Annalen der Physik* 17 (1905). S. 891–921.

Einstein, Albert: $E = mc^2$: the most urgent problem of our time. In: *Science Illustrated* 1 (April 1946). S. 16–17.

Jones, Henry Bence (Hrsg.): *The Life and Letters of Faraday*. Bd. 2, London, Longmans, Green, and Co., 1870.

Lakoff, George, und Raphael Núñez: *Where Mathematics Comes From: How the Embodied Mind Brings Mathematics into Being*. New York: Basic Books, 2000.

Lehr, Thomas: *Größenwahn passt in die kleinste Hütte. Kurze Prozesse*. München: Hanser, 2012.

Newton, Isaac: *Optik oder Abhandlung über Spiegelungen, Brechungen, Beugungen und Farben des Lichts*. Übers. und hrsg. von William Abendroth. Thun, Frankfurt a. M.: Harri Deutsch, 1996 [Reprint der Ausgabe Leipzig 1898].

Nietzsche, Friedrich: *Über Wahrheit und Lüge im außermoralischen Sinn*, In: ders.: *Werke. Kritische Gesamtausgabe*. Dritte Abteilung, Zweiter Bd.: Nachgelassene Schriften 1870–1873. Hrsg. von Giorgio Colli und Mazzino Montinari. Berlin: De Gruyter, 1973. S. 369–384.

Planck, Max: Zur Dynamik bewegter Systeme. In: *Sitzungsberichte der Königlich-Preussischen Akademie der Wissenschaften* 29.1 (1907). S. 542–570.

Siemens, Wilhelm: Address by the President. In: *Report of the Fifty-Second Meeting of the British Association for the Advancement of Science*. John Murray: London, 1883. S. 1–33.

Unamuno, Miguel de: Wörter und Zahlen. In: *Lob des Fünfecks. Mathematisch angehauchte Gedichte*. Hrsg. von Alfred Schreiber. Norderstedt: Books on Demand GmbH, 2008. S. 8.

Wigner, Eugene: The Unreasonable Effectiveness of Mathematics in the Natural Sciences. In: *Communications in Pure and Applied Mathematics* 13 (1960). S. 1–14.

Bernadette Malinowski und Winfried Thielmann

Wissenschaftssprache in Literatur und Wissenschaft

Abstract: Wissenschaft bildet aufgrund ihrer spezifischen Erfordernisse eine besondere Sprachlichkeit aus: Wissenschaftssprache. Im Verlauf literarischer Wissenschaftsrezeption finden Wissenschaft sowie ihre Sprachlichkeit Eingang in literarische Texte. Diese Gegenstände werden in dem folgenden Beitrag – von Bernadette Malinowski aus literaturwissenschaftlicher Sicht und von Winfried Thielmann aus sprachwissenschaftlicher Sicht – beleuchtet. Die Spezifik wissenschaftlicher Sprachlichkeit zeigt sich insbesondere darin, dass wissenschaftliche Erfordernisse – etwa die Verhandlung wissenschaftlicher Basistätigkeiten – mit gemeinsprachlichen Ressourcen bedient werden, die vor allem im Bereich des wissenschaftlichen Streitens eine einzelsprachen- und wissenschaftskulturspezifische Nutzung erfahren. Zugleich sind es genau diese Spezifika, die bisher weder in der Sprachwissenschaft noch in der (natur-)wissenschaftlichen Reflexion der sprachlichen Voraussetzung von Wissenschaft nennenswerte Beachtung erfahren haben. Hingegen erweist sich bei der Betrachtung weniger Passagen aus Darwins *Origin of Species*, dass dieser Text erhebliche Anleihen bei Verfahren literarischer Textgestaltung macht und ein – typisch angelsächsisches – eristisches Arsenal aufbietet. Die einleitenden Passagen von Gottfried Kellers *Sinngedicht* machen überdies deutlich, dass in der zweiten Hälfte des neunzehnten Jahrhunderts die Literatur – im Gegensatz zur Wissenschaft – längst zu einem zentralen Ort für wissenschafts- und wissenschaftssprachkritische Positionen geworden ist.

1 Wissenschaftssprache aus dem Blickwinkel von Sprach- und Literaturwissenschaft

Sprachwissenschaftliche Perspektiven

Sprachwissenschaftler befassen sich mit Sprache und Sprachen. Womit sie sich heute praktisch allesamt nicht mehr befassen, das ist – zum Leidwesen gerade der Sprachpfleger – die Festlegung sprachlicher Normen. Denn Wissenschaft beschreibt, versteht, erklärt Wirklichkeit, sagt ihr aber nicht, wie sie zu sein hat. Die Sprachwissenschaft ist in sich hochdifferenziert: Es gibt Konversationsanalytiker, Valenzgrammatiker, Phonetiker, Generativisten, Indogermanisten, Mediävisten – und nicht zuletzt Pragmatiker, aus deren Perspektive hier Wissenschaftssprache in einem ersten Schritt beleuchtet werden soll. Das heißt, es geht zum einen um die Frage, wie Menschen sprachlich aneinander handeln, zum anderen darum, wie Sprache selbst im Hinblick auf sprachliches Handeln strukturiert ist. Für den pragmatischen Blick auf Wissenschaftssprache ergeben sich mithin die folgenden Leitfragen: Was ist für sprachliches Handeln in der Wissenschaft typisch? Und welchen Einfluss haben die Erfordernisse dieses Handelns auf sprachliche Strukturen?

Wissenschaftssprache war in der Sprachwissenschaft lange kein eigener Gegenstand, sondern wurde von der Fachsprachenforschung, die eine sehr lange Tradition hat, sozusagen *en passant* mitbearbeitet. Man kann sagen, dass Wissenschaftssprache im deutschen Zusammenhang überhaupt erst dann als eigener Gegenstand in den Blick der Sprachwissenschaft geriet, als Sprachwissenschaftlern wie Harald Weinrich und Konrad Ehlich – beide nacheinander Inhaber des Lehrstuhls für Deutsch als Fremdsprache in München – auffiel, dass ausländische Studierende mit Elementen der deutschen Wissenschaftssprache Probleme haben. Elemente, die die Fachsprachenforschung, weil sie sich vor allem auf fachliche Terminologien konzentrierte, noch gar nicht als eigenständige sprachliche Mittel in den Blick genommen hatte. Das Interessante an diesen sprachlichen Erscheinungen ist dabei, dass sie überfachlich auftreten und gar nicht wissenschaftlich aussehen.

Hierzu zwei Beispiele, die Konrad Ehlich in seinem einschlägigen Aufsatz von 1995 diskutiert: „eine Erkenntnis setzt sich unter Experten durch" und „jemand leitet aus etwas einen Grundsatz ab".[1] Diese beiden unauffälligen Formulierungen haben es in sich. Alltagssprachlich sagen wir, dass ‚jemand etwas bei anderen durchsetzt' oder ‚dass sich ein Lehrer bei seinen Schülern nicht durchsetzen kann'. Man sieht, ‚durchsetzen' ist etwas, was ein Mensch tut – und zwar bei anderen. In dieser Formulierung ist es aber die Erkenntnis, die ‚sich selbst durchsetzt' – und zwar ‚unter' Experten. Wir haben es hier mit einer wissenschaftstypischen Formulierung zu tun: In ihr ist nämlich ausgedrückt, dass Erkenntnisse durchaus nicht sofort von der wissenschaftlichen *Community* angenommen werden, sondern dass hier ein Ratifizierungsprozess stattfindet, während dessen das neue Wissen strittig ist. Die Formulierung besteht zwar nur aus deutschen Wörtern; diese deutschen Wörter sind aber auf eine Weise verbunden, wie sie alltagssprachlich nicht üblich ist. Zugleich wird mit der Formulierung etwas alltäglich Wissen-

---

1 Konrad Ehlich: Die Lehre der deutschen Wissenschaftssprache: sprachliche Strukturen, didaktische Desiderate. In: *Linguistik der Wissenschaftssprache*. Hrsg. von Harald Weinrich und Leo Kretzenbacher. Berlin: De Gruyter, 1995 [Akademie der Wissenschaften zu Berlin: Forschungsbericht 10]. S. 325–352.

schaftliches ausgedrückt: Wissenschaftliche Erkenntnisse durchlaufen einen Ratifizierungsprozess.

Sehen wir uns nun die zweite Formulierung an: Gemeinsprachlich werden z. B. Flüssigkeiten ‚von' etwas ‚abgeleitet', wo sie nicht erwünscht sind, aber keine Grundsätze ‚aus' etwas. Nun leiten wir aber alle, egal in welcher Disziplin, täglich irgendwelche Grundsätze ‚aus' Beobachtungen ab. Auch diese Formulierung verwendet nur deutsche Wörter, aber auf wissenschaftstypische Weise. Konrad Ehlich hat für solche sprachlichen Mittel, mit denen überfachlich das alltägliche wissenschaftliche Geschäft behandelt wird, den Terminus ‚alltägliche Wissenschaftssprache' geprägt. Wie gesagt: Vor den Mitte der 1990er Jahre veröffentlichten Arbeiten Ehlichs war hiervon nichts bekannt, und es wird noch eine Weile dauern, bis sich diese Erkenntnisse in der Sprachvermittlungspraxis durchgesetzt haben werden – z. B. an den Sprachenzentren der deutschen Universitäten, an denen man bis heute glaubt, wissenschaftssprachliche Fähigkeiten bestünden hauptsächlich darin, die Aktiv-Passiv-Transformation zu vollziehen, die es zwar in der generativistischen Syntaxtheorie, nicht aber in der sprachlichen Wirklichkeit gibt.

Noch interessanter als die Mittel alltäglicher Wissenschaftssprache, die ja schon an Unauffälligkeit kaum zu überbieten sind, sind Strukturen, die sich – zumindest im Deutschen – an der sprachlichen Oberfläche fast nicht zeigen. Als Beispiel diene der Beginn eines größeren Aufsatzes des Sprachwissenschaftlers Ludger Hoffmann: „Syntax gilt als Kern der Grammatik, als Zentrum formorientierter Sprachanalyse. Sinn und Gegenstandsbereich werden allerdings kaum diskutiert."[2]

Zwei unschuldige Aussagesätze, hinter denen jeweils ein Punkt steht. Aber was ist hier eigentlich gesagt? Ist hier nur gesagt, dass Syntax als Kern der Grammatik gilt und Sinn und Gegenstandsbereich kaum diskutiert werden? Wohl kaum. Dass die Bedeutung dieser zwei Sätze hiermit nicht erfasst ist, liegt zunächst einmal daran, dass das Verb ‚gelten' vor einer wissenschaftlichen Handlungskonstellation eine besondere Qualität entfaltet. Wer in der Wissenschaft sagt, dass etwas gilt, spricht wiederum von etwas Wissenschaftstypischem: einem Konsens. Es besteht also, sagt Hoffmann, ein Konsens, dass Syntax Kern der Grammatik ist. Aber warum betont er das so ausdrücklich? Doch wohl, weil ihm selbst dieser Konsens irgendwie fragwürdig geworden ist. Man könnte sagen, dass Ludger Hoffmann sich mit diesem Satz *außerhalb* des Konsenses positioniert. Im zweiten Satz sagt er, dass der Sinn von Syntax und ihr Gegenstandsbereich

---

2 Ludger Hoffmann: Funktionale Syntax. Prinzipien und Prozeduren. In: ders.: *Funktionale Syntax. Die pragmatische Perspektive.* Berlin, New York: De Gruyter, 2003. S. 18–221, hier S. 18.

kaum diskutiert werden. Also: Alle diejenigen Sprachwissenschaftler, für die Syntax Zentrum der Grammatikschreibung ist, wissen eigentlich gar nicht, warum sie Syntax betreiben und wovon. Man sieht: In diesen dürren Worten, in diesen beiden unschuldigen Aussagesätzen, steckt etwas, was durch Termini wie ‚Aussage' nicht erfasst ist: nämlich eine *wissenschaftliche Positionierung* und ein *Vorwurf* an die *Community*. In diesen Sätzen steckt etwas, was gar nicht explizit gesagt ist, was eigentlich erst vor dem Hintergrund der spezifischen wissenschaftlichen Handlungskonstellation sichtbar wird: zwei verschiedene sprachliche Handlungsqualitäten, zwei Illokutionen. Ludger Hoffmann tritt hier seinen Fachgenossen schon eingangs ordentlich auf die Füße, bevor er beginnt, das neue Wissen, das er mitzuteilen hat, zu entwickeln. Wir haben es hier mit einer streitenden Eröffnung zu tun.

Der Terminus ‚Illokution' geht auf die Sprechhandlungstheoretiker John L. Austin und John R. Searle zurück. Zu Deutsch bedeutet er ‚das Nicht-Gesagte'. Ludger Hoffman sagt ja nicht, dass er sich positioniert und seinen Fachkollegen etwas vorwirft; er tut dies mit den sprachlichen Handlungen, mit denen sein Text beginnt. Man stelle sich für einen Moment vor, Syntax wäre einem das Wichtigste überhaupt, und dann käme jemand, der das nicht nur infrage stellte, sondern einem vorwürfe, man wisse gar nicht, warum man Syntax betreibe und wovon. Man würde wahrscheinlich anfangen, einen Aufsatz gegen Hoffmann zu verfassen. Sehr viel Wissenschaft entsteht aus wissenschaftsfähigem Ärger.

Die Illokutionen, mit denen man es in der Wissenschaft zu tun hat, sind vielfältig. Mit ihnen wird ganz wesentlich das Geschäft der wissenschaftlichen Auseinandersetzung vollzogen. Zugleich sind sie mitunter ‚versteckt'; sie zeigen sich erst vor dem Hintergrund der wissenschaftlichen Handlungskonstellation. Konrad Ehlich hat die sprachlichen Strukturen, die dem wissenschaftlichen Streitgeschäft verpflichtet sind, mit dem Terminus ‚eristische Strukturen' bezeichnet.[3]

Und nun eine eigene streitende Positionierung: Der angelsächsische Sprachraum, so er linguistisch mit Wissenschaftssprache – die dort in Ermangelung eines Terminus für, wenn nicht gar eines Begriffs *von* Wissenschaft ‚academic language' genannt wird – befasst ist, diskutiert diese Dinge kaum. Die Sprachwissenschaftler dort sind wesentlich der Auffassung, dass Wissenschaftler sich mit Assertionen verständigen (sprachlichen Handlungen also, deren Zweck ausschließlich in der Wissensübermittlung selbst besteht), dieses assertive Geschäft aber – leider – dadurch trüben, dass sie mitunter durch vage Formulierungen wie

3 Konrad Ehlich: Deutsch als fremde Wissenschaftssprache. In: *Jahrbuch Deutsch als Fremdsprache*. Bd. 19: Grenzen und Grenzerfahrungen. Hrsg. von Alois Wierlacher. München: iudicium, 1993. S. 13–42.

‚may', ‚suggest', ‚believe' etc. den Wahrheitswert ihrer Äußerungen reduzieren. Dies bezeichnet die angelsächsische Sprachwissenschaft als *hedging* (im Sinne von ‚hedging one's bets'). So dürfte diese Art von Linguistik, die in den Wissenschaftstraditionen steht, um die es hier geht, auch in dem folgenden Beispiel lediglich *hedging* erblicken: „It has not escaped our notice that the specific pairing we have postulated immediately suggests a possible copying mechanism for the genetic material."[4]

Dieser Satz, mit dem James D. Watson und Francis Crick jenen *letter* an die Zeitschrift *Nature* beschließen, für den sie den Nobelpreis erhielten, enthält tatsächlich etliche Ausdrücke, mit denen scheinbar der Wahrheitswert des Gesagten relativiert wird: „has not escaped our notice", „suggests", „possible". Aber wenn man einen Blick für eristische Strukturen hat, erkennt man etwas ganz anderes: Watson und Crick wussten natürlich, dass sie hier eine nobelpreiswürdige Entdeckung kommunizierten (inwieweit es tatsächlich ihre eigene war, ist noch umstritten), und was sich hier vollzieht, ist ein klassisches Understatement, mit dem sie den Clou lancieren. Mit *hedging* hat das nichts zu tun.

Wir haben also gesehen, dass an der Wissenschaftssprache die kaum sichtbaren, da aus der Gemeinsprache geschöpften, sprachlichen Mittel der ‚alltäglichen Wissenschaftssprache' interessant sind sowie die Strukturen, die man oft erst einmal gar nicht sieht und die sich erst im Zusammenhang der wissenschaftlichen Handlungskonstellation zeigen, nämlich die ‚eristischen Strukturen'. Soweit zu einer möglichen sprachwissenschaftlichen Perspektive auf Wissenschaftssprache.

Literaturwissenschaftliche Perspektiven

Bei den Überlegungen zur literaturwissenschaftlichen Perspektivierung von Wissenschaftssprache soll von der These ausgegangen werden, dass es sich bei der vielzitierten Zwei-Kulturen-Debatte, die bekanntlich die Leitdifferenz von Natur- und Technikwissenschaften auf der einen, Geisteswissenschaften und Literatur auf der anderen Seite akzentuiert, im Wesentlichen um eine Zwei-*Sprach*kulturen-Debatte handelt, die um die Leitdifferenz ‚Begriff' und ‚Metapher' kreist und entscheidend durch den (zunehmend umstrittenen) Zusammenhang von Logik und Rhetorik geprägt ist.

Die philosophische Grundlegung der neuzeitlichen Wissenschaft durch Bacon und Descartes verbindet – in je unterschiedlicher Weise – Kritik an der tra-

4 James D. Watson, Francis Crick: A Structure for Deoxyribose Nucleic Acid. In: *Nature* 171 (1953). S. 737–738, hier S. 737.

ditionellen Wissenschaft mit radikaler Sprachkritik. Beiden ist das Ziel gemeinsam, die Philosophie und mit ihr auch die Naturwissenschaft auf eine gesicherte Basis zu stellen, welche die Wahrheit ihrer Erkenntnisse verbürgt. Die methodische Fundierung der Wissenschaft – sei sie, wie im Rationalismus Descartes' eben logisch-rational (Deduktion), sei sie, wie im Empirismus Bacons, überwiegend empirisch-experimentell (Induktion) – soll wahre und objektive Aussagen und Sätze über die Wirklichkeit ermöglichen und damit einen ontologischen Zusammenhang mit dieser garantieren.

Francis Bacon etwa verweist in seiner Idolenlehre auf die prinzipielle Verführungskraft der Sprache und rückt deren Rhetorizität in die Nähe der Dichtung. Entsprechend seien sowohl „philosophische Systeme" als auch „Prinzipien und Grundsätze der Wissenschaften", sofern sie von Idolen und falschen Begriffen durchdrungen sind, nichts als „Fabeln [...], die unwirkliche und erdichtete Welten darstellen"[5] und den unmittelbaren Zugang zur Wirklichkeit verstellen. Eine wahre „Interpretation der Natur" kann deshalb nur auf Forschungs- und Beweisverfahren beruhen, die von der Erfahrung ausgehen und in genau geregelten Schritten vom Einzelnen zum Allgemeinen, von der Empirie zur Theorie führen.[6] Der für den Humanismus prägende und im Ideal des *homo rhetoricus* repräsentierte Gedanke einer *copia rerum ac verborum* ist damit verabschiedet. Der Sprache, sofern sie jenem dezidiert anti-rhetorischen Ideal des *plain style* verpflichtet ist, wird für den menschlichen Intellekt und damit für den wissenschaftlichen Erkenntnisprozess eine nurmehr instrumentelle Funktion konzediert. Ihr rhetorisch-persuasiver Gebrauch hingegen bleibt auf jene Lebensbereiche und Wissenschaften beschränkt, die es mit Meinungen und Dogmen, nicht aber mit begründeter Wahrheit und Erkenntnis zu tun haben, „denn hier geht es darum, Zustimmung zu erzwingen, nicht die Wirklichkeit zu meistern".[7]

Die eindrucksvollsten historischen Zeugnisse dieser anti-rhetorischen Konzeption von Wissenschaftssprache stammen aus dem Umfeld der 1660 in London gegründeten Royal Society. Mit ausdrücklichem Verweis auf das große Vorbild Bacon rühmt etwa Thomas Sprat in seiner 1667 erstmals erschienenen *History of the Royal Society* die unablässige Anstrengung ihrer Mitglieder „to separate the knowledge of *Nature*, from the colours of *Rhetoric*, the devices of *Fancy*, or the delightful deceit of *Fables*" und „to render it an Instrument whereby Mankind may

5 Francis Bacon: Novum Organon [1620]. In: *The Works of Francis Bacon*. Bd. 1. Hrsg. von James Spedding u. a. Stuttgart-Bad Cannstatt: Frommann-Holzboog, 1963 [Nachdr. der Erstausgabe London 1858]. § 44. Hier zit. nach *Geschichte der Philosophie in Text und Darstellung*. Bd. 4: Empirismus. Hrsg. und übers. von Günter Gawlick. Stuttgart: Reclam, 1991. S. 35.

6 Vgl. ebd., §§ 22, 26, 104, 105.

7 Vgl. ebd., § 29.

obtain a Dominion over *Things*, and not only over one anothers *Judgments*". (Herv. im Orig.)[8] Seine in aller Schärfe durchgeführte Abrechnung mit dem schädlichen, korrupten Einfluss von „Tropes and Figures" auf den menschlichen Intellekt und das Wissen selbst beschließt Sprat mit einer Würdigung der sprachreinigenden Leistungen der Royal Society:

> It will suffice my present purpose to point out what has been done by the Royal Society towards the correcting of its [rhetoric's, B. M.] excesses in natural philosophy; to which it is, of all others, a most professed enemy.
> They have therefore been most rigorous in putting in execution the only remedy that can be found for this extravagance, and that has been, a constant resolution to reject all the amplifications, digressions, and swellings of style; to return back to the primitive purity, and shortness, when men delivered so many things, almost in an equal number of words. They have exacted from all their members a close, naked, natural way of speaking; positive expressions; clear senses; a native easiness: bringing all things as near the mathematical plainness as they can; and preferring the language of artizans, countrymen, and merchants, before that of wits or scholars.[9]

Ganz im Unterschied zu Bacon eruiert Descartes die Wahrheitsbedingungen von Sätzen, indem er alle möglichen Sätze einem radikalen Wahrheitszweifel unterzieht. Der von ihm für Philosophie und Wissenschaft postulierte methodische Gebrauch der Vernunft, dessen Wahrheitskriterien Klarheit und Deutlichkeit sind, orientiert sich dabei an der mathematisch-geometrischen Beweisführung,[10] wie sie bereits Galilei vorgeführt hatte.[11]

---

8 Thomas Sprat: *The History of the Royal Society of London for the improving of Natural Knowledge* [1667]. 2. Aufl. London: Chiswell, Chapman, Sawbridge, 1702. S. 62. Verwiesen sei ferner auf John Wilkins: *An Essay towards a Real Character and a Philosophical Language* [1668]. Menston: Scolar Press, 1968. Für einen allgemeinen Überblick über die sprachtheoretische Diskussion im siebzehnten Jahrhundert vgl. Lia Formigari: *Language and Experience in 17th-Century British Philosophy*. Amsterdam: John Benjamins, 1988. Speziell zur Royal Society vgl. Brian Vickers: The Royal Society and English Prose Style: A Reassessment. In: ders. und Nancy S. Struever: *Rhetoric and Pursuit of Truth: Language Change in the Seventeenth and Eighteenth Centuries*. Los Angeles: William Andrews Clark Memorial Library, 1985. S. 1–76.

9 Sprat: *The History of the Royal Society*, S. 112–113.

10 „Diese beiden Wissenschaften [Arithmetik und Geometrie, B. M.] sind nun nichts als spontane Früchte, die aus den eingeborenen Prinzipien der Methode entsprungen sind". So René Descartes: *Regulae ad directionem ingenii/Regeln zur Ausrichtung der Erkenntniskraft*. Kritisch rev., übers. und hrsg. von Heinrich Springmeyer u. a. Hamburg: Meiner, 1973. S. 64.

11 „Die Erkenntnis der wenigen aber [gemeint sind die mathematischen Wahrheiten, B. M.], welche der menschliche Geist begriffen, kommt meiner Meinung an objektiver Gewißheit der göttlichen Erkenntnis gleich; denn sie gelangt bis zur Einsicht ihrer Notwendigkeit, und eine höhere Stufe der Gewißheit kann es wohl nicht geben." So Galileo Galilei: Dialog über die Welt-

Newtons scharfe Kritik am Rationalismus und die ebenso scharfe Kritik, die Newton sich wiederum selbst gefallen lassen musste, sind ein weiteres geeignetes Beispiel, um zu zeigen, dass und wie sich Prozesse sowohl der Konstituierung als auch der Kritik von Wissenschaft immer auch sprachlich und sprachkritisch vollziehen und auf der (fließenden) Grenze von Begriff und Metapher, Faktizität und Fiktion verlaufen. Mit seinem Hypothesenverdikt – „Hypotheses non fingo" – wendet sich Newton gegen die in seiner eigenen Zeit dominierende rationalistisch-deduktive Philosophie Descartes' und setzt dieser einen radikalen Empirismus entgegen. Hypothesen im cartesianischen Sinne sind – in der Deutung Newtons – nichts weiter als unbegründete metaphysische Vorurteile, leere Spekulationen und willkürliche Fiktionen, die es aus der Physik zu verbannen gilt, „for whatever is not deduced from the phenomena is to be called an hypothesis; and hypotheses, whether metaphysical or physical, whether of occult qualities or mechanical, have no place in experimental philosophy".[12]

Gleichwohl verbinden sich, wie Jürgen Mittelstraß gezeigt hat, in der Newton'schen Physik jene zwei methodischen Verfahren, wie sie „in Zukunft bestimmend für das methodologische Selbstverständnis der Physik, und von diesem her auch für die Naturwissenschaften insgesamt, werden sollten",[13] nämlich *Analyse*, d. h. die empirisch-induktive Ableitung allgemeiner Kausalgesetze aus experimentellen Beobachtungen, und *Synthese*, d. h. die deduktive Ableitung der Phänomene aus den analytisch gewonnenen Prinzipien.[14] Die vor allem in England bereits sehr früh einsetzende Kritik an Newton zielt insbesondere auf dessen Behauptung, die von ihm verwendeten Definitionen, Regeln und Axiome seien sämtlich in der Erfahrung begründet, „deduced from Phaenomena & made general by Induction".[15] Diese Kritik richtet sich weniger gegen die rationalistischen Implikationen einer radikal empirisch-materialistisch sich propagierenden Physik, als vielmehr gegen deren mangelhafte methodologische Reflexion. Der zentrale Vorwurf, der von George Berkeley, Kant, Goethe oder Hegel an

systeme [1632]. In: ders.: *Sidereus Nuncius. Nachricht von neuen Sternen.* Hrsg. und eingel. von Hans Blumenberg. 2. Aufl. Frankfurt a. M.: Suhrkamp, 2002, S. 133–230, hier S. 157.

12 Isaac Newton: *The Mathematical Principles of Natural Philosophy I–II* [1706]. London: Dawson, 1968 [Nachdruck der Ausgabe 1729]. S. 392. Vgl. auch den Anfang der *Opticks*: „My Design in this Book is not to explain the Properties of Light by Hypotheses, but to propose and prove them by Reason and Experiment". Isaac Newton: *Opticks or A Treatise of the Reflections, Refractions, Inflections & Colours of Light* [1704]. New York: Dover, 1952 [Nachdruck der Ausgabe 1730]. S. 1.

13 Jürgen Mittelstraß: Newton – die ‚neue Wissenschaft' und die Anfänge des Empirismus in der Physik. Skript zu einem unveröffentlichten Vortrag vom 1. Juni 2002 an der Universität Augsburg, S. 12.

14 Vgl. Newton: *Opticks*, Query 31.

15 Newton: *Principles*, S. 155.

die Adresse der Naturwissenschaft bzw. -philosophie Galilei'sch-Newton'scher Prägung ergeht, kreist um die verleugneten metaphysischen Voraussetzungen, die deren mathematischen und begrifflichen Darstellungsformen notwendig zugrunde liegen, und um die Ansprüche und Konsequenzen, welche die Physik aus dieser Verdrängung für den Status ihrer wissenschaftlichen Erkenntnisse ableitet. „Daß Newton und seine Schule dasjenige mit Augen zu sehen glauben, was sie in die Phänomene hinein theoretisiert haben", gehört zu den Hauptangriffen, die Goethe gegen Newtons Optik, jenem „Muster von sophistischer Entstellung der Natur", ins Feld führt.[16] Ähnlich scharf polemisiert Kant gegen die mathematisch verfahrenden „Naturphilosophen", die sich „wider allen Anspruch der Metaphysik auf ihre Wissenschaft feierlich verwahrten".[17] Noch pointierter spricht Hegel im Zusammenhang von Newton und Locke von einem „metaphysizierenden Empirismus"[18].

Bereits Berkeley dehnt seine Materialismuskritik auf die Sprache aus. Die prinzipielle „Neigung des Menschen, seine Begriffe zu verdinglichen" [proclivity of mankind to realize their notions, Übers. B. M.],[19] sieht er vor allem im Gebrauch mathematischer Zeichen und Regeln und in deren Anwendung auf die Natur am Wirken. So würden die Anhänger der mathematischen Physik „durch ihre eigenen besonderen Zeichen irregeführt", indem sie „die Brauchbarkeit einer Regel mit der Gewißheit einer Wahrheit" verwechselten.[20] Anstatt die mathematischen Grundbegriffe – wie die Sprache überhaupt – als Ergebnis gedanklicher Abstraktion anzuerkennen und ihren Wert auf einen pragmatisch-operationellen zu beschränken,[21] werden sie einer ontologisch-metaphysischen Deutung unterworfen und mit der Natur der Dinge selbst identifiziert. Diese Identifikation von (mathe-

---

16 Johann Wolfgang Goethe: Zur Farbenlehre. In: ders.: *Sämtliche Werke, Briefe, Tagebücher und Gespräche*. I. Abt., Bd. 23.1. Hrsg. von Manfred Wenzel. Frankfurt a. M.: Deutscher Klassiker-Verlag, 1991. § 217 und 230, S. 386–387 und 389.

17 Immanuel Kant: Metaphysische Anfangsgründe der Naturwissenschaft. In: ders.: *Werke*. Bd. 4: Schriften von 1783–1788. Hrsg. von Artur Buchenau und Ernst Cassirer. Hildesheim: Olms, 1973. S. 367–478, hier S. 374.

18 Georg Wilhelm Friedrich Hegel: Vorlesungen über die Geschichte der Philosophie. In: ders.: *Werke*. Bd. 20. Frankfurt a. M.: Suhrkamp, 1971. S. 209.

19 George Berkeley: Siris [1744]. In: *The Works of George Berkeley, Bishop of Cloyne*. Bd. 5. Hrsg. von Arthur A. Luce und Thomas. E. Jessop. London: Thomas Nelson, 1953. S. 1–164, hier § 250.

20 George Berkeley: The Analyst [1734]. In: ders.: *Schriften über die Grundlagen der Mathematik und Physik*. Frankfurt a. M.: Suhrkamp, 1969. S. 81–140, hier §§ 8, 10.

21 Nach Berkeley sind sowohl die Grundbegriffe der Arithmetik als auch der Geometrie „Produkte des menschlichen Geistes". George Berkeley: A Treatise Concerning the Principles of Human Knowledge [1710]. In: ders.: *Philosophical Works*. Hrsg. von M. R. Ayers. London: Dent, 1975. S. 61–127; dt. *Eine Abhandlung über die Prinzipien der menschlichen Erkenntnis*. Hrsg. von Alfred Klemmt. Hamburg: Meiner, 1957. § 12. Auch die Zahlen – und dies gilt für alle „mathematischen matischer) Darstellungsform und (empirischem) Darstellungsgehalt kommt für Berkeley einer ontologischen Reduktion der gesamten Natur und Lebenswelt auf deren quantifizierbare und formalisierbare Strukturen gleich.[22] Er hingegen billigt allen Formen der begrifflichen Verallgemeinerung – den gesamten Apparat mathematischer Terminologie eingeschlossen – einen lediglich hypothetisch-fiktionalen Charakter in ihrem Bezug auf die Wirklichkeit der Phänomene zu.[23]

Der Kern der philosophischen Kritik an der klassischen Physik, so lässt sich zusammenfassend sagen, zielt weder auf die von dieser applizierten mathematisch-quantifizierende Methode noch auf die Begriffe, Prinzipien und Darstellungsformen; sie zielt vielmehr auf die unbewusst sich vollziehende ontologische Verdinglichung des methodischen und axiomatischen Bestands und auf den daraus sich ableitenden Absolutheits- und Universalitätsanspruch der

---

Entitäten" – „hängen von der Vorstellung des Definierenden ab", weshalb ihnen „in der Natur der Dinge kein feststehendes Wesen" zukomme. George Berkeley: De Motu [1721]. In: ders.: *Philosophical Works*, S. 209–227, hier § 67. In der Arithmetik würden daher nicht „Dinge", sondern „Zeichen" betrachtet, und zwar nicht um ihrer selbst willen, sondern wegen ihres praktischen Nutzens im Umgang mit den realen Dingen: „because they direct us how to act with relation to things, and dispose rightly to them" (Berkeley: Principles, § 122). Ebenso ist die Geometrie eine „praktische Wissenschaft" (Berkeley: *Prinzipien*, § 131), „eine bündige, exakte und methodische Art der Beweisführung [...], die den Geist stärkt und schärft, und die, auf andere Bereiche übertragen, von allgemeinem Nutzen bei der Wahrheitssuche ist" (Berkeley: Analyst, § 2). Auch sie hat es deshalb nicht unmittelbar mit den Eigenschaften der natürlichen Dinge selbst zu tun, sondern mit künstlichen Gebilden und Konstrukten, die zu bestimmten Darstellungszwecken vom Menschen geschaffen wurden. Die Allgemeinheit von Begriffen bezieht sich deshalb nie auf das Bezeichnete selbst, sondern auf den allgemeinen Gebrauch eines Zeichens (vgl. Berkeley: *Prinzipien*, § 12).

22 Diese ontologische Reduktion folgt nach Berkeley einer Überstrapazierung der analogischen Beziehung zwischen mathematischer Darstellung und dargestellter Natur. So heißt es im Kontext seiner Newton-Kritik: „We are apt to lay too great a stress on analogies, and to the prejudice of truth, humour that eagerness of the mind, whereby it is carried to extend its knowledge into general theorems" (Berkeley: Principles, § 106). Zu Berkeleys Kritik an der physikalistischen Reduktion des organischen Lebens auf mechanische Prinzipien vgl. Berkeley: Siris, § 232.

23 „Now, although such *phantoms* as corporeal forces, absolute motions, and real spaces do pass in physics for causes and principles, yet are they in truth but *hypothesis*, nor can they be the objects of real science. They pass nevertheless in physics, conversant about things of sense, and confined to experiments and mechanics". Berkeley: Siris, § 293; Herv. B. M. Vgl. auch ders.: De Motu, §§ 6, 28, 39. – Dazu Theda Rehbock: *Goethe und die ‚Rettung der Phänomene'. Philosophische Kritik des naturwissenschaftlichen Weltbilds am Beispiel der Farbenlehre*. Konstanz: Verlag am Hockgraben, 1995. S. 74: „Der Aussagegehalt der Theorien selbst, die mathematischen Gesetzmäßigkeiten der Erscheinungen, bleibt [...] völlig erhalten, besitzt keinen rein fiktionalen Charakter. Er ist schlicht wahr oder falsch, je nachdem ob er empirisch bestätigt oder widerlegt wurde. Der hypothetisch-fiktionale Charakter betrifft lediglich die Form der (anschaulichen) Darstellung der Theorie mittels der Newtonschen oder vergleichbarer physikalischer Grundbegriffe".

physikalischen Natur-, Wirklichkeits- und Wahrheitsauffassung. Diese (sprach-) philosophische Kritik an den Naturwissenschaften setzt sich vom ausgehenden neunzehnten Jahrhundert bis in die Gegenwart hinein fort. Stand vormals die unbewusste Metaphysik der Physik im Zentrum der Kritik, so ist es jetzt deren massive Tendenz, die historischen, lebensweltlichen, fiktional-metaphorischen, im weitesten Sinne also kulturellen Voraussetzungen und Implikationen naturwissenschaftlicher Erkenntnis- und Darstellungsformen zu verdrängen.

Von hier aus ließen sich zahlreiche Linienverlängerungen vornehmen, die das wissenschaftssprachliche Ideal eines *plain style* Lügen strafen – über Nietzsche und Husserl bis zu den z. T. radikalen Positionen des Poststrukturalismus. Hier finden sich Positionen, in denen das positivistische *Nullia in Verba* der Royal Society ins Gegenteil des *Totius in Verba* gesteigert ist, die also, wie etwa Alan G. Gross, von einer „Rhetoric of Science without Constraints" ausgehen, wonach ausnahmslos alle Gegenstände, Methoden und Ergebnisse wissenschaftlicher Aktivität sprachlich gebunden sind und jegliche Differenzierung zwischen *res* und *verba*, *episteme* und *doxa* zugunsten letzterer preisgegeben ist. Das Verdienst dieser radikalen poststrukturalistischen Wissenschaftsauffassungen besteht vor allem darin, die Sensibilität für die *écriture* szientifischer Texte geschärft und über die Bloßlegung der ihnen impliziten Rhetorizität und Literarizität die Aufmerksamkeit auf nicht-wissenschaftliche und ideologische Interessen, Steuerungsmechanismen und Motive der wissenschaftlichen Forschung und ihrer sprachlichen Manifestation gelenkt zu haben.

Synthese aus den Beobachtungen

Die sprach- und wissenschaftstheoretischen Positionen des frühen Empirismus geraten, wie gezeigt wurde, bereits während der Aufklärung unter erheblichen kritischen Beschuss, da sich die frühe Überzeugung, durch geeignete Methoden die Phänomene sozusagen ‚rein' erhalten und sprachlich unverfälscht abbilden zu können, nicht aufrechterhalten ließ. Im zwanzigsten Jahrhundert differenzieren sich diese Gegenpositionen bis zum Extrem eines ‚rhetorics is everything and everything is rhetorics' aus. Überraschenderweise gesellt sich diesen Entwicklungen erst sehr spät eine empirisch basierte sprachwissenschaftliche Erforschung von Wissenschaftssprache zu, die zudem im angelsächsischen Raum immer noch stark von assertionszentrierten Betrachtungsweisen (*hedging* etc.) geprägt ist. Wie dargelegt, sind aber die wissenschaftstypischen Ausprägungen von Wissenschaftssprache hierdurch kaum verstanden. Sie bestehen hauptsächlich darin, dass zum einen der Zweck der Verhandlungsmöglichkeit des alltäglichen wissenschaftlichen Geschäfts mit – einzelsprachenspezifischen – gemeinsprachlichen Mitteln bedient wird (‚alltägliche Wissenschaftssprache'), zum anderen der Zweck der wissenschaftlichen Auseinandersetzung mit hochdifferenzierten und wissenschaftskulturspezifischen Mitteln bearbeitet wird (‚eristische Strukturen').

2 Wissenschaftssprache in Darwins *On the Origin of Species* (1859)

Literaturwissenschaftliche Perspektiven

Charles Darwins *On the Origin of Species by Means of Natural Selection or the Preservation of Favoured Races in the Struggle for Life* ist ein Paradebeispiel für diese rhetorische und narrative ‚Infiltration' naturwissenschaftlicher Texte. In diesem 1859 erschienenen Text begründet Darwin zum einen die allgemeine Abstammungslehre, die sogenannte Deszendenztheorie, die besagt, dass die gradweise abgestufte Mannigfaltigkeit der heute auf der Erde lebenden Organismen das Ergebnis der stammesgeschichtlichen Entwicklung (Evolution) auf sich verzweigenden Entwicklungswegen aus primitiven Ausgangsformen in der Geschichte der Erde ist. Zum anderen legt Darwin hierin die Fundamente für die diesen Vorgang erklärende Evolutionstheorie, also die Lehre von den Faktoren und Gesetzmäßigkeiten der Evolution. Mit der natürlichen Zuchtwahl (natürliche Auslese, Selektion), die im Zusammenwirken mit Vererbung, erblicher Variation und ‚Kampf ums Dasein' (*Struggle for Life*) stattfindet, entdeckte er den zur Evolution führenden gesetzmäßigen Zusammenhang in den vielfältigen Beziehungen zwischen den Lebewesen und ihrer Umwelt.

Bereits der erste Absatz der „Introduction" macht deutlich, dass Darwin sein wissenschaftliches Tun in der Form eines Narrativs präsentiert und damit die Resultate seiner biologischen Forschungen in ihrer Genese transparent macht:

> When on board H.M.S. Beagle, as naturalist, I was *much struck with* certain facts in the distribution of the inhabitants of South America, and in the geological relations of the present to the past inhabitants of that continent. *These facts seemed to me to throw some light on* the origin of species – that *mystery of mysteries*, as it has been called by one of our greatest philosophers. On my return home, it occurred to me, in 1837, *that something might perhaps be made out on this question* by *patiently accumulating and reflecting on all sorts of facts* which could possibly have any bearing on it. After five years' work *I allowed myself to speculate* on the subject, and drew up some ‚short notes'; these I enlarged in 1844 into a ‚sketch of the conclusions', which then *seemed to me probable*: from that period to the present day I have *steadily pursued* the same object. I hope that I may be excused for entering on these

personal details, as I give them to show that I have not been hasty in coming to a decision. (Herv. B. M.)[24]

Der Forschungs- und Denkprozess und dessen Resultate werden hier an Stationen der eigenen Biographie zurückgebunden. Damit wird genau das expliziert und transparent gemacht, was noch in der heutigen Wissenschaftspraxis und – trotz der fundamentalen Einsichten eines Thomas S. Kuhn und anderer – auch in der heutigen Wissenschaftsgeschichtsschreibung zumeist eliminiert ist: die Rückbindung wissenschaftlicher Erkenntnisse an den wissenschaftlichen Akteur, das humane Subjekt, und deren Einbindung in eine zeitliche Prozessstruktur. Was sich in diesen Eingangszeilen bekundet, ist aber auch ein wissenschaftliches Ethos: Die zeitraffend erzählte Autobiographie umfasst einen Zeitraum von fast 30 Jahren (nämlich vom Beginn der Reise auf der Beagle 1831 bis zum Erscheinungsjahr der *Origins* 1859). Durch die eigene Lebens- und Forschergeschichte – deren Dauer durch Phrasen, wie „patiently accumulating and reflecting" oder „steadily pursued" akzentuiert wird – wird zugleich die Tugendhaftigkeit und Integrität des wissenschaftlichen Tuns begründet. Nicht zuletzt werden die autobiographischen *personal details* zum Argument für die Gründlichkeit des wissenschaftlichen Vorgehens, zum Teil einer Beweisführung für die Richtigkeit der im Folgenden dargelegten Ergebnisse. Das eigene Leben wird damit nicht nur zum integralen Bestandteil wissenschaftlicher Methode, sondern auch zum argumentativen Baustein der theoretischen Resultate. Innerhalb dieses autobiographischen Narrativs operiert Darwin mit zahlreichen rhetorischen Mitteln. Erwähnt seien an dieser Stelle nur das eingespielte Zitat „mystery of mysteries", das den wissenschaftlichen Gegenstand enigmatisch verdunkelt und im Effekt die eigene wissenschaftliche Leistung als einen Akt der Aufklärung, des Ans-Lichts-Bringens der Wahrheit verklärt. In der dem Zitat unmittelbar vorangestellten Phrase „These facts seemed to me to throw some light on" erscheint zwar die aufklärende Leistung in die Fakten selbst hineingelegt, doch ist dies Teil einer Bescheidenheitsrhetorik, die gerade im funktionalen Zusammenspiel mit weiteren rhetorischen Mitteln den autoritativen Gestus nur umso mehr unterstreicht. Verwiesen sei lediglich auf die Figur der Klimax, mit der der Erkenntnisprozess – dieser wird vom anfänglichen „struck with" über das „seemed to me" und „occurred to me" sukzessive in ein „speculate" und „seemed to me probable" gesteigert und erreicht in der finalen „decision" seinen Höhepunkt – als Prozess einer zunehmenden Vergewisserung und Bewahrheitung ausgewiesen wird. Das autobiographische Narrativ ist aber, dies sei wenigstens angemerkt, nicht nur

---

24 Charles Darwin: *On the Origin of Species by means of Natural Seletion or the Selection of Favoured Races in the Struggle for Life*. London: Murray, 1859. S. 1.

paratextuelles Beiwerk, sondern wird im Haupttext immer wieder aufgegriffen und fortgeführt, wobei das, was sich in der Einleitung lediglich als Skizze findet, dort partiell ausgemalt und auserzählt wird.

Darwin kennt, um ein letztes Beispiel zu geben, auch das imaginäre, experimentelle Durchspielen von Möglichkeiten, also das, was wir heute als ‚Gedankenexperiment' bezeichnen würden. Im letzten Teil des dritten, mit „Struggle for Existence" überschriebenen Kapitels zieht Darwin aus einer Fülle von Beobachtungen den Schluss, „that the structure of every organic being is related, in the most essential yet often hidden manner, to that of all other organic beings, with which it comes into competition for food or residence, or from which it has to escape, or on which it preys".[25] Im Anschluss daran lädt er den Leser ein:

> *Look at a plant* in the midst of its range, why does it not double or quadruple its numbers? *We know* that it can perfectly well withstand a little more heat or cold, dampness or dryness, for elsewhere it ranges into slightly hotter or colder, damper or drier districts. *In this case we can clearly see* that *if we wished in imagination* to give the plant the power of increasing in number, we should have to give it some advantage over its competitors, or over the animals which preyed on it. On the confines of its geographical range, a change of constitution with respect to climate would clearly be an advantage to our plant; *but we have reason to believe that* only a few plants or animals range so far, that they are destroyed by the rigour of the climate alone. (Herv. B. M.)[26]

Der direkt adressierte Leser – auch dies im Übrigen Teil einer persuasiven Strategie, wird hier doch der Rezipient zur Mitarbeit aufgefordert, mithin zum Mitforscher stilisiert – wird zum Zwecke der Beantwortung einer Frage, nämlich warum eine, in einer bestimmten Umgebung situierte Pflanze ihr Wachstum nicht verdoppelt oder gar vervierfacht, aufgefordert, einmal die Bedingungen der Umgebung, sodann – im weiteren Verlauf – die Natur der Pflanze selbst imaginär zu verändern. Mit dieser Aufforderung entführt Darwin seinen Leser in einen reinen Vorstellungsraum, dessen ‚Inventar' freilich im Kontext der zuvor mitgeteilten empirischen Beobachtungen vorgezeichnet ist. Zugleich allerdings wird er mit der märchenhaften Zauberkraft ausgestattet, in diese vorgestellte Naturwelt eingreifen und sie zwar nicht beliebig, so doch anknüpfend an die empirischen Gegebenheiten und anknüpfend auch an bereits vorhandenes Wissen um diejenigen Faktoren, die der vorgestellten Pflanze zur Optimierung ihres Daseins dienen, abändern zu können. Die Phantasietätigkeit des Lesers wird also gewissen, an der botanischen Wirklichkeit orientierten Restriktionen unterworfen. Anstatt das Gedankenspiel dann allerdings in seinem möglichen Verlauf ‚auszuerzählen', wird

25 Ebd., S. 77.
26 Ebd., S. 77–78.

dem Leser kurzerhand ein Zwischenresultat mitgeteilt, und zwar auf eine Weise, als ob er es gemeinsam mit Darwin entdecken würde – ein Resultat, das überdies einen Teil des oben angeführten Schlusses bestätigt: „In this case we can clearly see that if we wished in imagination to give the plant the power of increasing in number we should have to give it some advantage over its competitors, or over the animals which preyed on it." Unter der Voraussetzung dieser neu hinzukommenden Wissensvorgabe (die ja im Grunde nur das oben Deklarierte wiederholt und den Vorstellungsraum des Rezipienten weiter eingrenzt) wird das Experiment fortgesetzt – nach dem Motto: ‚Schrauben wir mal ein bisschen an den klimatischen Bedingungen unserer Pflanze' –, um sofort durch eine erneute Wissenszugabe – veränderte klimatische Bedingungen allein befinden nicht über die Ausrottung oder das vermehrte Wachstum einer Pflanzenart – unterbrochen und in eine andere Richtung gelenkt zu werden. Vorgestellt wird die Pflanze nun in „a new country amongst new competitors", allerdings unter den identischen klimatischen Bedingungen der früheren Stätte ihres Vorkommens. „*If we wished to increase* its avarage numbers in its new home, we *should have to modify* it in a different way to what we should have done in its native country; for we *should have* to give it some advantage over a different set of competitors or enemies". (Herv. B. M.) Ohne an dieser Stelle einen weiteren Argumentationsschritt einzubauen – es handelt sich hier ja auch nur um eine weitere Möglichkeit, die Bedingungen einer Pflanze zum Zwecke der Optimierung ihrer Ausbreitung abzuändern –, fährt Darwin fort:

> *It is good thus to try in our imagination to give any form some advantage over another. Probably in no single instance should we know* what to do, so as to succeed. *It will convince us of our ignorance on* the mutual relations of all organic beings; *a conviction as necessary, as it seems to be difficult to acquire.* All that we can do, is *to keep steadily in mind* that each organic being is striving to increase at a geometrical ratio; that each at some period of its life, during some season of the year, during each generation or at intervals, has *to struggle for life,* and *to suffer great destruction.* When *we reflect* on this struggle, we may *console ourselves with the full belief,* that the *war of nature* is not incessant, that no fear is felt, that death is generally prompt, and that the vigorous, the healthy, and the happy survive and multiply. (Herv. B. M.)[27]

Dem Gedankenexperiment wird hier eine Güte beigemessen, die ihm im vorliegenden Zusammenhang schlechterdings nicht zukommt. Es dient keineswegs dazu, in einen möglichen neuen Wissensbereich vorzustoßen oder ein existierendes Wissen zu erproben, letztlich also Fragen zu eröffnen, sondern im Gegenteil: Es dient lediglich der Bestätigung und Bekräftigung des oben erhobenen „Folgesatzes von größter Wichtigkeit", nämlich von der Komplexität der Wechselwirkun-

27 Ebd., S. 78.

gen, die eine Pflanze oder ein Organismus mit dem ihn umgebenden Standort unterhält. Außer dieser Affirmationsfunktion erfüllt es aber noch einen weiteren, im Grunde epistemologischen Zweck: Durch das Gedankenexperiment werden auch Grenzen des Wissens, auch und gerade des naturwissenschaftlichen Wissens, aufgezeigt. Zwar kann der gesetzmäßige Zusammenhang der Evolution allgemein (und, wie man sieht, unter Zuhilfenahme eines beträchtlichen Metaphernheers) beschrieben werden, aber die empirischen Einzelheiten – die Fülle der an dieser Wechselwirkung zwischen einem Organismus und seiner Umgebung beteiligten Faktoren – können weder vollständig noch in ihrer je singulären Wirkungsweise erfasst werden.

Ein naturwissenschaftliches Verfahren, nämlich das Gedankenexperiment, wird – und dies innerhalb einer naturwissenschaftlichen Studie! – seinem eigentlichen szientifischen, erkenntnisfördernden Zweck entfremdet, indem es zu einem rhetorischen Stilmittel umgewertet und dadurch auch in seiner literarischen Qualität offengelegt wird. Darwin fordert den Leser ja zur Simulation, zum Fingieren auf, d. h. – wie man in Anlehnung an Wolfgang Iser sagen könnte – zur Grenzüberschreitung des Realen (auf das sich die Akte des Fingierens beziehen) ebenso wie zur Grenzüberschreitung des Imaginären (das zunächst immer nur in diffuser Gestalt vorliegt). Dadurch wird das Reale irrealisiert und das Imaginäre in eine bestimmte Gestalt überführt. Auf diese Weise, so Iser, „entstehen durch Inszenierungen die Simulacra des Unverfügbaren".[28] Eröffnet wird die ‚Vorstellbarkeit' dessen, was sprachlich nicht einzuholen ist. Durch die wiederholte Unterbrechung des gedanklichen Experiments aber und die real-empirisch basierten und theoretisch-szientifischen Bedingungen (also die partielle Besetzung des Imaginären), unter die Darwin es stellt, wird dem Leser ganz gezielt eine Negativerfahrung beschert: Durch die doppelte Grenzüberschreitung im Akt des Fingierens wird ihm die Vorstellbarkeit von den Grenzen des Wissens ebenso wie des Vorstellens eröffnet und damit von der schlechthinnigen Uneinholbarkeit der komplexen Natur. Wir haben es hier, in Anlehnung an die obigen sprachwissenschaftlichen Ausführungen, mit einem hochkomplexen eristischen, konkret: *narrativ eristischen* Verfahren zu tun, das die neue Erkenntnis gegen Angriffe nahezu vollständig immunisiert. Freilich ist das Experiment darüber hinaus funktionalisiert. Es dient der Bekräftigung des aufgestellten Lehrsatzes, seiner ‚Eintrichterung' in den Leser (die Aufforderung, dieses Experiment gemeinsam mit dem Mentor Darwin durchzuführen, zielt ja ab auf eine Art ‚learning by imaginary doing'), nicht zu vergessen der Unterhaltung, die diese ‚Interaktion' mit sich bringt (der an Horaz

28 Wolfgang Iser: *Das Fiktive und das Imaginäre. Perspektiven literarischer Anthropologie*. Frankfurt a. M.: Suhrkamp, 1991. S. 508.

angelehnte Grundsatz des *prodesse et delectare* erfüllt sich hier aufs Prächtigste), aber eben auch – und darin liegt seine epistemologische Funktion – der Intention, mit seiner Durchführung den Leser von der notwendigen Einsicht in das ‚Wissen um das Nicht-Wissen' zu überzeugen.

Sprachwissenschaftliche Perspektiven

Für eine sprachwissenschaftliche Perspektive auf Darwins Text sei nun der Schluss der Einleitung von *Origin of Species* betrachtet. Die Hervorhebungen fokussieren zunächst dasjenige, was gemeinhin an der Wissenschaftssprache als wissenschaftlich gilt, und das sind die Fachtermini:

> Although much remains obscure, and will long remain obscure, I can entertain no doubt, after the most deliberate study and dispassionate judgment of which I am capable, that the view which most *naturalists* entertain, and which I formerly entertained – namely, that each *species* has been independently created – is erroneous. I am fully convinced that *species* are not immutable; but that those belonging to what are called the same *genera* are *lineal descendants* of some other and generally *extinct species*, in the same manner as the acknowledged *varieties* of any one *species* are the descendants of that species. Furthermore, I am convinced that *Natural Selection* has been the main but not exclusive means of modification. (Herv. W. T.)[29]

Man sieht: Außer „naturalist", „species", „genera", „lineal descendants", „extinct species" und „Natural Selection" ist hier terminologisch nicht viel zu holen. Es handelt sich (bis auf den Terminus „Natural Selection") im Wesentlichen um Ausdrücke, die schon vor Darwin in der Naturphilosophie wohletabliert und z. T. wohl auch Bestandteil der gehobenen Gemeinsprache gewesen sind. Betrachten wir nun diejenigen Mittel, mit denen das alltägliche wissenschaftliche Geschäft bearbeitet wird, also Mittel der alltäglichen Wissenschaftssprache:

> Although much remains obscure, and will long remain obscure, I can entertain no doubt, after the most *deliberate study* and *dispassionate judgment* of which I am capable, that *the view* which most naturalists *entertain*, and which I formerly entertained – namely, that each species has been independently created – is erroneous. I am fully convinced that species are not immutable; but that those belonging to what are called the same genera are lineal descendants of some other and generally extinct species, *in the same manner as* the *acknowledged* varieties of any one species are the descendants of that species. *Furthermore*, I am convinced that Natural Selection has been the main but not exclusive means of modification. (Herv. W. T.)

29 Darwin: *Origin of Species*, S. 7.

Wir sehen, dass durch diese Mittel eine Fülle von Facetten des alltäglichen wissenschaftlichen Geschäfts abgedeckt wird: Mit „deliberate study" und „dispassionate judgement" werden wissenschaftsethische Dimensionen des Vorgehens (deliberate study) und Beurteilens (dispassionate judgement) benannt. Mit ‚to entertain a view' wird die pluralistische Wissenschaftswelt thematisiert, in der von verschiedenen Aktanten verschiedene Auffassungen vertreten werden. „[I]n the same manner as" ist eines der vielen Mittel aus dem wissenschaftstypischen Bereich des In-Beziehung-Setzens und Vergleichens. Mit dem Ausdruck „acknowledged" lässt sich der Gegenstand eines wissenschaftlichen Konsenses attributiv fassen. „Furthermore" ist eines der vielen Mittel der Textorganisation. Wie keineswegs selbstverständlich diese nur scheinbar einfachen, da eben hier wissenschaftstypisch genutzten Formulierungen englischer alltäglicher Wissenschaftssprache sind, zeigen die Texte auf Englisch publizierender deutscher Wissenschaftler zuhauf.

Als nächstes seien die eristischen Strukturen in den Blick genommen, mit denen, wie bereits ausgeführt, die Strittigkeit wissenschaftlichen Wissens bearbeitet wird:

> *Although much remains obscure*, and will long remain obscure, *I can entertain no doubt, after the most deliberate study and dispassionate judgment of which I am capable, that the view* which most naturalists entertain, and which I formerly entertained – namely, that each species has been independently created – *is erroneous. I am fully convinced that* species are not immutable; but that those belonging to what are called the same genera are lineal descendants of some other and generally extinct species, in the same manner as the acknowledged varieties of any one species are the descendants of that species. Furthermore, *I am convinced that* Natural Selection has been the main but not exclusive means of modification. (Herv. W. T.)

Kürzlich hat ein deutsches Gericht das Urheberrecht einer Wissenschaftlerin an ihrem Text, der nahezu wortwörtlich von einem anderen (und noch dazu fachfremden) Wissenschaftler abgeschrieben worden war, mit der Begründung in Zweifel gezogen, dass einem Wissenschaftler ja die Fakten nicht gehörten.[30] Eine solche Vorstellung von Wissenschaft können nur solche Menschen ausbilden, die gegen das wissenschaftliche Geschäft qua Jurisprudenz immunisiert sind. Denn ein Blick auf diese Darwin-Passage zeigt, dass Fakten nicht einfach auf der Straße herumliegen und von Wissenschaftlern aufgesammelt werden, sondern dass Fakten sich erst durch einen spezifischen wissenschaftlichen Blick überhaupt als

30 Vgl. Helmut Haberstumpf: Das Urheberrecht – Feind des Wissenschaftlers und des wissenschaftlichen Fortschritts? In: *Zeitschrift für Urheber- und Medienrecht* 7 (2012). S. 529–537.

solche konturieren und dass dieser Blick selbst Angelegenheit des kollektiven Ringens um wissenschaftliche Erkenntnis ist.

Darwin richtet seine neuen Erkenntnisse an Wissenschaftler, die völlig anderer Auffassung sind. Und man sieht hier – wie an zahllosen anderen Stellen – ganz deutlich, dass er um die Strittigkeit dieses neuen Wissens weiß und mit welchem Aufwand er dieses Wissen bearbeitet. Der Text strotzt vor eristischen Strukturen, die zum Teil sogar – anders als in den deutschen Beispielen zuvor – offen zutage liegen. Machen wir eine kurze Inventur: „Although much remains obscure", „I can entertain no doubt, after the most deliberate study and dispassionate judgment of which I am capable, that the view [...] is erroneous." Hier zeigt sich etwas, was im Rahmen deutscher wissenschaftlicher Auseinandersetzung eher unüblich, für angelsächsische Wissenschaft hingegen nach wie vor charakteristisch ist.[31] Der Wissenschaftler weist auf wissenschaftliche Problemzonen innerhalb des eigenen Ansatzes hin („[a]lthough much remains obscure"), verweist auf seine eigenen wissenschaftlichen Standards („after the most deliberate study and dispassionate judgement of which I am capable") und bindet hieran die Überzeugung („I can entertain no doubt"), dass die Auffassung der wissenschaftlichen Gegner falsch ist („that the view is erroneous"). Diese Überzeugung wird anschließend noch zweimal als solche ausgesprochen: „I am fully convinced that", „I am convinced that". Wer würde einem deutschen Wissenschaftler Gehör schenken, der im Prinzip Folgendes sagt: ‚Auch wenn ich die meisten Probleme noch nicht gelöst habe, bin ich, wegen der Sorgfalt meiner Untersuchungen und der Objektivität meiner Beurteilungen davon überzeugt, dass die Auffassungen der anderen falsch sind'?

Man sieht hier sehr deutlich, dass die Frage, wie ein neues wissenschaftliches Wissen zu lancieren ist, wissenschaftskulturabhängig ist. Noch heute dominiert im angelsächsischen Sprachraum das Verfahren, das neue wissenschaftliche Wissen in Profilierung am wissenschaftlichen Gegner durchzusetzen – ein antagonistisches Prinzip, für das das angelsächsische Gerichtsverfahren das Vorbild sein könnte. So schreibt z. B. ein Althistoriker: „There are two crucial emendations to the text, and I must start with a defence of them".[32]

Während deutsche Texte auf eine Rezeption hin konzipiert sind, in der eher dasjenige als neues wissenschaftliches Wissen akzeptiert wird, was begrifflich stringent entwickelt und begründet ist, scheint der englische Autor einen Leser vor Augen zu haben, der sich durch argumentative Strategien ‚überzeugen' lässt. Diese differenten Wissenskonzeptionen gehen auch mit unterschiedlichen Dar-

---

31 Vgl. dazu und zum Folgenden ausführlicher Winfried Thielmann: *Deutsche und englische Wissenschaftssprache im Vergleich: Hinführen – Verknüpfen – Benennen.* Heidelberg: Synchron, 2009.

32 David Sedley: Two Conceptions of Vacuum. In: *Phronesis* 27 (1982). S. 175–193, hier S. 183.

stellungsweisen einher: einer deutschen, die tendenziell der Logik des Begriffs folgt, und einer englischen, die eher einer Logik des effektiven Überzeugens geschuldet ist, d. h. eine – an der Oberfläche wohlstrukturierte – Causa inszeniert, die vor dem aus den wissenschaftlichen Lesern bestehenden Gerichtshof der *Community* durchgefochten wird.

Synthese aus den Beobachtungen

Wie die Analyse gezeigt hat, ist die wissenschaftliche Prosa Darwins – der sich seinem Selbstverständnis nach durchaus in der empiristischen Tradition begreift – geprägt durch eine Fülle literarischer Verfahren, die nicht zuletzt im Dienste einer hochdifferenzierten Eristik angelsächsischer Provenienz stehen. Hiermit wird deutlich, dass für die sprachliche Seite des Unternehmens ‚Wissenschaft' nicht allein die assertive Mitteilung neuer Erkenntnis und ihrer Genese, sondern die Verfahren ihrer Durchsetzung einschlägig sind.

3 Wissenschaftssprache in Gottfried Kellers *Das Sinngedicht* (1882)

Sprachwissenschaftliche Überlegungen

Doch wie sieht es nun mit der Wissenschaftssprache in der Literatur aus? Man kennt die herrlichen Vorreden, die Autoren vor allem des achtzehnten Jahrhunderts ihren Romanen vorangestellt haben. Dort spricht der Autor seine Leser direkt an. Aber in dem Moment, in dem die Erzählung beginnt, passiert etwas Eigenartiges: Die sprachlichen Einzelhandlungen, aus denen sie sich zusammensetzt, betreffen uns in einer systematisch anderen Weise. Betrachten wir hierzu beispielhaft den ersten Satz von Gottfried Kellers 1882 erstmals erschienenem Novellenzyklus *Das Sinngedicht*:

> Vor etwa fünfundzwanzig Jahren, als die Naturwissenschaften eben wieder auf einem höchsten Gipfel standen, obgleich das Gesetz der natürlichen Zuchtwahl noch nicht bekannt war, öffnete Herr Reinhart eines Tages seine Fensterläden und ließ den Morgenglanz, der hinter den Bergen hervorkam, in sein Arbeitsgemach, und mit dem Frühgolde wehte eine frische Sommermorgenluft daher und bewegte kräftig die schweren Vorhänge und die schattigen Haare des Mannes.[33]

33 Gottfried Keller: *Das Sinngedicht*. Berlin: Aufbau, 1968. S. 7.

Wir haben es, wie unschwer zu erkennen, mit einem Aussagesatz zu tun. Aber die sprachliche Handlungsqualität, die Illokution, die durch diese sprachliche Form transportiert wird, ist nicht die der Assertion, also der reinen Wissensübermittlung. Denn es ist kaum vorstellbar, dass auch nur irgendein Leser dieses Textes mit dem Wissen etwas anfangen kann, dass irgendwann vor Darwins *Origin of Species* ein Herr namens Reinhart an einem Sommermorgen die Fensterläden öffnete. Gottlob Freges Erkenntnis, dass solche sprachlichen Gebilde zwar einen Sinn, nicht aber eine Bedeutung (also einen Wahrheitswert) transportieren,[34] geht in die richtige Richtung, erfasst aber noch nicht ganz, was hier geschieht. Der Satz ist hinsichtlich seiner sprachlichen Handlungsqualität auf den Leser hin suspendiert – dem Leser wird kein Wissen übermittelt. Zugleich macht der Satz aber etwas mit dem Leser, indem er ihn z. B. dazu bringt, sich ein Haus in den Bergen an einem Sommermorgen vorzustellen, in dem ein Herr namens Reinhart die Läden öffnet, um frische Luft hereinzulassen. ‚Erzählen' ist eine Großform des sprachlichen Handelns, die die sprachlichen Einzelhandlungen gleichsam unter die Gesamtillokution des Erzählens stellt, und damit die illokutive Qualität der Einzelhandlungen auf den Leser hin suspendiert (man wird keinen Autor verklagen, wenn man in seinem literarischen Text den Ausruf „Du Arschloch!" liest). Kurzum: Die Hauptleistung dieses Eingangssatzes besteht darin, in dem Leser einen Vorstellungsraum aufzubauen, in dem er das Handeln der Figur, um die es geht, verorten kann.

Dieser Vorstellungsraum wird durch den temporalen Nebensatz auch zeitlich situiert, und diese zeitliche Situierung ist außerordentlich spannend. Sie enthält nämlich drei wissenschaftliche Termini: *Naturwissenschaft*, *(Natur-)gesetz* und *Gesetz der natürlichen Zuchtwahl*, also die deutsche Version von Darwins ‚Law of Natural Selection'. Bei oberflächlicher Lektüre wird also das erzählte Geschehen zu einem Zeitpunkt vor *The Origin of Species* verortet, was an sich schon merkwürdig genug ist. Der Terminus „Gesetz der natürlichen Zuchtwahl" wird von Keller nicht terminologisch verwendet. Keller benennt dieses Naturgesetz also nicht, um sich inhaltlich darauf zu beziehen. Vielmehr wird der Terminus verwendet, um die normale historische Zeit in einen Zeitraum *ante quem* und in einen *post quem* zu unterteilen; es wird also Wissenschaftsgeschichte zur Strukturierung historischer Zeit herangezogen.

Spätestens hier wird deutlich, dass eine solche Verortung nur gelingt, wenn der Leser das diesbezügliche Wissen mitbringt. Der zeitgenössische Leser muss also mindestens über das folgende Wissen verfügen: Naturwissenschaft ist ein

34 Vgl. Gottlob Frege: Über Sinn und Bedeutung. In: *Zeitschrift für Philosophie und philosophische Kritik. Neue Folge* 100 (1892), S. 25–50.

fortschreitender Erkenntnisprozess, der durch Höhepunkte gegliedert ist; ein solcher Höhepunkt ist das Gesetz der natürlichen Zuchtwahl.

Für einen Leser, der dieses Wissen mitbringt, ist zwar der Eingangssatz des *Sinngedichts* verständlich. Zugleich operiert der Eingangssatz auf diesem Wissen, indem gesagt wird, dass die Naturwissenschaften „eben wieder auf einem höchsten Gipfel standen" und dies „obgleich das Gesetz der natürlichen Zuchtwahl noch nicht bekannt" war. Nachdem es nicht mehrere höchste Gipfel geben kann, zudem ‚Gipfel' ein Bewertungsprädikat ist, wird hier die Selbstverständlichkeit dieser Bewertungen infrage gestellt.

Bei dem hier miteinbezogenen Leserwissen handelt es sich, da wir es nicht mit einer wissenschaftlichen Publikation, sondern mit Literatur zu tun haben, um ein Wissen, das bei einem gebildeten Leser vorausgesetzt werden kann. Dieser Leser weiß vom wissenschaftlichen Fortschritt das, was wir heute auch davon wissen, ohne die Inhalte der wissenschaftlichen Entwicklung notwendigerweise zu kennen: Der Fortschritt, auch der wissenschaftliche, schreitet voran. Dieses Wissen ist sozusagen eine stillschweigende Voraussetzung. Wir erwarten Fortschritt, *milestones*, auch und gerade in der Wissenschaft – eine Erwartung, über die wir uns keine Rechenschaft ablegen. Solche stillschweigenden Voraussetzungen diffuser Wissensform sind Präsuppositionen. Was Kellers Eingangssatz bei einem Leser leisten kann, der sorgfältig liest und über das präsupponierte Wissen verfügt, ist, dass sich der Leser zumindest darüber klar wird, *dass* er über dieses Wissen verfügt. Damit kann der Eingangssatz einen Leser dazu bringen, sich seiner Präsuppositionsbestände hinsichtlich wissenschaftlichen Fortschritts bewusst zu werden.

Doch weiter im Text. Betrachten wir eine weitere Textstelle kurz nach dem Beginn:

> In der Mitte des Zimmers stand ein sinnreicher Apparat, allwo ein Sonnenstrahl eingefangen und durch einen Kristallkörper geleitet wurde, um sein Verhalten in demselben zu zeigen und womöglich das innerste Geheimnis solcher durchsichtigen Bauwerke zu beleuchten. Schon viele Tage stand Reinhart vor der Maschine, guckte durch eine Röhre, den Rechenstift in der Hand, und schrieb Zahlen auf Zahlen.
>
> Als die Sonne einige Spannen hoch gestiegen, verschloß er wieder die Fenster vor der schönen Welt mit allem, was draußen lebte und webte, und ließ nur einen einzigen Lichtstrahl in den verdunkelten Raum, durch ein kleines Löchlein, das er in den Laden gebohrt hatte. Als dieser Strahl sorgfältig auf die Tortur gespannt war, wollte Reinhart ungesäumt sein Tagewerk beginnen, nahm Papier und Bleistift zur Hand und guckte hinein, um da fortzufahren, wo er gestern stehengeblieben. Da fühlte er einen leise stechenden Schmerz im Auge […]; denn er hatte allbereits angefangen, durch das anhaltende Treiben sich die Augen zu verderben […].[35]

35 Ebd., S. 8.

Hier wird unverkennbar ein naturwissenschaftliches Experiment beschrieben, allerdings völlig unterminologisch, aus der Laienperspektive. Dabei treten aus der Laienperspektive benannte, aber wissenschaftstypische Handlungen wie ‚durch eine Röhre gucken', ‚Zahlen auf Zahlen schreiben', ‚fortfahren' gegenüber anderen zwar selbstverständlichen, aber eben nicht wissenschaftstypischen und negativ bewerteten Handlungen zurück wie ‚Fenster vor der schönen Welt verschließen', ‚nur einen einzigen Lichtstrahl in den Raum lassen', ‚den Strahl auf die Tortur spannen', ‚sich die Augen verderben'. Der Naturwissenschaftler ist also jemand, der die Fenster vor der schönen Welt verschließt, einen Lichtstrahl auf die Tortur spannt und sich die Augen verdirbt. Wenn wir diese Befunde zusammennehmen mit dem, was bereits über den ersten Satz gesagt wurde, so wird hier – neben der Strukturierung eines Vorstellungsraums, in dem die Hauptfigur ihre Handlungen vornimmt – auch noch Weiteres geleistet. So könnte ein zeitgenössischer Leser dazu gebracht werden, darüber nachzudenken, unter welchen – gerade nicht natürlichen – Bedingungen hier Wissenschaft von der Natur praktiziert wird, also auch seine diesbezüglichen Präsuppositionsbestände nicht nur in aktives Wissen zu überführen, sondern auch die Gültigkeit dieses Wissens – z. B. die experimentelle Methode als Königsweg der Naturbetrachtung – zu hinterfragen.

Dieser Befund ist von großem wissenschaftsgeschichtlichen Interesse: Während in der zweiten Hälfte des neunzehnten Jahrhunderts die großen Entscheidungen, nämlich was ‚Natur' ist und wie man sich mit ihr zu befassen habe, schon längst auf eine Weise gefallen sind, dass selbst in die organische Welt der Fortschritt eingeschrieben ist, von dem her sich die gesellschaftliche Welt und die durch diesen gerechtfertigte Wissenschaft begreifen,[36] wird ausgerechnet die Literatur zu dem Ort, an dem die erkenntnistheoretischen Voraussetzungen, über die eine sich stets auf dem höchsten Gipfel befindliche Naturwissenschaft keine Rechenschaft mehr ablegen muss, erneut problematisiert werden – allerdings nicht für Wissenschaftler, sondern für Laien. Dabei macht Keller mit den Präsuppositionsbeständen seines Lesers das, was ein Wissenschaftler mit dem Konsens seiner Fachgenossen macht: Er problematisiert sie. Vor dem Hintergrund dieser problematisierten Präsuppositionsbestände konturieren sich die erzählenden sprachlichen Handlungen neu: Im Eingangssatz wird der wissenschaftliche Fortschritt ironisiert; in der gerade besprochenen Passage die gängige naturwissenschaftliche Praxis fundamental infrage gestellt. Die hierbei

36 Vgl. auch Winfried Thielmann: Begrifflich angeleitete Natursimulation im physikalischen Experiment von Galilei bis Hertz – zur historischen Rekonstruktion physikalischer Grundbegriffe. In: *Begriffsgeschichte der Naturwissenschaften. Zur historischen Dimension naturwissenschaftlicher Konzepte*. Hrsg. von Ernst Müller und Falko Schmieder: Berlin, New York: De Gruyter, 2008. S. 215–222.

verwendeten sprachlichen Verfahren – Überspitzung von Präsuppositionen, Gegeneinanderkonturierung wissenschaftstypischer und nicht-wissenschaftstypischer Handlungen – lassen sich somit als Verfahren einer *erzählerischen Eristik* begreifen, die nicht auf wissenschaftlichen Inhalten operiert, sondern auf den gesellschaftlich geteilten Präsuppositionsbeständen hinsichtlich des Unternehmens ‚Wissenschaft' selbst.

Literaturwissenschaftliche Perspektiven

Auch aus literaturwissenschaftlicher Perspektive sei zunächst der Anfang des *Sinngedichts* behandelt:

> Vor etwa fünfundzwanzig Jahren, als die Naturwissenschaften eben wieder auf einem höchsten Gipfel standen, obgleich das Gesetz der natürlichen Zuchtwahl noch nicht bekannt war, öffnete Herr Reinhart eines Tages seine Fensterläden und ließ den Morgenglanz, der hinter den Bergen hervorkam, in sein Arbeitsgemach, und mit dem Frühgolde wehte eine frische Sommermorgenluft daher und bewegte kräftig die schweren Vorhänge und die schattigen Haare des Mannes.[37]

Dieser Satz weist eine charakteristische Doppelung von Erzählstruktur und Erzählfunktion auf, wie sie für historische Narrationen charakteristisch ist. Zunächst sind mit der Zeitangabe „[v]or etwa fünfundzwanzig Jahren" sowie der Nennung der Darwin'schen Evolutionstheorie bzw. des von Darwin entdeckten Gesetzes der natürlichen Zuchtwahl, das die Evolution maßgeblich bestimmt, Parameter gesetzt, die den historischen Rahmen skizzieren und damit die „Funktion historisch individualisierender Orientierung und Determination"[38] erfüllen. So lässt sich der historische Zeitrahmen, bedenkt man, dass Keller mit der Arbeit am *Sinngedicht* bereits in den 1850er Jahren begann und ferner Darwins *Origins of Species* 1860 ins Deutsche übersetzt wurde, relativ präzise auf die Jahre 1825 bis 1830 bestimmen. Danach setzt sich im zweiten das „szenische, mit dem Personenstandpunkt gegebene ‚Analogon der erlebten Zeit'"[39] durch, das die „Funktion fiktionalen Entwerfens"[40] markiert. Diese Akzentuierung des „Hiatus von Fiktion und Historie"[41] – eine Formel, mit der Hans Vilmar Geppert das

37 Keller: *Sinngedicht*, S. 7.
38 Hans Vilmar Geppert: *Der ‚andere' historische Roman. Theorie und Strukturen einer diskontinuierlichen Gattung*. Tübingen: Niemeyer, 1976. S. 24.
39 Ebd., S. 21.
40 Ebd., S. 23.
41 Ebd., S. 34.

„Verhältnis der Abhebung des Historischen vom Fiktiven" im historischen Roman beschreibt – lässt sich durch die explizit aufgerufenen „Naturwissenschaften" ferner als Hiatus von Fiktion und Wissenschaftsgeschichte näher präzisieren. Die Phrase „eben wieder auf einem höchsten Gipfel standen" ironisiert den für die Naturwissenschaften seit ihrer Neubegründung in der frühen Neuzeit leitenden Gedanken des Fortschritts. Mehr noch: Durch das ironisch kommentierende und Wiederholung in Permanenz anzeigende, den Gipfel naturwissenschaftlicher Errungenschaften pluralisierende „eben wieder", das einerseits durch den Superlativ „höchster Gipfel", andererseits durch das konzessive „obgleich" noch verstärkt wird, wird der Fortschrittsgedanke letztlich *ad absurdum* geführt.

Diese ironisch-pejorative Wertung des Fortschritts und mit ihm der Naturwissenschaften ließe sich unter Einbezug des darauf folgenden Abschnitts, der den modernen wissenschaftlichen Status quo mit dem längst überholten im Übergang vom Mittelalter zur Neuzeit (indiziert durch die Nennung von Doktor Faust, ca. 1480–1530) kontrastiert, weiter erhärten:

> Der junge Tagesschein erleuchtete die Studierstube eines Doktor Faustus, aber durchaus ins Moderne, Bequeme und Zierliche übersetzt. Statt der malerischen Esse, der ungeheuerlichen Kolben und Kessel gab es da nur feine Spirituslampen und leichte Glasröhren, Porzellanschalen und Fläschchen mit geschliffenem Verschlusse [...]. Kein ausgestopftes Monstrum hing an räucherigem Gewölbe, sondern bescheiden hockte ein lebendiger Frosch in einem Glase und harrte seines Stündleins, und selbst das übliche Menschengerippe in der dunklen Ecke fehlte, wogegen eine Reihe von Menschen- und Tierschädeln so weiß und appetitlich aussah, daß sie eher den Nippsachen eines Stutzers glichen als dem unheimlichen Hokuspokus eines alten Laboranten.[42]

Zwar sind Forschungslabor und -utensilien ‚fortgeschrittener' als zu Fausts Zeit und von aller Magie gesäubert, wodurch der Fortschritt erst einmal bestätigt wird; doch durch syntaktische Strukturen wie „statt"/„nur" und Formulierungen wie „bescheiden" und „Nippsachen" wird er zugleich zurückgenommen, negiert bzw. als Rückschrittsgeschichte enttarnt. Vor diesem Hintergrund – und bedenkt man den weiteren Verlauf der Novellensammlung, in der letztlich die ‚moralischen Dinge', das Leben, die Liebe und mit ihnen die Literatur und Poesie den Sieg über das wissenschaftlich-experimentelle Treiben des Herrn Reinhart davontragen werden – erfüllt die im ersten Satz betriebene Dekonstruktion des naturwissenschaftlichen Fortschritts eine proleptische, das weitere Geschehen vorwegnehmende Funktion. Unterstützt wird diese Funktion zu Beginn der Rahmenhandlung aber noch durch weitere narrative Strategien: So akzentuiert der Eingangssatz nicht nur die „produktive Differenz von historischem und fik-

---

42 Keller: *Sinngedicht*, S. 7–8.

tionalem Diskurs",[43] sondern ‚spaltet' außerdem den wissenschaftshistorischen Diskurs durch den szenisch erzählten Hauptsatz („öffnete Herr Reinhart [...]") mit seiner poetisch-euphemistischen Beschreibung der frühmorgendlichen Atmosphäre im Unterschied zum vorangestellten (augenscheinlich) eher faktisch-szientifisch erzählten Nebensatz in die Diskurse der ‚zwei Kulturen' auf: Der Primat des ‚Dichterischen' vor dem Naturwissenschaftlichen wird hier allein durch die syntaktische Hierarchisierung hervorgehoben.

Am folgenden, im Zusammenhang mit der sprachwissenschaftlichen Perspektive ebenfalls bereits herangezogenen Textauszug lässt sich sehen, was eigentlich geschieht, wenn wissenschaftliches Wissen und die damit verbundene Wissenschaftssprache in Literatur transferiert werden.

> In der Mitte des Zimmers stand ein sinnreicher Apparat, allwo ein Sonnenstrahl eingefangen und durch einen Kristallkörper geleitet wurde, um sein Verhalten in demselben zu zeigen und womöglich das innerste Geheimnis solcher durchsichtigen Bauwerke zu beleuchten. Schon viele Tage stand Reinhart vor der Maschine, guckte durch eine Röhre, den Rechenstift in der Hand, und schrieb Zahlen auf Zahlen.
>
> Als die Sonne einige Spannen hoch gestiegen, verschloß er wieder die Fenster vor der schönen Welt mit allem, was draußen lebte und webte, und ließ nur einen einzigen Lichtstrahl in den verdunkelten Raum, durch ein kleines Löchlein, das er in den Laden gebohrt hatte. Als dieser Strahl sorgfältig auf die Tortur gespannt war, wollte Reinhart ungesäumt sein Tagewerk beginnen, nahm Papier und Bleistift zur Hand und guckte hinein, um da fortzufahren, wo er gestern stehengeblieben. Da fühlte er einen leise stechenden Schmerz im Auge [...]; denn er hatte allbereits angefangen, durch das anhaltende Treiben sich die Augen zu verderben [...].[44]

Hier findet sich eine Fülle von indexikalischen Zeichen: wissenschaftliche Termini (Apparat, Röhre), die präzise Strukturierung des Raums, die akkurate Positionierung der Gegenstände, schließlich der skizzierte ‚Plot' des Experiments einerseits, die Fortsetzung der Erzählung vom Protagonisten Reinhart andererseits. Durch all das wird hier die oben erwähnte Differenz zwischen fiktionalem und wissenschaftlichem Diskurs, zwischen *scientia* und *poetica* weiter aufrechterhalten. Diese Differenz – ihre unterschiedlichen Funktionen mitbedacht – ist freilich keine statische: Vielmehr hängt die Weise, in der sie ihr produktives Potential entfaltet, entscheidend davon ab, *ob* und *wie* der Leser sie jeweils zu realisieren vermag. Im Falle von Kellers *Sinngedicht* wird jeder Leser – sofern er zu lesen versteht, was dasteht – die Differenz produktiv machen, zumal der Text die Ge-

---

43 Hans Vilmar Geppert: *Der Historische Roman. Geschichte umerzählt – von Walter Scott bis zur Gegenwart*. Tübingen: Francke, 2009. S. 3.

44 Keller: *Sinngedicht*, S. 8.

genüberstellung von Wissenschaft auf der einen, Leben, Liebe, Literatur auf der anderen Seite immer wieder explizit thematisiert. Ein Leser, der in der erzählten Versuchsanordnung konkrete intertextuelle Verweise auf wissenschaftliche Quellen erkennt, wird diese Differenz möglicherweise vielfältiger realisieren und dem Text komplexere Interpretationshorizonte und Funktionen abgewinnen.

In der Tat ist die obige Beschreibung des physikalischen Experiments an Goethes *Farbenlehre* angelehnt, die – insbesondere im zweiten Teil – eine polemische Auseinandersetzung mit Newtons Untersuchungen zur Optik darstellt. Der Anfang von Goethes Übersetzung des entsprechenden Abschnitts aus Newtons *Opticks* lautet:

> In der Mitte zweier dünnen Bretter machte ich runde Öffnungen, ein drittel Zoll groß, und in den Fensterladen eine viel größere. Durch letztere ließ ich in mein dunkles Zimmer einen breiten Strahl des Sonnenlichtes herein, ich setzte ein Prisma hinter den Laden in den Strahl, damit er auf die entgegengesetzte Wand gebrochen würde, und nahe hinter das Prisma befestigte ich eines der Bretter dergestalt, daß die Mitte des gebrochnen Lichtes durch die kleine Öffnung hindurchging und das übrige von dem Rande aufgefangen wurde. [...]
>
> Dann in der Entfernung von zwölf Fuß von dem ersten Brett befestigte ich das andre dergestalt, daß die Mitte des gebrochenen Lichtes, welche durch die Öffnung des ersten Brettes hindurch fiel, nunmehr auf die Öffnung dieses zweiten Brettes gelangte, das übrige aber, welches von der Fläche des Brettes aufgefangen wurde, das farbige Spektrum der Sonne daselbst zeichnete.[45]

Seiner Übersetzung stellt Goethe eine harsche Kritik an Newtons experimenteller Praxis voran:

> Haben wir uns bisher lebhaft, ja mit Heftigkeit, vorgesehen und verwahrt, wenn uns Newton zu solchen Versuchen berief, die er vorsätzlich und mit Bewußtsein ausgesucht zu haben schien, um uns zu täuschen, und zu einem übereilten Beifall zu verführen; so haben wir es gegenwärtig noch weit ernstlicher zu nehmen, indem wir an jenen Versuch gelangen, durch welchen sich Newton selbst zuerst von der Wahrheit seiner Erklärungsart überzeugte, und welcher auch wirklich unter allen den meisten Schein vor sich hat. Es ist dieses das sogenannte experimentum crucis, wobei der Forscher die Natur auf die Folter spannte, um sie zu dem Bekenntnis dessen zu nötigen, was er schon vorher bei sich festgesetzt hatte. Allein die Natur gleicht einer standhaften und edelmütigen Person, welche selbst unter allen Qualen bei der Wahrheit verharrt. Steht es anders im Protokoll, so hat der Inquisitor falsch gehört, der Schreiber falsch niedergeschrieben.[46]

---

45 Goethe: Farbenlehre, S. 345–346.
46 Ebd.

In unserem Passus aus dem *Sinngedicht* ist die Versuchsanordnung partiell übernommen, allerdings erscheint der Untersuchungsgegenstand dahingehend abgewandelt, dass nun nicht mehr – wie bei Newton – das Verhalten des Lichts, sobald es durch ein Prisma bzw. zwei Prismen fällt, von Interesse ist, sondern das Verhalten des Lichts in einem Kristallkörper und weiterhin der kristalline Bau selbst. Auch sind die in der *Farbenlehre* säuberlich getrennten Teile der Übersetzung der Newton'schen Versuchsbeschreibung und Goethes polemischer Kritik daran überblendet bzw. miteinander verschmolzen. Die durch den experimentierenden Naturforscher praktizierte Vergewaltigung der Natur, die der Erzähler in Übereinstimmung mit Goethe an Newton bzw. Reinhart anprangert – man denke an den „eingefangen[en]" Sonnenstrahl und vor allem an den „sorgfältig auf die Tortur gespannt[en]" Strahl – ist nicht nur wissenschaftskritisch konnotiert, sondern darüber hinaus auch dezidiert moralisch, fällt doch das ‚unlautere' Handeln an der Natur über kurz oder lang auf den Handelnden zurück. Die Natur ‚rächt' sich gleichsam an dem ihr im Experiment Widerfahrenen und zerstört jenen ‚Sinnenapparat', dessen Reichweite für Goethe die Grenze legitimen Eindringens in die Natur vorgibt, nämlich das menschliche Auge. Der Erzähler aber redet Goethe nicht nur nach dem Mund: Die soeben erwähnte Abänderung von Versuchsaufbau und wissenschaftlicher Fragestellung ist auch als ironischer Seitenhieb gegen Goethes fundamentales Missverständnis des Newton'schen Erkenntnisinteresses zu lesen. Indem Keller Untersuchungsgegenstand und Forschungsfrage gegenüber den ansonsten stark markierten Prätexten abwandelt, verweist er auf subtile Weise auf den wissenschaftshermeneutischen Sachverhalt, dass verschiedene Fragestellungen und Zugänge zu einem Problem auch andere Antworten bedingen. Damit schließt er Goethe – bei aller Affirmation von dessen Polemik gegen Newton (etwa in weiteren Fragen epistemologischer Natur wie Subjekt-Objekt-Beziehung, Phänomene, Experiment etc.) – in seine eigene narrative Polemik mit ein. Dass Keller Goethes produktives Missverstehen von Newtons *Opticks* ganz gezielt hervorkehrt, zeigt sich vor allem darin, dass er auch seinen ‚Helden' Reinhart ein derartiges produktives Missverständnis durchleben lässt: Reinharts Unfähigkeit, zwischen den Dingen der Wissenschaft und den Dingen des Lebens zu unterscheiden, führt dazu, dass er das Sinngedicht von Logau als direkte Anleitung zu einem Experiment interpretiert und – wie sollte es anders sein – daran scheitert. Vor allem aber wird mit dieser parodistischen Zweckentfremdung des Experiments das für die empirischen Naturwissenschaften zentrale Verfahren ausgehöhlt, entstellt und als fragwürdiger Modus des Handelns an der Natur seinerseits der Fragwürdigkeit ausgesetzt. Das Experiment, von Francis Bacon als Königsweg der empirischen Wissenschaften installiert, meint die gezielte, methodische Befragung der Natur zum Zwecke ihrer Beherrschung.

Das naturwissenschaftliche Ziel ist letztlich dann erreicht, wenn, so Bacon, die „freie und ungebundene Natur“ in eine „gebundene und bezwungene Natur“ überführt ist, „d. h. wenn sie durch die Kunst und die Tätigkeit des Menschen aus ihrem Zustand gedrängt, gepresst und geformt wird“. Das Experiment, mit dem Bacon genau diese „Kunst und Tätigkeit“ bezeichnet, erweist sich vor diesem Hintergrund als eine Kunst der peinlichen Befragung der Natur: „denn die Natur der Dinge offenbart sich mehr, wenn sie von der Kunst bedrängt wird, als wenn sie sich selbst überlassen bleibt“.[47]

Der epistemologische Zusammenhang von Experiment, peinigender Befragung der Natur, Naturbeherrschung und ‚Wissen als Macht‘ wird bei Keller nicht nur in der intertextuell gespeisten Passage über Reinharts Versuch sowie die parodistisch erzählte Applikation der Methode ‚Experiment‘ auf die ‚moralischen Dinge‘, sondern etwa auch in der als Verhör konzipierten Konversation zwischen Reinhart und seinem ersten Versuchsobjekt, der Zöllnerstochter, vorgeführt.

Synthese aus den Beobachtungen

Der Beginn der Rahmenhandlung von Gottfried Kellers *Sinngedicht* erweist sich als Erzähltext, der mit den Präsuppositionsbeständen des – nicht nur zeitgenössischen – Lesers bezüglich des naturwissenschaftlichen Fortschritts und seiner Voraussetzungen spielt und durch dieses und weitere Verfahren – wie etwa desjenigen der laienhaften Benennung wissenschaftstypischer und der negativ konnotierten Bezeichnung experimentell notwendiger Begleithandlungen – als ein Beitrag zu einer erzählerischen wissenschaftlichen Eristik gewertet werden kann. Die intertextuelle Aufladung der diskutierten Passagen erlaubt einem Kenner der Primärtexte darüber hinaus eine differenziertere Rezeption, indem zum einen der – exemplarisch durch Goethe repräsentierte – (natur-)wissenschaftskritische Diskurs aktualisiert und aufgewertet, zum anderen auch dessen Positionen kritisch reflektiert werden. Der Text ist somit ein Beispiel für eine *Scientia Poetica*, die Literatur zur Domäne eines hochdifferenzierten wissenschafts- und wissenschaftssprachkritischen Diskurses macht, über den das Unternehmen ‚Wissenschaft‘ an seine gesellschaftlichen Voraussetzungen rückgekoppelt werden kann.[48]

---

47 Francis Bacon: Instauratio Magna/Große Erneuerung der Wissenschaften. In: ders.: *Neues Organon*. Teilbd. 1. Lat.-dt., hrsg. und mit einer Einleitung vers. von Wolfgang Krohn. Hamburg: Meiner, 1990. S. 55–57.

48 Vgl. hierzu auch Bernadette Malinowski: *Scientia Poetica. Literarische Wissenschaftsgeschichte und Wissenschaftstheorie*. Augsburg: mimeo, 2006.

4 Fazit

Zum Abschluss unserer literatur- und sprachwissenschaftlichen Überlegungen zur sprachlichen Seite von Wissenschaft darf man sich freilich fragen: Was ist dabei herausgekommen?

Zunächst einmal, dass die Vorstellungen von Wissenschaft und Wissenschaftssprache, wie sie im Umfeld der Royal Society entwickelt wurden und sich bis heute – nicht zuletzt in der Zwei-Kulturen-Debatte – erhalten haben, falsch sind: Wissenschaftliches Schreiben, wissenschaftliche Rede, besteht nicht aus Assertionen objektiven Wissens. Wissenschaft erzählt und streitet, in ihrer Sprache ist quasi Literarisches gleichsam abgebunden: metaphorische Abstraktionen mit erfahrungsweltlicher Basis, wie wir sie in der alltäglichen Wissenschaftssprache antreffen (‚where we throw some light on things' oder wo wir ‚Grundsätze ableiten'), die illokutionsmodifizierenden Verfahren wissenschaftlicher Eristik (die, wie wir gesehen haben, zumindest im deutschen Zusammenhang nicht unter ‚academic rhetoric' zu verbuchen sind) sowie Erzählungen wissenschaftlicher Beobachtungen. Kein Wunder, dass manchen Theoretikern die Übergänge zwischen Wissenschaft und Literatur als fließend erscheinen möchten. Doch ist das wirklich so? Wir meinen: Nein.

Wenn unsere Überlegungen eines ergeben haben, so ist es dies: Wissenschaft menschelt. Dies ist nicht verwunderlich, denn sie wird von Menschen für Menschen betrieben. Sie entsteht vor einem gesellschaftlichen Erfahrungshintergrund und bleibt diesem auch sprachlich verpflichtet. Sonst wären ihre Erkenntnisse niemandem mitteilbar. *Wissenschaft ist nicht Literatur*, sondern – unserer Auffassung nach – die einzige Möglichkeit, belastbares Wissen zu erlangen, das über die unmittelbare Erfahrung hinausgeht. *Literatur ist nicht Wissenschaft*, aber – wie wir gesehen haben – ein immer wichtigerer Ort, dasjenige nachzuholen und einzufordern, was ein seine eigenen Voraussetzungen immer weniger überdenkender wissenschaftlicher Betrieb zunehmend vergisst: eine Reflexion über den Ort des Menschen im wissenschaftlichen Erkenntnisprozess und eine Besinnung auf den Ort des Menschen in wissenschaftlich angeleiteten Gesellschaften. Denn wissenschaftlich handelnd und sprechend transzendiert der Mensch seine unmittelbare Erfahrungswelt; wissenschaftlich handelnd und sprechend transportiert er seine Erkenntnisse wieder in sie hinein.

Literatur

Bacon, Francis: Novum Organon [1620]. In: *The Works of Francis Bacon*. Bd. 1. Hrsg. von James Spedding u. a. Stuttgart-Bad Cannstatt: Frommann-Holzboog, 1963 [Nachdruck der Erstausgabe London 1858].

Bacon, Francis: Instauratio Magna/Große Erneuerung der Wissenschaften. In: ders.: *Neues Organon*. Lat./dt. Teilband 1. Hrsg. und mit einer Einleitung versehen von Wolfgang Krohn. Hamburg: Meiner, 1990.

Berkeley, George: Siris [1744]. In: *The Works of George Berkeley, Bishop of Cloyne*. Bd. V. Hrsg. von Arthur A. Luce und Thomas E. Jessop. London: Thomas Nelson, 1953. S. 1–164.

Berkeley, George: The Analyst [1734]. In: ders.: *Schriften über die Grundlagen der Mathematik und Physik*. Frankfurt a. M.: Suhrkamp, 1969. S. 81–140.

Berkeley, George: *Philosophical Works*. Hrsg. von M. R. Ayers. London: Dent, 1975.

Descartes, René: *Regulae ad directionem ingenii/Regeln zur Ausrichtung der Erkenntniskraft*. Kritisch revidiert, übers. und hrsg. von Heinrich Springmeyer u. a. Hamburg: Meiner, 1973.

Ehlich, Konrad: Deutsch als fremde Wissenschaftssprache. In: *Jahrbuch Deutsch als Fremdsprache*. Bd. 19: Grenzen und Grenzerfahrungen. Hrsg. von Alois Wierlacher. München: iudicium, 1993. S. 13–42.

Ehlich, Konrad: Die Lehre der deutschen Wissenschaftssprache: sprachliche Strukturen, didaktische Desiderate. In: *Linguistik der Wissenschaftssprache*. Hrsg. von Harald Weinrich und Leo Kretzenbacher. Berlin: De Gruyter, 1995 [Akademie der Wissenschaften zu Berlin: Forschungsbericht 10]. S. 325–352.

Darwin, Charles: *On the Origin of Species by means of Natural Seletion or the Selection of Favoured Races in the Struggle for Life*. London: Murray, 1859.

Formigari, Lia: *Language and Experience in 17th-Century British Philosophy*. Amsterdam: John Benjamins, 1988.

Galilei, Galileo: Dialog über die Weltsysteme. In: ders.: *Sidereus Nuncius. Nachricht von neuen Sternen*. Hrsg. und eingeleitet von Hans Blumenberg. 2. Auflage. Frankfurt a. M.: Suhrkamp, 2002. S. 133–230.

Geppert, Hans Vilmar: *Der ‚andere' historische Roman. Theorie und Strukturen einer diskontinuierlichen Gattung*. Tübingen: Niemeyer, 1976.

Geppert, Hans Vilmar: *Der Historische Roman. Geschichte umerzählt – von Walter Scott bis zur Gegenwart*. Tübingen: Francke, 2009.

Goethe, Johann Wolfgang: Zur Farbenlehre. In: ders.: *Sämtliche Werke, Briefe, Tagebücher und Gespräche*. 1. Abt., Bd. 23.1. Hrsg. von Manfred Wenzel. Frankfurt a. M.: Deutscher Klassiker-Verlag, 1991.

Haberstumpf, Helmut: Das Urheberrecht – Feind des Wissenschaftlers und des wissenschaftlichen Fortschritts? In: *Zeitschrift für Urheber- und Medienrecht* 7 (2012). S. 529–537.

Hegel, Georg Wilhelm Friedrich: Vorlesungen über die Geschichte der Philosophie. In: ders.: *Werke*. Bd. 20. Frankfurt a. M.: Suhrkamp, 1971.

Hoffmann, Ludger: Funktionale Syntax. Prinzipien und Prozeduren. In: ders.: *Funktionale Syntax. Die pragmatische Perspektive*. Berlin, New York: De Gruyter, 2003. S. 18–221.

Iser, Wolfgang: *Das Fiktive und das Imaginäre. Perspektiven literarischer Anthropologie*. Frankfurt a. M.: Suhrkamp, 1991.

Kant, Immanuel: Metaphysische Anfangsgründe der Naturwissenschaft. In: ders.: *Werke*. Bd. 4: *Schriften von 1783–1788*. Hrsg. von Artur Buchenau und Ernst Cassirer. Hildesheim: Olms, 1973. S. 367–478.

Keller, Gottfried: *Das Sinngedicht*. Berlin: Aufbau, 1968.

Malinowski, Bernadette: *Scientia Poetica. Literarische Wissenschaftsgeschichte und Wissenschaftstheorie*. Augsburg: mimeo, 2006.

Mittelstraß, Jürgen: Newton – die ‚neue Wissenschaft' und die Anfänge des Empirismus in der Physik. Unveröffentlichter Vortrag vom 1. Juni 2002 an der Universität Augsburg; Skript.

Newton, Isaac: *The Mathematical Principles of Natural Philosophy I–II* [1706]. London: Dawson, 1968 [Nachdruck der Ausgabe 1729].

Newton, Isaac: *Opticks or A Treatise of the Reflections, Refractions, Inflections & Colours of Light* [1704]. New York: Dover, 1952 [Nachdruck der Ausgabe 1730].

Rehbock, Theda: *Goethe und die ‚Rettung der Phänomene'. Philosophische Kritik des naturwissenschaftlichen Weltbilds am Beispiel der Farbenlehre*. Konstanz: Verlag am Hockgraben, 1995.

Sedley, David: Two Conceptions of Vacuum. In: *Phronesis* 27 (1982). S. 175–193.

Sprat, Thomas: *The History of the Royal Society of London for the improving of Natural Knowledge* [1667]. 2. Auflage. London: Chiswell, Chapman, Sawbridge, 1702.

Thielmann, Winfried: Begrifflich angeleitete Natursimulation im physikalischen Experiment von Galilei bis Hertz – zur historischen Rekonstruktion physikalischer Grundbegriffe. In: *Begriffsgeschichte der Naturwissenschaften. Zur historischen Dimension naturwissenschaftlicher Konzepte*. Hrsg. von Ernst Müller und Falko Schmieder. Berlin, New York: De Gruyter, 2008. S. 215–222.

Thielmann, Winfried: *Deutsche und englische Wissenschaftssprache im Vergleich: Hinführen – Verknüpfen – Benennen*. Heidelberg: Synchron, 2009.

Vickers, Brian: The Royal Society and English Prose Style: A Reassessment. In: ders. und Nancy S. Struever: *Rhetoric and the Pursuit of Truth: Language Change in the Seventeenth and Eighteenth Centuries*. Los Angeles: William Andrews Clark Memorial Library, 1985. S. 1–76.

Watson, James D., und Francis Crick: A Structure for Desoxyribose Nucleic Acid. In: *Nature* 171 (1953). S. 136–137.

Dirk Vanderbeke

Überlegungen zur Ästhetik in der Literatur und in den Naturwissenschaften

Abstract: Seit den Anfängen der neueren Wissenschaftsgeschichte im siebzehnten Jahrhundert und der damit einhergehenden Forderung nach einer einfachen und neutralen Wissenschaftssprache wird die ästhetische Wahrnehmung traditionell der Literatur und der Kunst zugeordnet, während die Wissenschaft nicht nach Schönheit, sondern nach Wahrheit strebt. Diese einfache Trennung wird allerdings von Vertretern beider Bereiche infrage gestellt. So wie es in der Literatur auch immer um die Suche nach einer Wahrheit ging, so finden sich auch in der wissenschaftlichen Arbeit Momente und Phänomene, Theorien und mathematische Gleichungen, die ein ästhetisches Empfinden hervorrufen und als schön wahrgenommen werden. Diese Erfahrungen und ihre Bedingungen sollen im Folgenden untersucht und dabei mit ästhetischen Konzepten der Literaturwissenschaft in Verbindung gesetzt werden.

Wenn wir über Ästhetik in der Wissenschaft sprechen, dann sind dabei meines Erachtens zwei grundsätzlich unterschiedliche Phänomene angesprochen, die Schönheit, die wir vorfinden, und die Schönheit, die in unserem Verstehen und unseren theoretischen Zugängen zu der Natur zum Ausdruck kommt. In seinem Vortrag über „Die Bedeutung des Schönen in der exakten Naturwissenschaft" nimmt Werner Heisenberg eine ähnliche Unterscheidung vor, die er schon in der Antike angelegt sieht:

> Die eine bezeichnet die Schönheit als die richtige Übereinstimmung der Teile miteinander und mit dem Ganzen. Die andere, auf Plotin zurückgehend, ohne jede Bezugnahme auf die Teile, bezeichnet sie als das Durchleuchten des ewigen Glanzes des „Einen" durch die materielle Erscheinung.[1]

Analog dazu hat Freeman Dyson in einem Artikel in *Science* die beiden wissenschaftsgeschichtlichen Ansätze von Thomas S. Kuhn und Peter Galison erörtert. Danach ging es bei Galison um die Geschichte der wissenschaftlichen Werkzeuge, mit denen wir die Natur erschließen können – paradigmatisch dafür stehen das Teleskop und das Mikroskop –, wobei der Übergang von analogen zu digitalen Instrumenten im Vordergrund steht. Kuhn dagegen legte den Schwerpunkt auf

1 Werner Heisenberg: Die Bedeutung des Schönen in den exakten Naturwissenschaften. In: ders.: *Schritte über Grenzen*. Erw. Neuausg. München: Piper, 1977. S. 289.

die Bedeutung von Ideen – so hätten Einstein, Heisenberg, Schrödinger und Dirac „die Geheimnisse der Natur erraten, weil sie Träume von mathematischer Schönheit träumten".[2] Es geht also, wenn wir die beiden historischen Ansätze unter dem Gesichtspunkt der Ästhetik betrachten, zum einen um die Schönheit der Natur, wie sie sich in der Betrachtung zeigt – auch in der Betrachtung mit technischen Hilfsmitteln –, und zum anderen um die Schönheit der Theorien und das daraus folgende Durchdringen und Verstehen.

Unsere Vorstellungen von der Schönheit der Natur folgen in mancher Hinsicht den Konzepten des Naturschönen, wie sie in der Romantik entwickelt wurden und inzwischen auch auf unterschiedliche Weise wissenschaftlich erfasst wurden. Dies geschieht einerseits in den Forschungen zur neuronalen Ästhetik, andererseits in Überlegungen zu einer evolutionären Ästhetik,[3] wobei diese beiden Forschungszweige durchaus miteinander verbunden werden können. Schönheit in der Natur findet sich u. a. in den *Kunstformen der Natur*, wie sie von Ernst Haeckel eindrucksvoll vorgeführt wurden, in den vielfältigen spektakulären, aber auch technisch aufbereiteten Hubble-Bildern oder auch in den Fotos des Monats, die in jeder Ausgabe von *Spektrum der Wissenschaft* enthalten sind.

Wichtiger für diesen Beitrag ist die Schönheit der Theorien. Bei dem Versuch, die Ästhetiken in den Wissenschaften und in der Literatur in eine Verbindung zu bringen und auch voneinander abzugrenzen, geht es weniger um das, was wir vorfinden, als um die Zugänge, die wir wählen, um uns mit der Wirklichkeit, wie sie von uns wahrgenommen wird, auseinanderzusetzen. Die ästhetischen Momente, die hier zum Ausdruck kommen, sind von Menschen geschaffen, und stehen daher in einer Zwischenposition; einerseits müssen sie den externen Gegebenheiten genügen und andererseits sind sie interne Konstruktionen, die den Regeln unseres Wahrnehmungs- und ‚Denkapparates' folgen. Genauere Beurteilungen dieser Zwischenposition können sehr weit voneinander abweichen und reichen von den Annahmen eines starken Realismus, nach dem die Welt so ist, wie wir sie wahrnehmen, bis zu einer evolutionären Erkenntnistheorie und zu unterschiedlich radikalen relativistischen und konstruktivistischen Konzepten. Eine weitere Möglichkeit, sich dem Thema der Ästhetik in Wissenschaft und Kunst bzw. Literatur zu nähern, besteht in der Annahme einer gegenseitigen Befruchtung, unter Umständen mit einem Rekurs auf den jeweils vorherrschen-

---

2 Freeman Dyson: Is Science Mostly Driven by Ideas or by Tools? In: *Science* 338 (14. Dezember 2012). S. 1426–1427. Dt. Übers.: Theorie und Werkzeug. In: *Süddeutsche Zeitung*. 14. Dezember 2012. S. 18.

3 Vgl. z. B. Olaf Breidbach: *Neuronale Ästhetik*. München: Wilhelm Fink, 2013. S. 83–94; Dennis Dutton: *The Art Instinct. Beauty, Pleasure, and Human Evolution*. New York u. a.: Bloomsbury Press, 2010. S. 13–28.

den Zeitgeist. Selbstverständlich gehört die Wissenschaft zu den Bereichen, mit denen sich Kunst und Literatur kontinuierlich auseinandersetzen, und damit sind Ästhetisierungen wissenschaftlicher Erkenntnisse oder auch die metaphorische Verarbeitung wissenschaftlicher Konzepte ein Bestandteil vieler Texte und Kunstwerke – die Bestätigung für die Annahme, wissenschaftliche Theorien hätten Eingang in literarische Texte gefunden, lässt sich gewöhnlich durch einen Blick in die sogenannten *acknowledgements* oder Danksagungen der Autoren bestätigen. Der umgekehrte Weg lässt sich nicht ganz so einfach gehen, und es gibt sicher nicht viele Wissenschaftler, die bereitwillig erklären würden, sie wären in ihrer Arbeit von einem Roman, Gedicht oder Gemälde inspiriert worden. Dabei werden von literaturwissenschaftlicher Seite gelegentlich komplexe Feedbackmechanismen angenommen, durch die die Kunst und Literatur einer Epoche dann doch eine Wirkung auf die Wissenschaftler und ihr Denken gehabt haben könnten, sodass Fälle, in denen Analogien zwischen Kunstwerken und späteren wissenschaftlichen Entdeckungen oder Theorien bestehen oder konstruiert werden können, als Beispiele für eine Antizipation und Einflussnahme verstanden werden.[4]

Hier kann allerdings auch eine Analogie zur Selektion in evolutionären Zusammenhängen herangezogen werden, um allzu einfache relativistische Interpretationen derartiger Ähnlichkeiten infrage zu stellen.[5] Laut Darwin gibt es zwei wesentliche Selektionsmechanismen: die natürliche Selektion und die sexuelle Selektion. Die natürliche Selektion bewirkt, dass diejenigen Organismen, die an spezifische Lebensumstände oder -räume besser angepasst sind, überleben, während weniger gut angepasste Lebensformen über kurz oder lang verschwinden werden. Die sexuelle Selektion dagegen führt dazu, dass bestimmte Individuen einer Spezies aufgrund spezifischer Eigenschaften in der Konkurrenz um Fortpflanzungsmöglichkeiten bevorzugt werden und daher ihre Eigenschaften einer größeren Anzahl von Nachkommen weitervererben. Die Kriterien für diese Auswahl können eingängig sein – z. B. Größe oder Stärke und daraus resultierend bessere Befähigungen beim Nahrungserwerb –, aber auch kontraintuitiv wie der überlange Schwanz des Paradiesvogels. Die entsprechenden Signale und ihre Wahr-

4 Vgl. z. B. N. Katherine Hayles: Introduction. Complex Dynamics in Literature and Science. In: *Chaos and Order. Complex Dynamics in Literature and Science*. Hrsg. von N. K. Hayles. Chicago: University of Chicago Press, 1991. S. 1–33, hier S. 7; oder Thomas P. Weissert: Representation and Bifurcation. Borges's Garden of Chaos Dynamics. In: *Chaos and Order. Complex Dynamics in Literature and Science*. Hrsg. von N. K. Hayles. Chicago: University of Chicago Press, 1991. S. 223–243, hier S. 224.

5 Vgl. zum Folgenden auch Dirk Vanderbeke: *Theoretische Welten und literarische Transformationen*. Tübingen: Niemeyer, 2004. S. 133–172. Dort werden die möglichen Analogien zwischen der Evolution und der Entwicklung wissenschaftlicher Theorien wesentlich ausführlicher behandelt.

nehmung können als eine Analogie zu ästhetischem Empfinden verstanden werden, d. h. das schönere Exemplar wird bei der Partnerwahl vorgezogen.

In Analogie dazu müssen wissenschaftliche Theorien ebenfalls zwei Selektionsmechanismen durchlaufen. Zum einen müssen sie überhaupt wahrgenommen werden, d. h. die Arbeit, in der sie vorgestellt werden, muss veröffentlicht werden. Dazu müssen sie bestimmten formalen Kriterien genügen – wobei ästhetische Aspekte durchaus eine Rolle spielen können – und dann auch noch innerhalb der wissenschaftlichen Gemeinschaft aufgenommen werden, was selbstverständlich immer nur als eine vorläufige Akzeptanz verstanden werden kann. Wenn dies geschehen ist, folgt jedoch die zweite Selektion, denn die neue Theorie muss auch noch in der Natur überleben und sich gegenüber konkurrierenden Konzepten durchsetzen können. Und hier sollte die Ästhetik eigentlich keine wesentliche Rolle mehr spielen, es sei denn, die Wahrnehmung der Wissenschaftler wäre so an der Natur geschult, dass mit einer feststellbaren Regelmäßigkeit zutreffende Theorien auch als schöner wahrgenommen werden.

Ebendiese Möglichkeit nimmt Steven Weinberg an. Sein Buch *Dreams of a Final Theory* enthält ein Kapitel mit dem Titel „Beautiful Theories". Darin führt Weinberg aus, dass sich schöne wissenschaftliche Theorien selbstverständlich von schönen Bildern und Gedichten unterscheiden und dass ein Gefühl für die Schönheit einer Theorie einem Zweck dient: „[I]t is supposed to help the physicist select ideas that help us to explain nature".[6] Er schreibt an anderer Stelle:

> [I]n this century, as we have seen in the cases of general relativity and the electroweak theory, the consensus in favour of physical theories has often been reached on the basis of aesthetic judgement before the experimental evidence for these theories became really compelling. I see in this the remarkable power of the physicist's sense of beauty acting in conjunction with and sometimes even in opposition to the weight of experimental evidence.[7]

Später spricht er dann noch einmal direkt den evolutionären Prozess an, der hier wirksam gewesen sein könnte:

> [T]he universe itself acts on us as a random, inefficient, and yet in the long run effective, teaching machine. Just as through an infinite series of accidental events, atoms of carbon and nitrogen and oxygen and hydrogen joined together to form primitive forms of life that later evolved into protozoa and fishes and people, in the same manner our way of looking at the universe has gradually evolved through a natural selection of ideas. Through countless false starts, we have gotten it beaten into us that nature is a certain way, and we have grown to look at that way that nature is as beautiful. [...] One of the things that make the history

6 Steven Weinberg: *Dreams of a Final Theory*. London: Vintage, 1993. S. 106.
7 Ebd., S. 102–103.

> of science so endlessly fascinating is to follow the slow education of our species in the sort of beauty to expect in nature.[8]

Dies läuft letztlich auf eine Annahme hinaus, die wohl am besten von John Keats in seinem Gedicht „Ode on a Grecian Urn" formuliert wurde:

> Beauty is truth, truth beauty, – that is all
> Ye know on earth, and all ye need to know.[9]

Diese Argumentation ist problematisch, denn sie verschiebt die ästhetische Wahrnehmung von der meist angenommenen Hinwendung zu schönen – d. h. dem Überleben und der Fortpflanzung dienlichen – Umgebungen und Partnern zu abstrakten Problemlösungsstrategien, die in der Lebenswelt unserer prähistorischen Vorfahren kaum eine Rolle gespielt haben dürften. Roger Penrose schreibt dementsprechend etwas relativierend: „For our remote ancestors, a specific ability to do sophisticated mathematics can hardly have been a selective advantage, but a general ability to understand could well have."[10]

Auf dem derzeitigen Büchermarkt, wird Penroses Vorbehalt allerdings nicht immer beachtet. So hat der Mathematiker Keith Devlin ein Buch mit dem Titel *The Maths* (bzw. *Math*) *Gene* veröffentlicht – der Untertitel lautet, je nachdem welche Ausgabe man kauft: *Why everyone has it, but most people don't use it* bzw. *How Mathematical Thinking Evolved and Why Numbers Are Like Gossip*. Auch Devlin nimmt allerdings schon gleich im Vorwort die eher starke Behauptung, die der Titel impliziert, wieder zurück, wenn er schreibt:

> Before we begin, I should clear up one thing: there is no ‚maths gene' in the sense of a specific sequence of human DNA that confers mathematical ability. There are, of course, genes that affect our ability to do mathematics. But, in calling this book „The Maths Gene", I am simply adopting a common metaphor.[11]

Er geht also von einer grundsätzlichen menschlichen Befähigung zur Mathematik aus, die uns angeboren ist, aber nicht von einer lokalisierbaren Gensequenz – von Seiten der Evolutionsbiologie könnte man hier wohl eher von epigenetischen Regeln sprechen, die mathematisches Denken begünstigen.

---

8 Ebd., S. 125–126.

9 John Keats: Ode on a Grecian Urn. In: *Romantic Poetry. An Annotated Anthology*. Hrsg. von Michael O'Neill und Charles Mahoney. Malden, MA: Blackwell, 2008. S. 451.

10 Roger Penrose (mit Abner Shimony, Nancy Cartwright und Stephen Hawking): *The Large, the Small, and the Human Mind*. Cambridge: Cambridge UP, 1999. S. 114.

11 Keith Devlin: *The Maths Gene. Why everyone has it but most people don't use it*. London: Phoenix, 2001. S. 4.

In seinem Buch geht Devlin allerdings auch auf angenommene Parallelen zwischen mathematischer und künstlerischer/literarischer Imagination aus, und diese Überlegungen wurden dann auch mit Interesse bei Geisteswissenschaftlern aufgenommen, die sich mit der Verbindung von Naturwissenschaft und Literatur beschäftigen. So erschien im Winter 2009 eine Nummer der Zeitschrift *Configurations. A Journal of Literature, Science and Technology* zu dem Thema „Mathematics and Imagination", in der bereits auf der ersten Seite der Einleitung unter Verweis auf Devlins Buch eine Verbindung zwischen Mathematik und Literatur gezogen wird:

> „Is there a link between doing mathematics and reading a novel", Devlin asks. „Very probably", he answers. Imagining a conversation between two invented characters or the intricate imagery of a poem arguably requires a similar mental process as imagining „the square root of minus fifteen", as mathematician Barry Mazur has demonstrated.[12]

Der Gedanke, dass eine der einfachsten und üblichsten Imaginationsleistungen mit einer der komplizierteren und zunächst einmal kontraintuitiven mathematischen Konstruktionen gleichzusetzen ist, dürfte wohl nicht nur gewöhnliche Leser und Leserinnen erstaunen, sondern auch Mathematiker. Bei Devlin selbst hört sich das etwas weniger radikal an, wenn er schreibt:

> To the ordinary person the number π is just that: a number – what you get when you divide the circumference of a circle by its diameter. [...] But to me, π has a definite personality. It is a major character in a drama that has been unfolding on a vast landscape for the past 2500 years. [...] Whenever I see a reference to π, I at once have a mental image of it, along with all its connections, just as a mention of a hero in a novel will bring to mind a rich picture of that individual, complete with all his relationships.[13]

Es dürfte zumindest für Geisteswissenschaftler beruhigend sein, dass normale Menschen eine Zahl wie π noch einfach als Zahl wahrnehmen können und es sich bei der Analogie mit fiktionalen Texten doch eher um eine recht eigenwillige und persönliche Sicht handelt. Die Verbindung zwischen mathematischer und literarischer Imagination wird dann noch einmal deutlich relativiert, wenn Devlin schreibt, dass Romanautoren ihrer Phantasie verhältnismäßig freien Lauf lassen können, während mathematische Imagination klaren Einschränkungen unterliegt. Und auch der Mathematiker Barry Mazur erklärt gleich zu Beginn seines Buches *Imagining Numbers (Particularly the Square Root of Minus Fifteen)*,

---

12 Arielle Saibler und Henry S. Turner: Mathematics and the Imagination. A Brief Introduction. In: *Configurations. A Journal of Literature, Science and Technology* 17.1–2 (Winter 2009). S. 1–18, hier S. 1.

13 Devlin: *The Maths Gene*, S. 246.

ganz im Gegensatz zu der Sicht, die Arielle Saiber und Henry S. Turner ihm zuschreiben, „Of course, mathematics and poetry are far apart".[14] Sein Interesse liegt nicht darin, die mentalen Prozesse gleichzusetzen, sondern eher einer interessierten Leserschaft, die nicht umfassend mathematisch vorgebildet ist, zu demonstrieren, dass auch hier imaginative Zugänge möglich sind.

Die Frage, welche Rolle die Imagination bei der wissenschaftlichen Arbeit spielen kann, berührt auch Aspekte der organisierten Wissensproduktion. Klaus Mecke trifft in seinem Beitrag zu diesem Band unter Berufung auf Thomas Lehr die Unterscheidung zwischen Ereignis und Erfahrung – das Ereignis ist eine einmalige und nicht-wiederholbare Wahrnehmung, während die Erfahrung persistent, mitteilbar und prägend ist.[15] In ähnlicher Weise lässt sich ein Unterschied zwischen dem Moment und dem Inhalt von Erkenntnis formulieren, wobei der Moment – nennen wir ihn die Entdeckung – ebenso einmalig und unwiederholbar ist wie das Erlebnis, während der Inhalt – also das Wissen – dauerhaft und vermittelbar ist. Der Moment der Entdeckung lässt sich allerdings nicht immer klaren und festlegbaren Regeln unterwerfen. William Whewell schrieb schon 1840:

> But in truth, we must acknowledge, before we proceed with this subject, that, speaking with strictness, an *Art of Discovery* is not possible; – that we can give no Rules for the pursuit of truth which shall be universally and peremptorily applicable; – and that the helps which we can offer to the inquirer in such cases are limited and precarious.[16]

Dabei ist es kaum möglich, den Moment der Erkenntnis greifbar zu machen. Er ist nicht planbar oder vorhersehbar, und, wie die Autobiographien von Wissenschaftlern es gelegentlich beschreiben, ist er auch nicht notwendigerweise an den Arbeitsplatz gebunden. Auch wenn der Fall des Apfels, der Newton zu seiner Erkenntnis gebracht haben soll, vermutlich nicht viel mehr ist als eine Legende, so gibt es doch genug Erinnerungen und Berichte, nach denen eine wissenschaftliche Erleuchtung quasi spontan oder unter ungewöhnlichen Umständen zustande kam. So berichtete Hermann Weyl, Erwin Schrödinger „did his great work during a late erotic outburst in his life",[17] konkret: als er Weihnachten

---

14 Barry Mazur: *Imagining Numbers (Particularly the Square Root of Minus Fifteen)*. London: Penguin, 2004. S. XV.

15 Vgl. den Beitrag von Klaus Mecke in diesem Band (*Zahl und Erzählung*), S. 31–83, hier S. 33.

16 William Whewell: *The Philosophy of the Inductive Sciences. Founded Upon Their History*. Bd. 2. London: John W. Parker, 1840. S. 483. Vgl. dazu auch Peter Medewar, der ebendies in seinem Essay „Is the Scientific Paper Fraudulent?" (*The Saturday Review*. 1. August 1964. S. 42–43) zitiert, um die Vorstellung von der wissenschaftlichen Arbeit als einem fein säuberlich organisierten, induktiven Prozess zu unterlaufen.

17 Zit. nach Walter J. Moore: *A Life of Erwin Schrödinger*. Cambridge: Cambridge UP, 1994. S. 138.

1925 mit einer Geliebten, deren Identität ungeklärt ist, einen Skiurlaub in Arosa verbrachte. „Like the dark lady who inspired Shakespeare's Sonnets, the lady of Arosa may remain forever mysterious."[18] Andrew Wiles beschrieb den Moment der Erkenntnis, in dem er den Beweis der Fermatschen Vermutung endlich durchdrang, als eine Erleuchtung und gleichzeitig als ästhetische Erfahrung: „Suddenly, totally unexpectedly, I had this incredible revelation. [...] It was so indescribably beautiful, it was so simple and so elegant, and I just stared in disbelief for twenty minutes".[19]

Auf ähnliche Weise schreibt Werner Heisenberg über den Moment, in dem es ihm sehr spät in einer Nacht gelungen war, eine geschlossene und widerspruchsfreie mathematische Lösung für die Verbindung des Energieerhaltungssatzes mit der Quantenmechanik zu finden:

> Im ersten Augenblick war ich zutiefst erschrocken. Ich hatte das Gefühl, durch die Oberfläche der atomaren Erscheinung hindurch auf einen tief darunter liegenden Grund von merkwürdiger innerer Schönheit zu schauen, und es wurde mir fast schwindlig bei dem Gedanken, daß ich nun dieser Fülle von mathematischen Strukturen nachgehen sollte, die die Natur vor mir ausgebreitet hatte.[20]

Hier lässt sich sehr gut der Aspekt erkennen, den er auch in seinen Überlegungen über „Die Bedeutung des Schönen in den exakten Naturwissenschaften" ausgeführt hatte, eine Art säkularer mystischer Erleuchtung, die den Verstehens- oder Durchdringungsmoment auszeichnet. Die Erinnerung weist ganz deutlich Elemente des Erhabenen auf,[21] eine Verbindung von Schrecken und Erschauern, oder, wie es Edmund Burke nannte, eine Art „delightful horror".[22]

Heisenbergs Erinnerung verweist dabei aber auch auf einen anderen Text, und ich möchte diese vielleicht nicht ganz zufällige Verbindung dazu benutzen, auf einige Aspekte der Ästhetik in Wissenschaft und Literatur näher einzugehen. Es handelt sich um einen Text, in dem der Erzähler ebenfalls erschauernd und überwältigt in die Tiefe schaut, er erblickt darin jedoch nicht das strahlende Licht

---

18 Ebd., S. 141.

19 Zit. nach Charles J. Mozzochi: *The Fermat Diary*. Providence, RI: American Mathematical Society, 2000. S. 55–56.

20 Werner Heisenberg: *Der Teil und das Ganze* [1969]. München: dtv, 1987. S. 78.

21 Vgl. Wolfgang Braungart und Silke Jakobs: Staunen und Hingabe. Zur Ästhetik des Wissens seit dem 18. Jahrhundert. In: *Ästhetik der Wissenschaft. Interdisziplinärer Diskurs über das Gestalten und Darstellen von Wissen* [*Zeitschrift für Ästhetik und Allgemeine Kunstwissenschaft*. Sonderheft 7]. Hrsg. von Wolfgang Krohn. Hamburg: Meiner, 2006. S. 201–218, hier S. 211.

22 Edmund Burke: *A Philosophical Enquiry into the Origin of our Ideas of the Sublime and Beautiful* [1757]. Hrsg. von Adam Phillips. Oxford u. a.: Oxford UP, 1990, S. 67.

einer wissenschaftlichen Wahrheit, sondern das gleichfalls strahlende göttliche Licht:

> O Gnadenmeer, das mich mit Mut bewehrte,
> zu blicken tief ins Licht, ins ewigreine,
> Bis meine Sehkraft sich darin verzehrte!
> In seiner Tiefe sah ich im Vereine,
> Zu *einem* Band gebunden durch die Liebe,
> Was sonst im Weltenbuch zerstreut erscheine:
> Wesen, Zufälligkeit und ihr Getriebe
> Gleichsam verschmolzen in so fester Bindung,
> Daß was ich spräche, blasser Schein nur bliebe.[23]

Die Schau ist damit noch nicht abgeschlossen, und Dante führt eine weitere Metapher ein, um die göttliche Natur und seine Sicht, die alle Worte übersteigt, zum Ausdruck zu bringen.

> Ich drang zum tiefen klaren Licht als Ganzes,
> Und sah gleich groß drei Kreise hell gezogen.
> Doch anders war die Farbe jedes Kranzes.
> Wie Iris Iris, spiegelte ein Bogen
> Den anderen. Und der Dritte, überschwänglich
> An Glut, schien aus den zweien gleichstark zu wogen.
> Oh wie ist schwach mein Wort und wie verfänglich
> Für mein Verstehn![24]

Die erste Interpretation dieser Textpassage ist relativ einfach: Die drei Kreise stellen die Dreifaltigkeit dar. An dieser Stelle möchte ich noch einmal auf Klaus Meckes Beitrag in diesem Band zurückkommen.[25] Er diskutiert darin u. a. die heuristischen Potentiale der Metapher und die Funktion von Metaphern im wissenschaftlichen Diskurs, darunter beispielsweise die Metapher „grüne Quarks". So gibt es das Wort ‚quark' im Englischen erst seit 1939, als James Joyces *Finnegans Wake* erschien. Dort heißt es:

> Three quarks for Muster Mark!
> Sure he has not got much of a bark
> And sure any he has it's all beside the mark.[26]

---

23 Dante Alighieri: *Die göttliche Komödie/Das neue Leben*. Ital./dt. Übers. von Richard Zoozmann. Augsburg: Weltbild, 1994. „Paradies", Canto 33, Z. 82–90. Herv. im Orig.

24 Ebd., Canto 33, Z. 115–122.

25 Vgl. den Beitrag von Klaus Mecke in diesem Band (*Zahl und Erzählung*), S. 31–83, hier S. 35–36 und 82–83.

26 James Joyce: *Finnegans Wake*. London: Penguin, 1975. S. 383.1–3.

Das ist nicht sehr luzide, und was genau ein Quark in *Finnegans Wake* ist, lässt sich nicht so richtig bestimmen. Es könnte sich um die Schreie von Seemöwen handeln, um Rufe im Allgemeinen, um das deutsche Wort ‚Quark' oder auch um die drei Kinder der Hauptfigur, die manchmal in der Person von König Marke aus Tristram erscheint. Murray Gell-Mann übernahm das Wort, als er einen Begriff für die subatomaren Teilchen brauchte. Er schreibt dazu:

> In 1963, when I assigned the name „quark" to the fundamental constituents of the nucleon, I had the sound first, without the spelling, which could have been „kwork". Then, in one of my occasional perusals of „Finnegans Wake", by James Joyce, I came across the word „quark" in the phrase „Three quarks for Muster Mark". [...] From time to time, phrases occur in the book that are partially determined by calls for drinks at the bar. I argued, therefore, that perhaps one of the multiple sources of the cry „Three quarks for Muster Mark" might be „Three quarts for Mister Mark", in which case the pronunciation „kwork" would not be totally unjustified. In any case, the number three fitted perfectly the way quarks occur in nature.[27]

Für die Physik ist die Sache damit abgeschlossen, der Begriff benötigt keine weitere Erklärung. Ein Quark ist das, was bestimmte Eigenschaften aufweist, wobei die Bestimmung dieser Eigenschaften sich durch neuere Entdeckungen ändern kann – der Begriff folgt dann schlicht der modifizierten Definition, er selbst hat keinen Einfluss darauf. Die eigentlich unzutreffende Beschreibung von Quarks durch Farben hat dann erneut eine metaphorische und gleichzeitig heuristische Komponente – durch die Verbindung der drei Farben entsteht die neutrale Farbe weiß, wie sich aus den unterschiedlichen Eigenschaften der Quarks die des Protons ergeben, das keine Farbwechselwirkung nach außen aufweist.

Die Metapher ist hier vollständig auflösbar, sie hat eine erklärende Funktion, die allerdings im Laufe der Zeit auch ihren Sinn verlieren und schließlich sogar

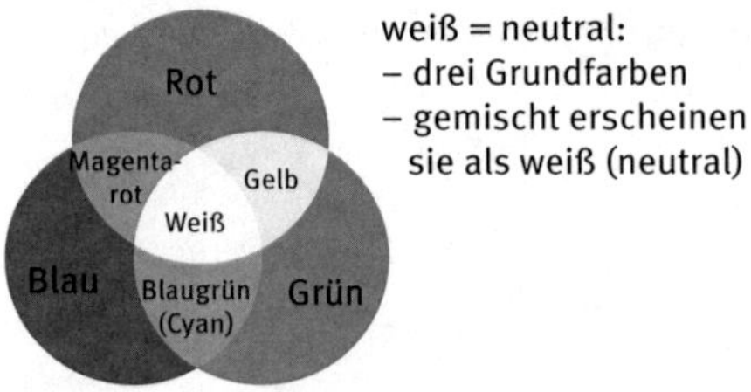

Abb. 1: Grafik: Klaus Mecke.

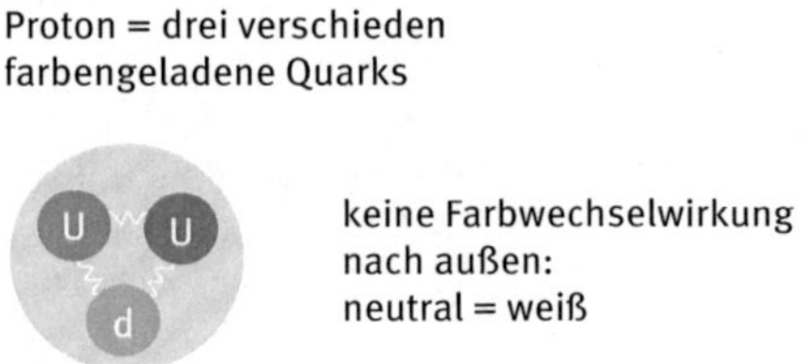

Abb. 2: Grafik: Klaus Mecke.

27 Murray Gell-Mann: *The Quark and the Jaguar*. New York: W. H. Freeman, 1994. S. 180–181.

hinderlich werden kann.[28] Stephen Jay Gould schreibt in diesem Zusammenhang, dass kanonische Bilder – und dazu gehören etablierte Metaphern in der Naturwissenschaft – auch eine einschränkende Wirkung haben können, indem sie Komplexitäten verdecken oder auch zu einer Gewöhnung führen, die dann das Denken in eingefahrenen Bahnen hält. Ein Beispiel für den ersten Fall wäre der Begriff des ‚Spins' oder auch das Bohr'sche Atommodell, den zweiten Fall führt Gould genauer an einem Beispiel seines eigenen Faches aus, dem Begriff einer evolutionären Leiter.[29]

Insgesamt könnte man jedenfalls für die Naturwissenschaften von einer sich verengenden Bedeutung der Metapher sprechen, d. h. im Verlauf der Forschung stellt sich zunehmend heraus, inwieweit ein metaphorischer Begriff zutreffend ist und eine heuristische Funktion haben kann, und gegebenenfalls können Begriffe durch ihre Überprüfung ihre metaphorische Bedeutung weitgehend einbüßen oder auch aufgegeben werden. Man könnte in diesem Zusammenhang die Metapherntheorie von Max Black heranziehen, die selbst eine sehr anschauliche Metapher enthält. Black vergleicht die Metapher mit einem geschwärzten Glas, durch das wir den Nachthimmel betrachten:

> Suppose I look at the night sky through a piece of heavily smoked glass on which certain lines have been left clear. Then I shall see only the stars that can be made to lie on the lines previously prepared upon the screen, and the stars I do see will be seen as organised by the screen's structure.[30]

Das organisierende Prinzip wäre hier die naturwissenschaftliche Forschung, durch die bestimmte Aspekte des Bildspenders zugelassen, andere jedoch geblockt werden. Im Umgang mit Literatur verhält es sich natürlich genau gegensätzlich. Man könnte hier, um bei dem Bild zu bleiben, von einem geradezu fanatischen Freikratzen neuer Linien sprechen, einer beständigen Suche nach neuen möglichen Bedeutungen einer literarischen Metapher, einer immer neuen Zuweisung neuer Sinnschichten im Kontext neuer theoretischer Modelle und veränderter historischer Zusammenhänge – und dazu gehören dann auch die Naturwissenschaften. Wenn Monroe Beardsley und später auch Paul Ricœur für die Interpretation von Gedichten festlegten, alle möglichen Konnotationen müssten berücksichtigt werden und ein Gedicht bedeute alles, was es bedeuten

28 Vgl. zum Folgenden auch Vanderbeke: *Theoretische Welten*, S. 78–81.

29 Vgl. Stephen Jay Gould: Ladders and Cones. Constraining Evolution by Canonical Icons. In: *Hidden Histories of Science*. Hrsg. von R. B. Silvers. New York: New York Review, 1995. S. 37–67, hier S. 42 und passim.

30 Max Black: Metaphor. In: *Proceedings of the Aristotelian Society. New Series* 55 (1954–1955). S. 273–294, hier S. 288.

könne,[31] dann geht es dabei um die Reichhaltigkeit der Bedeutungspotentiale und schließlich um die Unabschließbarkeit des Interpretationsprozesses.

An dieser Stelle möchte ich noch einmal zu der Passage aus Dante und zu der Vision der drei farbigen Kreise zurückkehren. Wie erwähnt, ist die Bedeutung dieses Bildes zunächst einmal eher einfach und hinter den drei Kreisen ist die Trinität zu erkennen. Daraus kann man aber natürlich auch noch mehr machen, und die Interpretationen der Passage können recht umfangreich werden. Bei der Exegese des Textes findet man dann gelegentlich auch Lesarten, bei denen aus den drei Farben eine weiße Neutralität folgt. So schrieb William Bishop 1910: „Thus the white light of colorless ‚tri-unity' [...] takes on the varied hues of those concrete personal distinctions which exist in what we may perhaps reverently speak of as the Divine Family".[32] Analog dazu heißt es dann neuerlich auf einer eher mystischen Website: „Wie das sichtbare weisse Licht besteht laut Dante also auch das Urlicht aus verschiedenen Farben, die verschiedene psychische Eigenschaften darstellen."[33]

Das ist interessant, wenn man in Betracht zieht, dass zu Dantes Zeit die Farbenlehre vermutlich noch nicht so weit gediehen war, dass Weiß als das Ergebnis einer Mischung der Grundfarben angesehen wurde.[34]

Aber man kann natürlich auch noch weiter gehen. So veröffentlichte Bob Estes, laut seiner Website Physiker, zu der Passage aus dem *Paradiso* einen Online-Blog mit dem Titel „Dante's Heavenly Vision and the Physics of the Proton". Darin führt er eben die Aspekte an, die Klaus Mecke in seinem Beitrag zu den Farben der Quarks behandelt, und er kommt am Ende zu der Frage, ob es denn zufällig sein kann, dass eine solche Analogie zwischen der Physik und der Dreifaltigkeit besteht:

> Do the similarities between Dante's poetic vision of the Christian doctrine of the Triune God and our modern, well-established theory of the tri-quark proton amount to more than a curious historical coincidence? Does this analogy go beyond the merely amusing to the deeply significant?

---

31 Vgl. Monroe C. Beardsley: *Aesthetics. Problems in the Philosophy of Criticism*. New York: Harcourt, Brace, 1958. S. 144; und Paul Ricœur: Metaphor and the Main Problem of Hermeneutics. In: *New Literary History* 6.1 (Themenheft: On Metaphor. Herbst 1974). S. 95–110, hier S. 104.

32 William Samuel Bishop: *The Development of Trinitarian Doctrine in the Nicene and Athanasian Creeds. A Study in Theological Definition*. New York u. a.: Longmans Green, 1910. S. 17.

33 Leonhard Heinzmann: *Nirvana, ein anderes Wort für Heiliger Geist*. www.ieao.de/nirvana.htm. Private Homepage, undat. Eintrag (14. April 2015).

34 Ich möchte mich an dieser Stelle bei Rudolf Suntrup, dem Mitherausgeber des *Lexikons der Farbenbedeutungen im Mittelalter*, bedanken, der mir darüber freundlicherweise Auskunft gegeben hat.

Of course not.
It can't, can it?
Maybe.
How could it not?
But that's crazy.
Isn't it?[35]

Für Estes, einen gläubigen Physiker, ist das natürlich kein Zufall, und die Photonen könnten demnach eine göttliche Botschaft und Aufforderung an die zweifelnden Wissenschaftler sein, in der Natur das Bild Gottes zu erkennen. Dantes erleuchtete Dichtung wird sozusagen verifiziert; seine Metapher erweist sich als inspirierte Vision und gleichzeitig als Antizipation wissenschaftlicher Erkenntnis.

Es ist durchaus nicht meine Absicht, solche Lesarten lächerlich zu machen – selbstverständlich ist es möglich, literarische Texte im Licht späterer Erkenntnisse neu zu interpretieren und in ihnen gelegentlich auch Aspekte zu finden, die dem Autoren nicht bekannt gewesen sein können. Manche Autoren eignen sich dafür besser als andere, und es gibt inzwischen Interpretationen von Borges im Kontext der Chaostheorie, der Feldtheorie, der Quantenphysik und der Relativitätstheorie. Bei Beckett wurden ebenfalls Chaostheorie und Quantenphysik, aber auch ‚Schwarze Löcher' gefunden, und bei Joyce gilt sowieso, dass wer sucht, auch findet.[36]

Einer der Gründe, die solche Interpretationen begünstigen, liegt wohl darin, dass in der Literatur nicht ähnlich stringente Kriterien für die Schönheit der untersuchten Phänomene und ihre Interpretation angenommen werden wie in der Physik. An dieser Stelle möchte ich noch einmal auf Steven Weinberg zurückkommen. Er schreibt zur Schönheit in physikalischen Theorien:

> The kind of beauty that we find in physical theories is of a very limited sort. It is, as far as I have been able to capture it in words, the beauty of simplicity and inevitability – the beauty of perfect structure, the beauty of everything fitting together, of nothing being changeable, of logical rigidity.[37]

Eine ähnliche Bewertung findet sich auch bei Graham Farmelo in der Einleitung zu seinem Buch *It Must Be Beautiful. Great Equations of Modern Science*. Er schreibt dort:

---

35 Bob Estes: *Dante's Heavenly Vision and the Physics of the Proton*. www.onscreen-scientist.com/?p=49. Private Homepage On-Screen Scientist, Eintrag vom 13. März 2009 (14. April 2015).

36 Vgl. Vanderbeke: *Theoretische Welten*, S. 227.

37 Weinberg: *Dreams*, S. 119.

> Much like a work of art, a beautiful equation has among its attributes much more than mere attractiveness – it will have universality, simplicity, inevitability and an elemental power. [...] An additional quality of a good scientific equation is that it has utilitarian beauty. It must tally with the result of every relevant experiment and, even better, make predictions that no one has ever made before.[38]

G. H. Hardy erklärte schon 1940 für mathematische Theorien: „Beauty is the first test: there is no permanent place in the world for ugly mathematics",[39] und nennt dann als Kriterien: „a very high degree of *unexpectedness*, combined with *inevitability* and *economy*",[40] wobei die „economy" hier anscheinend den Platz der „simplicity" einnimmt. Quasi die gleichen Kriterien wie bei den hier angeführten Wissenschaftlern werden auch von Thomas S. Kuhn genannt – allerdings geht es bei ihm nicht um die Schönheit von Theorien, sondern um Theoriewahl im Allgemeinen. Er nennt fünf Eigenschaften für die Beurteilung von Theorien: Tatsachenkonformität, Widerspruchsfreiheit, Reichweite, Einfachheit und Fruchtbarkeit.[41]

Es scheint, als hätte Ockhams Rasiermesser nichts an seiner Bedeutung verloren und dabei inzwischen auch eine ästhetische Komponente erhalten. Der Begriff der Einfachheit ist hier allerdings ganz sicher nicht im umgangssprachlichen Sinne zu verstehen oder gar mit Trivialität oder Banalität gleichzusetzen. Er bekommt seine Bedeutung, so wie ich es verstehe, in der Verbindung mit den anderen Eigenschaften, d. h., es geht um eine Einfachheit, die gleichzeitig reichhaltig und anschlussfähig ist, also vielseitige Verbindungen zulässt. Philippe Blanchard beschreibt dies einerseits als „riesige Anzahl an Anwendungen" und andererseits als „Kompaktheit".[42] In der zunächst einfachen Theorie oder Gleichung liegt also das Potential für Komplexität, d. h. aus wenigen klaren Prinzipien lässt sich eine Vielzahl an Phänomenen ableiten und – so wird es für eine selbstverständlich schöne *Theory of Everything* erhofft – schließlich das gesamte Universum erklären. Während also die naturwissenschaftliche Metapher, wie oben ausgeführt, eine Tendenz hat, sich mit der Zeit zu verengen, zeichnet sich die schöne physikalische Gleichung eben auch dadurch aus, dass sie weitreichende Möglichkeiten

---

38 Graham Farmelo: Foreword: It must be beautiful. In: ders.: *It Must Be Beautiful. Great Equations of Modern Science*. London: Granta, 2002. S. XIV.

39 Harold Hardy: *A Mathematician's Apology*. Cambridge: Cambridge UP, 1940. S. 14.

40 Ebd., S. 29. Herv. im Orig.

41 Vgl. Thomas S. Kuhn: Objektivität, Werturteil und Theoriewahl. In: ders.: *Die Entstehung des Neuen*. Frankfurt a. M.: Suhrkamp, 1978. S. 423.

42 Philippe Blanchard: Chaotische Bemerkungen eines theoretischen Physikers zur Ästhetik. In: *Ästhetik der Wissenschaft. Interdisziplinärer Diskurs über das Gestalten und Darstellen von Wissen* [*Zeitschrift für Ästhetik und Allgemeine Kunstwissenschaft*. Sonderheft 7]. Hrsg. von Wolfgang Krohn. Hamburg: Meiner, 2006. S. 167–173, hier S. 169.

nicht nur eröffnet, sondern gleichsam realisiert. Indem die Gleichung zwei bisher unverbundene Phänomene als einander synonym erkennt, fordert sie ein neues Verständnis sämtlicher physikalischer Gegebenheiten, die in Relation zu diesen Phänomenen stehen – und so ist es durchaus zu verstehen, wenn es Heisenberg bei dem Gedanken schwindlig wurde, dass er nun all jenen Strukturen nachgehen sollte, die seine neue Theorie berührte.

An dieser Stelle möchte ich zur Literatur übergehen, wobei ich zunächst den Blick von außerhalb auf die Disziplin heranziehen möchte. Hier noch einmal Steven Weinberg, der zunächst auf die Unzugänglichkeit – er nennt es Esoterik – physikalischer Theorien eingeht und dann schreibt:

> Physicists generally do not like the fact that our theories are so esoteric. On the other hand, I have occasionally heard artists talk proudly about their work being accessible only to a band of cognoscenti and justify this attitude by quoting the example of physical theories like general relativity that also can be understood only by initiates. Artists like physicists may not always be able to make themselves understood by the general public, but esotericism for its own sake is just silly.[43]

Der letzte Satz trifft natürlich in das Herz der Literaturtheorie des zwanzigsten Jahrhunderts, denn hier wird der bewussten Schwierigkeit literarischer Werke überwiegend wohlwollende Aufmerksamkeit geschenkt. Als Ausgangspunkt für diese Entwicklung könnte Viktor Shklovskys programmatischer Aufsatz „Kunst als Verfahren" von 1917 angesehen werden, in dem er als das Grundprinzip der Kunst und besonders der Dichtung die Verfremdung beschrieb. Es geht dabei tatsächlich um eine Art der Erschwerung und Komplizierung um ihrer selbst willen. Da die Kunst auf ihre Wahrnehmung, also die ästhetische Erfahrung, abzielt, sind Elemente und Textstrategien, die diesen Prozess verlängern oder ausdehnen, grundsätzlich im Interesse der Kunst sowie auch des Rezipienten.[44] Das Werk, das sich dem einfachen Zugang entzieht und von der Leserschaft besondere Anstrengungen verlangt, ist hier einem eingängigen und leicht verständlichen Text grundsätzlich vorzuziehen. In einem literarischen Manifest aus dem Umkreis von James Joyce heißt es dann auch ganz deutlich: „The writer expresses. He does not communicate", und: „The plain reader be damned".[45] Ähnliche Überlegungen und Prinzipien durchziehen die Literaturtheorie des zwanzigsten Jahrhunderts. Und wenn auch zu Beginn der Postmoderne kritische

---

43 Weinberg: *Dreams*, S. 119.

44 Vgl. Viktor Shklovsky: Art as Technique [1917]. Übers. von Lee T. Lemon und Marion J. Reis. In: *Modern Criticism and Theory*. Hrsg. von David Lodge. London: Longman, 1988. S. 16–30, hier S. 20.

45 Richard Ellman: *James Joyce* [1959]. Überarb. Ausgabe. Oxford u. a.: Oxford UP, 1983. S. 588.

Stimmen zum Angriff auf die Kirche und Priesterschaft einer überkomplexen modernen Hochliteratur aufgerufen haben – z. B. Leslie Fiedler 1969 in seinem Aufsatz „Cross the Border – Close the Gap“ –[46], so waren die darauf folgenden Texte von John Barth, Thomas Pynchon, Robert Coover oder David Foster Wallace auch nicht unbedingt zugänglicher als die von James Joyce, T. S. Eliot oder Virginia Woolf.

Die programmatische Annahme einer Verwiderspenstigung des Textes findet sich in einer Vielzahl von theoretischen Ansätzen. Gadamer z. B. schreibt von dem Anstoß, den wir an einem Text nehmen – an der Andersartigkeit der Sprache oder der inhaltlichen Vormeinungen. Erst dieser Anstoß begründet Gadamer zufolge den komplexen und letztlich unabschließbaren Prozess, den wir Verstehen nennen.[47] Dass ein solches Verstehen rein hypothetisch einmal stattfinden könnte, ist aber keinesfalls bei allen Theoretikern gewährleistet. Über einigen Literaturtheorien steht quasi in großen Buchstaben: „Am Anfang war das Wort und das Wort wird grundsätzlich missverstanden.“ Die apodiktische Feststellung „Every interpretation is a misinterpretation, every reading is a misreading“ ist inzwischen schon so verbreitet, dass sie im Internet wahlweise und nicht ganz ohne Berechtigung Jonathan Culler, Harold Bloom, Roland Barthes, Paul de Man, Michel Foucault, Jacques Derrida, Umberto Eco oder Derek Attridge zugeschrieben wird – und diese Liste ist vermutlich nicht vollständig. Der literarische Text entzieht sich also nicht nur dem einfachen, sondern letztlich jedem Verstehen, wobei dies jedoch auch als eine Befreiung verstanden werden kann.

Eine Ästhetik, die auf einer Erschwerung des Verstehens beruht oder diese als wesentlichen Bestandteil integriert, kommt sicher dem literaturwissenschaftlichen Interesse entgegen, da sich daraus theoretische Überlegungen und Konzeptionen erarbeiten lassen, durch die sich die für uns zumeist maßgeblichen Texte erfassen und beschreiben lassen. Eine solche Ästhetik steht aber nicht nur im Widerspruch zu kognitionswissenschaftlichen Untersuchungen, sondern auch zu der tatsächlichen Rezeption von Literatur. Unzweifelhaft gibt es eine Vielzahl von Menschen, die eine beträchtliche Komplexität in literarischen Texten zu schätzen wissen. Es wäre aber problematisch, diese als maßgeblich für das menschliche ästhetische Empfinden *per se* zu setzen, wie es z. B. auch falsch wäre, den natürlichen menschlichen Bewegungstrieb am Leistungssportler zu erforschen. Und es ist hier vielleicht auch nicht unerheblich, dass quasi alle bedeutenden künstlerischen Erneuerungen zunächst einmal auf massive Ablehnung stießen und selbst

46 Vgl. Leslie Fiedler. Cross the Border – Close the Gap [1969]. In: ders.: *Cross the Border – Close the Gap*. New York: Stein and Day, 1972. S. 64.

47 Vgl. Hans-Georg Gadamer: *Wahrheit und Methode* [1960]. Tübingen: J. C. B. Mohr, 1975. S. 252.

vom ‚gebildeten' Publikum erst einmal neu ‚gelernt' werden mussten, bevor sie auf ästhetisches Wohlgefallen trafen – das Konzept einer ‚mere exposure theory' beschreibt dieses Phänomen einer ästhetischen Eingewöhnung.[48]

Wenn wir uns der Frage zuwenden, warum wir an Geschichten Vergnügen empfinden, und warum dies auch schon bei Kindern und sogar Kleinkindern der Fall ist, also bei den allerersten Anfängen des literarischen Interesses, dann können wir feststellen, dass Aspekte wie der Wiedererkennungseffekt weitaus wichtiger sind als eine Widerspenstigkeit der Lektüre, dass Eingängigkeit eher ankommt als Verfremdung. Und dabei müssen wir uns gar nicht auf Kinder beschränken. Michael Bérubé hat in einem sehr witzigen Artikel mit dem Titel „Teaching Postmodern Fiction Without Being Sure that the Genre Exists" darauf hingewiesen, dass der weitaus größte Teil der Literatur im Zeitalter der Postmoderne weder postmodern noch modern ist, sondern eher prämodernen Erzählformen folgt.[49] Diese Literatur – von Groschenheften über *Harlekin Romances* bis zu Historienschinken oder den neueren Verschwörungsromanen von Dan Brown – mag banal sein oder trivial oder Massenware oder gelegentlich auch mal richtig schöner Schund, aber sie findet hingebungsvolle Anhängerschaften, die sich bei jeder Neuerscheinung an den neuen Varianten des Wohlbekannten erfreuen.

In einem sehr interessanten Artikel aus dem Forschungsbereich der neuronalen Psychologie behandeln die Autoren Rolf Reber, Norbert Schwarz und Piotr Winkielman das Thema „Processing Fluency and Aesthetic Pleasure". Das Gefühl für Schönheit wird dabei definiert als „a pleasurable subjective experience that is directed toward an object and not mediated by intervening reasoning".[50] Die empirisch begründete These des Artikels lautet dann: „The more fluently the perceiver can process an object, the more positive is his or her aesthetic response."[51] Wohlgefallen wird also von einem Reiz, einer Wahrnehmung hervorgerufen, die eingängig ist und sich leicht und ohne inhärente Widerstände quasi fließend verarbeiten lässt. Der Artikel beschäftigt sich zwar vornehmlich mit visueller Ästhetik, es werden aber auch Überlegungen zum Vergnügen an Musik angeführt und die Autoren schreiben zudem, „our arguments apply as well to *conceptual fluency*, or the ease of mental operations concerned with stimulus meaning and its relation

48 Vgl. James Cutting: Gustave Caillebotte, French Impressionism, and mere exposure. In: *Psychonomic Bulletin and Review* 10.2 (2003). S. 319–343 und passim.

49 Michael Bérubé: Teaching Postmodern Fiction Without Being Sure that the Genre Exists. In: *The Chronicle of Higher Education*. 19. Mai 2000. B4–B5.

50 Rolf Reber u. a.: Processing Fluency and Aesthetic Pleasure. Is Beauty in the Perceiver's Processing Experience? In: *Personality and Social Psychology Review* 8.4 (2004). S. 364–382, hier S. 365.

51 Ebd.

to semantic knowledge structures."[52] Damit wäre dann wohl auch die Literatur miteinbegriffen. Diese Ergebnisse widersprechen natürlich den oben zitierten Forderungen nach einer Widerspenstigkeit der Information gegen ihre Verarbeitung, wie sie in der modernen und inzwischen postmodernen Literaturtheorie quasi zur *conditio sine qua non* des literarischen Kunstwerks erhoben worden sind. Damit soll keinesfalls den literaturtheoretischen Konzepten eines ganzen Jahrhunderts widersprochen werden, es soll nur festgestellt werden, dass sie sich auf einen spezifischen Literaturbegriff bezogen und die weniger interessante Massenliteratur nur sehr nebenbei zur Kenntnis nahmen.

Es lässt sich aber nun auch die Frage stellen, ob es nicht auch in der Literatur Strukturen und Phänomene gibt, die mit den Kriterien, die oben für die Physik beschrieben wurden, in Einklang zu bringen sind. Ich denke, dass dies der Fall ist.

An dieser Stelle lohnt es sich, noch einmal auf die Metapher zurückzukommen. Gerade durch ihre Reichweite und potentiell unabschließbare Interpretierbarkeit findet sich hier eine Analogie zu der schönen Theorie bzw. zur schönen Gleichung. Bekanntlich sind Metaphern zumeist eine bildliche Reduktion des Abstrakten auf das Konkrete, und sie erlauben daher einen Zugang zum Komplexen durch ein eher eingängiges Bild. Gleichzeitig aber besitzt die gelungene Metapher durch ihre vielfältige Interpretierbarkeit selbst eine Tendenz zur Komplexität, sie hat die Fähigkeit, sich zu entfalten. Wenn, wie oben ausgeführt, die schöne Gleichung überraschende Perspektiven eröffnet, die in ihrer Klarheit und Stringenz erfordern, die Welt und die in ihr ablaufenden Prozesse völlig neu zu sehen, so vermag die gelungene literarische Metapher – die ja auch ein Gleichheitsverhältnis postuliert – immer neue Lesarten hervorzubringen und ermöglicht damit auch neue und unerwartete produktive Sichtweisen auf unsere Erfahrungswelt. Dabei sind die Möglichkeiten, die sich aus dem eigentlich einfachen Bild ergeben, unabschließbar. Hans Blumenberg hat in einigen seiner Bücher verfolgt, wie einzelne Metaphern, Tropen oder kurze Parabeln im Laufe der Geschichte immer neue Bedeutungen annahmen und in unterschiedlichster, teilweise auch gegensätzlicher Weise ausgelegt wurden. Borges schreibt ganz in diesem Sinne am Anfang seines Essays „Die Sphäre Pascals": „Vielleicht ist die Universalgeschichte die Geschichte einiger weniger Metaphern", und schließt den Essay mit den Worten: „Vielleicht ist die Universalgeschichte die Geschichte der unterschiedlichen Betonung einiger weniger Metaphern."[53]

52 Ebd., S. 366. Herv. im Orig.

53 Jorge Luis Borges: *Inquisitionen* [*Otras inquisitiones*]. Übers. von Karl August Horn und Gisbert Haefs. Frankfurt a. M.: Fischer, 1992. S. 15 und 18.

Im Kontext der Literatur und des Erzählens könnten darüber hinaus auch bestimmte Motive und Mythologeme als Analogie einer schönen, ‚einfachen' Theorie mit weitreichenden Implikationen angesehen werden. Der Mythos ist in mancher Hinsicht der Metapher nicht unähnlich, indem eine konkrete Erzählung abstrakte Inhalte vermittelt. Wie die Metapher ist der Mythos unendlich anschlussfähig und interpretierbar, er ist eingängig und doch ist in ihn eine beträchtliche Komplexität eingefaltet. Eine genaue Betrachtung würde hier zu weit führen, daher möchte ich zu meinem letzten Punkt kommen, der noch einmal an die Interpretierbarkeit der Tropen anschließt.

Alle bisherigen Ausführungen zur Ästhetik in der Physik bezogen sich auf schöne Theorien, die als produktiv, nützlich und zutreffend erkannt und daher auch von der relevanten Forschergemeinschaft angenommen wurden. Der Satz, dass Schönheit und Wahrheit zusammenfallen, wäre damit also mehr oder weniger bestätigt. Wie steht es jedoch mit Theorien, die schließlich verworfen wurden? Die Wissenschaftsgeschichte ist ja die Geschichte von Theorien, die einander ablösen, und nicht die Geschichte von solchen, die für alle Zeiten bestehen bleiben. Lässt sich auch bei ihnen möglicherweise eine ästhetische Komponente feststellen – sozusagen eine Schönheit der gescheiterten Theorien?

Ich möchte vorschlagen, dass dies wirklich der Fall ist. Es gibt meines Erachtens Theorieansätze und Erklärungsmuster, die die Wissenschaftsgeschichte durchziehen und in den unterschiedlichsten Varianten immer wieder auftauchen, nur um letztlich auch immer wieder verworfen zu werden. In diesem Sinne schreibt Borges in seinem Essay „Quevedo": „Es gibt in der Geschichte der Philosophie Lehren, die vermutlich falsch sind, die aber mit dunkler Zauberkraft auf die Phantasie der Menschen wirken".[54] Sie tauchen vornehmlich in Zeiten auf, in denen Paradigmenwechsel stattfinden, die jeweilige Wissenschaft sich also mit ernsthaften Widersprüchen zu dem bestehenden Paradigma konfrontiert sieht und eine Neukonzeption vorgenommen werden muss. Thomas S. Kuhn hat für diese Zeiten eine Vervielfältigung oder sogar ein Wuchern theoretischer Spekulationen beschrieben, durch die ein Weg aus der momentanen Krise gefunden werden soll.[55]

Ganz oben auf meiner Liste derartiger Erklärungsmuster steht die Annahme einer Selbstähnlichkeit, dass also innerhalb eines größeren Zusammenhangs ein Ähnlichkeitsverhältnis zwischen dem Teil und dem Ganzen besteht.[56] Alternative

54 Borges: *Inquisitionen*, S. 47–48.

55 Vgl. Thomas S. Kuhn: *The Structure of Scientific Revolutions* [1962]. 2. überarb. Ausg. Chicago: University of Chicago Press, 1970. S. 70–71 und 87.

56 Die diesbezüglichen Überlegungen habe ich schon anderweitig ausführlicher behandelt. Vgl. z. B. Vanderbeke: Of Parts and Wholes: Self-similarity and Synecdoche in Science, Culture and

und leicht abweichende Begriffe wären hier der Organizismus bzw. der Holismus, bei denen ebenfalls ein Analogieverhältnis zwischen dem Teil und dem Ganzen besteht.

Derartige Erklärungsmuster sind sehr alt und letztlich auch schon im Mythos zu finden, wenn das Universum aus dem Körper eines Urwesens geformt wird und damit also eine Ähnlichkeit zwischen dem Menschen und dem Kosmos besteht. Dies findet sich dann wieder in der Analogie von Mikrokosmos und Makrokosmos, wobei hier gleich eine Vielzahl von Ebenen angenommen wurde – von den Sternen und Planeten, die noch keine Himmelskörper nach unserer Vorstellung waren, zu der Erde, zum Staat und schließlich zum Menschen und seinem Körper, wobei gelegentlich auch noch kleinere Systeme vorgeschlagen wurden. Solche Gedanken können leicht wiederbelebt werden: Als Niels Bohr 1922 den Nobelpreis erhielt, sagte er über die Struktur des Atoms, man könnte darin eine deutliche Ähnlichkeit zu dem System der Planeten in unserem eigenen Sonnensystem erkennen.[57] Max Born schreibt dazu, ganz in dem hier vertretenen Sinne (und auch im Sinne des oben angeführten Zitats von Borges):

> Eine der merkwürdigsten und anziehendsten Ergebnisse der Bohrschen Atomtheorie ist die Vorstellung, daß die Atome Planetensysteme im Kleinen sind. Der Gedanke, daß sich die Gesetze des Makrokosmos in der kleinen irdischen Welt widerspiegeln, übt offensichtlich einen großen Zauber auf das menschliche Gemüt aus; bildet er doch eine Wurzel jenes Aberglaubens (der so alt ist wie die Geschichte des Geistes), daß die Schicksale der Menschen aus den Sternen gelesen werden können.[58]

Born kommt zu dem Schluss, „daß die Ähnlichkeit der Atome mit den Planeten ihre Grenzen hat";[59] das eingängige Bild, das auf uns einen besonderen Reiz hat, musste schon ein Jahr nach Bohrs Rede wieder verworfen werden. Analoge Ansätze, die eine Ähnlichkeit zwischen dem Teil und dem Ganzen annehmen, finden sich gerade zu Beginn des zwanzigsten Jahrhunderts an vielen Stellen, nicht nur in der Physik, sondern auch in der Biologie, Geschichte oder Philosophie. Alfred North Whitehead schreibt 1929: „[J]edes wirkliche Einzelwesen an sich [lässt] sich nur als ein organischer Prozess beschreiben. Es wiederholt im Mikrokosmos, was

---

Literature. In: *Reconstruction* 4.4 (Herbst 2004). http://reconstruction.eserver.org/Issues/044/vanderbeke.htm (14. April 2015). Es folgt hier daher nur ein kurzer Überblick.

57 Vgl. Niels Bohr: Nobel Prize in Physics Award Address [1922]. In: *The World of Physics*. Bd. 2. Hrsg. von J. H. Weaver. New York: Simon and Schuster, 1987. S. 315–338, hier S. 316.

58 Max Born: Quantentheorie und Störungsrechnung. In: *Naturwissenschaften* 27 (1923). S. 537–542, hier S. 537.

59 Ebd., S. 542.

das Universum im Makrokosmos ist".[60] Von dort – oder genauer gesagt: von der Philosophie Henri Bergsons, auf die Whitehead verweist – zieht sich eine Linie, die zu David Bohms Konzept einer dem Universum zugrunde liegenden Ordnung führt, in der wie bei einem Hologramm jeder Teil untrennbar mit dem Ganzen verwoben ist und auch Information über das Ganze enthält.[61] Von Bohm geht die Linie dann weiter zu Ilya Prigogines Überlegungen zu einem organischen Werden und einer spontanen Selbstorganisation in speziellen chemischen und physikalischen Prozessen.[62]

In der Rhetorik lässt sich das verwandte Phänomen der Synekdoche ausmachen, bei der ein Teil auf das Ganze verweist; in der Literatur finden sich analog dazu Verschachtelungen, die u. a. als *Russian dolls*, *Chinese boxes* oder *mise en abyme* bezeichnet werden. In jedem der Fälle findet sich eine Art Selbstähnlichkeit, Werner Wolf definiert dies als „die Spiegelung einer Makrostruktur eines literarischen Textes in einer Mikrostruktur innerhalb desselben Textes"[63], wobei sich diese Spiegelung auf mehreren Ebenen fortsetzen kann. Ich halte es für durchaus denkbar, dass hier ein ästhetisches Prinzip vorliegt, das im Denken des Menschen verankert ist, eventuell sogar evolutionär erworben wurde, und das daher in den unterschiedlichen Zugängen zur Wirklichkeit immer wieder auftaucht. In der Literatur, die sich nicht an der Realität beweisen muss, ist es ein beständiges Phänomen, eine Textstrategie, die sich in narrativen Mustern, einzelnen Motiven oder spezifischen Strukturen niederschlägt. In der Naturwissenschaft werden derartige Erklärungsmuster – soweit ich es überblicken kann – zumeist wieder verworfen (eine Ausnahme bildet die Chaostheorie oder die nicht-lineare Dynamik, in der selbstähnliche Fraktale eine wesentliche Rolle spielen). Aber vielleicht stoßen die Wissenschaftler ja in der Zukunft auch auf eine *Theory of Everything*, die auf selbstähnlichen Prinzipien und Strukturen basiert, und bestätigen damit noch einmal, dass Schönheit und Wahrheit zusammenfallen.

---

60 Alfred North Whitehead: *Prozess und Realität. Entwurf einer Kosmologie* [*Process and Reality. An Essay in Cosmology*, 1929]. Übers. von Hans Günther Holl. Frankfurt a. M.: Suhrkamp, 1987. S. 397.

61 Vgl. David Bohm: *Wholeness and Implicate Order* [1980]. London und New York: Routledge, 1995. S. 145–147.

62 Vgl. Ilya Prigogine und Isabelle Stengers: *Dialog mit der Natur. Neue Wege naturwissenschaftlichen Denkens* [*Order out of Chaos. Man's New Dialogue with Nature*, 1980]. Übers. von F. Griese. München: Piper, 1981. S. 98–104.

63 Werner Wolf: *Ästhetische Illusion und Illusionsdurchbrechung in der Erzählkunst*. Tübingen: Niemeyer, 1993. S. 296.

Literatur

Beardsley, Monroe C: *Aesthetics: Problems in the Philosophy of Criticism*. New York: Harcourt, Brace, 1958.
Bérubé, Michael: Teaching Postmodern Fiction Without Being Sure that the Genre Exists. In: *The Chronicle of Higher Education*. 19. Mai 2000. B4–B5.
Bishop, William Samuel: *The Development of Trinitarian Doctrine in the Nicene and Athanasian Creeds. A Study in Theological Definition*. New York u. a.: Longmans, Green and Co, 1910.
Black, Max. Metaphor. In: *Proceedings of the Aristotelian Society. New Series* 55 (1954–1955). S. 273–294. Auch unter: www.stanford.edu/~eckert/PDF/Black1954.pdf (14. April 2015).
Blanchard, Philippe: Chaotische Bemerkungen eines theoretischen Physikers zur Ästhetik. In: *Ästhetik der Wissenschaft. Interdisziplinärer Diskurs über das Gestalten und Darstellen von Wissen* [*Zeitschrift für Ästhetik und Allgemeine Kunstwissenschaft*. Sonderheft 7]. Hrsg. von Wolfgang Krohn. Hamburg: Meiner, 2006. S. 167–173.
Bloom, Harold: *The Anxiety of Influence* [1973]. Oxford u. a.: Oxford University Press, 1997.
Bohm, David: *Wholeness and Implicate Order* [1980]. London und New York: Routledge, 1995.
Bohr, Nils: Nobel Prize in Physics Award Address [1922]. In: *The World of Physics*. Bd. 2. Hrsg. von J. H. Weaver. New York: Simon and Schuster, 1987. S. 315–338.
Borges, Jorge Luis: *Inquisitionen* [*Otras inquisitiones*]. Übers. von Karl August Horn und Gisbert Haefs. Frankfurt a. M.: Fischer, 1992.
Born, Max: Quantentheorie und Störungsrechnung. In: *Naturwissenschaften* 27 (1923). S. 537–542.
Braungart, Wolfgang, und Silke Jakobs: Staunen und Hingabe. Zur Ästhetik des Wissens seit dem 18. Jahrhundert. In: *Ästhetik der Wissenschaft. Interdisziplinärer Diskurs über das Gestalten und Darstellen von Wissen* [*Zeitschrift für Ästhetik und Allgemeine Kunstwissenschaft*. Sonderheft 7]. Hrsg. von Wolfgang Krohn. Hamburg: Meiner, 2006. S. 201–218.
Breidbach, Olaf: *Neuronale Ästhetik*. München: Wilhelm Fink, 2013.
Burke, Edmund: *A Philosophical Enquiry into the Origin of our Ideas of the Sublime and Beautiful* [1757]. Hrsg. von Adam Phillips. Oxford u. a..: Oxford University Press, 1990.
Cutting, James: Gustave Caillebotte, French Impressionism, and mere exposure. In: *Psychonomic Bulletin and Review* 10.2 (2003). S. 319–343.
Dante Alighieri: *La vita nuova/La divina commedia*. Ital./dt., übers. v. Richard Zoozmann. Augsburg: Weltbild, 1994.
Devlin, Keith: *The Maths Gene: Why everyone has it but most people don't use it*. London: Phoenix, 2001.
Dutton, Dennis: *The Art Instinct. Beauty, Pleasure, and Human Evolution*. New York u. a.: Bloomsbury, 2010.
Dyson, Freeman: Is Science Mostly Driven by Ideas or by Tools? In: *Science* 338 (14. Dezember 2012). S. 1426–1427. Dt. Übers.: Theorie und Werkzeug. In: *Süddeutsche Zeitung*. 14. Dezember 2012. S. 18.
Ellman, Richard: *James Joyce* [1959]. Überarb. Ausg. Oxford u. a.: Oxford University Press, 1983.
Estes, Bob: *Dante's Heavenly Vision and the Physics of the Proton*. www.onscreen-scientist.com/?p=49. Private Homepage On-Screen Scientist, Eintrag vom 13. März 2009 (14. April 2015).
Farmelo, Graham: Foreword: It must be beautiful. In: *It Must Be Beautiful. Great Equations of Modern Science*. London und New York: Granta, 2002. S. xi–xviii.

Fiedler, Leslie: Cross the Border – Close the Gap [1969]. In: ders.: *Cross the Border – Close the Gap*. New York: Stein and Day, 1972. S. 61–85.
Gadamer, Hans-Georg: *Wahrheit und Methode* [1960]. Tübingen: J. C. B. Mohr, 1975.
Gell-Mann, Murray: *The Quark and the Jaguar*. New York: W. H. Freeman, 1994.
Gould, Stephen Jay: Ladders and Cones. Constraining Evolution by Canonical Icons. In: *Hidden Histories of Science*. Hrsg. von R. B. Silvers. New York: New York Review, 1995. S. 37–67.
Hardy, Godfrey Harold: *A Mathematician's Apology*. Cambridge: Cambridge University Press, 1940. Auch unter: http://www.math.ualberta.ca/mss/misc/A%20Mathematician%27s%20Apology.pdf (14. April 2015).
Hayles, N. Katherine: Introduction: Complex Dynamics in Literature and Science. In: *Chaos and Order. Complex Dynamics in Literature and Science*. Hrsg. von N. Katherine Hayles. Chicago und London: University of Chicago Press, 1991. S. 1–33.
Heinzmann, Leonhard: *Nirvana, eine anderes Wort für Heiliger Geist*. www.ieao.de/nirvana.htm. Private Homepage, undat. Eintrag (14. April 2015).
Heisenberg, Werner: *Der Teil und das Ganze* [1969]. München: dtv, 1987.
Heisenberg, Werner: Die Bedeutung des Schönen in den exakten Naturwissenschaften. In: ders.: *Schritte über Grenzen*. Erw. Neuausg. München: Piper, 1977.
Joyce, James: *Finnegans Wake* [1939]. London: Penguin, 1975.
Keats, John: Ode on a Grecian Urn. In: *Romantic Poetry. An Annotated Anthology*. Hrsg. von Michael O'Neill und Charles Mahoney. Malden, MA: Blackwell, 2008. S. 450–451.
Kuhn, Thomas S.: *The Structure of Scientific Revolutions* [1962]. 2. durchgesehene Ausg. Chicago: University of Chicago Press, 1970.
Kuhn, Thomas S.: Objektivität, Werturteil und Theoriewahl. In: ders.: *Die Entstehung des Neuen*. Frankfurt a. M.: Suhrkamp, 1978. S. 421–445.
Mazur, Barry: *Imagining Numbers (Particularly the Square Root of Minus Fifteen)*. London: Penguin, 2004.
Medewar, Peter: Is the Scientific Paper Fraudulent? In: *The Saturday Review*. 1. August 1964. S. 42–43.
Moore, Walter J.: *A Life of Erwin Schrödinger*. Cambridge: Cambridge University Press, 1994.
Mozzochi, Charles J.: *The Fermat Diary*. Providence, RI: American Mathematical Society, 2000.
Penrose, Roger (mit Abner Shimony, Nancy Cartwright und Stephen Hawking): *The Large, the Small, and the Human Mind*. Cambridge: Cambridge University Press, 1999.
Prigogine, Ilya, und Isabelle Stengers: *Dialog mit der Natur. Neue Wege naturwissenschaftlichen Denkens* [*Order out of Chaos. Man's New Dialogue with Nature*, 1980]. Übers. von F. Griese. München und Zürich: Piper, 1981.
Reber, Rolf, Norbert Schwarz und Piotr Winkielman: Processing Fluency and Aesthetic Pleasure. Is Beauty in the Perceiver's Processing Experience? In: *Personality and Social Psychology Review* 8.4 (2004). S. 364–382.
Ricœur, Paul: Metaphor and the Main Problem of Hermeneutics. In: *New Literary History* 6.1 (Themenheft: On Metaphor. Herbst 1974). S. 95–110.
Saiber, Arielle, und Henry S. Turner: Mathematics and the Imagination. A Brief Introduction. In: *Configurations. A Journal of Literature, Science and Technology* 17.1–2 (2009). S. 1–18.
Shklovsky, Viktor: Art as Technique [1917]. Übers. von Lee T. Lemon und Marion J. Reis. In: *Modern Criticism and Theory*. Hrsg. von David Lodge. London und New York: Longman, 1988. S. 16–30.

Vanderbeke, Dirk: Of Parts and Wholes: Self-similarity and Synecdoche in Science, Culture and Literature. In: *Reconstruction* 4.4 (Herbst 2004). http://reconstruction.eserver.org/Issues/044/vanderbeke.htm (14. April 2015).
Vanderbeke, Dirk: *Theoretische Welten und literarische Transformationen*. Tübingen: Niemeyer, 2004.
Weinberg, Steven: *Dreams of a Final Theory*. London: Vintage, 1993.
Weissert, Thomas P.: Representation and Bifurcation. Borges's Garden of Chaos Dynamics. In: *Chaos and Order. Complex Dynamics in Literature and Science*. Hrsg. von N. Katherine Hayles. Chicago und London: University of Chicago Press, 1991. S. 223–243.
Whewell, William: *The Philosophy of the Inductive Sciences. Founded Upon Their History.* Bd. 2. London: John W. Parker, 1840.
Wolf, Werner: *Ästhetische Illusion und Illusionsdurchbrechung in der Erzählkunst*. Tübingen: Niemeyer, 1993.
Whitehead, Alfred North: *Prozess und Realität. Entwurf einer Kosmologie*. [*Process and Reality. An Essay in Cosmology*, 1929]. Übers. von Hans Günther Holl. Frankfurt a. M.: Suhrkamp, 1987.

Holger Helbig

Reduktion und Rhetorik

Über die Bedeutung von Dingen in Ausstellungen

Abstract: Ein und dasselbe Ding kann als Exponat in verschiedenen Ausstellungen verschiedene Bedeutungen annehmen: Mithilfe ein und desselben Dings lassen sich ganz unterschiedliche Themen darstellen oder Aussagen machen. Was ein Exponat in einer Ausstellung bedeutet, hängt wesentlich von zwei Kontexten ab: von dem, aus dem es als Ding entnommen wird, und von dem, in den es als Exponat gesetzt wird. Verallgemeinernd lässt sich sagen, dass die Inszenierung in der Ausstellung den ursprünglichen Kontext reduziert und den neuen Kontext rhetorisch auflädt. Von dieser Annahme ausgehend wird ein Beschreibungsmodell für die Strategien musealer Präsentation entwickelt und am Beispiel eines Ananaspräparats in zwei Ausstellungen erprobt.

Das teure Actionkino hat ein Faible für Museen. Das liegt zum einen am gattungstypischen Glanz der Lokalität und zum anderen am Flair der Hochkultur. Im Falle von Museen ist die Verbindung von Bildung und Unterhaltung akzeptiert, im Falle von Action nicht. Dass Bildung unterhaltend sein kann, war zuletzt in *Skyfall* (2012) zu besichtigen.

Abb. 1: *Skyfall* (2012): Bond und Q. in der National Gallery, London (Filmstill).

Ein alternder, angeschlagener Agent, Bond, James Bond mit Namen, und ein aufstrebender, pragmatisch veranlagter Nerd, Q., wie Quartiermaster, sind gezwungen, sich an einem unverdächtigen Ort in der Londoner Öffentlichkeit zu treffen. Man entscheidet sich für die National Gallery. Bond wartet unauffällig auf einer Bank vor William Turners *The „Fighting Temeraire“ tugged to her last Berth to be*

Abb. 2: William Turner: *The „Fighting Temeraire" tugged to her last Berth to be broken up* (1839).

broken up (1839). Der Generationen jüngere Geheimdienstler nimmt neben ihm Platz und betrachtet das Bild aufmerksam. Die Kollegen kommen in Kontakt:

> Q.: Always makes me feel a little melancholy. A grand old warship being ignominiously hauled away for scrap. – The inevitability of time, don't you think? What do you see?
> Bond: A bloody big ship.[1]

Der empirisch grundierte Realismus, den Bond hier zur Schau stellt, hat in den letzten Jahren auch in den *Museum Studies* um sich gegriffen. Etliche akademische Annahmen über Sinn und Zweck von Museen sind als gutgemeinte, aber kaum haltbare Vorurteile verabschiedet worden.[2] An die Stelle der Gewissheiten ist eine erfrischende Unübersichtlichkeit getreten. In der aktuellen Enzyklopädie

1 *James Bond: Skyfall* (Regie: Sam Mendes, USA/GB 2012), Szene 9. – Für Zu- und Einspruch danke ich Stefanie Kohl, Udo Andraschke und Andreas Lorenczuk.

2 Für einen instruktiven Überblick über die Veränderungen vgl. Stephen E. Weil: From Being About Something to Being for Somebody. In: ders.: *Making Museums Matter*. Washington, DC: Smithsonian, 2002. S. 28–52. Weil zitiert mit dem Titel Joanne Clever: *Doing Children's Museums*. Charlotte, VT: Williamson Publishing, 1992. S. 9.

der *Museum Studies* heißt es – ohne Bezug zu Bond – über die Besucher von Kunstausstellungen:

> [W]e can only assume that people go to see things that are there. Some people are interested to learn about those things – although it is impossible to know what – while others prefer to be left alone, to have an „aesthetic experience", or to see things „as they are". But since things *are* not, in any simple sense, since they only exist within the frame of a circumscribed materiality and institutionality, it seems pointless to subject museum work to this illusion.[3] (Herv. im Orig.)

Dieser nüchterne Befund über die Möglichkeiten des Museums greift auf einen zentralen Ansatz der Museums-Forschung und sein wichtigstes Ergebnis zurück. Der Ansatz ist jener, der bei den Überlegungen zur Funktionsweise der Institution das einzelne Ding in den Mittelpunkt stellt. Er hat in der Folge des *material turn* zu Schlagworten wie ‚Objekt-Geschichte', ‚Theorie der Dinge' und der ebenso griffigen wie umstrittenen Phrase ‚Things that talk' geführt, zu der das deutsche Pendant ‚Sprache der Dinge' gehört.[4] Dass sich noch keine Nomenklatur der theoretischen Felder durchgesetzt hat und der Streit um die disziplinär adäquate Sprechweise erst am Anfang steht, macht einen guten Teil der angesprochenen Unübersichtlichkeit aus.[5] Unumstritten ist aber die Einsicht, dass die Bedeutung eines Dings innerhalb des Museums nicht konstant ist. Vielmehr besteht ein Museum aus verschiedenen Räumen – etwa dem Depot und dem Ausstel-

---

3 Mieke Bal: Exposing the Public. In: *A Companion to Museum Studies*. Hrsg. von Sharon Macdonald. Malden, MA: Wiley-Blackwell, 2011. S. 525–542, hier S. 525.

4 Vgl. dazu Lorraine Daston: Speechless. In: *Things That Talk: Object Lessons from Art and Science*. Hrsg. von Lorraine Daston. New York: Zone Books, 2008. S. 9–24, hier S. 15: „The language of things derives from certain properties of the things themselves, which suit the cultural purpose for which they are enlisted". Vgl. zu den Einwänden gegen diese Sichtweise Adam Bencard und Thomas Söderqvist: Do things talk? In: *The Exhibition as Product and Generator of Scholarship*. Hrsg. von Susanne Lehmann-Brauns, Christian Sichau und Helmut Tischler. Berlin: Max-Planck-Institut für Wissenschaftsgeschichte, 2010 [Preprint, Bd. 399]. S. 93–102; sowie Thomas Söderqvist: Do things really talk? Are there really hidden stories in objects? Can you write the biography of an artefact? In: *Hidden Stories. What do medical objects tell and how can we make them speak?* Abstract-Book zur gleichnamigen 16th Biennial EAMHMS Conference vom 13. bis zum 15. September 2012 am Medizinhistorischen Museum der Charité, Berlin. S. 5–12.

5 Einen sinnfälligen Eindruck vom Zustand der sich entwickelnden Disziplin gibt das überzeugend gestaltete *Handbuch der Exponatik*. Vgl. dazu Fritz Franz Vogel: *Das Handbuch der Exponatik: Vom Ausstellen und Zeigen*. Köln: Böhlau, 2012. Dass die Unübersichtlichkeit erfreuliche Folgen hervorgerufen hat, illustriert auch die Förderrichtlinie des Bundesministeriums für Bildung und Forschung „Die Sprache der Objekte – Materielle Kultur im Kontext gesellschaftlicher Entwicklungen" vom 28. März 2012, abgedr. im BAnz AT vom 11. April 2012. Vgl. ebd. die Liste der förderfähigen Themenfelder.

lungsraum –, in denen sich ein und dasselbe Ding in verschiedenen Zusammenhängen befindet und dementsprechend auch verschiedene Bedeutungen haben kann. Diese Räume lassen sich beschreiben als „Kontexte, die aus Wissen und Dingen gebildet werden".[6] Und aus diesen Kontexten resultiert, *als was* das einzelne Ding angesehen wird: als Unikat oder als Stellvertreter, als materielle Kostbarkeit oder als symbolischer Tand. In einem simplen Sinne sind die Dinge, was sie sind. Aber es gibt keinen kontextfreien Raum, in dem ein Betrachter sie antreffen könnte als nur dieses.[7] Das gilt von Anfang an: Kein Ding existiert kontextlos. Unvermeidlich bezeugt es seinen Ursprung wie seine Funktion und ist in diesem Sinne Überrest einer Situation, Fragment eines Kontextes. Um diesen allerdings in einer Ausstellung sichtbar zu machen, ihn mithilfe des Dings zu vermitteln, bedarf es der „Erläuterung durch Re-Kontextualisierung".[8] Das Objekt wird im Raum zwischen andere Dinge und in eine Reihe von Zuschreibungen platziert. Auf diesem Umstand beruhen die Möglichkeiten musealer Präsentation in Ausstellungen.

Die Kunstwerke, von denen Mieke Bal spricht, bilden da keine Ausnahme. Sie liegen als Ausgangspunkt der Betrachtung nahe, nicht nur weil ihr Abstand zu den ‚Dingen' gemeinhin als beträchtlich gilt, sondern auch weil „das Kunstmuseum als die eigentliche, kanonische Museumsgattung"[9] noch immer unsere Vorstellungen dominiert. An Kunstausstellungen lässt sich studieren, welche beiden Strategien den musealen Umgang mit den Dingen bestimmen, nämlich Reduktion und Rhetorik.

---

6 Gottfried Korff: Betörung durch Reflexion: Sechs um Exkurse ergänzte Bemerkungen zur epistemischen Anordnung von Dingen. In: *Dingwelten: Das Museum als Erkenntnisort*. Hrsg. von Anke te Heesen und Petra Lutz. Köln: Böhlau, 2005. S. 89–107, hier S. 96.

7 Das illustriert die Argumentation von Söderqvist in wünschenswerter Deutlichkeit: Er plädiert dafür, die Dinge nicht zu anthropomorphisieren, sondern den Menschen ding-ähnlicher zu verstehen; „rather than making the world more like us [...] see ourselves more like the world". Die Bedeutung dieser Forderung nach einem metaphorisch weniger belasteten Sprechen beschreibt er wie folgt: „It will mean abandoning the comfortable realm of social and cultural studies, and instead working to connect scientific and cultural explanations". Söderqvist verlässt den einen Raum (‚realm') und begibt sich in einen anderen. Nicht die Tätigkeit verändert sich, sondern deren Bedeutung. Vgl. dazu Söderqvist: Do things really talk?, S. 11.

8 Gottfried Korff: Zur Eigenart der Museumsdinge [1992]. In: *Museumsdinge: deponieren – exponieren*. Hrsg. von Martina Eberspächer, Gudrun Marlene König und Bernhard Tschofen. Köln: Böhlau, 2002. S. 140–145, hier S. 143.

9 Anke te Heesen: *Theorien des Museums*. Hamburg: Junius, 2012. S. 15.

Man muss kein Museumspädagoge sein, um zu wissen, dass eine gute Führung das meiste von dem, was ausgestellt wird, schlicht übergeht. Der Führer zeigt an ausgewählten Bildern, was es im einzelnen Bild überhaupt zu sehen gibt. Wenn er das gut macht, erinnert man sich später an die meisten Bilder, die erklärt worden sind. Und man erinnert sich auch, hinsichtlich welcher Eigenschaften die Beispiele, die man gesehen hat, die Bilder vertreten, die man nicht gesehen hat. Der Führer wählt nicht nur einzelne Bilder aus, sondern auf diesen wiederum einzelne Details, deren Bedeutung er expliziert.

Die Reduktion wird durch Rhetorik ergänzt: Das Vorgehen *pars pro toto* gehört in der Rhetorik wie in der Didaktik zu den wesentlichen Verfahren der Darstellung. Das ist nicht weiter verwunderlich, denn beide führen ihre methodologischen Konstrukte auf Annahmen über Aufnahmefähigkeit und Aufmerksamkeit zurück.

Und weil es eben darum in Museen und Ausstellungen geht – um die Lenkung von Aufmerksamkeit im Rahmen begrenzter Aufnahmefähigkeit –, verhält es sich mit den Dingen in Ausstellungen nicht anders als mit Kunstwerken. Zwar sind die Dinge, mit denen man im Alltag umgeht (oder mit denen sich Wissenschaftler im Rahmen ihrer Forschungen beschäftigen), in der Regel nicht dazu bestimmt, öffentlich angeschaut zu werden. Aber auf dem Weg, auf dem ein solches Ding in eine Ausstellung gelangt, um dort gezeigt zu werden, tritt dieser Aspekt in den Hintergrund. Er verliert sich deshalb nicht. Man kann sagen: Die Dinge werden den Bildern ähnlich.[10] Auch die Führer in einer Wissenschaftsausstellung zeigen beileibe nicht alles, was es zu sehen gibt.

Zwischen der Reduktion der Führer und der Rhetorik der Ausstellungsmacher besteht kein Widerspruch. Die Ausstellungsmacher behaupten (zumindest implizit), die Gesamtheit der Dinge sei sinnvoll, weil gerade die von ihnen getroffene Auswahl geeignet sei, eine bestimmte Sache sichtbar zu machen, darzustellen. Die Gesamtheit der Dinge ergibt ein geschlossenes Ganzes, die Ausstellung.

Explizit gemacht wird dies gewöhnlich mit gesteigerter Rhetorik. In einer Wissenschaftsausstellung zum Beispiel mit der Behauptung, die Ausstellung erzähle „die spannenden Geschichten, die sich hinter den ‚Dingen des Wissens‘ verbergen“.[11] Der so angesprochene Zusammenhang ist der zwischen der Auswahl der Dinge – ein Ergebnis von Reduktion – und ihrer (gemeinsamen) Bedeutung – das

---

10 Eine lohnende Frage lautet, wie weit diese Ähnlichkeit reicht. Als Ausgangspunkt für solche Überlegungen eignet sich Korff: Eigenart der Museumsdinge; sowie Peter Geimer: Über Reste. In: *Dingwelten: Das Museum als Erkenntnisort*. Hrsg. von Anke te Heesen und Petra Lutz. Köln: Böhlau, 2005. S. 109–118.

11 Georg-August-Universität Göttingen (Hrsg.): *Dinge des Wissens: Flyer zur Ausstellung zum 275. Jubiläum der Georg-August-Universität Göttingen*. Göttingen: ohne Verlag, 2012.

Ergebnis der Inszenierung im Raum. Die Dinge sind in der gegebenen Konstellation notwendig, um die Geschichte zu erzählen.

Um diese Art von Rhetorik hat sich eine Diskussion entwickelt, die die Implikationen der Metaphorik betrifft. Denn die Zuschreibung der Eigenschaften an die Dinge – belehrend zu sein oder Geschichten zu erzählen – ist im wörtlichen Sinne problematisch. Das heißt auch: Die Kunst der Ausstellung besteht zu einem nicht unerheblichen Teil darin, die Auswahl der Dinge so zu treffen und ihre Anordnung so vorzunehmen, dass sich das rhetorische Problem lösen lässt. Und das schließt ein, keine Grenze festzulegen, über die hinaus eine Reduktion nicht sinnvoll ist. Es geht vielmehr darum, das Verhältnis zwischen Reduktion und Rhetorik so zu gestalten, dass die Aussage möglichst überzeugend und der Anblick der Dinge möglichst sinnfällig wirkt.

Damit ist offensichtlich, dass Ausstellungsmacher und Führer dasselbe Problem auf dieselbe Weise lösen. Was sich verändert, ist der Kontext. Die Ausstellungsmacher wählen aus einem größeren Vorrat ihre Exponate; die Führer stellen aus den Exponaten wiederum eine kleinere Ausstellung zusammen.

Diese Beobachtung lässt sich leicht weiter verallgemeinern. Die Mehrzahl der Besucher bucht weder Führungen noch benutzt sie elektronische Guides. Es gehört gerade zu den Eigenheiten des Museumsbesuches, einfach durch einen Parcours von Objekten zu schlendern und nur die Exponate näher zu betrachten, die interessant erscheinen. Ganz gleich, welche das sind: Danach darf man behaupten, man hätte die Ausstellung gesehen. Die Mehrzahl der Besucher verhält sich ebenso wie der Führer, nur dass an die Stelle der Kontexte, die er anbietet, das eigene Vorwissen und das eigene Interesse treten. Beide Male wird das Gesehene in einen Kontext gestellt, der nicht offensichtlich ist. Die eigenwilligen Besucher verfügen über dieselbe Medienkompetenz wie der Führer. Sie wählen, und sie stellen Beziehungen zwischen den Exponaten und ihren Kontexten her. Aus diesem Umstand lässt sich folgern, dass *alle* Besucher fortsetzen, was die Ausstellungsmacher begonnen haben: zum einen Dinge auszusuchen und zum anderen sie mit Bedeutung zu versehen.

Das Zustandekommen der Bedeutung für ein einzelnes Ding beruht dabei jeweils auf dem Verhältnis dessen, was wahrgenommen wird, zu dem, was nicht zu sehen ist oder nicht gesehen wird. Der Bedeutungsübertragung vom Gesehenen auf das Nicht-Gesehene liegt die Annahme zugrunde, dass jedes Exponat nicht nur ein Ding ist, sondern zugleich als ein Beispiel für Beispielhaftigkeit fungiert. Theoretisch verfügt jedes einzelne Ding über das Potential, alle anderen zu vertreten (was nicht heißt, dass dazu praktisch alle gleich geeignet wären). Es besteht ein Verweisungszusammenhang zwischen Teil und Ganzem. Um ihn einzulösen, greifen beide Seiten, Ausstellungsmacher und Ausstellungsbesucher, auf dieselbe Methodik zurück. Sie betrachten das einzelne Ding immer auch als bedeutungsvollen Stellvertreter. Diese Methodik beruht auf dem Zusammenhang zwischen Reduktion und Rhetorik.[12]

In seiner aktuellen akademischen Fassung hat dieser Zusammenhang die Form einer Frage. Es gilt, mit den Worten von Jochen Hennig, als ausgemacht, dass die „Frage der Vereinzelung und Gegenüberstellung von Objekten sowie die Form ihrer Ent- und Neukontextualisierung eine signifikante Kategorie bei der Präsentation universitärer Sammlungen darstellt".[13] Was Hennig für den besonderen Fall universitärer Sammlungen erörtert, lässt die Problemstellung in aller Deutlichkeit hervortreten: Während der Ausstellung wird das Objekt nur unter sehr speziellen Voraussetzungen als Bestandteil einer Sammlung wahrgenommen. Es wird separiert, anderen Objekten hinzugefügt und als Bestandteil dieses neuen Zusammenhangs sichtbar gemacht. Hennigs Frage soll im Folgenden mithilfe des Begriffspaars Reduktion und Rhetorik beantwortet werden. Die beiden Termini ermöglichen, das in Rede stehende Phänomen genauer zu fassen – und ein analytisches Konzept bereitzustellen, um der Frage nachzugehen.

Sammlungen gelten als

> Zusammenstellung natürlicher oder künstlicher Gegenstände, die zeitweise oder endgültig aus dem Kreislauf ökonomischer Aktivitäten herausgehalten werden, und zwar an einem abgeschlossenen, eigens zu diesem Zweck eingerichteten Ort, an dem die Gegenstände ausgestellt werden und angesehen werden können.[14]

---

12 Ich gebrauche die beiden Begriffe vorerst so heuristisch, wie ich sie eingeführt habe. Das entspricht dem Stand der Diskussion. Zu diskutieren wäre etwa der Zusammenhang der unterschiedlichen Perspektiven auf eine Ausstellung: auf der einen Seite die Ausstellungsmacher, die die konzeptionelle Gesamtheit der Präsentation im Blick haben, auf der anderen Seite die Besucher, deren Blick nicht notwendig der Suche nach diesem Konzept gilt, die aber sehr wohl eine konzeptionelle Geschlossenheit wahrnehmen. Gerade hinsichtlich dieser Diskrepanz sollte die Rekonstruktion der Methodik unerlässlich sein, um Aussagen über die Bedeutung aus dieser oder jener Perspektive miteinander vergleichen zu können. Bei Fallstudien dieser Art sollte sich zeigen, ob die hier vorgeschlagene Terminologie überhaupt geeignet ist, die Phänomene zu erfassen, an deren Beschreibung mir gelegen ist.

13 Jochen Hennig: Wissensdinge – Wissensanordnungen – Wissensorte: Zum Ausstellen von Universitätssammlungen. In: *Dinge des Wissens: Die Sammlungen, Museen und Gärten der Universität Göttingen*. Hrsg. von der Georg-August-Universität Göttingen. Göttingen: Wallstein, 2012. S. 20–29, hier S. 22.

14 Krzysztof Pomian: *Der Ursprung des Museums: Vom Sammeln*. Berlin: Wagenbach, 1988. S. 16. Vgl. auch ders.: Sammlungen – eine historische Typologie. In: *Macrocosmos in Microcosmos. Die Welt in der Stube. Zur Geschichte des Sammelns 1450 bis 1800*. Hrsg. von Andreas Grote. Opladen: Leske + Budrich, 1994. S. 107–126.

Betont wird mit dieser Definition der letzte Zweck der Gegenstände. Es ist das öffentliche Betrachtet-Werden.[15]

Das Ausstellen erscheint als die Fortsetzung des Sammelns, dieses auf jenes ausgerichtet. Und beides beruht auf Auswahl und Variation des Kontextes. Erst wird das Ding gewählt, um in der Sammlung bewahrt, dann ausgesucht, um in der Ausstellung gezeigt zu werden. Der Wahl liegen jeweils andere Kriterien zugrunde. Das Verfahren der Präsentation des Beispielhaften ist (heutzutage) allerdings konstant: Beide Male vertritt das Ding irgendetwas, ohne sich selbst dabei zu verändern. Was es wann bedeutet, wird mitbestimmt durch den Kontext der anderen Dinge, die der Sammlung oder die der Ausstellung. Das Herstellen von Kontext ist ein wesentliches Mittel der Bedeutungsgenerierung. Eine Ausstellung ist der Ort, an dem die Begründungen für die mehrfache Reduktion offengelegt werden. Es werden Dinge gezeigt, und es wird gezeigt, wofür diese Dinge stehen. Sie repräsentieren etwas, indem sie andere Dinge oder eine Idee, eine Geschichte, ein Ereignis, eine Person vertreten. Im Extremfall kann es dazu kommen, dass ein Ding kaum etwas von seiner ursprünglichen Bedeutung behält und eine nahezu neue Bedeutung zugeschrieben bekommt; also Reduktion der einstigen Bedeutung und rhetorische Zuschreibung der neuen. In der Ankündigung der Ausstellung „Dinge des Wissens" zum 275. Jubiläum der Georg-August-Universität Göttingen findet sich der Vorgang als generelles Problem aller Exponate ausgesprochen: „Die Ausstellung führt eine Vielzahl eindrucksvoller Objekte aus den räumlich und institutionell getrennten Sammlungen zusammen und lädt zu einer neuen Sicht auf die Dinge ein. Was macht sie zu ‚Dingen des Wissens'?"[16]

Im speziellen Göttinger Fall stecken die beiden zentralen Fragen aller (Wissenschafts-)Ausstellungen: Wie stellt man ein Ding so aus, dass man ihm das Wissen ansehen kann, das mit ihm verbunden ist? Wie sieht man ein Ding so an, dass man das Wissen, das mit ihm ausgestellt wird, erkennt?[17]

Anhand von zwei Wissenschaftsausstellungen soll illustriert werden, welche Implikationen diese Fragen verbergen und welche Möglichkeiten der Beantwortung das Konzept ‚Reduktion und Rhetorik' bietet. Die ausgewählten Dinge sind nichts anderes als Beispiele für Beispielhaftigkeit.

---

15 An diesem Punkt könnte eine Ausdifferenzierung des Ausstellungsbegriffs ansetzen, die Hennigs Überlegungen aufgreift und fortführt: Zu welchem Zweck werden universitäre Sammlungen angelegt und für welche Öffentlichkeit sind sie bestimmt?

16 Universität Göttingen (Hrsg.): *Dinge des Wissens: Flyer.*

17 Es handelt sich am Ende um zwei Varianten derselben Frage. Beim jetzigen Stand der methodologischen Überlegungen dürfte es nützlich sein anzuzeigen, dass die Sache sich von mehreren Seiten betrachten lässt.

Abb. 3: Alkoholpräparat Ananas, Standglas, um 1900, ca. 50 cm hoch, Alter Botanischer Garten, Göttingen (Foto: Stephan Eckardt).

Das erste Beispiel ist eine Ananas (zwei Exemplare davon). Auf den ersten Blick ist klar, um welche Spezies es sich handelt – was gibt oder gäbe es da zu sehen?

Dieser Frage wird im Folgenden kursorisch und trotzdem recht aufwendig nachgegangen. Dabei wird zunächst das Objekt genauer betrachtet. Sodann werden die naheliegenden Kontexte gemustert, um einen Überblick über das Wissen zu geben, das mit dem Ding verbunden ist. Anschließend wird der Gebrauch von Ananas in zwei Ausstellungen analysiert, um vorzuführen, dass der Kontext die Bedeutung eines Exponats nahezu vollständig bestimmt. Diese Überlegungen können auch als Blick in die Werkstatt gelesen werden: Was ist zu bedenken bei der Vorbereitung einer Wissenschaftsausstellung, in der auch ein Glas ausgestellt werden soll, in dem sich eine Ananas befindet?

Bei dem abgebildeten Objekt handelt es sich nicht um zwei Ananas, sondern um zwei Ananas im Glas. Das ist ein erheblicher Unterschied: Frucht, Flüssigkeit, Glas und Beschriftung bilden das auszustellende Objekt. Es stammt aus den Beständen einer botanischen Sammlung. Diese Sammlung dürfte der erste naheliegende Kontext sein. In ihr haben die Gläser ihren Stammplatz. Ein Verweis auf diesen Kontext ist kaum zu unterdrücken. In der Sammlung haben die Gläser nicht den Status von Exponaten, sondern sind Präparate.

Aber was wird in der botanischen Sammlung durch das Präparat vertreten? Es verweist auch hier auf einen anderen Kontext, nämlich den ursprünglichen, und das heißt dieses Mal: auf den natürlichen. Das wird durch die Beschriftung auf dem Etikett angezeigt. Dort ist festgehalten, was zu sehen ist. Der Laie kann erkennen, dass dieser natürliche Kontext für die Botanik von Interesse ist. Das sieht er nicht an der Frucht, sondern am Glas und seiner Beschriftung. Welche der natürlichen Eigenschaften der Frucht die Neugier der Wissenschaft geweckt hat, welche Phänomene also durch die Anwesenheit der Exemplare in der botanischen Sammlung vertreten werden, kann der Laie nicht sagen. Spätestens an dieser Stelle erwartet er eine Information über den Kontext.

Damit sind die für das Sammeln und Ausstellen zentralen Fragen berührt: Warum und wie kommt die Ananas ins Glas? Und warum kommt das Glas, später, in die Ausstellung? Was fand und was findet die Wissenschaft so interessant an der Ananas?

Nun, das ist eine lange Geschichte. Die Kuratoren bereiten in solchen Fällen schon einmal einen Teil der Führung vor – sodass der Besucher dem Wechselspiel von Reduktion und Rhetorik *so* ausgesetzt werden kann, dass ihm am Ende einleuchtend erscheint, was sie ausstellen wollen. Hier sollen nur die Möglichkeiten einer solchen Führung angedeutet werden, die der Reduktion ebenso wie die der Rhetorik, weshalb die lange Geschichte nicht erzählt wird, sondern mögliche Kontexte und Ausstellungen vorgeführt werden.

Christoph Kolumbus hat im November 1493 aus Guadeloupe eine Frucht mitgebracht, für die man zu Hause noch keinen Namen hat. Der Geschichtsschreiber der spanischen Krone gibt davon Zeugnis und vermerkt, dass der König der Frucht höchstes Lob spendete.[18] Der Name ‚Ananas' wird einem Franzosen zugeschrieben, André Thévenet, der ihn 1555 in einem Reisebericht aus dem Guaraní-Wort ‚nana' ableitete, was so viel wie „köstliche Frucht" bedeutet.[19] Während zu dieser Zeit die Ananas in Südamerika schon als Nahrungs- und Heilmittel verbreitet war,[20] gehörte der Genuss der Frucht in Europa noch einige Zeit zu den königlichen Privilegien. Das ist an ihrem englischen Namen zu erkennen: King Pine.

Eine ganze Reihe von Königen machte mit der Frucht Politik. Charles II. vergab an seiner Tafel einzelne Stücke der Ananas zum Verkosten und zeichnete so die Bedachten aus.[21] George I. nutzte die Ananas, um mit dem Technologievorsprung vor ausländischen Gästen anzugeben: Es sei gelungen, die exotische Frucht im Lande zu ziehen.[22] Um die erste in England gewachsene Ananas gibt es einen Streit, der sich nur durch die Verbindung von kunsthistorischem mit botanischem Sachverstand lösen lässt.

Hendrick Danckerts malte vermutlich 1662 den Regenten bei der Übernahme einer Frucht vom königlichen Gärtner. Theodor Netscher portraitierte 1720 eine Ananas, die im Garten von Sir Matthew Decker gewachsen war.[23] Danckerts' Bildtitel dürfte reine Propaganda sein. Die Frucht, die er malte, stammte aller Wahr-

---

18 Vgl. Peter Martyr von Anghiera: *Acht Dekaden über die neue Welt*. Bd. 1. Übers. von H. Klingelhöfer. Darmstadt: Wissenschaftliche Buchgesellschaft, 1972. S. 201.

19 Vgl. Helmut Genaust: *Etymologisches Wörterbuch der botanischen Pflanzennamen*. 3. Aufl. Basel: Birkhäuser, 1996. S. 60.

20 Vgl. Gunther Franke (Hrsg.): *Nutzpflanzen der Tropen und Subtropen*. Bd. 2. Stuttgart: Ulmer, 1994. S. 172.

21 Vgl. John Evelyn: *The Diary*. Hrsg. von E. S. de Beer. London: Oxford UP, 1959. S. 523. Hier der Eintrag zum 14. August 1668: „There was of that rare fruit called the *King-Pine*, (growing in Barbados & W. Indies), the first of them I had ever seen; His Majesty having cut it up, was pleasd to give me a piece off his owne plate to tast off". Herv. im Orig.

22 Vgl. Lady Mary Wortley Montagu: *The Complete Letters*. Bd. 1. Hrsg. von Robert Halsband. Oxford: Clarendon Press, 1965. S. 290. Hier der Brief vom 17. Dezember 1716: „I had more reason to wonder that night at the King's Table. There was brought to him from a Gentleman of this Country 2 large Baskets full of ripe Oranges and Lemons of different sorts, many of which were quite new to me, and what I thought worth all the rest, 2 ripe Ananas's, which to my taste are a fruit perfectly delicious. You know they are naturally the growth of the Brazil, and I could not imagine how they came here but by enchantment. Upon Enquiry I learnt that they have brought their Stoves to such perfection, they lengthen the Summer as long as they please, giving to every plant the degree of heat it would receive from the Sun in its native Soil."

23 Vgl. dazu Julius L. Collins: *The Pineapple: Botany, Cultivation, and Utilization*. London: Hill, 1960. S. 22–24.

Abb. 4: Hendrick Danckerts: *Royal Gardener John Rose presenting a pineapple to King Charles II.* (1675).

Abb. 5: Theodor Netscher: *Pineapple grown in Sir Matthew Decker's garden at Richmond, Surrey* (1720).

scheinlichkeit nach aus Barbados. Decker dagegen hatte Kontakte zu dem flämischen Kaufmann Le Cour. Er galt den Zeitgenossen als der erste, „dem es gelungen Ananas zu treiben".[24] Dazu nutzte er in seinem Leydener Garten eigens eingerichtete Gewächshäuser. Auf dem Kontinent war seinerzeit strittig, ob die Pflanze in Leipzig eher als in Paris zu sehen war. Johann Christoph Volkamer berichtete bereits 1714 im zweiten Teil seines *Nürnbergischen Hesperidum*, dass es seinem Bruder gelungen sei, das seltene Gewächs zu ziehen. Auch er benutzte die soge-

---

24 Thomas Andrew Knight: *Das Ganze der Ananaszucht, oder die verschiedenen Arten, wie man Ananas gezogen hat und noch zieht, von der ersten Einführung dieser Frucht in Europa bis zu den neuesten Kulturverbesserungen.* Weimar: Voigt, 1881. S. 3. Vgl. auch S. 8–12.

nannten Fensterhäuser.[25] Seit 1743 ist durch Albrecht von Hallers Pflanzenkatalog aktenkundig, dass es auch im Botanischen Garten Göttingen gelungen war, Ananas anzupflanzen.[26] Nach 1800 sind den „verschiedenen Arten, wie man Ananas gezogen hat und noch zieht“, mehrere Fachbücher gewidmet. Die maßgebliche Autorität war Thomas Andrew Knight.[27] Die ersten Experimente mit Ananas in Dosen wurden nach 1880 auf Hawaii gemacht,[28] der internationale Handel mit Frischananas kam erst nach dem Zweiten Weltkrieg zustande.

An dieser Skizze einer Kulturgeschichte der Ananas ist mühelos zu erkennen, dass sie nicht nur vom Namen her für das Unbekannte steht, sondern auch von Kolonialismus, Eurozentrismus, vom nationalen Wettbewerb, Manipulationen und Fälschungen, Öffentlichkeitsarbeit und symbolischem Kapital handelt. Das mutet alles sehr aktuell an, eine Ausstellung über die Kulturgeschichte der Ananas liegt in der Luft. Das heutige Wissen über die Pflanze dürfte dort ebenfalls seinen Platz bekommen. Es variiert entsprechend der disziplinären Kontexte und gibt ein deutliches Bild vom Zustand unserer Kultur des Wissens. Auch hier genügen wenige Angaben zum Beleg: Nur wenige Vertreter der Gattung Ananasgewächse wurzeln im Boden; die Exemplare, die sich in den Gläsern befinden, gehören dazu. Aus botanischer Sicht sind das Vorhandensein von Wurzeln und der an einen Zapfen erinnernde Fruchtverband ein wichtiges Gattungsmerkmal.[29] Der Blütenstand einer Ananas interessiert Botaniker und Mathematiker gleichermaßen. Die einen sprechen von einer Scheinfrucht, die anderen von den Fibonacci-Zahlen. Letzteres ist eine Zahlenreihe, in der sich die Glieder jeweils aus der Summe ihrer beiden Vorgänger ergeben. Mithilfe dieser Reihe lassen sich auch natürliche

---

25 Vgl. Johann Christoph Volkamer: *Continuation der Nürnbergischen Hesperidum. Oder: Fernere gründliche Beschreibung der Edlen Zitronat-Zitronen und Pomeranzen-Früchte* [...]. Nürnberg: Selbstverl., 1714. S. 210: „Dieses aber ist gewiß / daß es in meines geliebten Bruders Herrn D. Volkamers schönem Haus-Garten / worinnen / in einem nicht gar zu weitläufftigen Raum / was die vier Welt-Theile von seltenen Gewächsen uns bishero eingereichet / gleichsam eingeschrenket und enthalten / sogleich nur von diesem Gewächs einige Kundschafft erschollen / auch glücklich cultiviret / und zur zeitigsten Frucht gebracht worden / so daß nun durch seinen Fleiß so viel Sorten von dieser Frucht bisher bekannt / auch in schönster Vollkommenheit bey ihm zu finden.“ Man habe „durch Kunst dasjenige ersetzt [...] / was die Hitze der Sonnen-Strahlen / denen etwas nördlichern Ländern an Wachsthum entziehet“.

26 Vgl. Michael Schwerdtfeger: Die Ananas im Königreich Hannover und die Sammlung exotischer Pflanzen im botanischen Garten. In: *Dinge des Wissens. Die Sammlungen, Museen und Gärten der Universität Göttingen*. Hrsg. von der Georg-August-Universität Göttingen. Göttingen: Wallstein, 2012. S. 172–174, hier S. 172.

27 Vgl. Knight: *Ananaszucht*.

28 Vgl. Collins: *Pineapple*, S. 227–228.

29 Vgl. Franke (Hrsg.): *Nutzpflanzen*, Bd. 2. S. 172.

Wachstumsprozesse beschreiben, bei der Ananas etwa das Zustandekommen der Scheinfrucht – geometrisch gesprochen: ihrer Form.[30]

Die Betriebsökonomen, Wirtschaftsgeographen und Spezialisten für tropische Landwirtschaft befassen sich mit der Pflanze ebenso wie Ernährungswissenschaftler und Mediziner. Die Ananas ist für ihren hohen Zuckergehalt und durchschnittlich sieben mg Vitamin C auf 100 g essbare Bestandteile bekannt.[31] Ihr Saft enthält Salicylsäure, das ist der hauptsächliche Wirkstoff etwa im Aspirin. Dass die Philosophen seit Langem mit der Ananas vertraut sind, liegt an ihrem besonderen Geschmack. Bekannt ist das Problem spätestens seit John Lockes *An Essay Concerning Human Understanding*, in dem es heißt:

> [B]ut yet I think it will be granted easily, that if a child were kept in a place where he never saw any other but black and white, till he were a man, he would have no more ideas of scarlet or green, than he that from his childhood never tasted an oyster or a pine-apple has of those particular relishes.[32]

Mit anderen Worten: Seit 1689 ist die Ananas ein einschlägiges Beispiel für die These, dass unser abstraktes Wissen in hohem Maße erfahrungsabhängig ist.

Das wird durch den kurzen kultur- und wissenschaftsgeschichtlichen Abriss in aller Deutlichkeit belegt. Nichts von dem Gesagten ist der Ananas anzusehen. Von Natur aus hat ‚die Frucht' keine erkenntnisfördernden Eigenschaften. Vielmehr wären all diese für die Bedeutung der Frucht relevanten Kontexte in einer Ausstellung erst einmal darzustellen, um den Zusammenhang zum Wissen und seiner Geschichte sichtbar zu machen. Jeder von ihnen hat das Potential, den Anblick der Ananas zu verändern. Die Folge der Kontexte, in denen die Frucht interessant erschien, bildet die Entwicklung von Wissenschaft und ihren Bedingungen ab. Das gilt in dem allgemeinen Sinne, in dem etwa die Entwicklung einer Disziplin dokumentiert wird, und in dem konkreten, ortsgebundenen Sinn, in dem sich diese Entwicklung an einer Universität ereignet. Aber die wenigsten dieser Kontexte führt das Objekt mit sich, man muss sie sichtbar machen.

Im konkreten Fall sind einige der Kontexte relativ dauerhaft mit der Frucht verbunden, was ihren Status als Ding (des Wissens) entscheidend verändert. Die Göttinger Ananas sind dabei keine Seltenheit, an anderen Orten wird die gleiche Frucht aufbewahrt.

---

30 Vgl. dazu Stephan Thieß: [o. T.] www.unikik.uni-hannover.de/downloads/mathematik_diskret.pdf. Skript zum Kurs Diskrete Mathematik der Gauß AG der Leibniz Universität Hannover, Wintersemester 2005/2006. (11. März 2011).

31 Vgl. dazu Wolfgang Franke: *Nutzpflanzenkunde: Nutzbare Gewächse der gemäßigten Breiten, Subtropen und Tropen*. 4. Aufl. Stuttgart: Thieme, 1989. S. 311–313.

32 John Locke: *An Essay Concerning Human Understanding*. Hrsg. von Roger Woolhouse. London: Penguin Books, 1997. S. 111.

Abb. 6: Alkoholpräparat Ananas, Standglas, um 1900, ca. 50 cm hoch, Alter Botanischer Garten, Göttingen (Foto: Stephan Eckardt).

Abb. 7: Feuchtpräparat, Ananas Comosus (L.), Merr., Botanische Sammlung Erlangen (Foto: Georg Pöhlein).

In allen drei gezeigten Fällen kamen die Früchte um 1900 in ihr Glas. Auch wenn das Aussehen der einzelnen Früchte deutlich voneinander abweicht, gleicht sich die Struktur des Objekts, dessen Kern sie bildet. Selbst die Beschriftung, deren Wortlaut erheblich voneinander abweicht, folgt derselben Taxonomie, die Namen sind Synonyme. Das Objekt Ananas, wie es hier zu sehen ist, signalisiert seinen Zusammenhang zum Wissen unvermeidlich. Das liegt an seiner Beschaffenheit, seinem Aufbau – Glas, Flüssigkeit, Frucht, Beschriftung. Am Glas und seiner Beschriftung ist zu erkennen, dass Natur konserviert und klassifiziert worden ist, zweifellos in didaktischer Absicht. Objekten dieser Art kann man die Einheit von Forschung und Lehre ansehen: Dass sie überhaupt beschriftet werden konnten, ist ein Resultat der Forschung, die die zur Einordnung notwendigen Kriterien hervorbrachte. Auch die Präparation selbst, von den Werkzeugen über die Gefäße und Chemikalien bis hin zu den nötigen Handgriffen, ist Bestandteil von Fachwissen.

Insofern dokumentiert das Objekt einen historischen Stand der Botanik. Es vertritt eine Zeit, in der das Fach mit „Fragen über die Abgrenzung von Arten, Gattungen wie Familien und die natürliche Verwandtschaft“[33] beschäftigt war. Diesen Kontext führt das Objekt mit sich, das Göttinger Exemplar zeigt auch an, in welche Sammlung es gehört. Mit der Frucht wird Wissen aufgehoben, keine Nahrung.

Die Präsentation des Wissens auf dem Etikett folgt Linné, mit dessen System Reduktion und Rhetorik als Prinzip Einzug in die Botanik halten. An die Stelle der grenzenlosen Anhäufung von Pflanzen tritt eine Sammlung der Arten, ein „Tableau universeller, taxonomischer Beziehungen“,[34] das die Einordnung jeder Pflanze gestatten soll. Ein einzelnes Exemplar vertritt die Art. Auf dem Weg ins Glas ist die Ananas von der Frucht zum Präparat und damit zu einer Darstellung ihrer selbst geworden. Das ist ein (erträgliches) zeichentheoretisches Paradox, das „Objekt *ist* Repräsentation“.[35] Jeder Ausstellungsbesucher weiß, dass eine konkrete Frucht zu sehen ist, an der etwas zu erkennen ist, das nicht nur für sie gilt. Diese Betrachtungsweise steht der des Alltags konträr gegenüber. Beim Ananas-Einkauf blickt man gewöhnlich die einzelne Frucht gerade auf die Eigenschaften hin an, die sie von anderen unterscheidet.

---

33 Hans Solereder: *Systematische Anatomie der Dicoyledonen*. Stuttgart: Enke, 1899. S. V.

34 Peter J. Bräunlein: Material Turn. In: *Dinge des Wissens: Die Sammlungen, Museen und Gärten der Universität Göttingen*. Hrsg. von der Georg-August-Universität Göttingen. Göttingen: Wallstein, 2012. S. 30–44, hier S. 38.

35 Hans-Jörg Rheinberger: Objekt und Repräsentation. In: *Mit dem Auge denken. Strategien der Sichtbarmachung in wissenschaftlichen und virtuellen Welten*. Hrsg. von Bettina Heintz und Jörg Huber. Zürich: Ed. Voldemeer, 2001. S. 55–61, hier S. 59. Herv. im Orig.

Abb. 8: Ananas in der Göttinger Ausstellung. Enger Kontext: Feuchtpräparate (Foto: Holger Helbig).

Übernimmt man das Präparat in eine Ausstellung, fungiert es dort als ein Zeichen. Es wird zum Exponat und damit verfügbar für rhetorische Zugriffe. Es sagt weniger über sich selbst als über seinen Kontext aus. Welcher das ist, hängt von der Ausstellung ab.

Ein erster Blick auf die Göttinger Ausstellung zeigt, dass die beiden Präparate zusammen mit anderen Präparaten stehen. Das verweist zum einen auf eine bestimmte konservatorische Arbeitstechnik und ihr Ergebnis: Feuchtpräparate. Zum anderen verweisen verschiedene Präparate auf verschiedene Sammlungen. Im konkreten Fall handelt es sich um Seegurken und Ostracoda, winzige Krebse.

Mit der Präparation wird „der Sammlungsgegenstand einem neuen Kontext zugeführt".[36] Er variiert nach Anlage und Ausrichtung der Sammlung; im Fall der Ananas ist es der Kontext der Botanik. Das Interesse am ausgewählten Objekt ist bedingt durch das in der Botanik ‚angesammelte' Wissen. Es soll an die nachfolgenden Wissenschaftler vermittelt werden.

Einmal zum Bestand der botanischen Sammlung gehörig, trägt das Präparat zu deren Profil bei. Das ist für Göttingen ganz erheblich, denn der Verweis gilt auch der Sammlung von Ananasgewächsen, die mit etwa 3000 Arten, Formen und Herkünften zur Geltung der Göttinger Universität beiträgt.[37]

Das wird aber gerade nicht betont, stattdessen findet sich in der Vitrine noch eine Xylothek (Holzbibliothek). Damit verdeutlicht die Anordnung der Präparate, dass die hier aus ihrem Sammlungskontext gelösten Exponate eine abstrakte Gemeinsamkeit repräsentieren sollen: Sammlungen unterliegen fachspezifischen Ordnungen. Weil das schwer zu sehen ist, wird es auf der entsprechenden Legende expliziert.

Die roten Täfelchen arretieren den Kontext, indem sie ihn explizieren. Ausgestellt werden soll der Zusammenhang zwischen Systematik und Disziplin, die Idee wissenschaftlicher Ordnung. Das einzelne Exponat erfüllt dementsprechend eine Aufgabe, welche die Frucht und das Präparat in ihren ursprünglichen Kontexten nicht erfüllen können, zu der das Objekt nichtsdestotrotz geeignet ist.[38] Dass jedes Objekt zur Sichtbarmachung der Idee beiträgt, ist an der Vielzahl der

---

36 Jochen Brüning: Wissenschaft und Sammlung. In: *Bild, Schrift, Zahl*. Hrsg. von Sybille Krämer und Horst Bredekamp. München: Fink, 2003. S. 87–113, hier S. 89.

37 Vgl. Schwerdtfeger: Ananas, S. 174.

38 In der Göttinger Sammlung wurde auf den roten Täfelchen auch die heutige fachliche Relevanz des Objekts ausgesprochen. Es hieß dort über die Ananas: „Sie waren vor der Einführung der Farbfotografie, des Internets und von Frischimporten wertvolle Instrumente der Wissensvermittlung". Im Klartext: Sie sind es nicht mehr. – Ich bemühe mich zu zeigen, dass dies ein Irrtum ist. Die Ananas im Glas sind von botanischen zu wissenschaftshistorischen Objekten geworden, nach wie vor handelt es sich um wertvolle Instrumente der Wissensvermittlung.

Abb. 9: Ananas in der Göttinger Ausstellung. Weiterer Kontext: Vitrine. Beispiele für typologische Ordnungen (Foto: Holger Helbig).

Abb. 10: Ananas in der Göttinger Ausstellung. Explizierte Kontexte: wissenschaftliche Ordnung(en) (Foto: Holger Helbig).

Abb. 11: Ananas in der Göttinger Ausstellung. Weitere Kontexte: Lehren, Forschen (Foto: Holger Helbig).

kleinen roten Täfelchen zu erkennen, die einer größeren, übergeordneten roten Tafel zugeordnet sind. In dieser Konstellation kommt die rhetorische Figur der *enumeratio* zum Tragen, was auch bedeutet: Die Möglichkeit, mit weniger oder mehr Beispielen auszukommen, ist offensichtlich.

Die Folge der Kontexte lässt sich von der Beschriftung über die Platzierung im Raum, zum Text auf der Tischfläche, der Stellung in der Reihe der Exponate usw., bis zum Titel der Ausstellung verfolgen.

Weitere Kontexte sind etwa die in Leuchtschrift angezeigten Schritte: Sammeln, Ordnen, Forschen, Lehren und nicht zuletzt der Ausstellungsort. Die Göttinger Ausstellung fand in der Paulinerkirche statt, die einen wirkungsvollen Kontext stiftete. Einerseits begrenzte sie durch ihre kulturelle Besetztheit (ein sakraler wie ein säkularisierter Raum) und architektonische Beschaffenheit (nur ein einziger Ausstellungsraum von großer Höhe, der durch die aktuelle bibliothekarische Nutzung bereits gestaltet ist) die Möglichkeiten der räumlichen Präsentation. Andererseits fügte sie die Ausstellung zum Universitätsjubiläum in eine Tradition ein, die die Institution mit der Öffentlichkeit der Stadt und des Landes verbindet. Seit ihrer Gründung ist die Geschichte der Göttinger Universität mit dieser Kirche verbunden, die Ausgestaltung von Jubiläen spielt dabei ebenso eine Rolle wie die Präsentation von Sammlungen.[39]

Es scheint, als füge sich die Nutzung der Ananas im Glas auf naheliegende und einleuchtende Weise in diese Kontexte. Es ist aber bei Weitem nicht die einzige Möglichkeit, von einem Objekt wie einer Ananas im Glas ausstellerischen Gebrauch zu machen. Die Möglichkeiten der Reduktion sind, wie die der Rhetorik, weitaus größer, als auf den ersten Blick zu vermuten ist. Das Beispiel der Ausstellung „Ausgepackt", die 2007 im Stadtmuseum Erlangen zu sehen war, soll dies illustrieren.

Dort fand sich die Ananas im Glas in einer Installation, die anzeigte, dass sie nur ein Exponat unter vielen ist. Es ging auch dort nicht vordergründig darum, eine Frucht oder eine botanische Sammlung zu repräsentieren, sondern Arbeitstechniken der Wissenschaft auszustellen. Es wurde sichtbar, was auch in Göttingen zu sehen war: dass das Sammeln eine wissenschaftliche Technik ist, die in den verschiedensten Fächern angewandt wird. Der Raum der Ausstellung in Erlangen trug den Titel *Depot*.

Die Ananas findet sich links neben der Tür im zweiten Regal von oben, inmitten anderer Objekte. Die Dinge in diesem Raum Exponate zu nennen, ist zweifellos ein Grenzfall der Begriffsverwendung. Der Begriff ist dennoch berechtigt.

Das Zusammenspiel von Reduktion und Rhetorik kommt auch hier zum Tragen. Die Reduktion ist überdeutlich: Dies ist kein Depot, sondern ein buntes Sammelsurium aus ganz verschiedenen Depots verschiedener Sammlungen.[40] Die Rhetorik ist nicht weniger konsequent: Die nicht vorhandenen Objektlegenden und die Gitter betonen das inszenatorische Moment. Zusammen mit der unüberschaubar scheinenden Menge der Objekte bilden sie eine starke rhetorische Geste. Hier ist zum einen auf das Wesentliche reduziert – nämlich plakativ weggelassen – und zum anderen synthetisiert – nämlich aufs Neue gezielt angesammelt – worden. Die Anordnung im Raum wird unweigerlich

---

39 Vgl. Silke Glitsch: Die Paulinerkirche von der Inauguration bis zum 275-jährigen Jubiläum der Georg-August-Universität Göttingen. In: *Dinge des Wissens: Die Sammlungen, Museen und Gärten der Universität Göttingen*. Hrsg. von der Georg-August-Universität Göttingen. Göttingen: Wallstein, 2012. S. 117–125.

40 Bilder vom Raum und eine Liste der Objekte finden sich in: *Ausgepackt. Die Sammlungen der Universität Erlangen-Nürnberg. 20. Mai bis 29. Juli 2007. Stadtmuseum Erlangen. Dokumentation der Ausstellung*. Hrsg. von Udo Andraschke, Thomas Engelhardt und Marion Marie Ruisinger. Erlangen: Stadtmuseum, 2007. S. 46–51.

Abb. 12: Ananas in der Erlanger Ausstellung. Ausstellungsraum „Depot“ (Foto: Udo Andraschke).

Abb. 13: Ananas in der Erlanger Ausstellung. Ausstellungsraum „Depot“, Details (Fotos: Udo Andraschke).

ZUR AUSSTELLUNG

Das Sammeln und Ordnen der Dinge stand am Anfang der modernen Wissenschaften. Man trug die Welt in der Stube zusammen, um ihre Gesetzmäßigkeiten zu erkunden – zunächst in den Kunst- und Wunderkammern der Fürstenhöfe, später in den Naturalienkabinetten der Universitäten.

Auch die Universität Erlangen-Nürnberg besitzt vielfältige Sammlungen. Manche spielen heute noch eine Rolle in Forschung und Lehre, andere sind in erster Linie von historischer Bedeutung. Sie alle aber sind „Wissens-Speicher". In ihren Kisten, Schubladen und Regalen drängen sich dreidimensionale Zeugen der Erlanger Wissenschaftsgeschichte.

Eine Auswahl davon wurde für die Ausstellung „ausgepackt" und aus unterschiedlichen Perspektiven beleuchtet.

DIE ANFÄNGE

Bei ihrer Gründung 1743 verfügte die Universität über keine einzige Sammlung. Hundert Jahre später hatte sich das Bild gewandelt: Das Schloss und die angrenzenden Gebäude, die inzwischen der Universität gehörten, beherbergten eine stattliche Anzahl von Sammlungen; die Konkordienkirche war sogar zum „Akademischen Musaeum" umgebaut worden.

Am Anfang dieser Entwicklung stand Markgraf Friedrich von Brandenburg-Bayreuth. Er hatte 1740 das Naturalienkabinett des Danziger Naturforschers Jacob Theodor Klein erworben, das er in Bayreuth ausbaute und der von ihm gegründeten Universität vermachte. Zusammen mit Stücken aus der Ansbacher Kunst- und Wunderkammer bildete das Bayreuther Kabinett den Grundstock für die Erlanger Universitätssammlungen.

DIE SAMMLUNGEN

Das „Akademische Musaeum" gliederte sich im Lauf des 19. Jahrhunderts in Spezialsammlungen auf, die an den jeweiligen Instituten untergebracht wurden, etwa die Geowissenschaftlichen Sammlungen und die Zoologische Sammlung. Andere Sammlungen gingen der Gründung der jeweiligen Institute voraus – so bei der Archäologie und der Pathologie. Die jüngsten Sammlungen – Informatik und Medizin – entstanden im späten 20. Jahrhundert als Reaktion auf die rasanten Veränderungen in diesen Fachbereichen.

Im „Sammlungs-Parcours" stellen sich 17 Sammlungen mit ausgewählten Objekten vor. Ihre Zusammenführung in einem Raum erinnert an das einstige „Akademische Musaeum" und veranschaulicht das faszinierende Potential der heutigen Universitätssammlungen.

NEUN DINGE

Sammlungen speichern Wissen in Form von Dingen. Diese Dinge sind zunächst stumm – aber sie werfen Fragen auf. Nur wer diesen Fragen nachgeht, bringt sie zum Sprechen. So werden die Dinge zum Ausgangspunkt vielfältiger Geschichten, die nicht selten neue und unerwartete Zusammenhänge herstellen.

Der letzte Bereich der Ausstellung zeigt dies am Beispiel von neun ausgewählten Dingen, um die sich erläuternde Bilder und Dokumente gruppieren. Dem Besucher erschließen sich so Schritt für Schritt Objektgeschichten, die in ganz unterschiedliche Richtungen weisen: Ein Gemälde führt zu einem Blasenstein, eine antike Vase zu einer Betrügerei, eine Taube zu Rio Reiser und eine Schulbank in ein Seniorenheim...

Abb. 14: Faltblatt der Ausstellung „Ausgepackt". Die Sammlungen der Universität Erlangen-Nürnberg, Stadtmuseum Erlangen, 20.5.–29.7.2007.

selbstreferentiell, ausgestellt wird eine Organisationsform von Dingen und von Wissen: das Depot. Viele Dinge gemeinsam bilden auf engem Raum den Kontext füreinander. Das Einzelne geht darin nicht unter, sondern auf. Der Kontext, den ein einzelnes Ding mit sich führt, kommt nicht für sich zur Geltung, sondern als Teil eines größeren Ganzen.

Aus der Sicht des Raumes ist die Ananas ein Detail. Im Gesamt der Ausstellung wurde sie – eben als Detail – noch in ein weiteres rhetorisches Spiel einbezogen. Auf dem Faltblatt, mit dem die Ausstellung angekündigt wurde, hatte auch die Ananas einen Platz gefunden.

Der Aufbau des Flyers funktioniert nach dem nun schon bekannten Prinzip *pars pro toto*. Die rhetorische Aufladung der Exponate wird hier einen feinen Schritt weiter getrieben. Die beiden Reihen von Bildern stehen in einem funktionalen Verhältnis. Die Bilder der oberen Reihe betonen den Dingcharakter der Exponate. Die der unteren Reihe tun das nicht: Es sind Abbildungen zweiter Ordnung, Bilder von Bildern. Es handelt sich auch um Exponate (was der Betrachter vorab nicht wissen kann), ihre Inszenierung betont allerdings das Moment der Kontextualisierung. Zwischen den Bildreihen werden, in Textform, die Intentionen der Ausstellungsmacher offengelegt. Man liest die Texte, um zu erfahren, wofür die Gesamtheit der ausgestellten Dinge steht.

Abb. 15: Ananas, Ausschnitt aus dem Faltblatt der Erlanger Ausstellung „Ausgepackt" (Foto: Georg Pöhlein).

Die Abbildung der Ananas auf dem Faltblatt verweist sowohl auf das Exponat als auch auf die Frucht. Es wird allerdings nicht das Präparat gezeigt, sondern nur ein Ausschnitt davon. Der ist photographisch so manipuliert, dass er die Frucht betont. Das Präparat wird im Bild durch die Verfärbung präsentiert. Die Art der Darstellung zeigt an, dass der sichtbare Teil auf etwas verweist, das nicht zu sehen ist. Zu erkennen sind das Ding und seine stellvertretende Funktion. Rezeptionstheoretisch ließe sich von der Erzeugung von Fallhöhe sprechen: die sorgfältige Vorbereitung eines rhetorischen Effekts.

Solche Überlegungen hören auf, trivial zu sein, sobald man ein einzelnes Ding und seine Bedeutung durch die Kontexte hindurch verfolgt. Wer die Ananas in der Ausstellung suchte, wurde enttäuscht. Man stieß auf das Depot und eine Frage, vielleicht sogar mehrere. Die Frage, wie man eine Ananas oder ein Depot ausstellt, ist ein Spezialfall der Frage, wie man Wissen sichtbar macht. Damit haben Museen und Universitäten gleichermaßen zu tun.

Auch die Göttinger Ausstellungsmacher haben versucht, das gemeinhin Unsichtbare sichtbar zu machen und Depots ausgestellt.[41] Zu diesem Zweck hat eine Photographin Streifzüge durch die Göttinger Depots unternommen. Ihre Bilder sind auf schwarzen Wänden angebracht worden, die an beiden Längsseiten des Mitteltisches der Ausstellung laufen. Man kann die Bilder von den Dingen aus nicht sehen, sie sind nur von der Außenseite sichtbar.

Der Unterschied zum Depot, das aus Dingen besteht, ist offensichtlich. Der Weg der Sichtbarmachung ist im Vergleich zur Erlanger Ausstellung ein anderer. Zwischen Depot und Ausstellung ist ein weiteres Medium zur Vermittlung benutzt worden, das die Dinge auf ganz andere Art reduziert: Sie sind abwesend. Und dank der räumlichen Inszenierung hüllen sie mit ihrer Abwesenheit die anwesenden Dinge ein. Auch das ist eine rhetorische Geste.

Sie steht der Behauptung der Photographin entgegen, ihre Bilder zeigten „die Magie der Dinge, ihre Aura und Ausstrahlung".[42] Das tun die Bilder in der Ausstellung auch, aber nicht durch das, was sie zeigen, sondern durch den Kontrast zu den Exponaten.

---

41 Für Pomian steht der Zusammenhang zwischen dem Sichtbaren und dem Unsichtbaren im Zentrum seiner Überlegungen zum Sammeln. Es dürfte lohnend sein, seine Schriften noch einmal auf diesen Aspekt hin zu lesen; vgl. vor allem Pomian: *Ursprung*.

42 Isi Kunath: Ich will nicht zeigen, ich lasse sehen. In: *Dinge des Wissens: Die Sammlungen, Museen und Gärten der Universität Göttingen*. Hrsg. von der Georg-August-Universität Göttingen. Göttingen: Wallstein, 2012. S. 192.

Abb. 16: Abschnitt „Depot“ der Göttinger Ausstellung (Foto: Holger Helbig).

Abb. 17: Abschnitt „Depot“ der Göttinger Ausstellung, Detail (Foto: Holger Helbig).

Abb. 18: Das Exponat (Schmetterlinge) (Foto: Holger Helbig).

Abb. 19: Das Bild vom Exponat (Schmetterlinge) (Foto: Holger Helbig).

Die Photographien sind eine Ansammlung von Zeichen. In ihrer Gesamtheit machen sie eine Funktion von Sammlungen sichtbar. Und nach dem Abbau der Ausstellung verfügt die Universität Göttingen über eine neue Sammlung: die der Photographien. An beiden Ausstellungen, in Göttingen und Erlangen, war zu erkennen, dass die Rhetorik durch Reduktion erkauft wird. In dem einen Fall, in Erlangen, wurde die inszenatorische Geltung des konkreten Exponats –

der Ananas – reduziert und damit der Bezug zu den Kontexten weitgehend minimiert. In dem anderen Fall, in Göttingen, wurde der dingliche Charakter der auszustellenden Idee – das Depot als Einheit der Wissensorganisation – nahezu vollständig reduziert. In beiden Fällen fungierte die Ansammlung von Exponaten als ein Zeichen.

Die Sache lässt sich aus verschiedenen Perspektiven betrachten, sowohl aus der Sicht eines einzelnen Dings als auch aus der des sichtbar werdenden Wissens. Aus der ersten Blickrichtung lassen sich Stationen der Bedeutungsveränderung beschreiben, aus der zweiten Formen der Inszenierung. Beide Male wird derselbe Zusammenhang erfasst, nämlich das Zusammenspiel von Reduktion und Rhetorik.

Nach dem Durchgang durch die Beispiele lässt sich genauer sagen, was mit dem Begriffspaar erfasst wird: nicht das Ding, sondern der Umgang damit.

Auf dem Weg in die Ausstellung werden die Zahl der Dinge und beim einzelnen Ding die Kontexte reduziert: ihre Wahrnehmbarkeit, ihre unmittelbare Umgebung. Für die öffentliche Betrachtung wird das einzelne Ding durch Re-Kontextualisierung rhetorisch aufgeladen. Dabei kann der Kontext aus anderen Dingen und/oder aus expliziten Aussagen bestehen. In jedem Fall geht es darum, die Aufmerksamkeit der Betrachter zu steuern und die Wahrnehmung eines Dings mit der Behauptung seiner Bedeutung zu verbinden.

Jochen Hennigs eingangs aufgegriffene Frage nach der „Vereinzelung und Gegenüberstellung von Objekten“ sowie der „Form ihrer Ent- und Neukontextualisierung“ gilt den Verfahren der Bedeutungszuschreibung. Sie lässt sich beantworten, indem man für jeden konkreten Fall das Verhältnis von Reduktion und Rhetorik näher bestimmt.

Eine solche Konkretisierung ließe sich zu einer Ausstellungstheorie entwickeln. Den Grundstein für Überlegungen solcher Art hat Stephen Bann gelegt, der für die implizite Theorie der frühen französischen Geschichtsmuseen den Terminus ‚Poetik‘ reklamierte.[43] Unter Rückgriff auf Michel Foucault und Hayden White rekonstruierte er das Geschichtsverständnis der Museumsgründer mithilfe von Tropen: Museen, in denen das Original einen besonderen Status hat, bezeichnet er als synekdochisch; Ausstellungen, in denen Kopien die Originale vertreten, nannte er metonymisch. In der ersten Kategorie vermittelt das authentische Ding die Illusion des direkten Zugangs zur Quelle. In der zweiten Kategorie fungieren die Kopien als Verweise auf das Abwesende. Zum Ausarbeiten dieser Differenz nutzt Bann einen strukturalistischen Ansatz. Er setzt die Historie als System zum

43 Vgl. zum Folgenden: Stephen Bann: Historical Text and Historical Object: The Poetics of the Musée de Cluny. In: *History and Theory* 17.3 (1978). S. 251–266.

Museum als Syntagma ins Verhältnis: Das einzelne Ding wird als ein Term in einer Aussage verstanden, der von dem einen Satz – dem originalen, inzwischen historischen – in einen anderen Satz – den musealen, nun aktuellen – übernommen wird. Im Museum werden Aussagen erzeugt, die die Historie erfassen sollen. Dazu werden verschiedene Sorten von Dingen in verschiedenen Konstellationen angeordnet.

Von deutlich anderen Voraussetzungen ausgehend ist Mieke Bal bei ihren Überlegungen zum Sammeln zu einem frappierend ähnlichen Beschreibungssystem gekommen. Ihr Ausgangspunkt ist narratologisch. Sie fragt sich, auf welche Weise Dinge als vermeintlich objektive Artefakte zu „subjektivierte[n] Elemente[n] einer Erzählung" werden können.[44] Sie untersucht das Zustandekommen von Sammlungen: Welche Kriterien liegen der Wahl der Objekte und den Ordnungen, in die das Objekt bei der Aufnahme in eine Sammlung eingefügt wird, zugrunde? Auch sie spricht von Metapher, Metonymie und Synekdoche, wenn sie klärt, welche Beziehung zwischen dem ursprünglichen System und dem Syntagma der Sammlung bestehen. Bal greift dabei allerdings auf die Psychoanalyse zurück und entwickelt ihre Kategorien als Varianten der Symbolisierung nach Freud.[45]

Für einen ersten Beschreibungsversuch der betrachteten Beispiele ließe sich – an Bann und Bal anknüpfend und sie vermischend – in etwa sagen: Der Gebrauch der Ananas im Glas in der Göttinger Ausstellung ist stark synekdochisch, insofern die Frucht ein Fach vertritt, in dem das Präparat zur Anwendung kam, und schwach synekdochisch, insofern auf eine Arbeitstechnik verwiesen wird, deren Ergebnis zu sehen ist. Der Verweis auf das Sammeln und Ordnen kommt durch die Konstellation der Exponate zustande, mehrere synekdochische Exponate werden zu einer Aussage integriert: ein Phänomen, das Bann ‚organisch' nennt.

Beim Gebrauch, der in der Erlanger Ausstellung von dem Feuchtpräparat gemacht wurde, dominiert das metonymische Moment: Der Verweis auf die Botanik geht in der Inszenierung unter. Das Ding vertritt etwas anderes. Die Installation des Depots insgesamt ist metaphorisch. Es wird auf mehrere Analogien gesetzt, man würde beschreibend eher von einer Darstellung als einer Ausstellung sprechen. In der Sprache der Museologen behilft man sich, indem man an dieser Stelle

44 Mieke Bal: Vielsagende Objekte: Das Sammeln aus narrativer Perspektive. In: dies.: *Kulturanalyse*. Hrsg. von Thomas Fechner-Smarsly und Sonja Neef. Frankfurt a. M.: Suhrkamp, 2002. S. 117–145, hier S. 120. Im Original: Telling Objects: A Narrative Perspective on Collecting. In: *The Cultures of Collecting*. Hrsg. von John Elsner und Roger Cardinal. London: Reaktion Books, 1994. S. 97–115. Vgl. dazu auch Mieke Bal: *Double Exposures: The Practice of Cultural Analysis*. Hoboken: Taylor and Francis, 2012.

45 Vgl. Bal: Objekte, S. 132.

sagt, es werde eine Organisationsform von Wissen exponiert. Der Aufbau dieser Depot-Inszenierung wäre nach Bann ironisch, weil das Bewusstsein der funktionalen Nutzung der Präparate erkennbar ist – oder anders gesagt: weil die Reduktion mit ausgestellt wird.

Dem Exponieren des Depots in Göttingen dagegen fehlt dieses Moment. Es wird nicht ein Präparat zum Exponat. Die Rede von der Aura, die sich medial vermitteln ließe, bleibt eine Behauptung im Syntagma der Ausstellung. Dass ihr kein Phänomen in der Realität des Depots entspricht, konnte man in Erlangen sehen: Das Depot ist eben nicht auf die Sichtbarmachung einzelner Dinge ausgerichtet, sondern auf deren ebenso geordnete wie platzsparende Unterbringung. Diese Konstellation ließe sich in Ermangelung eines anderen Vorschlags gutwillig dem Ornat von Ausstellungen zurechnen. Oder man spricht von einem Kategorienfehler.

Offensichtlich ist man bei der Inszenierung des Depots als Ausstellungsgegenstand in Erlangen und Göttingen von ähnlichen Überlegungen ausgegangen und hat auf dieselben Mechanismen gesetzt, sie aber ganz unterschiedlich zur Darstellung gebracht. Diese Beobachtung spricht für die Annahme, dass das Potential einer an Bann und Bal anknüpfenden Theorie in ihrer rhetorischen Präzisierung liegt.[46] Es liegt nahe, die beiden Darstellungsweisen hinsichtlich der Kombination von *detractio* und *synthesis* auszuarbeiten. Was ist jeweils weggelassen worden, um was auszustellen – und um was zu behaupten? Ein solches terminologisches Ausbuchstabieren des Zusammenhangs von Reduktion und Rhetorik dürfte so reizvoll wie lohnend sein.

Eine Grundlegung dazu hat Gottfried Korff in einer ganzen Reihe von Aufsätzen geschaffen. Er fasst im Anschluss an Bann museale Inszenierung generell als „ästhetisch bewußte Rahmung“ auf, „als Organisation der *Anschauung*, mit dem Ziel, die Lesart der Objekte zu befördern, metonymisch, synekdotisch, ironisch“.[47] Wie solche Lesarten in Ausstellungen inszenatorisch befördert oder behindert werden können, hat Jana Scholze mithilfe eines weiter gefassten semiotischen Ansatzes beschrieben. Ihre Aufmerksamkeit gilt den „typischen Formen der Ausstellungspräsentation“.[48] In einer Reihe von Einzelanalysen hat sie für ver-

---

46 Gelegentlich werden die Überlegungen von Bann und Bal in der einschlägigen Literatur aufgegriffen. Eine taugliche Theorie von Ausstellungen allerdings scheint nicht in Sicht.

47 Gottfried Korff: Speicher und/oder Generator: Zum Verhältnis von Deponieren und Exponieren im Museum. In: *Museumsdinge deponieren – exponieren*. Hrsg. von Martina Eberspächer, Gudrun Marlene König und Bernhard Tschofen. Köln: Böhlau, 2002. S. 167–178, hier S. 173. Herv. im Orig.

48 Jana Scholze: *Medium Ausstellung: Lektüren musealer Gestaltungen in Oxford, Leipzig, Amsterdam und Berlin*. Bielefeld: transcript, 2004. S. 12.

schiedene Ausstellungen das Zustandekommen von Bedeutung nachvollzogen, indem sie die konkreten Ausstellungskontexte hinsichtlich der kulturellen Codes und deren Hierarchie untersuchte.[49] Auf ein solches Vorgehen könnte eine rhetorisch ausgerichtete Theorie zurückgreifen. Es ließe sich dabei auch beobachten, welche Möglichkeiten sich bieten, um Fachwissen und seine Entwicklung aus der Universität hinaus einer größeren Öffentlichkeit darzustellen. Dass es dabei um besondere Formen der Reduktion geht, und um eine Rhetorik, die auf Anschaulichkeit und Verständlichkeit ausgerichtet ist, kann man in gut gemachten Ausstellungen – und im Actionkino – sehen.

Literatur

Andraschke, Udo, Thomas Engelhardt und Marion Marie Ruisinger (Hrsg.): *Ausgepackt. Die Sammlungen der Universität Erlangen-Nürnberg. 20. Mai bis 29. Juli 2007. Stadtmuseum Erlangen. Dokumentation der Ausstellung*. Erlangen: Stadtmuseum, 2007.

Bal, Mieke: *Double Exposures. The Subject of Cultural Analysis*. New York u. a.: Routledge, 1996.

Bal, Mieke: Exposing the Public. In: *A Companion to Museum Studies*. Hrsg. von Sharon Macdonald. Malden, MA: Wiley-Blackwell, 2011. S. 525–542.

Bal, Mieke: Telling Objects. A Narrative Perspective on Collecting. In: *The Cultures of Collecting*. Hrsg. von John Elsner und Roger Cardinal. London: Reaktion Books, 1994. S. 97–115.

Bal, Mieke: Vielsagende Objekte. Das Sammeln aus narrativer Perspektive. In: dies.: *Kulturanalyse*. Hrsg. von Thomas Fechner-Smarsly und Sonja Neef. Frankfurt a. M.: Suhrkamp, 2002. S. 117–145.

Bann, Stephen: Historical Text and Historical Object. The Poetics of the Musée de Cluny. In: *History and Theory* 17 (1978). S. 251–266.

Bencard, Adam, und Thomas Söderqvist: Do things talk? In: *The Exhibition as Product and Generator of Scholarship*. Hrsg. von Susanne Lehmann-Brauns, Christian Sichau und Helmut Tischler. Berlin: Max-Planck-Institut für Wissenschaftsgeschichte, 2010 [Preprint, Bd. 399]. S. 93–102.

Bräunlein, Peter J.: Material Turn. In: *Dinge des Wissens. Die Sammlungen, Museen und Gärten der Universität Göttingen*. Hrsg. von der Georg-August-Universität Göttingen. Göttingen: Wallstein, 2012. S. 30–44.

Brüning, Jochen: Wissenschaft und Sammlung. In: *Bild, Schrift, Zahl*. Hrsg. von Sybille Krämer und Horst Bredekamp. München: Fink, 2003. S. 87–113.

Bundesministerium für Bildung und Forschung (Hrsg.): *Förderrichtlinien: „Die Sprache der Objekte – Materielle Kultur im Kontext gesellschaftlicher Entwicklungen" vom 28. März 2012*. Amtlicher Teil des Bundesanzeigers (BAnz AT). 11. April 2012.

49 Zur Darstellung ihres Selbstverständnisses vgl. Jana Scholze: Kultursemiotik: Zeichenlesen in Ausstellungen. In: *Museumsanalyse. Methoden und Konturen eines neuen Forschungsfeldes*. Hrsg. von Joachim Baur. Bielefeld: transcript, 2010. S. 121–148, hier bes. S. 137–145.

Clever, Joanne: *Doing Children's Museums*. Charlotte, VT: Williamson Publishing, 1992.
Collins, Julius L.: *The Pineapple. Botany, Cultivation, and Utilization*. London: Hill, 1960.
Daston, Lorraine: Speechless. In: *Things That Talk. Object Lessons from Art and Science*. Hrsg. von Lorrain Daston. New York: Zone Books, 2008. S. 9–24.
Evelyn, John: *The Diary*. Hrsg. von E. S. de Beer. London: Oxford University Press, 1959.
Franke, Gunther (Hrsg.): *Nutzpflanzen der Tropen und Subtropen*. Bd. 2. Stuttgart: Ulmer, 1994.
Franke, Wolfgang: *Nutzpflanzenkunde. Nutzbare Gewächse der gemäßigten Breiten, Subtropen und Tropen*. 4. Auflage. Stuttgart: Thieme, 1989.
Geimer, Peter: Über Reste. In: *Dingwelten. Das Museum als Erkenntnisort*. Hrsg. von Anke te Heesen und Petra Lutz. Köln: Böhlau, 2005. S. 109–118.
Georg-August-Universität Göttingen (Hrsg.): *Dinge des Wissens. Flyer zur Ausstellung zum 275. Jubiläum der Georg-August-Universität Göttingen*. Göttingen: ohne Verlag, 2012.
Genaust, Helmut: *Etymologisches Wörterbuch der botanischen Pflanzennamen*. 3. Auflage. Basel: Birkhäuser, 1996.
Glitsch, Silke: Die Paulinerkirche von der Inauguration bis zum 275-jährigen Jubiläum der Georg-August-Universität Göttingen. In: *Dinge des Wissens. Die Sammlungen, Museen und Gärten der Universität Göttingen*. Hrsg. von der Georg-August-Universität Göttingen. Göttingen: Wallstein, 2012. S. 117–125.
Heesen, Anke te: *Theorien des Museums*. Hamburg: Junius, 2012.
Hennig, Jochen: Wissensdinge – Wissensanordnungen – Wissensorte. Zum Ausstellen von Universitätssammlungen. In: *Dinge des Wissens. Die Sammlungen, Museen und Gärten der Universität Göttingen*. Hrsg. von der Georg-August-Universität Göttingen. Göttingen: Wallstein, 2012. S. 20–29.
Knight, Thomas Andrew: *Das Ganze der Ananaszucht, oder die verschiedenen Arten, wie man Ananas gezogen hat und noch zieht, von der ersten Einführung dieser Frucht in Europa bis zu den neuesten Kulturverbesserungen*. Weimar: Voigt, 1881.
Korff, Gottfried: Betörung durch Reflexion. Sechs um Exkurse ergänzte Bemerkungen zur epistemischen Anordnung von Dingen. In: *Dingwelten. Das Museum als Erkenntnisort*. Hrsg. von Anke te Heesen und Petra Lutz. Köln: Böhlau, 2005. S. 89–107.
Korff, Gottfried: Zur Eigenart der Museumsdinge [1992]. In: ders.: *Museumsdinge. deponieren – exponieren*. Köln: Böhlau, 2002. S. 140–145.
Korff, Gottfried: Speicher und/oder Generator. Zum Verhältnis von Deponieren und Exponieren im Museum. In: *Museumsdinge. deponieren – exponieren*. Hrsg. von Martina Eberspächer, Gudrun Marlene König und Bernhard Tschofen. 2. erg. Auflage. Köln: Böhlau, 2007. S. 167–179.
Kunath, Isi: Ich will nicht zeigen, ich lasse sehen. In: *Dinge des Wissens. Die Sammlungen, Museen und Gärten der Universität Göttingen*, Hrsg. von der Georg-August-Universität Göttingen. Göttingen: Wallstein, 2012. S. 192.
Locke, John: *An Essay Concerning Human Understanding*. Hrsg. von Roger Woolhouse. London: Penguin Books, 1997.
Martyr von Anghiera, Petrus: *Acht Dekaden über die neue Welt*. Bd. 1. Darmstadt: Wissenschaftliche Buchgesellschaft, 1972.
Pomian, Krzysztof: *Der Ursprung des Museums. Vom Sammeln*. Berlin: Wagenbach, 1988.
Pomian, Krzysztof: Sammlungen. Eine historische Typologie. In: *Macrocosmos in Microcosmos. Die Welt in der Stube. Zur Geschichte des Sammelns 1450 bis 1800*. Hrsg. von Andreas Grote. Opladen: Leske + Budrich, 1994. S. 107–126.

Rheinberger, Hans-Jörg: Objekt und Repräsentation. In: *Mit dem Auge denken. Strategien der Sichtbarmachung in wissenschaftlichen und virtuellen Welten*. Hrsg. von Bettina Heintz und Jörg Huber. Zürich: Voldemeer, 2001. S. 55–61.

Scholze, Jana: *Medium Ausstellung. Lektüren musealer Gestaltungen in Oxford, Leipzig, Amsterdam und Berlin*. Bielefeld: transcript, 2004.

Scholze, Jana: Kultursemiotik. Zeichenlesen in Ausstellungen. In: *Museumsanalyse. Methoden und Konturen eines neuen Forschungsfeldes*. Hrsg. von Joachim Baur. Bielefeld: transcript, 2010. S. 121–148.

Schwerdtfeger, Michael: Die Ananas im Königreich Hannover und die Sammlung exotischer Pflanzen im botanischen Garten. In: *Dinge des Wissens. Die Sammlungen, Museen und Gärten der Universität Göttingen*. Hrsg. von der Georg-August-Universität Göttingen. Göttingen: Wallstein, 2012. S. 172–174.

Söderqvist, Thomas: Do things really talk? Are there really hidden stories in objects? Can you write the biography of an artefact? In: *Hidden Stories. What do medical objects tell and how can we make them speak?* Abstract-Book zur gleichnamigen 16th Biennial EAMHMS Conference vom 13. bis zum 15. September 2012 am Medizinhistorischen Museum der Charité, Berlin. S. 5–12.

Solereder, Hans: *Systematische Anatomie der Dicoyledonen*. Stuttgart: Enke, 1899.

Thieß, Stephan: ohne Titel. [o. T.]. www.unikik.uni-hannover.de/downloads/mathematik_diskret.pdf. Skript zum Kurs Diskrete Mathematik der Gauß AG der Leibniz Universität Hannover, Wintersemester 2005/2006. (11. März 2011).

Vogel, Fritz Franz: *Das Handbuch der Exponatik. Vom Ausstellen und Zeigen*. Köln: Böhlau, 2012.

Volkamer, Johann Christoph: *Continuation der Nürnbergischen Hesperidum. Oder: Fernere gründliche Beschreibung der Edlen Zitronat-Zitronen und Pomeranzen-Früchte* [...]. Nürnberg: Selbstverl., 1714.

Weil, Stephen E.: From Being About Something to Being for Somebody. In: ders.: *Making Museums Matter*. Washington, DC: Smithsonian, 2002. S. 28–52.

Wortley Montagu, Lady Mary: *The Complete Letters*. Bd. 1. Hrsg. von Robert Halsband. Oxford: Clarendon Press, 1965.

Abbildungsnachweis

Abb. 3 und 6 sind entnommen aus: Michael Schwerdtfeger: Die Ananas im Königreich Hannover und die Sammlung exotischer Pflanzen im botanischen Garten. In: *Dinge des Wissens: Die Sammlungen, Museen und Gärten der Universität Göttingen*. Hrsg. von der Georg-August-Universität Göttingen. Göttingen: Wallstein, 2012. S. 172–174, hier S. 172.

Abb. 7 ist entnommen aus: Holger Helbig: Ananas. Objektgeschichte. In: *Die Sammlungen der Universität Erlangen-Nürnberg. Begleitband zur Ausstellung „Ausgepackt. Die Sammlungen der Universität Erlangen-Nürnberg", Stadtmuseum Erlangen*. Hrsg. von Udo Andraschke und Marion Maria Ruisinger. Erlangen: Friedrich-Alexander-Universität Erlangen-Nürnberg, 2007, S. 235.

Abb. 14 ist das Faltblatt der Ausstellung „Ausgepackt. Die Sammlungen der Universität Erlangen-Nürnberg, Stadtmuseum Erlangen", 20.5.–29.7.2007. © Stadtmuseum Erlangen und Sammlungen der Universität Erlangen-Nürnberg.

Manuel Illi

Die Mathematik beim Wort nehmen – der Poesie die Zahl geben

Deutschsprachige Lyrik und die Sprache der Mathematik

Abstract: In lyrischen Texten wird bisweilen der Sprachgebrauch aus Wissenschaften und Mathematik adaptiert. Der Beitrag untersucht zunächst, ob von einer speziellen ‚Sprache der Mathematik' in gerechtfertigter Weise gesprochen werden kann und worin deren besondere Merkmale bestehen. Anhand von Gedichten Hans Magnus Enzensbergers, Hans Manz', Oskar Pastiors, Max Benses und Thomas Sibleys wird anschließend exemplarisch aufgezeigt, in welcher Art und Weise Elemente der mathematischen Wissenschaftssprache als Mittel lyrischer Sprachgestaltung Einsatz finden.

1 Einleitung

> Das Recht, die Natur in ihren einfachsten, geheimsten Ursprüngen, so wie in ihren offenbarsten, am höchsten auffallenden Schöpfungen, auch ohne Mitwirkung der Mathematik zu betrachten, zu erforschen, zu erfassen, mußte ich mir, meine Anlagen und Verhältnisse zu Rate ziehend, gar früh schon anmaßen. [...] Ungern aber habe ich zu bemerken gehabt, daß man meinen Bestrebungen einen falschen Sinn untergeschoben hat. Ich hörte mich anklagen, als sei ich ein Widersacher, ein Feind der Mathematik überhaupt, die doch Niemand höher schätzen kann als ich, da sie gerade das leistet, was mir zu bewirken völlig versagt worden.[1]

Mit diesen Worten beginnt der 77-jährige Geheimrat Johann Wolfgang von Goethe seinen Aufsatz „Über Mathematik und deren Mißbrauch" (1826). Deutlich ist in ihnen die Enttäuschung über die Kritik an seinen *Beiträgen zur Optik* (1791/1792) und *Zur Farbenlehre* (1810) zu erkennen, die auch darauf abzielte, dass Goethe in seinen phänomenologisch geprägten Untersuchungen eine mathematisch-formale Darstellung vermied. Sowohl Goethes Wertschätzung für die Mathematik wie auch seine Skepsis, mit allein sprachlich-symbolischen Mitteln die

1 Johann Wolfgang von Goethe: Über Mathematik und deren Mißbrauch, so wie das periodische Vorwalten einzelner wissenschaftlicher Zweige. In: ders.: *Sämtliche Werke nach Epochen seines Schaffens. Münchner Ausgabe*. Bd. 13.2. Hrsg. von Karl Richter. München: Hanser, 1993. S. 324–336, hier S. 324.

Wirklichkeit zu erfassen, sind in der Forschung eingehend untersucht worden.[2] Seine Skepsis richtet sich bei aller Hochachtung für die mathematische Methode gerade auch gegen die Sprache der Mathematiker: „Die Mathematiker sind eine Art Franzosen: redet man zu ihnen, so übersetzen sie es in ihre Sprache, und dann ist es alsobald ganz etwas anders."[3] Goethes Vorbehalte gegen die sprachlichen Mittel der Mathematik(er) kontrastieren mit der paradigmatischen Stellung, die diesen in Novalis' Fragmenten zukommt: „Wenn man den Leuten nur begreiflich machen könnte, daß es mit der Sprache wie mit den mathematischen Formeln sei – Sie machen eine Welt für sich aus – Sie spielen nur mit sich selbst, drücken nichts als ihre wunderbare Natur aus, und eben darum sind sie so ausdrucksvoll".[4] Bei allen Unterschieden gründen sowohl Goethes als auch Novalis' Zitate auf der Annahme, dass in der Mathematik ein spezielles Zeichensystem, gar eine spezielle Sprache benutzt wird. Der folgende Beitrag soll zunächst dieser Frage nachgehen und den Versuch unternehmen, die möglichen Eigenheiten einer solchen ‚Sprache der Mathematik' näher zu bestimmen. In einem kürzeren zweiten Teil wird untersucht, ob analog auch eine ‚Sprache der Lyrik' näher bestimmt werden kann. Schließlich werden in einem dritten Teil lyrische Texte in den Fokus einer literaturwissenschaftlichen Betrachtung gestellt, in denen die ‚Sprache der Mathematik' nicht nur thematisiert wird, sondern auch Verwendung findet, d. h. zum Mittel lyrischer Sprachgestaltung wird.

---

2 Vgl. bspw. Paul Epstein: Goethe und die Mathematik. Vortrag, gehalten am 10. Dezember 1922. In: *Jahrbuch der Goethe-Gesellschaft* 10 (1924). S. 76–102, hier S. 77; Ernst Cassirer: Goethe und die mathematische Physik. Eine erkenntnistheoretische Studie. In: ders.: *Idee und Gestalt. Goethe, Schiller, Hölderlin, Kleist* [Reprint der 2. Ausg. Berlin 1924]. Darmstadt: Wissenschaftliche Buchgesellschaft, 1971. S. 33–80; Martin Dyck: Goethes Verhältnis zur Mathematik. In: *Goethe – Neue Folge des Jahrbuchs der Goethe-Gesellschaft* 23 (1961). S. 49–71; Detlef Laugwitz: Mathematik um Goethe. In: *Johann Wolfgang Goethe. Versuch einer Annäherung.* Hrsg. von Helmut Böhme und Hans-Jochen Gamm. Darmstadt: Technische Hochschule, 1984. S. 289–314; Renatus Ziegler: Goethe und die Mathematik als Kulturfaktoren. In: *Goethes Beitrag zur Erneuerung der Naturwissenschaften.* Hrsg. von Peter Heusser. Bern: Haupt, 2000. S. 457–485.

3 Johann Wolfgang von Goethe: Maximen und Reflexionen. In: ders.: *Sämtliche Werke nach Epochen seines Schaffens.* Bd. 17. Hrsg. von Karl Richter. München: Hanser, 1991. S. 715–953, hier S. 931.

4 Novalis: Monolog. In: ders.: *Schriften.* Bd. 2: Das philosophische Werk I. Hrsg. von Richard Samuel. Stuttgart: Kohlhammer, 1981. S. 672–673, hier S. 672.

2 Die Wissenschaftssprache Mathematik

Für die Titelgestaltung von wissenschaftlichen wie populärwissenschaftlichen Publikationen wird – vermutlich aus Gründen der Prägnanz – gerne auf die Formulierung „Die Sprache der/des ... " zurückgegriffen: *Die Sprache des Krieges*, *Die Sprache der Mode*, *Die Sprache des Geldes*, *Die Sprache des Schweigens* etc.[5] Titel wie diese scheinen einerseits die strukturalistische These zu untermauern, dass alle menschlichen Bereiche und Phänomene immer auch als zeichenhafte Prozesse zu begreifen sind; andererseits legen sie die Vermutung nahe, dass mit jedem dieser Bereiche eine eigene Sprache verknüpft ist (mit einem besonderen Zeichensatz und/oder einer speziellen Grammatik und/oder typischen Syntax usw.). Für den Bereich der Mathematik ist es evident, dass, zumindest sobald mathematische Inhalte fixiert und kommuniziert werden müssen, die regelgeleitete Verwendung von Zeichen ein zentrales Merkmal der Disziplin ist.[6]

Es bleibt die zweite Vermutung zu prüfen, ob es eine ‚Sprache der Mathematik' gibt und worin deren Eigenheiten bestehen. Zum Zweck dieser Prüfung soll zunächst geklärt werden, wie der Bereich menschlichen Handelns näher beschrieben werden kann, der ‚Mathematik' genannt wird, was also die Mathematik eigentlich ist. Selbstverständlich handelt es sich dabei um eine Frage, die im Rahmen dieses Beitrags nicht umfassend geklärt werden kann. Dennoch ist es sinnvoll, die Formulierung ‚Sprache der Mathematik' hinsichtlich beider Elemente, aus denen sie sich zusammensetzt, knapp zu untersuchen. So können in einem zweiten Schritt gegebenenfalls aus dieser Klärung Anhaltspunkte für eine Charakterisierung der in diesem Bereich geläufigen Sprache entwickelt werden.

Leider bleiben selbst Mathematiker häufig eine Antwort auf die Frage schuldig, was die Mathematik ist. So beendet Paul du Bois-Reymond seine Rede mit dem Titel „Was will die Mathematik und was will der Mathematiker?", die er 1874 anlässlich seiner Berufung zum Professor für Mathematik in Tübingen als Antrittsvorlesung hält, mit der ernüchternden Feststellung: „[D]ie Schwierigkeit, die

---

5 Vgl. hier Markus Kink: *Die Sprache des Krieges. Zur diskursiven Ermöglichung präventiver Kriegsführung*. Baden-Baden: Nomos, 2011; Roland Barthes: *Die Sprache der Mode* [*Système de la Mode*, 1967]. Frankfurt a. M.: Suhrkamp, 2004; Anke Wahl: *Die Sprache des Geldes. Finanzmarktengagements zwischen Klassenlage und Lebensstil*. Wiesbaden: Verlag für Sozialwissenschaften, 2011; Ernestine Schlant: *Die Sprache des Schweigens. Die deutsche Literatur und der Holocaust*. München: Beck, 2001.

6 Ob sich die Mathematik und ihre Gegenstände im rein Zeichenhaften erschöpfen oder nicht, wurde besonders im Zuge der sog. ‚Grundlagenkrise der Mathematik' intensiv diskutiert. Vgl. dazu: Christian Thiel: *Philosophie und Mathematik. Eine Einführung in ihre Wechselwirkungen und in die Philosophie der Mathematik*. Darmstadt: Wissenschaftliche Buchgesellschaft, 1995. S. 8–29.

Mathematik befriedigend zu definieren, liegt in ihrer Ubiquität, so daß man geneigt ist, auf die Frage: *Was ist Mathematik?* mit der Frage zu erwidern: *Was ist nicht Mathematik?*"[7] Auch Alfred North Whitehead thematisiert diese Schwierigkeiten – bemerkenswerterweise unter Rückgriff auf ein literarisches Zitat: „Doch wie der Geist von Hamlets Vater, entgeht diese große Wissenschaft [die Mathematik, M. I.] dem Bemühen unserer geistigen Waffen, sie zu fassen. Auch bei ihr gilt das Wort: ‚Sie ist hier, sie ist dort, sie ist weg'."[8]

Konkreter und für die Zwecke dieser Untersuchung ausreichend präzise definiert der Philosoph und Wissenschaftstheoretiker Klaus Mainzer ‚diese große Wissenschaft':

> Mathematik [ist die] [...] ursprünglich aus den praktischen Aufgaben des Rechnens und Messens hervorgegangene Disziplin, die unter griechischem Einfluß zu einer beweisenden Wissenschaft ausgebaut, seit Beginn der Neuzeit zunehmend auf die technisch-physikalischen Wissenschaften angewendet und seit dem 19. Jahrhundert zu einer abstrakten Strukturwissenschaft verallgemeinert wurde.[9]

Diese Definition bietet einen ersten Ansatzpunkt, um die Frage nach der Spezifik der ‚Sprache der Mathematik' zu klären. Als eigene Disziplin im Kanon der ausdifferenzierten Fächer kann man die in ihr verwendete Sprache naheliegend als eine Fach- bzw. Wissenschaftssprache bezeichnen, d. h. man begreift sie als eine von mehreren Subsprachen der Gesamtsprache in Abgrenzung zur Gemein- bzw. Alltagssprache.[10] Hier kann an zahlreiche linguistische Untersuchungen angeknüpft werden, wobei berücksichtigt werden muss, dass die verschiedenen Fachsprachentheorien durch die ihnen – unter anderem – zugrunde liegenden pragma-, sozio-, textlinguistischen Modelle ihre je eigenen Schwerpunkte aufweisen.

Peter von Polenz betont beispielsweise besonders die Fachbezogenheit und ordnet ihr den soziolinguistischen Aspekt unter: „Fachsprache ist also als Spezialsprache (engl. *special language*) gegenstandsgebunden und zugleich, aber sekun-

---

7 Paul du Bois-Reymond: Was will die Mathematik und was will der Mathematiker? In: *Jahresbericht der Deutschen Mathematiker-Vereinigung* 19 (1910). S. 190–198, hier S. 195. Herv. im Orig.

8 Alfred N. Whitehead: *Einführung in die Mathematik*. München: Lehnen, 1958. S. 5.

9 Klaus Mainzer: Mathematik. In: *Enzyklopädie Philosophie und Wissenschaftstheorie*. Bd. 2. Hrsg. von Jürgen Mittelstraß. Mannheim u. a.: Wissenschaftsverlag, 1984. S. 800–804, hier S. 800.

10 Vgl. Lothar Hoffmann: Fachsprachen und Gemeinsprache. In: *Fachsprachen. Ein internationales Handbuch zur Fachsprachenforschung und Terminologiewissenschaft*. Hrsg. von Lothar Hoffmann u. a. Berlin: De Gruyter, 1998 [Handbücher zur Sprach- und Kommunikationswissenschaft. Bd. 14.2]. S. 157–168; Holger Becker: *Semantische und lexikalische Aspekte der mathematischen Fachsprache des 19. Jahrhunderts*. Phil. Diss. Digital. Oldenburg: Carl von Ossietzky Universität, 2006. http://oops.uni-oldenburg.de/59/ (14. April 2015). S. 72–73.

där, als Soziolekt gruppengebunden."[11] Aus dem Primat der Gegenstandorientierung leitet von Polenz fünf „idealtypische Merkmale" der Wissenschaftssprache ab:

1) Sie muß schreibbar bzw. druckbar und damit zitierbar sein [...].
2) Sie muß möglichst explizit sein [...] [sogenannte intersubjektive Verständlichkeit, M. I.].
3) Sie muß möglichst argumentativ sein, also darf nicht persuasiv oder gar manipulativ sein [...].
4) Sie muß möglichst konsistent, systematisch und widerspruchsfrei sein, um allen Beteiligten optimal planvolles, fehlerfreies Arbeiten zu ermöglichen.
5) Sie muß möglichst ökonomisch sein, also mit möglichst geringem Aufwand an Ausdrucksmitteln einen möglichst hohen Ertrag erzielen [...].[12]

Die Gegenstandsorientierung dominiert auch jene Darstellungen, in denen Fachsprachen im Rückgriff auf Roman Jakobsons Kommunikationsmodell primär über die Dominanz der referentiellen Sprachfunktion charakterisiert werden.[13] Meist werden auch in diesen Ansätzen ähnliche Eigenschaften abgeleitet: Deutlichkeit (der möglichst adäquate Bezug zwischen sprachlichem System bzw. Äußerungen und den Gegenständen, Sachverhalten und Verfahren); Verständlichkeit (möglichst fehlerfreie Vermittlung fachlicher Kenntnisse in einem bestimmten Kreis von Rezipienten); Ökonomie (der ‚kommunikative Aufwand' und der ‚kommunikative Ertrag' sollen in ein günstiges Verhältnis gebracht werden); Anonymität (Rücknahme des Textproduzenten); Identitätsstiftung.[14]

Wird in der linguistischen Forschung ausschließlich die Fachgebundenheit von Fach- und Wissenschaftssprachen berücksichtigt, birgt dies die Gefahr einer zirkulären Definition nach dem Muster: ‚Eine Fachsprache ist die Gesamtheit sprachlicher Mittel in einem fachbezogenen Kommunikationskontext.'[15] Heinz Kretzenbacher begegnet dieser Gefahr, indem er Wissenschaftssprache hauptsächlich durch diskursive und kommunikative Praktiken definiert. Wissenschaftssprache ist nach ihm „die Gesamtheit der Phänomene sprachlicher Tätigkeit [...], die im kulturellen Handlungsfeld der Wissenschaften auftreten und

11 Peter von Polenz: Über die Jargonisierung von Wissenschaftssprache und wider die Deagentivierung. In: *Wissenschaftssprache. Beiträge zur Methodologie, theoretischen Fundierung und Deskription*. Hrsg. von Theo Bungarten. München: Fink, 1981. S. 85–110, hier S. 85. Herv. im Orig.

12 Ebd., S. 86–87.

13 Vgl. dazu die Darstellung von Holger Becker: *Semantische und lexikalische Aspekte*, S. 75–78.

14 Vgl. Thorsten Roelcke: *Fachsprachen*. Berlin: E. Schmidt, 2010. S. 24–26.

15 Vgl. Heinz L. Kretzenbacher: Fachsprache als Wissenschaftssprache. In: *Fachsprachen. Ein internationales Handbuch zur Fachsprachenforschung und Terminologiewissenschaft*. Hrsg. von Lothar Hoffmann u. a. Berlin: De Gruyter, 1998 [Handbücher zur Sprach- und Kommunikationswissenschaft. Bd. 14.2]. S. 133–142, hier S. 133.

die zugleich dieses als theoriebildende und -verarbeitende Kommunikationsgemeinschaft sowie als gesellschaftliche Institution entscheidend konstituieren.“[16] Mit der diskurstheoretischen und soziolinguistischen Dimension ist ein für die weiteren Betrachtungen wichtiger Aspekt genannt. Wie jede Gruppensprache wirkt Wissenschaftssprache im Allgemeinen und somit auch die ‚Sprache der Mathematik‘ im Speziellen für die Mitglieder der Kommunikationsgemeinschaft identitätsstiftend[17] und grenzt gleichzeitig diejenigen aus, die nicht zu dieser Gemeinschaft gehören – im Folgenden sollen letztere wertfrei als ‚Laien‘ oder ‚Nicht-Fachfrauen bzw. -männer‘ bezeichnet werden. Wird Lyrik daraufhin untersucht, ob und wie die ‚Sprache der Mathematik‘ Eingang in sie findet, ist außerdem danach zu fragen, ob und wie die Sprecher dieser Wissenschaftssprache dargestellt werden, welcher Gruppe ein gegebenenfalls auszumachendes lyrisches Subjekt zuzurechnen ist. Allerdings haben sich aufgrund der zunehmenden Spezialisierung häufig bereits innerhalb ein und derselben wissenschaftlichen Disziplin verschiedene „Lokaldialekte“[18] entwickelt, sodass auch innerhalb der Kommunikationsgemeinschaft von Fachleuten bisweilen ein Verständigungsdefizit herrscht.

Lange Zeit stand in der Fach- und Wissenschaftssprachenforschung die Lexik im Vordergrund. Um Deutlichkeit, Verständlichkeit und Ökonomie zu gewährleisten, wurden und werden häufig die Merkmale Exaktheit und Eindeutigkeit im Bereich der Terminologie gefordert.[19] ‚Exaktheit‘ bezeichnet sowohl die adäquate Bezugnahme auf Sachverhalte, Gegenstände und Vorgänge mittels regulierter Definition als auch die Abhängigkeit von Ko- und Kontext eines Fachworts. Intendiert ist der Ausschluss von semantischer Vagheit. ‚Eindeutigkeit‘ meint wiederum die Verpflichtung auf Monosemie (ein Wort repräsentiert genau eine Bedeutung) und Heteronymie (jede Bedeutung wird genau von einem Wort repräsentiert), d. h. Polysemie und Synonymie sind definitorisch und/oder durch Kontextualisierung erkennbar auszuschließen, weswegen häufig auch von semantischer ‚Eineindeutigkeit‘ gesprochen wird. Durch diese Forderung wird die Verwendung von Metaphern aus dem Sprachgebrauch der Wissenschaften rigoros ausgeschlossen. Diese strikten Positionen wurden inzwischen von unterschiedlicher Seite angegriffen. Ein Argument ist etwa, dass in der wissenschaftlichen Arbeit neue Phänomene nicht ohne Vagheit und metaphorisches Sprechen pro-

16 Ebd., S. 134.
17 Vgl. Roelcke: *Fachsprachen*, S. 27.
18 Vgl. Kretzenbacher: Fachsprache als Wissenschaftssprache, S. 138.
19 Vgl. Roelcke: *Fachsprachen*, S. 69–73.

duktiv integriert werden könnten.[20] Ein Aspekt, der im vorliegenden Aufsatz im dritten Teil nochmals aufgegriffen wird.

Neben der Dominanz der referentiellen Funktion wird häufig die besondere Bedeutung der metasprachlichen bzw. metalinguistischen Funktion genannt. Dies liegt in der Tatsache begründet, dass die „Objekte [der Wissenschaften] insofern sprachlich konstituiert, der Sprache nachgeordnet sind, als sie nicht ‚vorgefunden', sondern sprachlich konstruiert werden. Dies wird grundsätzlich durch eine (metalinguistische) Definition erreicht."[21] Dieses geregelte Festlegen bzw. Festsetzen von Bedeutungen ist notwendig mit einer intensiven Sprachreflexion verknüpft.

Was zeichnet nun aber die ‚Sprache der Mathematik' unter den vielen Wissenschaftssprachen aus? Ihr kommt eine Sonderstellung zu, nicht nur insofern als sie zu großen Teilen in die Fachsprachen vieler anderer Disziplinen integriert ist – von der Physik bis hin zur Psychologie –, sie zeichnet sich außerdem durch einen extrem hohen Anteil formaler Elemente aus. Kann man aber das mathematische Symbolsystem überhaupt als ‚Sprache' bezeichnen? In Anschluss an Herbert Mehrtens kann diese Frage bejaht werden. In seiner Untersuchung *Moderne, Sprache, Mathematik* begreift Mehrtens alle zeichenhaften Prozesse des Diskurses Mathematik als sprachliche, um anschließend drei Sprachbereiche darin zu differenzieren:

> Grob gesagt, sind es drei Sprachen, die hier [in der Mathematik, M. I.] gesprochen werden. Im Zentrum der Arbeit, im Produkt Text, gibt es die Sprache Mathematik, ein System von Worten und Symbolen mit formal strikten Gebrauchsregeln. Dazu kommt der Mathematikerjargon, eine Mischung der Sprache Mathematik mit weniger formal regulierten Elementen und mit der Alltagssprache. Dies ist im disziplinären Diskurs die Metasprache zur Sprache Mathematik. Zum dritten bedienen sich die Mathematiker, wenn sie miteinander kommunizieren, selbstverständlich auch der natürlichen Sprache [...]. Der Diskurs dreht sich um die Sprache Mathematik, wird aber keineswegs ausschließlich in ihr geführt.[22]

Mehrtens differenziert also das, was bisher die ‚Sprache der Mathematik' genannt wurde, in drei Teilaspekte:

1. die *Sprache Mathematik* – sie ist theoriegebunden, weitgehend formalisiert und fast ausschließlich eine Schriftsprache;[23]

---

20 Vgl. z. B. George Lakoff und Rafael E. Núñez: *Where Mathematics Comes From*. New York: Basic Books, 2000.

21 Hoffmann: Fachsprachen und Gemeinsprache, S. 84.

22 Herbert Mehrtens: *Moderne, Sprache, Mathematik*. Frankfurt a. M.: Suhrkamp, 1990. S. 410.

23 Vgl. ebd., S. 477: „Die Sprache Mathematik ist als symbolisches Regelgebilde zwingend; wer sich darauf einläßt, sie zu sprechen, kann sich den Diktaten der Regeln nicht entziehen."

2. das *Sprechen der Mathematiker* – es ist weniger formal und weist alltagssprachliche Anteile auf, zu denken ist hier etwa an einen Vortrag auf einem Fachkongress;[24]
3. jenen natürlichen Sprachgebrauch, den man mit Günther Eisenreich auch die *„fachliche Umgangssprache“*[25] nennen könnte, also der lockere Austausch unter Mathematikern.

Die in der *Sprache Mathematik* verfassten Fachtexte sind sprachlich meist einfach gebaut, diese Einfachheit führt jedoch beim Nicht-Fachmann keineswegs zu einem größeren Verständnis der komplexen Inhalte.[26] Eine Ursache dafür ist die häufig anzutreffende Diskrepanz zwischen mathematischen (verbalsprachlichen) Ausdrücken für wohldefinierte Sachverhalte einerseits und deren Bedeutung in der Gemeinsprache andererseits. So weisen die Worte ‚jede/r' und ‚alle' im gemein- oder alltagssprachlichen Gebrauch nur eine geringe semantische Differenz auf. Es besteht beispielsweise kein gravierender Unterschied zwischen den Aussagen „Alle Menschen sind sterblich“ und „Jeder Mensch ist sterblich“. In der Mengenlehre dagegen wird genau zwischen distributivem und kollektivem Gebrauch differenziert. Dass dies auch in der Gemeinsprache bisweilen relevant ist, lässt sich anhand zweier Beispiele illustrieren: „So läßt sich zwar sinnvoll sagen, daß jede Mannschaft der Ersten Fußballbundesliga Deutscher Meister werden kann, aber nicht, daß es alle (auf einmal bzw. miteinander) werden können.“[27] Die genannte Diskrepanz entsteht aber auch durch den Prozess der Terminologisierung, also bei der Übertragung gemeinsprachlicher Wörter in die *Sprache Mathematik*, bei der sie durch eine Definition einen neuen Begriffsinhalt erhalten. Nur selten ist hierbei noch die semantische Motivation der Übertragung erkennbar und noch seltener vom Laien nachvollziehbar. Eine gemeinsprachlich als ‚windschief' bezeichnete Hütte beispielsweise zeichnet sich dadurch aus, dass Wände und Decken unter dem Einfluss der Witterung aus dem Lot geraten sind; in der Geometrie dagegen werden zwei Geraden im dreidimensionalen Raum

---

24 Vgl. ebd., S. 433: „Gedacht und gesprochen verwandelt sie [die Sprache Mathematik, M. I.] sich und verliert an Formalität.“

25 Günther Eisenreich: Die neuere Fachsprache der Mathematik seit Carl Friedrich Gauß. In: *Fachsprachen. Ein internationales Handbuch zur Fachsprachenforschung und Terminologiewissenschaft.* Hrsg. von Lothar Hoffmann u. a. Berlin: De Gruyter, 1998 [Handbücher zur Sprach- und Kommunikationswissenschaft. Bd. 14.2]. S. 1222–1230, hier S. 1229. Herv. M. I.

26 Vgl. ebd., S. 1222.

27 Gottfried Gabriel: Über ‚alle', ‚jeder' und ‚einige'. Zur Logik und Rhetorik der Allgemeinheit und Partikularität. In: *TABVLA RASA. Jenenser Zeitschrift für kritisches Denken* 44 (2011). o. P. Online unter: http://www.tabvlarasa.de/44/Gabriel.php (14. April 2015).

dann als ‚windschief' bezeichnet, wenn sie keine gemeinsame Ebene haben – also nicht parallel zueinander liegen und sich nicht schneiden.

Ein weiterer Grund für das Unverständnis mathematischer Fachtexte für den Laien stellen die hohen Anforderungen dar, die durch die großen formalen Anteile an den Rezipienten gestellt werden. Auch sie dienen letztlich der Umsetzung von Deutlichkeit, Verständlichkeit und Ökonomie. Dem Fachmann ist die Formalisierung eine Entlastung des „Gehirn[s] von aller unnötigen Arbeit, [sie] macht es frei, sich auf fortgeschrittenere Probleme zu konzentrieren".[28] Allerdings setzt der Umgang mit der mathematischen Formalsprache je nach Fachbereich ein umfassendes Kontextwissen voraus, da die verbalsprachlichen Bezeichnungen willkürlich und häufig wenig anschaulich sind, obgleich sie für den Laien durchaus einen gewissen anschaulichen Gehalt evozieren können.[29]

3 Die Sprache der Mathematik und die Sprache der Lyrik

Handelt es sich bei Lyrik ähnlich wie bei der Mathematik um einen Bereich mathematischen Handelns, in dessen Zentrum sprachliche Praktiken stehen, liegt die Frage nahe, ob es nicht analog zur ‚Sprache der Mathematik' eine ‚Sprache der Lyrik', also eine genuin lyrische Sprache gibt. Auch hier könnte man die Frage zunächst aufspalten und versuchen, das ‚Phänomen Lyrik' an sich näher zu bestimmen, um anschließend deren spezielle Sprache zu beschreiben. War dieses Vorgehen jedoch hinsichtlich der Mathematik bereits mit Schwierigkeiten verbunden, scheint nach einem Blick in die Literatur zur Lyrikforschung eine ähnliche Definition oder Bestimmung der Lyrik beinahe unmöglich. Denn neben der Diversität gegenwärtiger, gattungstheoretischer Positionen – die auch aus dem Methodenpluralismus in den Geisteswissenschaften resultieren – muss hierbei die

---

28 Whitehead: *Einführung*, S. 34 (5. Kapitel „Die Zeichensprache der Mathematik"). Vgl. auch Brigitte Falkenburg: Das Verhältnis von formalen Sprachen und verbalen Fachsprachen in den neueren Naturwissenschaften. In: *Fachsprachen. Ein internationales Handbuch zur Fachsprachenforschung und Terminologiewissenschaft*. Hrsg. von Lothar Hoffmann u. a. Berlin: De Gruyter,1998 [Handbücher zur Sprach- und Kommunikationswissenschaft. Bd. 14.2]. S. 910–921.

29 Von David Hilbert, dem Begründer des mathematischen Formalismus, ist folgender Satz überliefert, in dem deutlich wird, wie belanglos „das anschauliche Substrat der geometrischen Begriffe" zumindest aus formalistischer Perspektive sein kann: „Man muß jederzeit an Stelle von ‚Punkte, Geraden, Ebenen' ‚Tische, Stühle, Bierseidel' sagen können". Zit. nach Otto Blumenthal: Lebensgeschichte. In: David Hilbert: *Gesammelte Abhandlungen. Analysis, Grundlagen der Mathematik, Physik, Verschiedenes*. Berlin: Julius Springer, 1935. S. 388–429, hier S. 403.

Tatsache berücksichtigt werden, dass Texte und Gattungen in sehr viel größerem Maße historisch bedingte Phänomene sind als Gegenstände und Methoden der Mathematik, immer im Kontext einer Zeit entstehen bzw. rezipiert werden und so auch die Bestimmung der Gattung ‚Lyrik' historischen Wandlungen unterworfen ist.

Eine zweite Möglichkeit wäre, umgekehrt vorzugehen und synchron nach einem speziellen Sprachtypus zu suchen und, sofern dieser ausfindig zu machen ist, Lyrik gerade über diese besondere Sprache zu definieren. Man könnte etwa zunächst Texte, die in einem gewissen Vorverständnis als lyrisch wahrgenommen werden, auf die oben erwähnten Kriterien und Merkmale von Wissenschaftssprachen hin untersuchen. Dabei zeigt sich, dass erwartungsgemäß keines der genannten Charakteristika (nach allgemeinem Verständnis) ein typisches Merkmal lyrischer Texte darstellt, zugleich ist aber auch keines ein hinreichend distinktes Kriterium für die Differenz von Wissenschafts- und lyrischer Sprache. Stets lassen sich Beispiele finden, die in der Literaturwissenschaft gängigerweise unter dem Begriff ‚Lyrik' subsumiert werden und die dennoch eines oder mehrere der Kriterien von Wissenschaftssprachen aufweisen.[30] Lyrik *muss* gerade nicht schreib- bzw. druckbar sein (z. B. in oralen Kulturen), sie *kann* es aber durchaus sein; sie *muss* nicht möglichst explizit sein, sie *ist* aber bisweilen explizit; sie *muss* nicht argumentativ sein, aber auch hierfür finden sich Beispiele. Gleiches gilt für die Merkmale Konsistenz, Ökonomie, Anonymität sowie für die Bindung an eine spezielle Kommunikationsgemeinschaft.

Man könnte aber auch Lyrik anhand der in ihr dominierenden expressiven Sprachfunktion definieren. Doch auch hier findet sich eine Vielzahl an Gedichten, etwa Lehrgedichte, in denen die referentielle Sprachfunktion im Vordergrund steht. Roman Jakobson erweiterte in den 1960er Jahren Karl Bühlers Organon-Modell und ergänzte es um eine eigene ‚poetische Funktion' der Sprache, die

---

30 Für die Analyse von literarischen Texten ist zu berücksichtigen, dass in diesen dem Fachgebiet zugeordnete Inhalte nicht notwendigerweise mit einer fachsprachlichen Darstellung korrelieren müssen. So komponiert Inger Christensen ihr vielbeachtetes Gedicht „alphabet" anhand der Fibonacci-Folge, thematisiert dies aber erst im Nachwort und das in allgemeinverständlicher Form (zu Christensens Gedicht vgl. Joachim Grage: Die Abwehr des Zufalls. Inger Christensen und die sprachbildende Kraft der Mathematik. In: *Zahlen, Zeichen und Figuren.Mathematische Inspirationen in Kunst und Literatur*. Hrsg. von Andrea Albrecht, Gesa von Essen und Werner Frick. Berlin und Boston: De Gruyter, 2011. S. 511–528). Karl Kraus wiederum parodiert unter dem Pseudonym ‚Zivilingenieur J. Berdach' in einem Leserbrief an die Neue Freie Presse gerade die geographische Fachsprache ohne wissenschaftlichen Gehalt. Vgl. J. Berdach [d. i. Karl Kraus]: Leserbrief. In: *Neue Freie Presse*. 22. Februar 1908. S. 11.

hauptsächlich in Form von Äquivalenzbeziehungen nachweisbar sein sollte.[31] Retrospektiv betrachtet muss jedoch festgestellt werden, dass Jakobson zwar eine „Diskussion über Kriterien der Poetizität von Texten besonders im Kontext einer sogenannten Linguistischen Poetik aus[löste], die[se] allerdings zu der Einsicht führt, dass sich keines der vermeintlichen Merkmale von Poetizität als spezifisch für Literatur [und somit auch nicht für Lyrik, M. I.] betrachten lasse."[32] Ebenfalls rein sprachtheoretisch ist die aus Jakobsons Überlegungen weiterentwickelte negative Definition, die Lyrik als Abweichung von der Alltags- bzw. Gemeinsprache begreift.[33] Auch hier können Beispiele angeführt werden, die einerseits – z. B. aufgrund des Kontextes, in dem sie publiziert wurden – durchaus als Gedicht rezipiert werden können und andererseits dennoch durchwegs alltäglichen Sprachgebrauch ohne auffällige Abweichungen aufweisen.[34] Auch Elke Austermühl stellt fest, „daß sich lyrische Texte nicht nur aufgrund besonderer sprachlicher Gestaltungsprinzipien von alltäglichen Äußerungen unterscheiden"[35] lassen – und eben auch nicht von fach- und wissenschaftssprachlichen Prinzipien.

Eine Auflistung an Merkmalen, wie sie zur Charakterisierung der ‚Sprache der Mathematik' erstellt wurde, kann folglich in analoger Weise für die Bestimmung einer ‚Sprache der Lyrik' nicht sinnvoll sein. Vielmehr zeigt sich, dass die Rede von *der* ‚Sprache der Lyrik' nicht zielführend ist, da sie einen genuinen und somit distinkt bestimmbaren Sprachgebrauch in lyrischen Texten impliziert, der – wenn überhaupt – nur in eng eingegrenzten Textbeständen ausfindig zu machen ist. Gerade in literarischen und speziell lyrischen Texten lässt sich beobachten, dass ganz unterschiedliche sprachliche Formen und Zeichenbestände integriert werden können und somit als gestalterische Mittel zur Verfügung stehen.[36] Potentiell

---

31 Vgl. Roman Jakobson: Linguistik und Poetik. In: ders.: *Poetik. Ausgewählte Aufsätze 1921–1971*. Hrsg. von Elmar Holenstein und Tarcisius Schelbert. Frankfurt a. M.: Suhrkamp, 1979. S. 83–121, hier S. 94: „Die poetische Funktion projiziert das Prinzip der Äquivalenz von der Achse der Selektion auf die Achse der Kombination."

32 Rüdiger Zymner: Theorien der Lyrik seit dem 18. Jahrhundert. In: *Handbuch Lyrik. Theorie, Analyse, Geschichte*. Hrsg. von Dieter Lamping. Stuttgart: Metzler, 2011. S. 21–34, hier S. 28.

33 Vgl. ebd., S. 29.

34 Vgl. bspw. Handkes „Die Aufstellung des 1. FC Nürnberg vom 27.1.1968" in: Peter Handke: *Die Innenwelt der Außenwelt der Innenwelt*. Frankfurt a. M.: Suhrkamp, 1969. S. 59.

35 Elke Austermühl: *Poetische Sprache und lyrisches Verstehen*. Phil. Diss. Masch. Heidelberg, Kassel: Gesamthochschule, 1981. S. 182.

36 Vgl. Hartwig Klaverkämper: Fachsprachliche Phänomene in der Schönen Literatur. In: *Fachsprachen. Ein internationales Handbuch zur Fachsprachenforschung und Terminologiewissenschaft*. Hrsg. von Lothar Hoffmann u. a. Berlin: De Gruyter, 1998 [Handbücher zur Sprach- und Kommunikationswissenschaft. Bd. 14.2]. S. 717–728.

kann so jeder Zeichenvorrat und jeder Sprachgebrauch zum Mittel ästhetischer Gestaltung werden. Wie konkret Elemente der Wissenschaftssprache Mathematik Eingang in lyrische Texte finden können, soll nun anhand einiger Beispiele näher betrachtet werden.

4 Von Wurzeln, Unterholz und fraktalen Bäumen

Hans Magnus Enzensbergers erstmals 1991 erschienenes Gedicht „Die Mathematiker" weist bereits im Titel auf die Kommunikationsgemeinschaft der mathematischen Fachleute hin.

Die Mathematiker

Wurzeln, die nirgends wurzeln,
Abbildungen für geschlossene Augen,
Keime, Büschel, Faltungen, Fasern:
diese weißeste aller Welten
mit ihren Garben, Schnitten und Hüllen
ist euer Gelobtes Land.

Hochmütig verliert ihr euch
im Überabzählbaren, in Mengen
von leeren, mageren, fremden
in sich dichten und Jenseits-Mengen.

Geisterhafte Gespräche
unter Junggesellen:
die Fermatsche Vermutung,
der Zermelosche Einwand,
das Zornsche Lemma.

Von kalten Erleuchtungen
schon als Kinder geblendet,
habt ihr euch abgewandt,
achselzuckend,
von unseren blutigen Freuden.

Wortarm stolpert ihr,
selbstvergessen,
getrieben vom Engel der Abstraktion,
über Galois-Felder und Riemann-Flächen,
knietief im Cantor-Staub,
durch Hausdorffsche Räume.

Dann, mit vierzig, sitzt ihr,
o Theologen ohne Jehova,
haarlos und höhenkrank
in verwitterten Anzügen
vor dem leeren Schreibtisch,
ausgebrannt, o Fibonacci,
o Kummer, o Gödel, o Mandelbrot,
im Fegefeuer der Rekursion.[37]

Die fachsprachlichen „Einsprengsel“[38] in Enzensbergers Gedicht sind offensichtlich. Es handelt sich um mathematische Begriffe, die den meisten Laien – und als solcher wird auch das lyrische Ich in der Apostrophierung der Mathematiker erkennbar – nicht geläufig sein dürften. ‚Wurzeln', ‚Abbildungen', ‚Keime', ‚Räume', ‚Felder', ‚Staub': Sowohl die Tatsache, dass all diese Worte zunächst eine allgemeinsprachliche Bedeutung besitzen, als auch die Art, wie sie im Gedicht integriert werden, etwa durch die Erläuterung „Wurzeln, die nirgends wurzeln“, implizieren zunächst einen metaphorischen Gehalt. Aber gibt es in der hochpräzisen Fachsprache der Mathematik denn überhaupt so etwas wie metaphorisches Reden? Die hartnäckige Lehrmeinung, in Wissenschaftssprachen herrsche ein ‚Metapherntabu', also das erwähnte Verbot von Polysemie und Synonymie, wurde inzwischen aufgrund einer ganzen Reihe von Untersuchungen relativiert.[39] Richard Boyd, der die spezielle Funktion von Metaphern in den Umbruchsphasen wissenschaftlicher Disziplinen untersucht, unterscheidet zwischen *literarischen Metaphern* und *theoriekonstitutiven Metaphern*. Beide hätten eine gewisse *open-endedness* gemeinsam, der jedoch jeweils eine andere Funktion zukommt:

> Literary interaction metaphors [...] work by inviting the reader (or hearer) to consider the principal subject of the metaphor in the light of associated implications characteristics – typically – of the commonplace conception of the secondary subject [...]. Exactly the opposite is the case with theory-constitutive metaphors. The reader is invited to explore the similarities and analogies between features of the primary and secondary subjects, including features not yet discovered, or not yet fully understood.[40]

---

37 Hans M. Enzensberger: Die Mathematiker. In: ders.: *Die Elixiere der Wissenschaft*. Frankfurt a. M.: Suhrkamp, 2004. S. 26–27. Die Abdruckrechte liegen beim Suhrkamp-Verlag.

38 Klaverkämper: Fachsprachliche Phänomene, S. 721.

39 Vgl. Richard Boyd: Metaphor and Theory Change. What is „Metaphor“ a Metaphor for? In: *Metaphor and Thought*. Hrsg. von Andrew Ortony. Cambridge: Cambridge UP, 1988. S. 356–408; Bernhard Debatin: *Die Rationalität der Metapher. Grundlagen der Kommunikation und Kognition*. Berlin: De Gruyter, 1995; Lakoff und Núñez: *Where Mathematics Comes From*; Lutz Danneberg (Hrsg.): *Begriffe, Metaphern und Imaginationen in Philosophie und Wissenschaftsgeschichte*. Wiesbaden: Harrassowitz, 2009.

40 Boyd: Metaphor and Theory Change, S. 362–363.

Boyd unterscheidet hier in traditioneller Weise den Bildspender (‚secondary subject') von dem Bildempfänger (‚primary subject') einer Metapher. Beispielsweise ist in der Formulierung ‚Vater Staat' das semantische Feld der Familie der Bildspender (Vater) und das politische Feld der Bildempfänger (das Konstrukt Staat). Boyds These lautet nun, dass in literarischen Metaphern die bekannten und konventionell-typischen Merkmale des Bildspenders auf den Bildempfänger appliziert werden (im Beispiel ‚Vater Staat' die Vertrauenswürdigkeit, Fürsorglichkeit, aber auch Autorität und Strenge des Vaters); seit der Antike wird dies das *tertium comparationis* genannt. Theoriekonstitutive Metaphern dagegen zielten, so Boyd, gerade auf noch unbekannte oder nicht erklärte Analogien und Ähnlichkeiten von Bildspender und Bildempfänger ab. Bernhard Debatin bezeichnet theoriekonstitutive Metaphern auch als „rationalen Vorgriff"[41], da sie eine rationale und begriffliche Erschließung eines noch unbekannten Gegenstandsbereichs erlaubten, noch bevor Begriffe definiert und kohärente Modelle entwickelt werden könnten. In diesem Vor-Griff liege auch ihre Vor-Läufigkeit begründet, denn sobald die Metaphern durch Definitionen in die Terminologie integriert seien, verblasse ihr metaphorischer Gehalt:

> Die zeitliche Limitierung von theoriekonstitutiven Metaphern hat nun darin ihren Grund, daß die wissenschaftliche Tätigkeit systematisch darauf abzielt, den kognitiven Gehalt von theoriekonstitutiven (also innovativen) Metaphern auszuschöpfen, wodurch diese dann eine feste Bedeutung gewinnen und zur konventionalisierten, selbstverständlichen Fachterminologie werden [...]. Im Prozeß ihrer fortschreitenden Auslegung können theoriekonstitutive Metaphern dann so sehr ‚gerinnen', daß ihre metaphorischen Eigenschaften nicht mehr bewußt sind [...].[42]

Mit dem Titel „Die Mathematiker" entwickelt Enzensberger den Kontext, in dem dann das direkt folgende Wort ‚Wurzel' zunächst als Fachterminus markiert ist. Der anschließende Relativsatz „Wurzeln, die nirgends wurzeln" weist – wie bereits angedeutet – darauf hin, dass es sich um eine wenn auch nicht theoriekonstitutive so doch um eine ursprünglich theorieleitende Metapher handeln könnte: Mit dem Verb ‚wurzeln', also dem Gründen in etwas Tieferem, ist das typisch-konventionelle Merkmal oder ein mögliches *tertium comparationis* der Metapher benannt. Nur worin könnte die Wurzel einer Zahl gründen?

---

41 Debatin: *Rationalität der Metapher*, S. 138.
42 Ebd., S. 147–148.

Der französische Linguist Yves Gentilhomme spricht hier von einer Aufsplitterung bzw. Verdoppelung des Signifikats.[43] Die gemeinsprachliche Bedeutung (*signifié-notion*) wird in der Terminologisierung durch die strenge definitorische Bedeutung (*signifié-concept*) in der *Sprache Mathematik* ersetzt.[44] Zunächst kann die gemeinsprachliche Bedeutung die Übernahme in die Wissenschaftssprache semantisch motivieren, doch mit historischem Abstand nimmt die Distanz von gemeinsprachlicher und definitorischer Bedeutung tendenziell zu und die semantische Motivation ist nicht mehr erkennbar.[45] Auf das Wort ‚Wurzel' in der ersten Verszeile des Gedichts scheint dies zuzutreffen. Es handelt sich um die deutsche Übersetzung des lateinischen *radices*. Doch wie der Mathematikhistoriker Max Schmidt betont, ist *radices* wiederum eine Übersetzung des griechischen *Rhidsai* (ῥίζαι), mit dem die Pythagoreer die Anfangsglieder gewisser Zahlreihen, deren Grundzahlen oder ‚Wurzelzahlen' benannt hätten.[46] Das Wurzelzeichen (der Wurzeloperator) wird bisweilen auf den Anfangsbuchstaben „r" der lateinischen Übersetzung zurückgeführt. Versteht man die Gleichung $a = \sqrt[n]{b}$ als Suche nach der Basis a, die in die n-te Potenz erhoben werden muss, um den Radikanten b zu erhalten, so könnte man diese Operation spekulativ auf eine ursprüngliche Formulierung wie ‚ein Zurückführen auf eine Wurzel' oder ‚das Lösen der Gleichung durch die Rückführung auf die Wurzelzahl' rekonstruieren.

Enzensbergers Gedicht formt also im Zusammenspiel von Titel und erster Zeile plakativ diese Aufsplitterung des Signifikats, die Diskrepanz zwischen gemeinsprachlicher Metaphernbildung und wissenschaftssprachlichem Terminus anschaulich nach. Auch der zweite Terminus ‚Abbildung' (Z. 2) ist vermutlich den meisten Laien bekannt und auch hier wird auf dessen metaphorischen Gehalt angespielt (‚für geschlossene Augen'). ‚Keime', ‚Büschel', ‚Faltungen', ‚Fasern' jedoch sind dem Nicht-Fachmann nicht mehr als Termini der Mathematik geläufig und über ihren metaphorischen Gehalt auch nicht erschließbar. Während also die metaphorische wie die terminologische Bedeutung des Wortes ‚Wurzel' vom Laien

---

43 Vgl. Yves Gentilhomme: Contribution à une réflexion sur les locutions mathématiques. In: *Cahiers de Lexicologie* 66.1 (1995). S. 5–37, hier S. 24: „éclatement du signigié" – „duplication du signifié".

44 Vgl. auch Becker: *Semantische und lexikalische Aspekte*, S. 86–90.

45 Gentilhomme geht sogar davon aus, dass beide Signifikate im Diskurs der Mathematik kopräsent sind: „Notre hypothèse fondamentale est que le fonctionnement d'un terme technoscientifique exige la coprésence d'une notion et d'un concept." Yves Gentilhomme: L'éclatement du signifié dans les discours technoscientifiques. In: *Cahiers de Lexicologie* 64.1 (1994). S. 5–35, hier S. 26.

46 Vgl. Max C. P. Schmidt: *Zur Entstehung und Terminologie der elementaren Mathematik*. Wiesbaden: Sändig, 1966.

noch präsent gehalten werden kann, klafft hier eine beinahe unüberbrückbare Diskrepanz zwischen Fach- und Gemeinsprache.

Der Mathematiker Günther Eisenreich untersucht detailliert semantische, morphologische und syntaktische Besonderheiten der Sprache der Mathematik. Vergleicht man seine Darstellung und das Gedicht „Die Mathematiker", scheint es beinahe so, als ob Enzensberger die von Eisenreich aufgeführten Charakteristika nacheinander aufgreift und lyrisch zur Schau stellt. Eisenreich warnt nicht nur davor, in mathematischen Begriffen vorschnell Metaphern, sprich: literarische Metaphern zu erkennen, sondern auch davor, definierte Ausdrücke der Mathematik allzu wörtlich zu nehmen;[47] hier also Ausdrücke wie „überabzählbar" (Z. 8) oder „Jenseits-Mengen" (Z. 10). Drittes auffälliges Merkmal in Eisenreichs Nennung sind die aus Namen gebildeten Bezeichnungen der mathematischen Terminologie, die sich in Enzensbergers Gedicht in den Strophen drei und fünf finden. Zunächst wird die ‚Geisterhaftigkeit' (Z. 11) der Gespräche unter Mathematikern – also des *Sprechens der Mathematiker* – postuliert und anschließend werden gleichsam zur Illustration drei solcher Benennungen asyndetisch aufgelistet. Die Auswahl einer zahlentheoretischen Fragestellung (großer Satz des Fermat), eines Problems der Thermodynamik (Poincaré-Zermelo'scher Wiederkehreinwand) sowie eines Theorems der Mengenlehre (Lemma von Kuratowski-Zorn) scheint aus fachlicher Perspektive heterogen und nicht motiviert. Vielmehr werden hier erneut Signifikanten zur Schau gestellt, die dem Laien erfahrbar machen, wie wenig vertraut er mit dem *Sprechen der Mathematiker* ist, obgleich es sich um eine gemeinsprachlich übliche und verständliche Konstruktion nach dem Muster ‚Artikel plus ein aus einem Personennamen gebildetes Adjektiv plus Substantiv' handelt. Ebenso verhält es sich mit den „Galois-Felder[n]", den „Riemann-Flächen" (Z. 24), dem „Cantor-Staub" (Z. 25) und schließlich den „Hausdorff-Räume[n]" (Z. 26).

In der vierten Strophe – der einzigen, die frei von mathematischen Termini ist – ordnet sich das lyrische Ich einer Gruppe zu, die mit derjenigen der Mathematiker kontrastiert wird und sich durch die Teilhabe an gewissen Freuden konstituiert; Freuden, die den „geblendet[en]" (Z. 14) Augen der Mathematiker „blutig[]" (Z. 20) erscheinen. Eine schlüssige Lesart dieser fünf Zeilen ergibt sich erst rückwirkend aus Strophe fünf, wo Enzensberger wie bereits in der ersten Strophe das zentrale Wort in einer Inversion an den Anfang des Verses setzt: „Wortarm stolpert ihr, / selbstvergessen, / getrieben vom Engel der Abstraktion". ‚Wortarmut' und ‚Abstraktion' verweisen auf ein weiteres Charakteristikum der Sprache der Mathematik, nämlich die großen formalsprachlichen Anteile. Im Kontrast zu

47 Vgl. Eisenreich: Die neuere Fachsprache der Mathematik, S. 1224.

Formalisierung und Abstraktion können die „blutigen Freuden" aufgrund der semantischen Assoziation Blut – Leben als Freude an einer lebendigen, konkreten, sinnlichen Sprache begriffen werden. Auch Günther Eisenreich attestiert: „In der Mathematik geht die Präzision des Ausdrucks über die Schönheit des Stils."[48] Das Gedicht verschränkt die genannten Merkmale der Sprache der Mathematik immer wieder mit einem pejorativen Bild der Mathematiker: Sie werden als hochmütige, geblendete und haarlose Junggesellen beschrieben, als Theologen ohne Gott, als ausgebrannte und verhärmte Gestalten, deren Schicksal das „Fegefeuer der Rekursion" (Z. 34) ist. ‚Rekursion' ist zunächst die mathematische Bezeichnung selbstbezüglicher Verfahren, kann an dieser Stelle aber zudem als Metapher gelesen werden. Hochmut, Abwendung und Selbstvergessenheit führen, so legt es das Gedicht nahe, in eine selbstbezügliche Einsamkeit. Sprachlich inszeniert das Gedicht die Unverständlichkeit der Sprache der Mathematik und leitet implizit die Isolation der Mathematiker aus der Beschaffenheit ihrer Sprache ab. Diese Verknüpfung kann sowohl als ernsthafte Kritik als auch als witzige Ironie aufgefasst werden. Zwei Perspektiven, die sich auch in der kurzen Replik des Mathematikers Alexander Mehlmann wiederfinden:

> Die Dichter
>
> Dann, mit vierzig,
> von der hechelnden Jagd nach Metaphern
> im ausgedünnten Unterholz der Semantik verbraucht,
> ergebt ihr euch,
> [...]
> o Thalmayr, o Schrott, o Czernin,
> in der Hölle der schwindenden Auflagen.[49]

Mehlmann stellt dem ‚Metapherntabu' der Wissenschaften ironisch die ‚Metaphernsucht' der Dichter gegenüber, dem „Fegefeuer der Rekursion" die „Hölle der schwindenden Auflagen". Aber Enzensbergers Gedicht muss nicht als despektierliche Kritik verstanden werden, es ist auch eine implizite Aufforderung, die die Mathematiker ermutigen möchte, ihre Erkenntnisse in einer lebendigen und anschaulichen Sprache zu formulieren – oder wenigstens den Versuch hierzu zu unternehmen – und so auch den interessierten Nicht-Fachfrauen und -männern die Gipfelfreuden mathematischer Erkenntnis zu eröffnen. Und tatsächlich sind seit der Entstehung des Gedichts etliche populärwissenschaftliche und gut verständliche Einführungen in die Mathematik erschienen, Enzensberger

---

48 Ebd., S. 1223.

49 Alexander Mehlmann: *Mathematische Seitensprünge. Ein unbeschwerter Ausflug in das Wunderland zwischen Mathematik und Literatur.* Wiesbaden: Vieweg & Sohn, 2007. S. 109.

selbst unternahm in den 1990er Jahren mit dem Kinderbuch *Der Zahlenteufel* einen derartigen ‚Übersetzungsversuch'.[50] Und er wendet sich nicht nur an die Gruppe der Mathematiker; in seinem Vortrag *Zugbrücke außer Betrieb oder Die Mathematik im Jenseits der Kultur* kritisiert er auch scharf „profunde[s] mathematische[s] Nichtwissen" in der Kultur und die Ignoranz gegenüber mathematisch-naturwissenschaftlichen Erkenntnissen.[51] Er beendet diesen Vortrag, indem er einen fiktionalen Dialog zwischen einem Mathematiker und einem Laien aus Ian Stewarts Buch *The Problems of Mathematics*[52] zitiert:

> *Der Mathematiker*: Es handelt sich um eine der wichtigsten Entdeckungen des letzten Jahrzehnts.
> *Der Laie*: Können Sie mir das in Worten erklären, die für gewöhnliche Sterbliche verständlich sind?
> *Der Mathematiker*: Das geht nicht. Sie können keinen Eindruck davon bekommen, wenn Sie die technischen Details nicht verstehen. Wie soll ich über Mannigfaltigkeiten sprechen, ohne zu erwähnen, daß die Sätze, um die es geht, nur dann funktionieren, wenn diese Mannigfaltigkeiten endlichdimensional, parakompakt und hausdorffsch sind und wenn sie einen leeren Rand haben?
> *Der Laie*: Dann lügen Sie eben ein bißchen.
> *Der Mathematiker*: Das liegt mir aber nicht.
> *Der Laie*: Warum nicht? Alle andern lügen doch auch.
> *Der Mathematiker* (nahe daran, der Versuchung nachzugeben, aber im Widerstreit mit einer lebenslangen Gewöhnung): Aber ich muß doch bei der Wahrheit bleiben!
> *Der Laie*: Sicher. Aber Sie könnten sie ein bißchen verbiegen, wenn dadurch verständlicher wird, was Sie eigentlich treiben.
> *Der Mathematiker* (skeptisch, aber von seinem eigenen Wagemut beflügelt): Meinetwegen. Es käme auf einen Versuch an.[53]

Genau diesen Versuch einer gemeinsamen Sprache von Mathematikern und Laien fordert Enzensberger immer wieder ein – nicht mehr aber auch nicht weniger. Die Integration wissenschaftssprachlicher Elemente in seinem Gedicht „Die Mathematiker" stellt die Differenzen zur Gemeinsprache dar und appelliert gleichermaßen zu deren Überwindung. Die Mittel der Darstellung (z. B. das Spiel mit dem metaphorischen Gehalt terminologischer Begrifflichkeit) finden sich in vielen Gedichten, beispielsweise in Stanisław Lems mathematischem Liebesgedicht, von dem hier nur einige Zeilen wiedergegeben werden sollen:

---

50 Hans M. Enzensberger: *Der Zahlenteufel. Ein Kopfkissenbuch für alle, die Angst vor der Mathematik haben*. München: Hanser, 1997.

51 Hans M. Enzensberger: Zugbrücke außer Betrieb oder Die Mathematik im Jenseits der Kultur. In: ders.: *Die Elixiere der Wissenschaft*. Frankfurt a. M.: Suhrkamp, 2004. S. 11–25, hier S. 24.

52 Ian Stewart: *The Problems of Mathematics*. Oxford: Oxford UP, 1987.

53 Hans M. Enzensberger: Zugbrücke außer Betrieb, S. 24–25.

Komm, laß uns tanzen in den Banachraum,
wo Punktepaare wohlgeordnet sind,
und riemannsche Blätter rascheln im Wind,
gefaltet, geheftet, schön wie im Traum. [...][54]

Von Annette Möller gibt es eine mathematische Nachdichtung von Schillers „Die Bürgschaft" mit dem Titel „Des Grenzwertes Bürgschaft". Auch hier sollen einige Verse das sprachliche Verfahren illustrieren:

Zu Cauchy dem Tyrannen schlich
Eine unendliche Reihe, die Nullfolge im Gewande.
Sie schlug die harmonische Reihe in Bande.
„Was willst du mit der Nullfolge, sprich?"
Entgegnet ihr finster der Wüterich.
„Die Folgen und Reihen von der Divergenz befreien!"
„Das sollst du mit $(-1)^n$ bereuen." [...][55]

Die bis jetzt angeführten Beispiele bleiben in den Bereichen, die vorhin mit Mehrtens die *mathematische Umgangssprache* und das *Sprechen der Mathematiker* genannt wurden. Doch auch die Formalsprache Mathematik kann durchaus lyrisch gestaltet werden. Das Gedicht „Kleiner Streit" des Schweizers Hans Manz nutzt die Tatsache, dass es sich bei den arabischen Ziffern um ideographische Zeichen handelt, die kein Phonem repräsentieren, sondern in allen Sprachen direkt die entsprechenden Zahlen bedeuten.

Kleiner Streit

„Ich bin 2fellos größer als du",
sprach zum Einer der Zweier.
„3ster Kerl, prahle nicht so!"
knurrte der größere Dreier.
„Und ich!" rief der Einer, „bin zwar der kl1te,
aber dafür bestimmt auch der f1te. [...][56]

54 Stanisław Lem: *Kyberiade. Fabeln zum kybernetischen Zeitalter.* Frankfurt a. M.: Insel, 1992. In der Diegese der Kyberiaden-Erzählung „Die Reise Eins A oder Trurls Elektrobarde" wird dieses Gedicht ironischerweise von einer Lyrik-Maschine verfasst.

55 Annette Möller: *Des Grenzwertes Bürgschaft.* http://www.statistik.uni-dortmund.de/download/publikationen/GW_Buergschaft.pdf. Website der TU Dortmund, Fakultät Statistik. Gedicht datiert auf Dezember 2002 (14. April 2015).

56 Hans Manz: Kleiner Streit. In: *Sprachspiele.* Hrsg. von Winfried Ulrich. Aachen: Hahner, 2002. S. 185.

Ein ganz anderes Zahlengedicht findet sich in Oskar Pastiors Gedichtsammlung *sonetburger*, es trägt den Titel „88 111 94“[57]:

```
88 111 94

33 333 33
122 4 122
288? 8282
5 365 5 3

14 14 642
333 33 53
7 77 95 0
60600 246

„unikate"
222 3 222
5 7 91 17
444 5 444
„takineu"
55 444 55
```

Zunächst ist in der Anordnung der Zeilen die formale Struktur eines Sonetts zu erkennen: 14 Zeilen, zwei Quartette und zwei Terzette. Jede Zeile hat (Leer-, Anführungs- und Fragezeichen mitgezählt) neun Anschläge mit je sieben Zeichen und zwei Leerzeichen. Die Terzette weisen sowohl ein Anagramm auf („unikate“, „takineu“) als auch eine besondere Zahlenpermutation. Bis auf das Anagramm, das Fragezeichen und die Anführungszeichen ist das gesamte Gedicht aus dem genuin mathematischen Zeichenvorrat der Ziffern gebildet. Würde man die Null als gerade Zahl betrachten, was aus mathematischer Perspektive eine Fahrlässigkeit wäre, könnte man eine Art Reimschema oder auch Kadenzen von geraden und ungeraden Zahlen erkennen (die Zeilen „unikate“ und „takineu“ ausgenommen). Das Gedicht legt aufgrund der vertikalen Anordnung, die an einen Kassenzettel oder eine flüchtig notierte Rechnung erinnert, nahe, Relationen zwischen Zahlen und Zahlengruppen zu suchen. Eventuell handelt es sich tatsächlich um die Notierung einer Rechnung, bei der jedoch die Symbole der mathematischen Operatoren getilgt wurden, eventuell bilden Quersummen der Zeilen ein Muster, das eine Struktur oder Gesetzmäßigkeit aufweist. Doch keine dieser Vermutungen bewahrheitet sich. Das Gedicht sperrt sich jedem deutenden Zugriff und man

57 Oskar Pastior: *sonetburger. Mit 3 × 14 Zeichnungen des Autors*. Berlin: Rainer, 1983. S. 13.

kann Erika Greber zustimmen, wenn sie von einem „Muster ohne erkennbare Sinnbildung“[58] spricht.

Vermutlich ist sogar genau das die Strategie des Textes. Oskar Pastior ist für seine Permutations- und Anagramm-Akrobatik, für seine Wortdemontage und experimentelle Rekombinationskunst bekannt. Er selbst nannte sein Verfahren „molekulares Cracking“ – „das Aufknacken von Wörtern und Wendungen in Bedeutungsklumpen [...] und dann Zusammenfügen in irgendwo stupenden, aber exotisch einleuchtenden neuen semantischen Verbindungen“.[59]

Wenn man den Kalkül der Mathematik und ihre Symbolik als eine eigene Sprache mit eigenem symbolischen Alphabet, eigenen Formationsregeln (also syntaktischen Regeln), Axiomen und Schlussregeln begreift,[60] weitet Pastior seine Demontagestrategie im Gedicht „88 111 94“ auf die *Sprache Mathematik* aus. Die Suche nach sinntragenden Strukturen wird wie bei so vielen Buchstaben- und Anagrammsonetten Pastiors angeregt und gleichzeitig unterwandert. Das Spezielle des Gedichts „88 111 94“ ist unter dieser Voraussetzung, dass sozusagen neben sprachlichen auch mathematische Sinnkonstituierungsmechanismen im Rezipienten stimuliert werden, ohne ihnen einen Angriffspunkt zu bieten. Bei allen Ziffern und Zahlengruppen des Gedichts scheint es sich in einem wörtlichen Sinn um „unikate“ (lat. *unus*, ‚der Einzelne‘) zu handeln, insofern als keine sinnvolle Verbindung zwischen ihnen hergestellt werden kann, insofern als sie keine sinntragende Relation aufweisen und nur über ihre äußere Form, also ihre Anordnung in der strengen Form eines Sonetts, näher bestimmbar sind.

Auch Max Benses Gedicht „Das zweite Ich“ besteht bis auf den Titel aus Zeichen und Symbolen der *Sprache Mathematik* und doch gestaltet es diese in völlig anderer Weise.

---

58 Erika Greber: Triskaidekaphobia? Sonettzahlen und Zahlensonette. In: *Zahlen, Zeichen und Figuren. Mathematische Inspirationen in Kunst und Literatur*. Hrsg. von Andrea Albrecht, Gesa von Essen und Werner Frick. Berlin: De Gruyter, 2011. S. 214–246, hier S. 234.

59 Oskar Pastior: *Das Unding an sich. Frankfurter Vorlesungen*. Frankfurt a. M.: Suhrkamp, 2006. S. 40.

60 Vgl. Falkenburg: Verhältnis von formalen Sprachen und verbalen Fachsprachen, S. 913.

Das zweite Ich[61]

1 + 2 + 4 + 17 + 142

=

220

---

1 + 2 + 4 + 5 + 10 + 20 + 11 + 22 + 44 + 55 + 110

=

284

---

1 + 2 + 4 + 17 + 142

In Benses Gedicht lassen sich schnell sinnvolle Relationen herstellen, die Summen ergeben die zwei unter dem Gleichheitszeichen stehenden Zahlen 220 und 284. Darüber hinaus besteht jedoch eine besondere Relation zwischen den beiden Zahlen 220 und 284 sowie zum Titel. Betrachtet man nämlich die Zahlen genauer, die hier addiert werden, fällt auf, dass die erste Zeile (1, 2, 4, 71, 142) aus lauter echten, also ganzzahligen Teilern der Zahl 284 besteht (bis auf die Zahl 284 selbst); die zweite Summe (1, 2, 4, 5, 10, 20, 11, 22, 44, 55, 110) wird wiederum aus echten Teilern der Zahl 220 gebildet. Die beiden Zahlen 220 und 284 verbindet, dass sie das Ergebnis der Summe der echten Teiler der jeweils anderen Zahl sind. Inzwischen sind mehrere hunderttausende Zahlenpaare mit dieser Eigenschaft bekannt. In der Mathematik werden sie ‚befreundete Zahlen' genannt. Die Bezeichnung weist eine Spur in die Geschichte der Mathematik. Der Neuplatoniker Iamblichos von Chalkis (240/245–320/325) schreibt in *Zur Arithmetikeinführung des Nikomachos (von Gerasa)* die Benennung dieser Zahlenpaare Pythagoras zu.[62] Dieser sei gefragt worden, was ein Freund sei; darauf habe er geantwortet: Einer, der ein *anderes Ich* ist, wie 220 und 284.[63]

Benses Zahlengedicht entpuppt sich unerwartet als ein Gedicht auf die Freundschaft. Die Bezeichnung ‚befreundete Zahlen' erschließt sich jedoch nicht aus dem Zahlenverhältnis, sondern ist erst aufgrund der Anekdote nachvollziehbar. Doch Bense gibt dem Gedicht nicht den Titel ‚befreundete Zahlen', sondern

61 Max Bense: *Nur Glas ist wie Glas. Werbetexte*. Berlin: Fietkau, 1970. S. 30. Abdruck mit freundlicher Genehmigung des Verlages.

62 Ermenegildo Pistelli (Hrsg.): *Iamblichi in Nicomachi arithmeticam introductionem liber*. Neu bearb. von Ulrich Klein. Stuttgart: Teubner, 1975. S. 35.

63 Eine weitere Anekdote zu den befreundeten Zahlen berichtet Peter Weibel: „El Madchaiti, der Madrider, [habe] angeleitet, man solle die Zahlen 220 und 284 aufschreiben, die kleinere dem Objekt der Begierde zum Essen geben und selbst die größere essen. Er selbst habe die erotische Wirkung davon in eigener Person erprobt, genau wie Ibn Chaldun von den wunderbaren Kräften dieser Zahlen als Talisman Gebrauch gemacht habe." Peter Weibel: Kuriosa der Zahlenkunde und die Kunst. In: *Zur Kunst des formalen Denkens*. Hrsg. von Rainer E. Burkhard, Wolfgang Maas u. a. Wien: Passagen, 2000. S. 25–64, hier S. 32–34.

„Das zweite Ich“. Er stellt damit den Bezug zu einer Überlieferung her, in der die mathematische Bezeichnung narrativ begründet wird. Interessanterweise dient in dem Pythagoras zugeschriebenen Satz nicht die Freundschaft dazu, das Zahlenverhältnis zu erläutern, vielmehr soll das Zahlenverhältnis helfen, das Wesen der Freundschaft näher zu bestimmen. Die Überlieferung des Iamblichos und Benses Gedicht treten so in einen spannungsvollen Dialog. Wird hier die Frage gestellt: Was ist ein Freund?, fragt sich dort der Rezipient: Was verbindet diese Zahlen? – die gemeinsame Antwort lautet: „Das zweite Ich“. Das Besondere ist nun, dass einmal die mathematische Kenntnis hilft, die gemeinsprachliche Bedeutung von Freundschaft zu reflektieren und dass umgekehrt die lebensweltliche Kenntnis vom Wesen der Freundschaft die mathematische Bezeichnung näher zu charakterisieren ermöglicht.

Die Metapher ‚Freundschaft‘ changiert in diesem Dialog zwischen den Merkmalen, die Richard Boyd der theoriekonstitutiven einerseits und der literarischen Metapher andererseits zuspricht. Es werden bekannte und typische Merkmale der Freundschaft aufgerufen und gleichzeitig die Suche nach noch unbekannten Analogien und Ähnlichkeiten zum Zahlenverhältnis angeregt. Denn was heißt es hier wie dort, ein anderes, also nicht identisches Ich zu haben? Das Faszinierende ist, dass sich das Gedicht eben nicht in einem einzigen Satz paraphrasieren lässt. Gemeinsprache und die *Sprache Mathematik* treten auf diese Weise in einen produktiven und auch ästhetisch anregenden Austausch.

Mit dem letzten Beispiel werden zwei der im Titel gezogenen Eingrenzungen überschritten: Erstens handelt es sich um englischsprachige Lyrik und zweitens werden neben der *Sprache Mathematik* auch nonverbale, visuelle Elemente aufgegriffen:

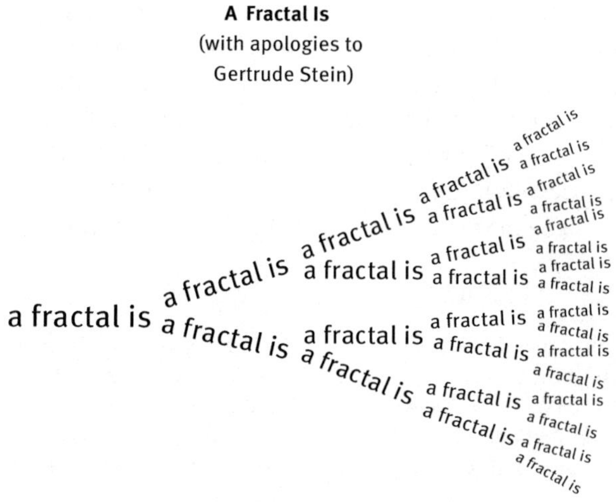

Abb. 1: Thomas Sibley: A Fractal Is (with apologies to Getrude Stein). Quelle: http://employees.csbsju.edu/tsibley/FractalPoem.pdf (14. April 2015).

Thomas Sibleys Gedicht „A Fractal Is“ (1998) ist ebenfalls ein mathematisch-literarischer Dialog, der bereits mit dem Zusatz „with apologies to Gertrude Stein“ eröffnet wird.[64] Sibley, Mathematiker an der St. John’s University Minnesota, verweist auf jenen berühmten, tautologischen Satz aus Steins Gedicht „Sacred Emily“: „Rose is a rose is a rose is a rose“.[65] Er ersetzt jedoch „rose“ durch „fractal“, ein von Benoît Mandelbrot geprägter Terminus, der geometrische Muster benennt, die eine gebrochene Dimension, d. h. keine ganzzahlige Dimension haben. Fraktale zeichnen sich durch das Merkmal der Selbstähnlichkeit aus, die besonders aufgrund der farbigen Darstellung z. B. der Mandelbrotmenge oder der Juliamenge populär wurden.

Die Selbstähnlichkeit auf der visuellen Ebene des Gedichts „A Fractal Is“ korrespondiert nun mit der Selbstbenennung oder Autologie (ein Begriff von Kurt Grelling und Leonard Nelson) auf der semantischen Ebene. Das Gedicht benennt, was es ist, und zeigt, was es benennt: Es repräsentiert semantisch, syntaktisch und strukturell fraktale Eigenschaften. Das rekursive Verfahren zur Erzeugung solcher Gebilde findet sich in der autologischen und tautologischen Satzstruktur wieder. Sibley gestaltet im intertextuellen Verweis auf Gertrude Steins Gedicht, durch die Integration des Terminus ‚Fractal‘ sowie durch die Ähnlichkeit der typographischen Form zur visuellen Darstellung fraktaler Strukturen eine Synthese von Elementen der Sprache der Mathematik, von lyrischer Form und visueller Poesie.

5 Fazit

Die Verbindung von Mathematik und Lyrik erschöpft sich nicht in der gereimten Wiedergabe mathematischer Inhalte. Die untersuchten Beispiele legen ein beredtes Zeugnis davon ab, dass Autoren sich immer wieder mit lyrischem Anspruch der Sprache der Mathematik annähern. Pastior findet in ihr eine Möglichkeit, sein Sinn-Demontageverfahren auf eine völlig neue Sprache und damit andere Kontexte der Sinnkonstruktion auszuweiten, und integriert so die Zahl in den poetischen Kontext. Enzensberger dagegen thematisiert die Differenz zwischen Fach-

---

64 Thomas Sibley: *A Fractal Is.* http://employees.csbsju.edu/tsibley/FractalPoem.pdf. Homepage von Tom Sibley an der St. John’s University, Collegeville, MN (14. April 2015). Ebenfalls in *The Mathematical Intelligencer* 20.2 (1998). S. 22; sowie in Alfred Schreiber (Hrsg.): *Die Leier des Pythagoras.* Wiesbaden: Viehweg und Teubner, 2010. S. 81.

65 Gertrude Stein: *Geography and Plays.* Hrsg. von Cyrena N. Pondrom. Madison: University of Wisconsin Press, 1993. S. 178.

und Gemeinsprache sowie die aus der Differenz resultierenden Konsequenzen für das Anliegen einer allgemeinverständlichen Wissenschaftskommunikation. Sein lyrisches Verfahren, den metaphorischen Gehalt von Fachtermini aufzurufen und gleichzeitig dessen Differenz zur fachinternen, definierten Bedeutung ironisch zu inszenieren, erweist sich darüber hinaus als gängiges Mittel ‚mathematischer Lyrik'. Hierbei wird die Mathematik beim Wort oder mit ironisch-witzigem Unterton sogar allzu wörtlich genommen.

Die Thematisierung der Sprache der Mathematik in und durch Lyrik ist dabei Katalysator intertextueller Verfahren. Dies kann in Form eines Dialogs – wie zwischen Enzensbergers und Mehlmanns Gedichten – geschehen oder innerhalb eines Textes, wenn Bense auf die historische Überlieferung und damit die historische Genese einer Namensgebung verweist. Sibleys „A Fractal Is" greift wiederum in Formulierung und Struktur einen lyrischen Text auf und bringt ihn sozusagen in eine mathematische Form, während Pastior Zahlen in eine lyrische (Sonett-) Form fügt. In diesem Sinn zeigen die untersuchten Beispiele, dass durchaus ein produktiver und teils auch unterhaltsamer Dialog zwischen den Kulturen möglich ist. Oder in Anlehnung an Goethes Vergleich: Deutsche können Französisch lernen und Franzosen Deutsch. Und bezeichnenderweise beschließt der Geheime Hofrat seinen Aufsatz „Über Mathematik und deren Mißbrauch" mit einem Zitat auf Französisch und zitiert den Astronomen Franz Xaver von Zach, der seinerseits Plutarch zitiert: „Sans franc-penser en l'exercice *des* lettres / Il n'y a ni lettres, ni sciences, ni esprit, ni rien."[66]

Literatur

Austermühl, Elke: *Poetische Sprache und lyrisches Verstehen.* Phil. Diss. Masch. Heidelberg, Kassel: Gesamthochschule, 1981.

Barthes, Roland: *Die Sprache der Mode.* Frankfurt a. M.: Suhrkamp, 2004.

Becker, Holger: *Semantische und lexikalische Aspekte der mathematischen Fachsprache des 19. Jahrhunderts.* Phil. Diss. Digital. Oldenburg: Carl von Ossietzky Universität, 2006. http://oops.uni-oldenburg.de/59/ (14. April 2015).

Bense, Max: *Nur Glas ist wie Glas. Werbetexte.* Berlin: Fietkau, 1970.

Blumenthal, Otto: Lebensgeschichte. In: David Hilbert: *Gesammelte Abhandlungen. Analysis, Grundlagen der Mathematik, Physik, Verschiedenes.* Berlin: Julius Springer, 1935. S. 388–429.

Bois-Reymond, Paul du: Was will die Mathematik und was will der Mathematiker? In: *Jahresbericht der Deutschen Mathematiker-Vereinigung* 19 (1910). S. 190–198.

66 Goethe: Über Mathematik und deren Mißbrauch, S. 335. Herv. im Orig.

Boyd, Richard: Metaphor and Theory Change. What is „Metaphor" a Metaphor for? In: *Metaphor and Thought*. Hrsg. von Andrew Ortony. Cambridge: Cambridge University Press, 1988. S. 356–408.

Cassirer, Ernst: Goethe und die mathematische Physik. Eine erkenntnistheoretische Studie. In: ders.: *Idee und Gestalt. Goethe, Schiller, Hölderlin, Kleist* [Reprint der 2. Ausg. Berlin 1924]. Darmstadt: Wissenschaftliche Buchgesellschaft 1971. S. 33–80.

Danneberg, Lutz (Hrsg.): *Begriffe, Metaphern und Imaginationen in Philosophie und Wissenschaftsgeschichte*. Wiesbaden: Harrassowitz, 2009.

Debatin, Bernhard: *Die Rationalität der Metapher. Grundlagen der Kommunikation und Kognition*. Berlin: De Gruyter, 1995.

Dyck, Martin: Goethes Verhältnis zur Mathematik. In: *Goethe – Neue Folge des Jahrbuchs der Goethe-Gesellschaft* 23 (1961). S. 49–71.

Eisenreich, Günther: Die neuere Fachsprache der Mathematik seit Carl Friedrich Gauß. In: *Fachsprachen. Ein internationales Handbuch zur Fachsprachenforschung und Terminologiewissenschaft*. Hrsg. von Lothar Hoffmann u. a. Berlin: De Gruyter, 1998 [Handbücher zur Sprach- und Kommunikationswissenschaft. Bd. 14.2]. S. 1222–1230.

Enzensberger, Hans M.: *Der Zahlenteufel. Ein Kopfkissenbuch für alle, die Angst vor der Mathematik haben*. München: Hanser, 1997.

Enzensberger, Hans M.: *Die Elixiere der Wissenschaft*. Frankfurt a. M.: Suhrkamp, 2004.

Epstein, Paul: Goethe und die Mathematik. Vortrag, gehalten am 10. Dezember 1922. In: *Jahrbuch der Goethe-Gesellschaft* 10 (1924). S. 76–102.

Falkenburg, Brigitte: Das Verhältnis von formalen Sprachen und verbalen Fachsprachen in den neueren Naturwissenschaften. In: *Fachsprachen. Ein internationales Handbuch zur Fachsprachenforschung und Terminologiewissenschaft*. Hrsg. von Lothar Hoffmann u. a. Berlin: De Gruyter, 1998 [Handbücher zur Sprach- und Kommunikationswissenschaft. Bd. 14.2]. S. 910–921.

Gabriel, Gottfried: Über ‚alle', ‚jeder' und ‚einige'. Zur Logik und Rhetorik der Allgemeinheit und Partikularität. In: *TABVLA RASA. Jenenser Zeitschrift für kritisches Denken* 44 (2011). o. P. http://www.tabvlarasa.de/44/Gabriel.php (14. April 2015).

Gentilhomme, Yves: L'Éclatement du signifié dans les discours technoscientifiques. In: *Cahiers de Lexicologie* 64.1 (1994). S. 5–35.

Gentilhomme, Yves: Contribution à une réflexion sur les locutions mathématiques. In: *Cahiers de Lexicologie* 66.1 (1995). S. 5–37.

Goethe, Johann Wolfgang von: Über Mathematik und deren Mißbrauch, so wie das periodische Vorwalten einzelner wissenschaftlicher Zweige. In: ders.: *Sämtliche Werke nach Epochen seines Schaffens. Münchner Ausgabe*. Bd. 13.2. Hrsg. von Karl Richter. München: Hanser, 1993. S. 324–336.

Goethe, Johann Wolfgang von: Maximen und Reflexionen. In: ders.: *Sämtliche Werke nach Epochen seines Schaffens*. Bd. 17. Hrsg. von Karl Richter. München: Hanser, 1991. S. 715–953.

Grage, Joachim: Die Abwehr des Zufalls. Inger Christensen und die sprachbildende Kraft der Mathematik. In: *Zahlen, Zeichen und Figuren. Mathematische Inspirationen in Kunst und Literatur*. Hrsg. von Andrea Albrecht, Gesa von Essen und Werner Frick. Berlin und Boston: De Gruyter, 2011. S. 511–528.

Greber, Erika: Triskaidekaphobia? Sonettzahlen und Zahlensonette. In: *Zahlen, Zeichen und Figuren. Mathematische Inspirationen in Kunst und Literatur*. Hrsg. von Andrea Albrecht, Gesa von Essen und Werner Frick. Berlin: De Gruyter, 2011. S. 214–246.

Hoffmann, Lothar: Fachsprachen und Gemeinsprache. In: *Fachsprachen. Ein internationales Handbuch zur Fachsprachenforschung und Terminologiewissenschaft.* Hrsg. von Lothar Hoffmann u. a. Berlin: De Gruyter, 1998 [Handbücher zur Sprach- und Kommunikationswissenschaft. Bd. 14.2]. S. 157–168.

Jakobson, Roman: Linguistik und Poetik. In: ders.: *Poetik. Ausgewählte Aufsätze 1921–1971.* Hrsg. von Elmar Holenstein und Tarcisius Schelbert. 2. Auflage. Frankfurt a. M.: Suhrkamp, 1979. S. 83–121.

Handke, Peter: *Die Innenwelt der Außenwelt der Innenwelt.* 4. Auflage. Frankfurt a. M.: Suhrkamp, 1969.

Kink, Markus: *Die Sprache des Krieges. Zur diskursiven Ermöglichung präventiver Kriegsführung.* Baden-Baden: Nomos, 2011.

Klaverkämper, Hartwig: *Fachsprachliche Phänomene in der Schönen Literatur.* In: *Fachsprachen. Ein internationales Handbuch zur Fachsprachenforschung und Terminologiewissenschaft.* Hrsg. von Lothar Hoffmann u. a. Berlin: De Gruyter, 1998 [Handbücher zur Sprach- und Kommunikationswissenschaft. Bd. 14.2]. S. 717–728.

Kraus, Karl [Pseudonym J. Berdach]: Leserbrief. In: *Neue Freie Presse.* 22. Februar 1908 (Nr. 15627). S. 11.

Kraus, Karl: Das Erdbeben. In: ders.: *Die chinesische Mauer.* Hrsg. von Christian Wagenknecht. Frankfurt a. M.: Suhrkamp, 1987. S. 128–143.

Kretzenbacher, Heinz L.: Fachsprache als Wissenschaftssprache. In: *Fachsprachen. Ein internationales Handbuch zur Fachsprachenforschung und Terminologiewissenschaft.* Hrsg. von Lothar Hoffmann u. a. Berlin: De Gruyter, 1998 [Handbücher zur Sprach- und Kommunikationswissenschaft. Bd. 14.2]. S. 133–142.

Lakoff, George, und Rafael E. Núñez: *Where Mathematics Comes From.* New York: Basic Books, 2000.

Laugwitz, Detlef: Mathematik um Goethe. In: *Johann Wolfgang Goethe. Versuch einer Annäherung.* Hrsg. von Helmut Böhme und Hans-Jochen Gamm. Darmstadt: Technische Hochschule, 1984. S. 289–314.

Lem, Stanisław: *Kyberiade. Fabeln zum kybernetischen Zeitalter.* Frankfurt a. M.: Insel, 1992.

Mainzer, Klaus: Mathematik. In: *Enzyklopädie Philosophie und Wissenschaftstheorie.* Bd. 2. Hrsg. von Jürgen Mittelstraß. Mannheim u. a.: Wissenschaftsverlag, 1984. S. 800–804.

Manz, Hans: Kleiner Streit. In: *Sprachspiele.* Hrsg. von Winfried Ulrich. Aachen: Hahner, 2002. S. 185.

Mehlmann, Alexander: *Mathematische Seitensprünge. Ein unbeschwerter Ausflug in das Wunderland zwischen Mathematik und Literatur.* Wiesbaden: Vieweg & Sohn, 2007.

Mehrtens, Herbert: *Moderne, Sprache, Mathematik.* Frankfurt a. M.: Suhrkamp, 1990.

Möller, Annette: *Des Grenzwertes Bürgschaft.* http://www.statistik.uni-dortmund.de/download/publikationen/GW_Buergschaft.pdf. Website der TU Dortmund, Fakultät Statistik. Gedicht datiert auf Dezember 2002 (14. April 2015).

Novalis: Monolog. In: ders.: *Schriften.* Bd. 2: Das philosophische Werk I. Hrsg. von Richard Samuel. Stuttgart: Kohlhammer, 1981. S. 672–673.

Pastior, Oskar: *sonetburger. Mit 3x14 Zeichnungen des Autors.* Berlin: Rainer, 1983.

Pastior, Oskar: *Das Unding an sich. Frankfurter Vorlesungen.* Frankfurt a. M.: Suhrkamp, 2006.

Pistelli, Ermenegildo (Hrsg.): *Iamblichi in Nicomachi arithmeticam introductionem liber.* Neu bearb. von Ulrich Klein. Stuttgart: Teubner, 1975.

Polenz, Peter von: Über die Jargonisierung von Wissenschaftssprache und wider die Deagentivierung. In: *Wissenschaftssprache. Beiträge zur Methodologie, theoretischen Fundierung und Deskription*. Hrsg. von Theo Bungarten. München: Fink, 1981. S. 85–110.
Roelcke, Thorsten: *Fachsprachen*. Berlin: E. Schmidt, 2010.
Schlant, Ernestine: *Die Sprache des Schweigens. Die deutsche Literatur und der Holocaust*. München: Beck, 2001.
Schmidt, Max C. P.: *Zur Entstehung und Terminologie der elementaren Mathematik*. Wiesbaden: Sändig, 1966.
Sibley, Thomas: A Fractal Is. In: *Die Leier des Pythagoras*. Hrsg. von Alfred Schreiber. Wiesbaden: Viehweg und Teubner, 2010. S. 81.
Stein, Gertrude: *Geography and Plays*. Hrsg. von Cyrena N. Pondrom. Madison: University of Wisconsin Press, 1993.
Stewart, Ian: *The Problems of Mathematics*. Oxford: Oxford University Press, 1987.
Thiel, Christian: *Philosophie und Mathematik. Eine Einführung in ihre Wechselwirkungen und in die Philosophie der Mathematik*. Darmstadt: Wissenschaftliche Buchgesellschaft, 1995.
Wahl, Anke: *Die Sprache des Geldes. Finanzmarktengagements zwischen Klassenlage und Lebensstil*. Wiesbaden: Verlag für Sozialwissenschaften, 2011.
Weibel, Peter: Kuriosa der Zahlenkunde und die Kunst. In: *Zur Kunst des formalen Denkens*. Hrsg. von Rainer E. Burkhard, Wolfgang Maas u. a. Wien: Passagen, 2000. S. 25–64.
Whitehead, Alfred N.: *Einführung in die Mathematik*. München: Lehnen, 1958.
Ziegler, Renatus: Goethe und die Mathematik als Kulturfaktoren. In: *Goethes Beitrag zur Erneuerung der Naturwissenschaften*. Hrsg. von Peter Heusser. Bern: Haupt, 2000. S. 457–485.
Zymner, Rüdiger: Theorien der Lyrik seit dem 18. Jahrhundert. In: *Handbuch Lyrik. Theorie, Analyse, Geschichte*. Hrsg. von Dieter Lamping. Stuttgart: Metzler, 2011. S. 21–34.

Aura Heydenreich

Kosmos oder Chaos? Die Rettung der Phänomene im Text-Labyrinth

Platons Kosmologie und Eudoxos' Astronomie in Raoul Schrotts *Finis Terrae* (1995)

Abstract: Raoul Schrotts Roman *Finis Terrae* setzt Platons kosmologische Mythen aus *Politeia* und *Timaios* zur Beschreibung der Schöpfung der Welt zu poetologischen Modellen, wie dem Diskursmodell des Labyrinths, zur Beschreibung der Schöpfung des literarischen Werks ins Verhältnis. Somit führt er vor, wie die Strukturen des Werks aus den Schöpfungsmythen der Welt hervorgehen. Aufgezeigt werden sollen im Folgenden die Strukturmodelle, die dem Roman zugrunde liegen und die – so die These – gleichzeitig poetisch-mythischer und mathematisch-naturwissenschaftlicher Herkunft sind: Platons Kosmologie und Eudoxos von Knidos' Astronomie. Ziel ist es, darzustellen, wie sich diese Modelle im literarischen Text palimpsestartig aufeinanderschichten und dabei das Spiel des Kalküls und des Zufalls, des Chaos und der Symmetrie reinszenieren, das jedem Mythos inhärent ist, der die Schöpfung nacherzählt, wie auch jedem theoretischen Modell, das die Kontingenz der Schöpfung durch erklärende Ordnungsstrukturen zu berechnen sucht.

1 Einleitung

> Wenn man das Erhabene als symbolische Präsenz des Unendlichen im Endlichen verkürzt definiert, so enthält es bis in die späteste Phase des kantischen Denkens hinein noch das Problem, von dem die frühe kosmogonische Spekulation ausging: das Ungenügen der jeweiligen anschaulichen Gegenwart des Universums für den Begriff wurde Veranlassung zur Konstruktion seiner Geschichte als der Dimension, in der Totalität einzig begreiflich ist.[1]

Um die Bedingungen der Möglichkeit des Erhabenen geht es in Raoul Schrotts Gedichtband *Tropen* (1998), der durch mehrere Resonanzböden mit dem Roman-

1 Hans Blumenberg: *Die Genesis der kopernikanischen Welt.* Bd. 1: Die Zweideutigkeit des Himmels. Eröffnung der Möglichkeit eines Kopernikus. 2. Aufl. Frankfurt a. M.: Suhrkamp, 1989. S. 76.

erstling *Finis Terrae* (1995) korrespondiert.[2] Im Band *Tropen* wird programmatisch reflektiert, dass sich die zeitgenössische Lyrik nicht mehr in einer Naturlyriktradition situiert, die sich einer phänomenalen Beschreibung der Natur verpflichtet sieht und durch die Beobachtung das Erhabene zu erahnen versucht. Vielmehr geht es in zeitgenössischen literarischen Texten um die Beobachtung zweiter Ordnung. Es geht darum, zu beobachten, wie die Naturwissenschaften ihre Gegenstände erfassen, und darum, zu reflektieren, welche Modelle Naturwissenschaftler konzipieren, um theoretische Zugänge zur Beschreibung von Naturphänomenen zu konstruieren.[3] Der Beobachter verlagert seinen Standpunkt im Versuch, das Erhabene zu konzeptualisieren: von der Bewunderung und dem Erschaudern vor einschüchternden Naturphänomenen zur Bewunderung und dem Erschaudern vor der Schönheit der theoretischen Modelle, die uns Zugänge zum Verständnis dieser Phänomene gewähren.

Finis Terrae reiht sich in die Genealogie jener Texte ein, die beides tun. Der Roman zeigt erstens auf diegetischer Ebene – in der Form der Entdeckungsreise des Pytheas von Massalia, der als Erster den Norden Europas kartographierte – das Erschaudern des antiken Menschen vor dem Anblick des Weltmeeres und des Sternengewölbes über ihm. Er zeigt aber auch zweitens auf struktureller Ebene die unermüdlichen Versuche der menschlichen Intelligenz, die Himmelsmechanik der Planetenbahnen zu berechnen und mit dem Parcours der Erde in Einklang zu bringen. Das heißt, die sublunare und die supralunare Welt auf eine Formel zu reduzieren, die berechenbar und vorhersehbar ist und deren Freiheitsgrade durch die Wissenschaft bestimmbar sind.

So soll in diesem Aufsatz gezeigt werden, wie dieser literarische Text, dessen Gattungszugehörigkeit hybrid ist und zwischen Reisejournal, Brief-/Tagebuchroman oder rekonstruiertem Nachlass oszilliert,[4] sich durch seinen Aufbau als

---

2 Raoul Schrott: *Tropen. Über das Erhabene*. München: Hanser, 1998; ders.: *Finis Terrae. Ein Nachlaß*. Innsbruck: Haymon Verlag, 1995. Im Folgenden werden Zitate aus Schrotts Roman direkt – im Haupttext wie in den Fußnoten – in Klammern hinter der entsprechenden Stelle angeführt. Die Angaben beziehen sich auf diese Ausgabe.

3 Zu den Diskursen des Erhabenen im Werk Raoul Schrotts vgl. Karen Leeder: „Erkenntnistheoretische Maschinen": Questions about the sublime in the work of Raoul Schrott. In: *German life and letters* 55.2 (2002). S. 149–163; Torsten Hoffmann: *Konfigurationen des Erhabenen. Zur Produktivität einer ästhetischen Kategorie in der Literatur des ausgehenden 20. Jahrhunderts (Handke, Ransmayr, Schrott, Strauß)*. Berlin u. a.: De Gruyter, 2006; Gundela Hachmann: Das Erhabene im Krieg: Medialität der Maßlosigkeit bei Raoul Schrott. In: *Zeichen des Krieges in Literatur, Film und den Medien*. Bd. 1: Nordamerika und Europa. Hrsg. von Christer Petersen. Kiel: Ludwig, 2004. S. 312–330; Anna Zsellér: Das Erhabene der Natur als poetologisches Prinzip bei Raoul Schrott. In: *Germanistik ohne Grenzen* 1 (2007). S. 235–250.

4 Schon in der Erstausgabe unterscheiden sich die paratextuellen Angaben: „Roman" auf dem Buchcover und „Ein Nachlaß" auf dem Titelblatt. Vgl. Schrott: *Finis Terrae*. Vgl. Anm. 2.

ästhetisches Konstrukt selbst reflektiert, indem er die Schöpfung der Welt und die Schöpfung seiner Selbst gleichzeitig inszeniert.[5]

2 Romanvorwort und Autorschaftsmodell

Bevor die Bedeutung der kosmologischen Modelle für die Gesamtstruktur des Romans dargestellt wird, soll hier zunächst auf diese Struktur selbst eingegangen werden. Schon das Vorwort verweist auf die komplexe Verschachtelung der Zugänge zur Welt. Denn das Phänomen der Metaisierung der Beobachtung vollzieht sich nicht nur im Umgang mit der Natur, sondern auch im Umgang mit dem Schreiben. Auch hier lassen sich die Kategorien des empirischen Autors und des klassischen heterodiegetischen Erzählers, der uns in eine realistische Illusionswelt verführt, nicht mehr trennscharf auseinanderhalten. Vielmehr verdoppelt sich die Instanz des empirischen Autors in eine reale und eine fiktive, die das Vorwort zu verantworten vorgibt, indem es über die Herausgabe eines Manuskriptes berichtet, das aus dem Nachlass einer fiktiven Persönlichkeit stammt. Jedoch wird die empirische Existenz dieser Persönlichkeit mit zahlreichen Authentifizierungsstrategien beglaubigt, die ihrerseits teils fiktiv, teils real sind. Deshalb plädiert Claudia Breitbarth dafür, die Kategorien der Authentizität und Fiktionalität im Falle dieses Romans nicht als opponierende zu verstehen, sondern vielmehr die Verfahren der „Erschaffung von Authentizitätsfiktion" zu analysieren.[6]

Berichtet wird ein denkwürdiger Besuch des Vorwortunterzeichners bei Ghjuvan Schiaparelli, von dessen Frau Sofia er später vier Manuskriptkonvolute erhält. Sie sind die Hinterlassenschaft eines in der afrikanischen Wüste verschwundenen Archäologen, der mit ihrem Mann befreundet war: Ludwig Höhnel. Die vier Hefte

5 Monika Schmitz-Emans stellt fest, dass Raoul Schrotts Texte sehr oft auf „poetisch-mythische Begründungsmodelle von Dichtung" rekurrieren, um die eigene Tradition zu legitimieren. Durch ihre Aktualisierung wird die Kontinuität mythischer Formen aufgezeigt, die einerseits ununterbrochen fortgeschrieben werden und andererseits von unterschiedlichen aktuellen Diskursen flankiert und dadurch hybridisiert und enthistorisiert werden. Vgl. Monika Schmitz-Emans: Die Erfindung der uralten Maschine. Raoul Schrott als Dichter und Archäologe. In: *Die eigene und die fremde Kultur. Exotismus und Tradition bei Durs Grünbein und Raoul Schrott*. Hrsg. von Dieter Burdorf. Iserlohn: Inst. für Kirche und Gesellschaft, 2004. S. 11–48, hier S. 41–42.

6 Vgl. Claudia Breitbarth: Das mehrdimensionale Spiel mit Authentizitäts- und Historizitätsfiktion in Raoul Schrotts Prosawerken. In: *Kulturbau. Aufräume – Ausräumen – Einräume*. Hrsg. von Peter Hanenberg. Frankfurt a. M.: Lang, 2010. S. 335–349, hier S. 343. Vgl. auch Uwe Wirth: *Die Geburt des Autors aus dem Geist der Herausgeberfiktion*. München: Fink, 2007.

bilden die Manuskriptvorlagen des späteren Romans und werden im Vorwort ausführlich beschrieben.

Das erste Heft bietet demnach die Rekonstruktion des Logbuchs des antiken Geographen und Kartographen Pytheas von Massalia *Über das Weltmeer*, das vermutlich aus dem Jahre 322 vor Christus stammt.[7] Pytheas kommt der Verdienst zu, als erster Geograph der Antike den Norden Europas bereist zu haben und der antiken griechischen Welt die ersten Reiseberichte und Karten Großbritanniens und der skandinavischen Inseln geliefert zu haben.

Das zweite Heft besteht aus Tagebuchaufzeichnungen und Briefen Ludwig Höhnels an Schiaparelli, die metatextuellen Charakter haben und ein doppeltes Unternehmen dokumentieren: Höhnel schildert, dass er einerseits an einer schriftlichen Rekonstruktion des Logbuchs Pytheas' arbeitet. Deren Ergebnis hat der Leser bereits im ersten Heft erfahren. Andererseits belegen die Briefe Höhnels zweites Projekt, das Periplum des antiken Geographen durch eine eigene Reise nachzuvollziehen. Im Zuge dessen werden gewisse Aufzeichnungen Pytheas' im zweiten Heft zitiert und durch Höhnel metatextuell kommentiert. Zugleich wird klar, dass Höhnel diese Reise als seine letzte begreift, schildert er doch Symptome einer lebensbedrohlichen Krankheit, von der er gezeichnet ist.

So gewinnt das dritte Heft, dessen Entstehung ebenfalls dem homodiegetischen Erzähler Ludwig Höhnel zugeschrieben wird, den Charakter einer Initiationsreise eines vom Tode Gezeichneten, der durch das Schreiben Zugang zu den traumatischen Erlebnissen seiner Kindheit zu finden versucht. Auch die Auseinandersetzung Höhnels mit Schiaparelli spielt eine wichtige Rolle: die Jahre der gemeinsamen Expeditionen sowie seine lebenslange Beschäftigung mit der Astronomie des Eudoxos von Knidos. Nicht nur der graduelle Übergang zwischen verschiedenen Stufen der Fiktionalität ist charakteristisch für das Konvolut von Aufzeichnungen, sondern auch die Hybridität der Genres.[8] Der Heterogenität des

---

7 Das angesprochene Problem der Ambiguität und des gleitenden Übergangs zwischen Faktualität und Fiktionalität bestimmt nicht nur die Faktur des literarischen Textes selbst, sondern auch schon die der Quellen, auf die er verweist. *Über das Weltmeer*, das Logbuch von Pytheas, das hier im Roman in voller Länge ‚rekonstruiert' wird, ist nicht überliefert. Tatsächlich ist von Pytheas' Schrift *Über das Weltmeer* ein einziger Satz im Original erhalten. Der Rest seines Werkes ist lediglich fragmentarisch überliefert und kann nur aus anderen wissenschaftlichen Werken rekonstruiert werden. Eine Übersicht über die gesamte Überlieferungslage liefert die Edition Pytheas von Marseille: *Über das Weltmeer. Die Fragmente*. Übers. und erläutert von D. Stichtenoth. Köln: Böhlau, 1959. Zur wissenschaftlichen Rezeption des Werks Pytheas' bei den Historikern und Geographen der Antike vgl. Hans Joachim Mette (Hrsg.): *Pytheas von Massalia*. Berlin u. a.: De Gruyter, 1952.

8 Die wissenschaftliche Tradition der Astronomie und Geographie ist tatsächlich auch die, in die sich das erste Heft des Romans thematisch situiert. Auch die Fragmente, die uns von Strabon,

Materials als Verfahren der Subversion von Literarizität entspricht aber andererseits ein symmetrisch entgegengesetztes Verfahren, das diese wiederherstellt: die Parallelisierung von Stellen in Briefen und autobiographischen Passagen. Zugleich enthält das dritte Heft metatextuelle Hinweise auf den Inhalt des folgenden vierten, auf die Expedition des Großvaters, des Admirals Ludwig von Höhnel, deren zentrales Ereignis die Entdeckung des Turkana-Sees in Kenia war.

Diese Expedition ist der Ausgangspunkt des vierten Heftes, das in weiten Teilen auf der Originalschrift des real existierenden Ritter von Höhnel (1857–1942) zur Beschreibung der Turkana-Entdeckung (1892)[9] und auf den Berichten der Leiter zweier späterer Expeditionen basiert, die sich auf die Spuren Höhnels begaben: die Expeditionen von Vivian E. Fuchs (1934),[10] im Zuge derer zwei Wissenschaftler verschwanden, deren Verbleib bis heute nicht aufgeklärt wurde, und die des österreichischen Geographen Herbert Tichy (1980),[11] der in seinem Bericht auf die Schriften seiner Vorgänger eingeht und den nicht gelösten Fall der verschwundenen Wissenschaftler noch einmal aufrollt.

Schon im Vorwort gibt es einen Hinweis darauf, dass die Struktur der Schreibhefte, die im Nachlass vorgefunden wurden, einer doppelten Codierung unterliegt. Das erkennt man an der „engen Lineatur, die eher an Notenzeilen gemahnt." (9) Damit wird die enge Verwandtschaft zwischen der Musik und der Kunst des Schreibens angeführt. Die Idee der Symmetrie, der Sphärenharmonie, die die Bildungsgesetze des Kosmos bestimmt, aber nach pythagoreischer Vorstellung auch ein Vorbild für die Harmonie der menschlichen Seele sein sollte, klingt hier bereits an.[12] Auch die strukturelle Symmetrie wird hervorgehoben: „Den Nachlaß in zwei Büchern zu je zwei Heften vorzulegen, geschieht, um

---

Eratosthenes, Hipparchos u. a. überliefert wurden, werden als Intertexte zum konstitutiven Teil der Logbuch-Rekonstruktion in *Finis Terrae*. Darin wird auch auf eine weitere wichtige Rezeptionslinie des „Pytheas-Fragments" hingewiesen, die des utopischen Reiseromans der Antike. Dessen Vertreter werden mit Antonios Diogenes' *Wunder jenseits von Thule*, Hekataios von Abderas *Über die Hyperboreer*, Lukians *Wahre Geschichten* genannt (12) und in eine genealogische Linie mit ihrem vermuteten Hypotext, Pytheas' Logbuch, gesetzt. Die jeweiligen Autoren beziehen sich tatsächlich auch auf Pytheas' Bericht. Die Erwähnung dieser genealogischen Beziehungen dient dazu, den Roman selbst in einen zweiten architextuellen Kontext neben den wissenschaftlichen zu situieren, den der fiktionalen utopischen Reiseromane. Vgl. hier z. B. Hans Bernsdorff: Antonios-Diogenes-Interpretationen. In: *Studien zur Philologie und zur Musikwissenschaft* 7 (2009). S. 1–52.

9 Ludwig von Höhnel: *Zum Rudolph-See und Stephanie-See*. Wien: Hölder, 1892.

10 V. E. Fuchs, R. C. Wakefield, J. F. Millard und D. G. MacInnes: The Lake Rudolf Rift Valley Expedition, 1934. In: *The Geographical Journal* 86.2 (1935). S. 114–137.

11 Herbert Tichy: *See an der Sonne. Auf den Spuren der frühen Menschen*. Wien: Orac, 1980.

12 Vgl. hierzu Hans Schavernoch: *Die Harmonie der Sphären. Die Geschichte der Idee des Welteinklangs und der Seelenstimmung*. Freiburg: Karl Alber, 1981. S. 60–61.

die Symmetrie der einzelnen Teile deutlicher sichtbar werden zu lassen." (10) Das Vorwort gilt vordergründig der Verneinung der eigenen Autorschaft und der Bekräftigung des Respekts, der der Authentizität des vorgefundenen Manuskriptkonvoluts entgegengebracht wurde, indem es mit größtmöglicher Zurückhaltung ediert wurde.

Zugleich vollzieht sich beim näheren Hinsehen im Vorwort nichts anderes als die Inszenierung eines Autorschaftsmodells. Die Autorschaft definiert sich über die Konstruktion von Ordnungsprinzipien und über die Herstellung von Symmetrieverhältnissen. Dabei wird im selbstreflexiven Sprachduktus klar, dass jede der Entscheidungen, die in Bezug auf die Strukturierung der Hefte getroffen wurde, interpretatorische Fragezeichen aufwirft. Die Analyse wird zeigen, wie die Prinzipien der strukturellen Symmetrie durch die Einbindung der Prä- und Paratexte und durch die Heranziehung der wissenschaftshistorischen astronomischen Kontexte im Zuge einer transtextuellen Lektüre semantisiert werden können.

Die ästhetische Machart des Romans zeigt, dass Kategorien wie Ordnung und Chaos, Symmetrie und Wahrscheinlichkeit, Setzung und Zufall, die als Ausgangshypothesen für den Aufbau der theoretischen Modelle wichtig sind, nicht dichotomisch, sondern komplementär angelegt sind. Es geht nicht um die essentialistische Betrachtung dieser Objekte – Welt und Werk – als entweder chaotische oder geordnete, sondern es geht darum, welche Perspektive der Betrachter darauf einnimmt, mit welchen Hypothesen, explikativen Mustern und konstruierten Modellen er an den Gegenstand herangeht. Bleibt er der Innenperspektive verhaftet oder gelingt es ihm, den archimedischen Punkt für die Konstruktion der objektivierenden Perspektive einzunehmen, um die ‚Phänomene zu retten'?

3 Die „Rettung der Phänomene" im wissenschaftshistorischen Kontext

Eine der bedeutendsten Forschungsparadigmen, die sich seit der Antike bis heute den Übergängen zwischen dem Schein des beobachteten Chaos und dem metaphysisch postulierten geordneten Kosmos widmet und dem sich auch der Astronom Ghjuvan Schiaparelli, einer der Protagonisten des Romans *Finis Terrae*, obsessiv verschrieben hat, ist für die Nachwelt in einem Kommentar zu Aristoteles' Schrift *Über den Himmel*[13] aus dem sechsten Jahrhundert nach Christus

13 Aristoteles: Über den Himmel. Übers. und erläutert von Alberto Jori. In: ders.: *Werke in deutscher Übersetzung*. Bd. 12, Teil 3. Hrsg. von Hellmut Flashar. Berlin: Akademie Verlag, 2009.

überliefert: Hier berichtet der Neuplatoniker Simplicius, dass Platon den Wissenschaftlern seiner Zeit eine Aufgabe gestellt haben soll, die als Forschungsprinzip bis in die Neuzeit große Wirksamkeit zeigen sollte: Es ging um nicht mehr und nicht weniger als um die „Rettung der Phänomene".[14]

> Ghjuvan duldete mich an seiner Seite [...], weil ich mich auf seine Arbeit einließ. Sie war ihm zur Manie geworden, zur Obsession. [...] [A]ls könnte man alles wieder von vorn beginnen und einen anderen Kosmos [...] konstruieren, einzig mit den Maßen, die ihm sein verkrüppelter Körper erlaubte. Er baute an seiner Welt und begann allen Ernstes, an sie zu glauben; es war eine statische Welt, deren Mechanismus er entwarf, um die Phänomene zu retten, wie es seine Griechen formuliert hatten. (204)

Mit den „Phänomenen" waren die Himmelserscheinungen gemeint. Die antiken Astronomen erkannten durch Beobachtung des Himmels, dass sich die Planeten in ihren Tages- und Jahresumlaufzeiten auf unregelmäßigen, nicht-zirkulären Bahnkurven bewegten. Andererseits sah die Ideenlehre Platons vor, dass der Kreis die metaphysisch perfekte Form war, die sowohl dem Kosmos als auch den Planetenbewegungen zugrunde liegen sollte. So heißt es in Platons *Nomoi*:

> Denn nicht richtig [...] ist die Ansicht über den Mond, die Sonne, und die übrigen Gestirne, daß sie jemals umherirren, sondern ganz das Gegenteil ist der Fall – denn dieselbe Bahn und nicht viele, sondern immer nur eine einzige durchläuft jedes von ihnen in einem Kreis, es scheint lediglich viele Bahnen zu ziehen [...].[15]

Somit ist das Forschungsproblem benannt: Die beobachteten, scheinbar unregelmäßigen Bahnkurven der Planeten sollten mit der metaphysischen Annahme perfekter regelmäßiger Kreisbewegungen übereinstimmen. Gefragt war ein mathematisches Modell, das ihre Irrläufe als nur scheinhaft erwies, den regelmäßigen Lauf der Planeten geometrisch modellierte und somit die „Phänomene rettete".[16] Der erste Wissenschaftler, der sich dieser Aufgabe annahm und sie mit dem

---

14 Simplicius: *On Aristotle „On the Heavens" 2.1–9.* Übers. von Ian Mueller. London: Duckworth, 2004. S. 74. Meine Darstellung bezieht sich auf Jürgen Mittelstraß: *Die Rettung der Phänomene. Ursprung und Geschichte eines antiken Forschungsprinzips.* Berlin u. a.: De Gruyter, 1962. Vgl. zum philosophischen Kontext Fritz Krafft: Der Mathematikos und der Physikos. Bemerkungen zu der angeblichen Platonischen Aufgabe, die Phänomene zu retten. In: *Alte Probleme – neue Ansätze.* Hrsg. von Fritz Krafft. Wiesbaden: Steiner, 1965. S. 5–24.

15 Platon: Nomoi (Gesetze). Buch IV–VII. In: ders.: *Werke.* Bd. IX 2. Hrsg. von Ernst Heitsch und Carl Werner Müller. Übers. und komment. von Klaus Schöpsdau. Göttingen: Vandenhoeck & Ruprecht, 2003. S. 125.

16 Vgl. zum wissenschaftshistorischen Kontext Leonid Zhmud: „Saving the phenomena" between Eudoxus and Eudemus. In: *Homo Sapiens und Homo Faber. Epistemische und technische Rationalität in Antike und Gegenwart.* Hrsg. von Gereon Wolters und Martin Carrier: Berlin u. a.:

kosmologischen Modell der homozentrischen Sphären löste, war Eudoxos von Knidos.[17] Dank dieses Modells, das bis hin zu Ptolemäus, Kopernikus und Kepler wirksam wurde, gilt Eudoxos als Begründer der mathematischen Astronomie.

In Raoul Schrotts *Finis Terrae* wird das Problem der Schleifenbewegungen der Planeten zunächst als imaginatives Spiel des zehnjährigen Jungen Ludwig Höhnel, des homodiegetischen Erzählers, dargestellt:

> Was blieb, war die unabänderliche Mechanik des Himmels, seine kalte und distanzierte Notwendigkeit, die alles vereinnahmte, und die Nacht bekam die Präzision eines Diagramms, das seine gegenläufigen Bewegungen in Ellipsen und Kreise faßte. Und so begann ich mir die Welt vorzustellen, so wurde sie nachvollziehbar, die Planeten waren wie die Ameisen auf einer der Töpferscheiben im Dorf, sie krochen wider die Richtung, in der man den Lehm drehte [...], die Fixsterne aber waren wie Reisende, die auf einem Schiff an ihrem Ort blieben, und die Planeten wie jene Passagiere, die an Deck vom Heck zum Bug spazierten [...]. (171)

Die Romanpassage spielt auf Vitruv an, der mit dem Bild der Ameisen auf den Töpferscheiben das Problem der rückläufigen Bewegungen der Planeten erklärt hatte,[18] und weist spielerisch auf die Elemente hin, die sich als seine Modelllösungen erweisen werden: der Kreis und die Ellipse. Und noch eine dritte Anspielung ist interessant: der Hinweis auf die Diagramme zur Lösung dieses Problems. Die Diagramme, mit deren Hilfe der Wissenschaftshistoriker Giovannni Schiaparelli, die historische Figur, die der fiktiven Figur im Roman zugrunde liegt, im neunzehnten Jahrhundert das eudoxische Modell rekonstruierte,[19] sind ein erstes rezeptionslenkendes Signal für die Lektüre des Romans. Betrachtet man seine

---

De Gruyter, 2005. S. 17–24; Martin Carrier: Die Rettung der Phänomene. Zu den Wandlungen eines antiken Forschungsprinzips. In: ebd., S. 25-38.

17 Eudoxos von Knidos (ca. 391/390–338/337 v. Chr.) ist für seine bedeutenden wissenschaftlichen Beiträge in Geographie, Astronomie und vor allem in der Geometrie und Mathematik bekannt. Die Theorien der Proportionen und der Kegelschnitte gehen auf ihn und seine Schüler zurück. Er soll zu Platons Zeit an dessen Akademie anwesend gewesen sein. Seine Schriften sind bloß spärlich überliefert durch die Zitate in Aristoteles' *Metaphysik*, Aratus' *Phänomene*, Euklids *Elemente*. Die komplette Dokumentation der Fragmente des Eudoxus' findet sich in *Die Fragmente des Eudoxos von Knidos*. Hrsg. von François Lasserre. Berlin: De Gruyter, 1966. Zum wissenschaftshistorischen Kontext des Modells der homozentrischen Sphären vgl. John L. Dreyer: *A History of Astronomy from Thales to Kepler*. 2. Aufl. New York: Dover, 1953. S. 87–107; D. R. Dicks: *Early Greek Astronomy to Aristotle*. London: Thames and Hudson, 1970. S. 151–189; sowie die Darstellung von Hellmut Flashar in Aristoteles: Über den Himmel, S. 296–301.

18 M. Vitruvius: *Baukunst*. Bd. 2, Buch 9. Übers. von August Rode. Zürich: Artemis, 1987. S. 199.

19 Giovanni Schiaparelli: *Le sfere omocentriche di Eudosso, die Callippo e di Aristotele*. Mailand: Hoepli, 1875. Übers. ins Deutsche: Giovanni Schiaparelli: Die homozentrischen Sphären des Eudoxos, des Kallippos und des Aristoteles. In: *Abhandlungen zur Geschichte der Mathematik* 22 (1877). S. 101–198.

Struktur genauer, so stellt man fest, dass er aus zwei Büchern besteht. Schiaparellis Rekonstruktion der eudoxischen Diagramme leiten das zweite Buch ein und befinden sich auf den Seiten 166 und 167 von 270 – also genau im Goldenen Schnitt des Gesamttextes.[20]

Der Roman legt einen Interpretationsprozess analog zum wissenschaftlichen Forschungsprozess nahe, um dessen Entdeckungslust nachvollziehbar zu machen und ihn als kontinuierliches Verfahren zu präsentieren, innerhalb dessen immer neue theoretische Modelle entworfen und verworfen werden, bis ein Modell gefunden ist, das zeigt, wie die Lektürephänomene zu retten sind, das heißt, wie der Roman funktioniert. In Anspielungen dargestellt werden astronomische Modelle der Antike, der Renaissance und der Moderne und das, was dazu führte, dass sie sukzessiv abgelöst wurden. Verhandelt wird auch die Position unseres Planeten, je nachdem, in welcher Zeit man diese beschreibt: sublunar oder supralunar? Als Teil des Kosmos, aber dann auch als Gegenstand der Astronomie? Platons Ideenlehre postulierte die absolute Trennung zwischen dem göttlichen Himmelsgewölbe, dem Reich der Ideen, und dem bescheidenen irdischen Reich der Menschen. Dass diese Dichotomie auch das Thema von *Finis Terrae* ist, lässt sich durch die Analyse seines raffinierten Umgangs mit Prätexten und Paratexten, die auf Platons Ideenlehre Bezug nehmen, demonstrieren.

Die paratextuelle Rahmungsstrategie des Romans verweist erstens inhaltlich auf die Ideenlehre Platons, in der sowohl das Postulat des Kreises als ideale Planetenbahn als auch das damit verbundene Forschungsproblem formuliert wurden, sie präsentiert zweitens eine modellhafte mathematische Lösung in Form eines Diagramms und platziert drittens dieses Diagramm am Goldenen Schnitt des Romans, wodurch zudem auf ästhetische Prinzipien der Proportionenlehre angespielt wird.

Diese drei Elemente markieren die weitere Argumentation des vorliegenden Aufsatzes. Sie sind der Anlass, mich zunächst mit der mythischen Kosmologie Platons und sodann mit der „Rettung der Phänomene" in der Geschichte der Astronomie zu beschäftigen, um daraufhin der Frage nachzugehen, inwiefern das mathematische und metaphysische Ringen um diese „Rettung" etwas mit dem Interpretationsprozess des Romans zu tun hat. Schließlich werde ich die Frage stellen, welche Rolle die mythologischen und kosmologischen Modelle, die den astronomischen Pate standen, für die poetische Struktur von *Finis Terrae* spielen. Die drei Modelle des Forschungsparadigmas der „Rettung der Phänomene", die

20 Die Proportionen zur Berechnung des Goldenen Schnitts sind: $\Phi = a : b = (a + b) : a$; Der Gesamtumfang von *Finis Terrae* ist: $a + b$ = Buch 1 + Buch 2 = 270 Seiten. Buch 1 = 61,8 % vom Ganzen = 166,86. Buch 2 = 38,2 % vom Ganzen = 103,14. Φ = 166,86 : 103,14 = (166,86 + 103,14) : 166,86. 1,61 = 1,61.

ich vorstellen werde, sind das Modell der homozentrischen Sphären des Eudoxos von Knidos, das kopernikanische Modell und das Kepler'sche Modell. Parallel zum Prinzip der wissenschaftshistorischen Modellfindung und Modellablösung werde ich mit philologischen Methoden drei Strukturmodelle des Romans nachweisen, die zur ‚Rettung der Textphänomene' im Prozess der Romaninterpretation beitragen sollen: Platons Mythos des „Er" im zehnten Buch der *Politeia*, das Labyrinth, das ich als Diskursmodell für die Schreibweise und als performatives Modell für den Lektüreakt lese, und Platons kosmologisches Schöpfungsmodell im *Timaios*.

Der Rekurs auf den wissenschaftshistorischen Kontext der „Rettung der Phänomene" und seine Bedeutung für den Roman Schrotts wurden bisher von der Forschung nicht beachtet.[21] Indem ich in einer transtextuellen Lektüre auf den wissenschaftshistorischen Kontext der Astronomie und auf kosmologische Mythen Platons zurückgreife, hoffe ich plausibel zu machen, dass es eine so geartete Lektüre ist, die Schrotts Roman herausfordert, weil sie seinen Gegenstand zutage fördert und zugleich nachvollziehen lässt.

---

21 Achim Nuber situiert den Roman im Spannungsfeld zwischen Individualitätserfahrung, Identitätskonstruktion und Globalisierung. Vgl. Achim Nuber: Globale Gesellschaft in der Gegenwartsliteratur? Ein Essay mit Überlegungen zu Robert Menasses ‚Schubumkehr' und Raoul Schrotts ‚Finis Terrae'. In: *Globale Gesellschaft? Perspektiven der Kultur- und Sozialwissenschaften*. Hrsg. von Peter Schimany. Frankfurt a. M.: Lang, 1997. S. 273–289. Stefan Höppner widmet sich dem vom Roman inszenierten intertextuellen Spiel mit der literarhistorischen Tradition des utopischen Schreibens. Vgl. Stefan Höppner: Ultima Thule im Südmeer. Raoul Schrotts ‚Tristan da Cunha' als utopischer Roman (mit einem Seitenblick auf ‚Finis Terrae'). In: *Raoul Schrott. Text + Kritik. Zeitschrift für Literatur* 176 (2007). S. 27–42. Edgar Platen nähert sich ihm als postmoderne Version einer historischen Arktisexpedition neben Sten Nadolnys *Die Entdeckung der Einsamkeit* und Christoph Ransmayrs *Die Schrecken des Eises und der Finsternis*. Vgl. Edgar Platen: Erhabenheit und Transitorik. Postmoderne Romane historischer Arktisexpeditionen in der deutschsprachigen Gegenwartsliteratur (Nadolny, Ransmayr, Köhlmeier, Schrott, Mosebach). In: *Grenzen überschreiten – transitorische Identitäten. Beiträge zu Phänomenen räumlicher, kultureller und ästhetischer Grenzüberschreitung in Texten vom Mittelalter bis zur Moderne*. Hrsg. von Monika Unzeitig. Bremen: Lumière, 2011. S. 31–44. Claudia Breitbarth (*Das mehrdimensionale Spiel*) untersucht die sich gegenseitig aufhebenden Strategien von Authentifizierung und Fiktionalisierung und Ulrike Greiner-Kemptner unterzieht den Roman einer poststrukturalistischen Lektüre unter dem Vorzeichen von Lacans Begriff des „Begehrens". Vgl. Ulrike Greiner-Kemptner: ‚Die endliche Erfahrung der Unendlichkeit': Zu Raoul Schrotts Roman „Finis terrae". In: *Österreich in Geschichte und Literatur* 42.3–4a. (1998). S. 176–183.

4 Platons mythische Kosmologie im *Phaidon* und in der *Politeia*

Das einzige markierte Platon-Zitat findet sich in *Finis Terrae* zu Beginn des vierten Heftes: das Motto aus dem Dialog *Phaidon* (242). Identifiziert man noch mehr Intertexte, die sich im Roman auf die platonische Kosmologie beziehen, dann erkennt man, dass es eine gewisse konzeptionelle Systematik in der Zitationsweise gibt. Wissenschaftshistorische Darstellungen weisen nach, dass Platons kosmologische Lehren aus vier einschlägigen Dialogstellen rekonstruiert werden können.[22] Systematisch lassen sie sich in drei Phasen einteilen: erstens die Lehren, die im *Phaidon* vermittelt werden, zweitens die Darstellungen in der *Politeia* und im *Timaios*, drittens die bereits erwähnte Lehre in den *Nomoi*.[23] Auf alle Stellen nimmt der Roman Bezug.[24] Im Folgenden werde ich die Funktion der intertextuellen Verweise auf die Stellen im *Phaidon* und der *Politeia* analysieren, um dann zum Schluss auf die Passage im *Timaios* einzugehen. Doch zunächst zur einzigen Stelle, die im Roman als Platon-Zitat ausgewiesen wird:

> *Die Erde in der Mitte des Himmels ist kugelförmig,*
> *sie braucht auch nicht die Luft oder irgendeine*
> *andere zwingende Kraft, die sie hindert, herunterzufallen.*
> *Es genügt, daß das Gewölbe des Himmels um sie herum*
> *Überall gleich beschaffen und die Erde in sich selbst*
> *vollkommen im Gleichgewicht ist.* (242, Kursiv. im Orig.)[25]

---

22 Vgl. hierzu die Erläuterungen von Alberto Jori über Platons astronomische Vorstellungen im Kontext der griechischen Astronomie. In: Aristoteles: Über den Himmel, S. 285–296. Ferner Bartel Leendert van der Waerden: *Die Astronomie der Griechen. Eine Einführung.* Darmstadt: Wissensch. Buchg., 1988; D. R. Dicks: *Early Greek Astronomy*; Dreyer: *History of Astronomy*.

23 Für die Darstellung der astronomischen Lehren Platons folge ich hier Mittelstraß: *Rettung der Phänomene*, den Kommentaren von Francis Macdonald Cornford: *Plato's Cosmology. The Timaeus of Plato translated with a running commentary*. London: Routledge, 1948; Alfred Taylor: *A Commentary on Plato's Timaeus* [1928]. New York und London: Garland, 1987; sowie dem Kommentar zu Aristoteles: Über den Himmel.

24 Eine der der wichtigsten wissenschaftshistorischen Quellen, die die Entwicklung der platonischen Kosmologie anhand der vier Schlüsselstellen rekonstruiert, wird im Vorwort angegeben – die Schrift des italienischen Astronoms Giovanni Virginio Schiaparelli: *Die Vorläufer des Copernicus im Altertum.* Der Hauptteil dieser Schrift beschäftigt sich mit den astronomischen Vorstellungen der platonischen Philosophie. Vgl. Giovanni Virginio Schiaparelli: *Die Vorläufer des Copernicus im Altertum: Historische Untersuchungen.* Übers. von Maximilian Curtze. Leipzig: Quandt & Händel, 1876.

25 Platon: Phaidon. In: ders.: *Werke.* Bd. I 4. Übers. und komm. von Theodor Ebert. Hrsg. von Ernst Heitsch und Carl Werner Müller. Göttingen: Vandenhoeck & Ruprecht, 2004. S. 75. Vgl. Phaidon 109a.

Diese, dem vierten Heft von *Finis Terrae* vorangestellte Stelle aus dem *Phaidon* ist das erste überlieferte Dokument der griechischen Antike, in dem die Kugelgestalt der Erde postuliert wird. Hier wird noch das Bild eines statischen Universums gezeichnet, in dessen Mittelpunkt die Erde ruht. Bedingung dafür ist die vollkommene Symmetrie der Formen des Himmelsgewölbes, die durch die regelmäßige Kreisstruktur garantiert wird. Demgegenüber wird an einer zweiten Stelle des *Phaidon,* die in *Finis Terrae* am Ende des dritten Heftes ohne Markierung zitiert wird, der katastrophale Zustand der verwesenden Erde, auf der die Menschen wohnen, geschildert:

> [W]ir wohnen in irgendeiner Höhlung der Erde und glauben, oben darauf zu wohnen, und nennen die Luft Himmel, als ob diese der Himmel wäre, durch den die Sterne wandeln, denn wenn jemand an die Grenze der Luft gelangte oder Flügel bekäme und hinaufflöge, so würde er hervortauchen und sehen, [...] und wenn er den Anblick auszuhalten vermöchte, würde er erkennen, daß jenes der wahre Himmel, das wahre Licht, die wahre Erde, denn die Erde hier und die Steine und alles ist zerfressen und verwittert [...]. (234)[26]

Wissenschaft bedeutet für Platon nicht die Auseinandersetzung mit den Phänomenen der Natur, sondern ist ausschließlich als Auseinandersetzung mit dem Logos, mit der Welt der Ideen, denkbar. Platons kosmologisches Denken basiert auf dem fundamentalen Unterschied zwischen der unveränderlichen Welt der Ideen und der scheinhaft seienden Welt der Sinnendinge.[27] Das Immerwährende als wahres Seiendes ist allein der dialektischen Vernunfterkenntnis zugänglich; das Werdende ist bloß der Wahrnehmung zugänglich und lässt deshalb nicht mehr als eine undialektische Meinungsäußerung zu.[28] Die zitierte Stelle aus dem *Phaidon* gibt Aufschluss über diese ontologische Unterscheidung. Hier wird der „wahren Erde", die sich mit ihren perfekten Ausmaßen in der Welt des wahrhaft Seienden der Ideen befindet, die Erde gegenübergestellt, die vom Menschen bewohnt wird. Diese, zum Werden und Vergehen verdammt, befindet sich in Verwesung. Dem Menschen, der sich auf der Erde befindet, wird die Möglichkeit nicht eingeräumt, den wahren Zustand der Erde zu erkennen. Er wohnt in ihren Höhlungen und bildet sich doch ein, den Überblick zu haben. Die vermeintliche Einsicht ist jedoch trügerisch. Erst wenn es dem Menschen gelingen würde, sich von der Erde loszulösen, diese zu transzendieren und von einem privilegierten Ort von außer-

---

26 Die Stelle bezieht sich auf den Prätext aus Platon: Phaidon, S. 76, 109b–e.

27 Vgl. hierzu Mittelstraß: *Rettung der Phänomene*, S. 6.

28 Vgl. hierzu Walter Mesch: Plotins Deutung der platonischen Weltseele. Zur antiken Rezeptionsgeschichte von Timaios 35a. In: *Platons Timaios als Grundtext der Kosmologie in Spätantike, Mittelalter und Renaissance*. Hrsg. von Thomas Leinkauf und Carlos Steel. Leuven: Leuven UP, 2005. S. 41–66, bes. S. 41.

halb ganzheitlich zu betrachten, würde er etwas über seinen Zustand erfahren können. Diese privilegierte Sicht der Dinge wird im Schlussmythos der *Politeia* geboten. Hier wird die Geschichte des Pamphyliers Er geschildert. Dieser weiß über die Seelen zu berichten, die nach einer langen Wanderung an einen Ort gelangen, an denen über ihr weiteres Schicksal entschieden wird. Hier an diesem Ort, an dem sich Er befindet, bietet sich ihm die privilegierte Sicht auf das gesamte Himmelsgebäude. Die Stelle ist deshalb signifikant, weil sie die erste ausführliche Darstellung der kosmologisch-astronomischen Vorstellungen Platons ist und zugleich die pythagoreische Idee der Sphärenharmonie überliefert.

Im Unterschied zum astronomischen Modell des *Phaidon* wird in der *Politeia* nicht mehr das Bild eines statischen Universums dargestellt. Vielmehr wird hier die Kinematik berücksichtigt, woraus sich ein dynamisches Modell ergibt, in dem die Planeten kreisförmige Bewegungen um die Erde vollziehen. Dieses Zitat aus der *Politeia* erscheint in *Finis Terrae* – unmarkiert – gegen Ende des Logbuch Pytheas', kurz bevor dieser den mythischen Ort Thule erreicht, das „Ende der Welt" in der Vorstellung der griechischen Antike.

> [U]nd da wären sie dann am vierten Tage in eine Stelle gekommen, wo man von oben herab einen durch den ganzen Himmelsraum [...] gesehen habe, wie ein Spannbogen [...]. [D]enn nichts anderes als jener Lichtstreif sei das Land des Himmelsgewölbes, [...] und halte so den ganzen Himmelskreis zusammen, an jenen Enden aber sei die Spindel der Notwendigkeit angebracht, durch welche Spindel alle Sphären bewegt würden. An ihr seien nun Achsen und Haken aus Diamant, das Treibrad aber habe aus einer Mischung aus diesem und anderem bestanden. Die Beschaffenheit dieses Treibrads sei nun folgende gewesen: Die äußere Gestalt sei so gewesen, wie sie das Treibrad bei uns hat, man muß sich jedoch seiner Erzählung nach sie so vorstellen, als wenn in einem großen ausgehöhlten Treibrade ein anderes kleineres eingepaßt wäre, so wie man Gefäße hat, die ineinander passen, und auf dieselbe Weise muß man sich noch ein anderes, ein drittes, viertes und noch vier weitere Treibräder ineinander gepaßt denken. Denn acht Treibräder seien es insgesamt, die ineinander lägen und ihre Ränder von oben her als Kreise zeigten und um die Achse nur eine zusammenhängende Oberfläche eines einzigen Treibrades darstellten, jene Achse sei aber mitten durch alle acht ganz durchgezogen. [...] Rings im Kreis jedoch sitzen gleich weit voneinander entfernt [zusätzlich zu den Sirenen, A. H.] drei weitere Frauengestalten [...]. Das sind die Töchter der Notwendigkeit, die Moiren Lachesis, Klotho und Atropos; sie singen zu den Harmonien der Sirenen.[29]

29 Die *Politeia*-Übersetzung, die nach dem Vergleich mehrerer Vorlagen als Prätext am ehesten infrage kommt, findet sich in Platon: Politeia. In: ders.: *Werke. Zehn Bücher vom Staate.* Bd. 5. Übers. von Wilhelm Wiegand. Hrsg. von Wilhelm Sigismund Teufell und Julius Deuschle. Stuttgart: Metzler, 1856. S. 578–579. In *Finis Terrae* (83–84) wird diese Passage mit kleinen Veränderungen gänzlich übernommen.

Die perfekten Proportionen des platonischen Kosmos werden – nach pythagoreischer Vorlage – durch musikalische Harmonien symbolisiert, durch die Stimmen der acht Sirenen, der Anzahl der bekannten Himmelskörper entsprechend, die gemeinsam harmonisch erklingen. Sodann geht der Mythos auch auf die menschliche Welt ein, indem er die Göttinnen des Schicksals, die Moiren, einführt. Sie sind die Vermittlerinnen zwischen der ewigen Welt der Harmoniensphären und der vergänglichen Welt der Menschen: Klotho ist für das Singen der Vergangenheit zuständig, Lachesis für die Gegenwart, Atropos für die Zukunft.[30]

Von den acht Kreisen ist der erste für den Fixsternhimmel reserviert, die anderen sieben repräsentieren die Bahnen der Sonne, des Mondes und der fünf in der Antike bekannten Planeten: Jupiter, Saturn, Mars, Venus, Merkur. Die Himmelskörper werden nach mehreren Kriterien voneinander unterschieden: nach ihrer Distanz von der Erde, nach ihrer Geschwindigkeit, nach der Breite des Ringes, auf dem sie sich befinden, und nach ihrer Farbe und Leuchtkraft.[31] Jürgen Mittelstraß, dessen Darstellung der Kosmologie Platons hier gefolgt wird, zitiert in seiner Analyse dieser Stelle Theon Smyrnaeus, der berichtete, dass Platon bei dieser Darstellung eine Armillarsphäre vor Augen gehabt haben musste.[32]

Dieses Gerät diente in der Antike der Darstellung der Bewegungen der Himmelskörper. Es bestand aus mehreren ineinander geschachtelten kreisförmigen Ringen, die sich gegeneinander drehten. Dieses platonische Modell der Konstruktion des Universums kann als Strukturmodell für *Finis Terrae* gelten. Die Isomorphismen, die darauf hindeuten, sind die Kreisform der Ringe, ihre ineinander geschachtelte Struktur und ihre Breite. Analog zu den acht Ringen im platonischen Modell ist der Roman in vier Hefte strukturiert, die jeweils durch vier Karten eingeleitet werden. Diese Karten sind auf je zwei gegenüberliegende Seiten verteilt und spiegeln sich ineinander. Die erste Karte (20–21) zeigt auf zwei Spalten links und rechts identisch eingezeichnete Breitengrade, die auf eine kreisförmige Struktur hinweisen. Auch inhaltlich sind die Hefte zirkulär aufgebaut: Das erste Heft beginnt mit der Karte des Periplums Pytheas' (20–21) und endet mit Professor Szabos Brief zu den wissenschaftshistorischen Voraussetzungen der geschilderten Reise (98–100). Das zweite beginnt mit einer Karte von Cornwall und Land's End (104–105), Höhnels Reise endet auf der letzten Seite des zweiten Heftes in

30 Vgl. hierzu Markos Giannoulis: *Die Moiren. Tradition und Wandel des Motivs der Schicksalsgöttinnen in der antiken und byzantinischen Kunst*. Münster: Aschendorff, 2010.

31 Vgl. den Kommentar zu Aristoteles: Über den Himmel, S. 288.

32 Mittelstraß: *Die Rettung der Phänomene*, S. 126, zitiert Theon Smyrnaeus: *Expositio rerum mathematicarum ad legendum Platonem utilium*. Hrsg. von Eduard Hiller. Leipzig: Teubner, 1878. Vgl. auch Cornford: *Plato's Cosmology*, S. 74.

Land's End (162). Das dritte Heft beginnt mit den Diagrammen des eudoxischen Modells (166–167) und endet mit einer Erklärung dieses Modells, einem Zitat aus dem Kommentar von François Lasserre, der Eudoxos' Schriftfragmente edierte[33] (236–237). Das vierte Heft beginnt mit einer Karte der Süd-Insel am Turkana-See (240–241), des Ortes, an dem die Forscher der Fuchs-Expedition verschwunden sind. Über dieses Ereignis stellt der Eintrag Höhnels auf der letzten Seite des Romans Vermutungen an (270). Der letzte Beweis ist der Hinweis auf die Breite der Ringe in Platons Modell des Universums. Ausgerechnet diese Stelle ist im Roman – trotz der kompletten Übernahme der restlichen Passage – ausgelassen worden. Diese Ellipse ist signifikant:

> Denn acht Treibräder seien es insgesamt, die ineinander lägen und ihre Ränder von oben her als Kreise zeigten und um die Achse nur eine zusammenhängende Oberfläche eines einzigen Treibrades darstellten, jene Achse sei aber mitten durch alle acht ganz durchgezogen. So sei nun das erste und äußerste Treibrad das breiteste, das zweitbreiteste die sechste, das dritte die vierte, das vierte die achte, das fünfte die siebente, das sechste die fünfte, das siebente die dritte, das achte die zweite.[34]

Analysiert man Anordnung und Dimensionen der Hefte und Karten in *Finis Terrae*, so stellt man fest, dass sie denen der Treibräder in Platons Modell entsprechen und dass sie im Roman genau in der von Platon angegebenen Reihenfolge in Erscheinung treten. Es seien zunächst die Hefte und Karten in der Reihenfolge ihrer Erscheinung im Roman aufgelistet:

1.) Heft 1: Logbuch des Pytheas von Massalia, 77 Seiten (23–100)
2.) Heft 1: Karte der Reise des Pytheas (20–21)
3.) Heft 2: Karte von Cornwall/Karte von Land's End (104–105)
4.) Heft 2: Ludwig Höhnels Reiseaufzeichnungen, 57 Seiten (107–164)
5.) Heft 3: Diagramme nach Eudoxos von Knidos (166–167)
6.) Heft 3: Ludwig Höhnels Briefe und Aufzeichnungen, 68 Seiten (169–237)
7.) Heft 4: Ludwig Ritter von Höhnels Karte des Rudolf-Sees/Ausschnitt mit der Süd-Insel (240–241).
8.) Heft 4: Aufzeichnungen Admiral von Höhnels, Tichys, Fuchs', 27 Seiten (243–270)

Nun kann das kosmologische Modell Platons mit der Struktur des Romans *Finis Terrae* verglichen werden. Man beachte hier, wie die Anordnung der Breite der Treibräder bei Platon mit der Anordnung der Hefte bzw. Karten im Roman Schrotts

33 Lasserre (Hrsg.): *Fragmente des Eudoxos von Knidos*, S. 205–206.
34 Platon: *Politeia*, S. 578–579.

korrespondieren, wenn man die Erzählzeit der Hefte 1 bis 4, die durch die Seitenanzahl messbar ist, beziehungsweise die Typographie der Karten, genauer: die Dimensionen ihres Druckbildes, berücksichtigt.

	Platon: *Politeia*, Anordnung der „Treibräder" nach ihrer Breite	‚Maße' Hefte bzw. Karten in FT	Raoul Schrott: *Finis Terrae*
1.	„So sei nun das erste und äußerste Treibrad das breiteste"	1.) Heft 1: 77 S. (2)	Logbuch von Pytheas (23–100)
2.	„das zweitbreiteste die sechste"	6.) Heft 3: 68 S.	Ludwig Höhnels Briefe und Aufzeichnungen (169–237)
3.	„das dritte die vierte"	4.) Heft 2: 57 S.	Ludwig Höhnels Reiseaufzeichnungen (107–164)
4.	„das vierte die achte"	8.) Heft 4: 27 S.	Höhnels, Tichys, Fuchs' Aufzeichnungen, (169–237)
5.	„das fünfte die siebente"	7.) Heft 4: Druckbild – 15,6 cm	Ritter von Höhnels Karte des Rudolf-Sees (240–241)
6.	„das sechste die fünfte"	5.) Heft 3: Druckbild – 11 cm	Diagramme nach Eudoxos von Knidos (166–167)
7.	„das siebente die dritte"	3.) Heft 2: Druckbild – 10 cm	Karte von Cornwall/Karte von Land's End (105–106)
8.	„das achte die zweite"	8.) Heft 1: Druckbild – 9 cm	Schiaparellis Karte der Reise des Pytheas von Massalia (FT 21)

Der aufmerksame Leser hat sicherlich erkannt, dass die Strukturparallelismen zwischen dem astronomischen Modell und dem Roman nur dann völlig zulässig sind, wenn man zwei Tricks anwendet: die Vertauschung der Reihenfolge Karte/Logbuch im ersten Heft und die Berücksichtigung der Höhe des Druckbildes auf der rechten Seite der Doppelkarten, mit einer kleinen Ausnahme bei der Karte von Cornwall.[35] Wenn man diese Einschränkungen akzeptiert, dann geht die Rech-

35 Ein Hinweis darauf, dass die Strukturanalogie stimmt, geben uns die Diagramme Schiaparellis durch den Vergleich der im Roman abgedruckten Skizze mit der Skizze in der ursprünglichen Quelle, dem Originalbeitrag Schiaparellis zu Eudoxos' homozentrischen Sphären. Man merkt, dass die Skizzen in der Originalquelle innerhalb des Rahmens die ganze Höhe des typographischen Raums einnehmen, während sie bei Schrott verkleinert wurden, sodass oben und unten ein breiter Streifen von je vier Zentimeter übrigbleibt und die Höhe des bedruckten Bilds insgesamt elf Zentimeter beträgt, womit es dem platonischen Modell entspricht und sich in der Reihenfolge der Kreise an fünfter Stelle einordnen lässt. Vgl. Schiaparelli: Die homozentrischen Sphären des Eudoxos, S. 198–199.

nung auf. Dass das Modell Einschränkungen voraussetzt, zeigt, dass es nicht gut genug ist, um die ‚Romanphänomene' zu retten und dass der Interpretationsprozess weitergeführt werden soll.

Auch für die wahren Himmelsphänomene, die Planetenbahnen, erwies sich das platonische Modell nur für eine erste Annäherung als plausibel, aber nicht hinreichend präzise, wenn man es mit Beobachtungen und Messungen verglich. So lösten einander in der Geschichte der Astronomie fortan die Modelle sukzessive ab, gemäß den Kriterien, welches Modell jeweils die Erscheinungen am besten beschrieb, den Messungen entsprach und die Phänomene, trotz der beobachteten Anomalien, rettete.

5 Die Schleifenbewegungen der Planeten

Zwar beobachteten schon die Astronomen der Antike, dass die Planeten sehr wohl kreisförmige Bewegungen vollzogen, normalerweise von Osten nach Westen. Doch sie stellten auch fest, dass jeder Planet diese Bewegung zu unterbrechen schien und stattdessen für kurze Zeit eine entgegengesetzte – rückläufige – Bewegung vollzog. Dies geschieht nicht mit konstanter Geschwindigkeit und nicht immer am selben Ort. Beobachtet wurde dies am Beispiel des Planeten Mars. In diesem Punkt stimmte Platons Postulat der perfekten kreisförmigen Gestalt der Planetenbahnen nicht mehr mit der Empirie überein.

Die Schleifenbewegung der Planeten ist auch auf der strukturellen Ebene des Textes erkennbar. Das Vorwort weist kryptisch darauf hin: „Es wäre möglich, daß in diesen Briefen ein, wenn auch unbewußtes Ordnungsprinzip zum Vorschein kommt." (13) Betrachtet man die chronologische Anordnung der Briefe im zweiten Heft, so bemerkt man, dass zunächst eine Datenprogression vom 24. März 1988 (107) bis zum 18. Mai 1988 (144) zu erkennen ist. Sodann geschieht eine scheinbar unlogische rückläufige Bewegung auf den 15. Mai 1988 (148) und dann den 12. Mai 1988 (151), wodurch die lineare Chronologie zerstört wird. Zudem wird der 12. Mai 1988 doppelt angeführt. (141, 151) Die Chronologie des zweiten Romanheftes ist nach dem Prinzip der Schleifenbewegung der Planeten konstruiert. Das ist ein Hinweis auf eine Interpretationshypothese, die zeigt, wie das Forschungsproblem der Rettung der Phänomene auf die Struktur des Romans übertragen werden kann: Denkbar ist, eine Analogie zwischen den Planeten und Pytheas bzw. Höhnel als Wanderer herzustellen. Stützen lässt sich dies durch die etymologische Herkunft des Wortes „Planet" („Wandernder"). Zudem werden Menschen und Planeten in verschiedenen Kontexten im Roman einander gegenübergestellt:

> Aber ich habe die gegenläufigen Bewegungen der Gestirne schließlich auch verstanden, ich sah darin eine Art Zwangsläufigkeit, waren die Menschen doch auch nur Teil eines Mechanismus [...]. (172)

> Aber jeder war nun einmal in denselben vorgezeichneten und genau abgezirkelten Bahnen befangen und denselben Gesetzen einer inzestuösen Mechanik unterworfen. Merkur, Venus, Erde, Mars, Jupiter und Saturn. Mein Vater, meine Mutter, Ghjuvan, Sofia und ich. Sofia und Ghjuvan. Seine Schwester. Und immer wieder derselbe Abstand, dieselbe Entfernung. (217)

Stellt man diese Analogie her, so merkt man, dass das erste Heft, das die Reise Pytheas' beschreibt, chronologisch linear konstruiert ist und so im übertragenen Sinne Platons Postulat der regelmäßigen, kreisförmigen Bewegung erfüllt. Aus diesem Grund ist hier Platons kosmologisches Modell der *Politeia* als Ordnungsmodell intertextuell eingebettet. Doch auf welche anderen Strukturmodelle verweist der Roman durch Intertexte?

6 Eudoxos von Knidos Modell der homozentrischen Sphären

Gesucht wurde in der Geschichte der Astronomie ein Modell, das die beobachteten Irrläufe der Planeten als nur scheinhaft erwies, den regelmäßigen Lauf der Planeten geometrisch modellierte, somit den metaphysischen Annahmen Platons entsprach und die „Phänomene rettete". Eudoxos ging von den oben angeführten platonischen Prämissen aus, dass sich die Erde im Zentrum des Universums befindet, dass die Planetenbewegungen gleichförmig und kreisförmig sind und dass der Mittelpunkt aller Bewegungen der Himmelsmechanik zugleich der Mittelpunkt des Universums ist. Daraus konstruierte er ein Modell, in dem statt der platonischen acht Kreise 27 Sphären vorgesehen waren: für Sonne und Mond je drei Sphären, für die fünf ihm bekannten Planeten je vier Sphären und für den Fixsternhimmel eine Sphäre.[36] Die homozentrischen Sphären sind alle um ein Zentrum gruppiert, aber nicht um eine Achse. Die innere und die äußere Achse sind voneinander versetzt. Der Planet ist auf dem Äquator der inneren Sphäre fixiert. Die Achse der inneren Sphäre ist eingebettet in die äußere Sphäre, sodass die erstere die Bewegung der letzteren mitvollzieht. Die Superposition der einzelnen Bewegungen erklärt die retrograden Planetenbewegungen. Der Planet

36 Friedrich Heglmeier: *Die homozentrischen Sphären des Eudoxos und des Kallipos und der Irrtum des Aristoteles*. Phil. Diss. Masch. Erlangen-Nürnberg: Friedrich Alexander Universität, 1988. Vgl. hierzu auch den Kommentar zu François Lasserres *Fragmente des Eudoxos von Knidos*.

vollzieht also das überlagerte Ergebnis beider Bewegungsrichtungen, die resultierende Figur ist eine 8, eine Hippopede, die in den Diagrammen Eudoxos' (166–167) abgebildet ist. Damit lieferte Eudoxos eine mathematische Lösung für die retardierende Bewegung der Planeten. Aus mathematischer Perspektive ist das eudoxische Modell der platonischen Lehre zutiefst verpflichtet, aber die Kühnheit der astronomischen Vision, zu behaupten, dass die mathematischen Berechnungen den realen Himmelserscheinungen entsprechen, ist eine Innovation. Mit seinem Modell überschreitet Eudoxos die von Platon vorgesehene ontologische Schranke zwischen der Welt der Ideen und der Welt des Wahrnehmbaren und setzt die beiden gleich: Die Ideenlehre der Mathematik kann auf die reale Welt der Himmelskörpers übertragen werden. Eudoxos begründet damit die wissenschaftliche Astronomie aus dem Geiste der platonischen Kosmologie. Die bisher diskutierten Modelle, die Idee der Sphärenharmonie, Platons Kosmologie und Eudoxos' Modell der Astronomie werden in *Finis Terrae* in interdiskursiver Verflechtung überlagert:

> [D]as Planetengetriebe des Eudoxos, das Astrolabium mit seinen homozentrischen Sphären, deren Mittelpunkt die Erde war und wo der Orbit jedes einzelnen Planeten von der Bewegung dreier oder vierer Sphären abhing, 27 Umläufe insgesamt, welche die ganze Mechanik des Universums darstellten.
>
> Und so zog die Erde ihre Bahn zwischen den Brennpunkten der Planeten, sobald er an der Kurbel drehte, [...] der Sonnenkreis 27 mal der Erddurchmesser, der Umkreis der Fixsterne 27 mal den 27 fachen Sonnenkreis, in ihren 27 Sphären, ihre Intervalle abgestimmt auf Quinten und Quarten, die Skala der Sphären. (206–207)

In einer dritten poetischen Metamorphose der Armillarsphäre wird die eudoxische Modellbenennung im dritten Heft wörtlich genommen und neu interpretiert: Entsprechend wird im Roman auch das eudoxische Modell der homozentrischen Sphären umgedeutet. Die Neuinterpretation, die der Roman dem Modell der homozentrischen Sphären abgewinnt, ist, dass er sie beim Wort nimmt und die homozentrischen Sphären nicht als geozentrisches Modell liest, sondern wortgetreu den Menschen in den Mittelpunkt stellt – wobei schmerzlich deutlich wird, dass der Mensch Mittel- und Ausgangspunkt der Erkenntnis ist, dass er von seiner materiellen Substanz niemals abstrahieren und diese nie transzendieren kann, obwohl die Metaphysik von Platon bis Descartes die Unterscheidung zwischen *res cogitans* und *res extensa* postuliert. Und entsprechend erscheint die Armillarsphäre, das mechanische Modell der homozentrischen Sphären, in einer der eindrücklichsten Darstellungen im Roman nicht mehr als Modell der Himmelsmechanik, sondern zutiefst geprägt von der Physik des Körpers, wobei nun die Bänder und Kreise nicht mehr Planetenbahnen beschreiben, sondern von körperlichen Schmerzen und Qualen dominiert sind, von Bändern und

Sehnen, von sich bis zum Zerbersten dehnenden Muskelfasern. Erinnert sei hier an Leonardos Skizze des vitruvianischen Menschen. Dieser, der dem Modell des Kosmos seine Proportionen verlieh, war ein Beispiel für perfekte Symmetrie – zwischen Kreis und Quadrat. Das Bild, das hier im Zentrum der homozentrischen Sphären steht, ist das Bild eines zum Krüppel gewordenen Menschen, die Musik der Sphärenharmonien ist von Dissonanzen geprägt.

> Die Zahnringe knirschten, ineinandergetrieben, ihre Zähne schliffen sich langsam in diesem Mahlen ab, die Bänder und Sehnen sperrten sich gegen die Bewegung, sie dehnten sich wie Muskelfasern, bevor sie sich ächzend zusammenzogen und die Drehung weitergaben, das Schraubgestänge rieb sich in seinen Scharnieren wie Knochen in ihrem Gelenk, trocken wie der Schlag der Kiefer aneinander, krächzend im Geräusch des Metalls, das in ein schrilles Singen auslief, wenn sich wieder ein Reifen an der Führung seiner Zapfen zu drehen begann, wie eine Zunge aus Stahl, die sich bis zu ihrem Zäpfchen zurückbog für einen unmöglichen Laut, einen Konsonanten, der sich in Dissonanzen aufsplitterte, von dem Adamsapfel der Planeten absprang, diesem Kehlkopf auf seinen bis zum Zerreißen gespannten Bändern im Kropf seiner Sphären, in dem sich die Verstrebungen spannten wie Adern, die sich fingerdick aus dem Fleisch arbeiteten [...]. (207)

Indem der Roman Eudoxos' Diagramme und Platons kosmologische Lehre gegenüberstellt, wird der metaphysische Tabubruch reflektiert, der mit Eudoxos' Lehre vollzogen wird, um die wissenschaftliche Sicht der Dinge durchzusetzen.

Eudoxos' geniale Idee war, dass sich die Planeten nicht, wie oben bei Platon gezeigt, auf je einem Kreis bewegen, sondern dass sie von drei bzw. vier Kreisen getragen werden und dass erst das Ergebnis der Überlagerung der Bewegungen verschiedener Kreise die Lösung bot, die die retrograde Bewegung der Planeten mathematisch darstellte. So könnte es vielleicht sein, dass auch für den Roman eine Überlagerung mehrerer Modelle erst eine Ahnung davon gibt, wie er funktioniert.

7 Die kopernikanische und Kepler'sche Lösung

Was mit Eudoxos' Modell jedoch nicht erklärt werden konnte, war, wie die Helligkeit der Himmelskörper variiert. Dieses Problem klärte erst Ptolemäus mit seinem Epizykel-/Deferenten-Modell,[37] das wiederum von der kopernikanischen Erklärung abgelöst wurde. Auch Kopernikus ging von einer Kreisförmigkeit der Bewegungen der Himmelskörper aus und wechselte lediglich das Bezugssystem –

37 Für Details zum Epizykel/Deferenten-Modell vgl. Thomas S. Kuhn: *Die kopernikanische Revolution*. Braunschweig: Vieweg, 1981. S. 60–76.

statt der Erde setzte er die Sonne ins Zentrum. So erkannte er, dass die rückläufige Bewegung im Grunde gar nicht von dem Planeten selbst ausgeht, sondern dadurch entsteht, dass Erde und Mars sich mit unterschiedlichen Geschwindigkeiten bewegen. Da die Erde näher an der Sonne steht als der Mars, hat sie eine größere Bahngeschwindigkeit. Folglich kann sie den Mars bei ihrem Umlauf um die Sonne überholen, wodurch es nur so aussieht, als würde dieser am Sternhimmel eine Schleife durchlaufen. Die Schleifenbewegung ist somit durch einen geometrischen Effekt vollständig erklärbar. Doch stellten bessere Beobachtungsinstrumente und präzisere Messungen später auch das kopernikanische Modell infrage. Die endgültige mathematische Lösung bot Kepler.[38] Er stellte fest, dass die Berechnungen nur dann mit den genauen Beobachtungen der Planetenlaufbahnen übereinstimmen konnten, wenn man für diese Ellipsen annahm. So sahen die Keplerschen Gesetze Folgendes vor: 1.) Planeten bewegen sich nicht auf Kreisbahnen, sondern auf elliptischen Bahnen; 2.) die Sonne befindet sich nicht im Mittelpunkt des Kreises, sondern im Brennpunkt der Ellipse; 3.) die Planeten müssen gleiche Bögen in gleichen Zeiten durchlaufen; deshalb bewegt sich 4.) ein Planet mit unterschiedlicher Geschwindigkeit: in Sonnenhöhe schneller als in Sonnenferne.

Für Kepler spielten sowohl das platonische als auch das eudoxische Modell noch eine wichtige Rolle. Sein *Mysterium Cosmographicum* (1596)[39] ist der platonischen Ideenlehre zutiefst verpflichtet, versucht er doch dort mithilfe der platonischen Körper die Dynamik der Himmelsmechanik zu beschreiben und die „Phänomene zu retten". In der *Astronomia Nova* (1609)[40] vollzieht Kepler die wahre Revolution. Darin schildert er seinen intellektuellen Kampf, der zu dieser Revolution führte. Allen überlieferten Schriften zufolge waren die kreisförmigen Himmelsbahnen der Planeten ein unhinterfragbares Axiom. Doch die Mathematik ergab, dass die Berechnungen nur dann mit der genauen Beobachtung der Planetenlaufbahnen übereinstimmen konnten, wenn man für die Planetenlaufbahnen Ellipsen annahm. Diese Idee war so revolutionär, dass Kepler jahrelang zögerte, daran zu glauben.[41] Erst als er sich entschloss, dazu zu stehen, dass die mathematischen Berechnungen nicht die platonischen metaphysischen

---

38 Der Weg zur Lösung Keplers wird im Folgenden dargestellt nach Mittelstraß: *Die Rettung der Phänomene*, S. 202–221.

39 Johannes Kepler: *Gesammelte Werke*. Bd. 1: Mysterium Cosmographicum. De stella nova. Hrsg. von Max Caspar. München: Beck, 1982.

40 Johannes Kepler: *Gesammelte Werke*. Bd. 3: Astronomia Nova. Hrsg. von Max Caspar. München: Beck, 1990.

41 Mittelstraß: *Die Rettung der Phänomene*, S. 208–215.

Annahmen bestätigen mussten, sondern den Ergebnissen der Messungen und Beobachtungen zu entsprechen hatten, vollzog sich die Revolution.

> Tatsächlich sind die Ellipsen Keplers viel revolutionärer für die Geschichte der Astronomie gewesen als die Heliozentrik des Kopernikus. Eudoxos' Kreise und Keplers Ellipsen sind die eigentlichen Marksteine in dieser Geschichte; hinter beiden Entdeckungen steht das System des Kopernikus an Bedeutung zurück. Erst die Ellipsen stellten wieder etwas unerhört Neues dar, das es vorher nie gegeben hatte und das darüber hinaus noch dem vornehmsten Prinzip der Astronomie widersprach. So ist bei Kepler die Platonisch-Eudoxische Forderung der Rettung der Phänomene ihrem Anspruch nach erfüllt, ihrem Sinne nach entthront: es hat sich gezeigt, daß unter der Voraussetzung der Kreisbewegung die *Phänomene* nicht gerettet werden können.[42]

Die beiden geometrischen Formen, die bisher als Beschreibung von astronomischen Bahnen zur Geltung kamen, waren die vollkommene Idealbahn des Kreises und die unvollkommene, aber den real existierenden Phänomenen entsprechende Bahn der Ellipse. Die Ellipse entspricht der Lösung des ersten Keplerschen Gesetzes. Die allgemeine Lösung der Kepler-Gleichung sind allerdings die Kegelschnitte, die sogenannten Keplerbahnen. Keplers Theorie zufolge beschreiben Himmelskörper, die durch die Gravitationskraft an ein Schwerezentrum gebunden sind, die geschlossene Bahn einer Ellipse. Jene Himmelskörper, deren Geschwindigkeit zu hoch ist, um gravitativ am Schwerezentrum gebunden zu sein, beschreiben offene Kurven in Form von Parabeln oder Hyperbeln. Alle beschriebenen Bahnen – Kreis, Ellipse, Parabel und Hyperbel – sind Kegelschnitte.[43] Die vier Kegelschnitte unterscheiden sich voneinander durch ihre Exzentrizität. Als Exzentrizität bezeichnet man das Maß der Abweichung der Bewegungen der Himmelskörper von der idealen Kreisbahn und das Maß der Abweichung des Kegelschnitt-Brennpunktes vom Mittelpunkt des Kreises. Ihre Werte sind verschiedene Lösungen des Kepler'schen Zweikörperproblems: Die numerische Exzentrizität 0 entspricht der Idealbahn des Kreises. Die Abweichung um den Wert 1 entspricht der parabolischen Bahn. Die Abweichung um weniger als 1 der Ellipse und die um den Wert größer als 1 entspricht einer Hyperbel. Der Roman spielt mit der doppeldeutigen Semantisierbarkeit der Kegelschnitte als geometrische Formen und als rhetorische Tropen. Mit der Hyperbel, deren astronomischer Exzentrizitätswert größer als 1 ist, wird eine Übertreibung oder eine Hinzufügung bezeichnet, mit der Ellipse, deren Exzentrizitätswert kleiner als 1 ist, etwas bezeichnet, was fehlt.

---

42 Mittelstraß: *Die Rettung der Phänomene*, S. 209. Herv. im Orig.

43 Diesen wie auch zahlreiche andere physikhistorische Hinweise in Bezug auf Johannes Kepler verdanke ich Klaus Mecke.

Die Kegelschnitte bieten auch den Schlüssel für den Zugang zum dritten Strukturmodell von *Finis Terrae*, denn mit dieser doppelten Sinndimension wird auch im Roman gespielt. Die Figur des Kreises habe ich bereits gewürdigt. Bei der Beschreibung der Übernahme des kosmologischen Modells aus Platons *Politeia* habe ich erwähnt, dass es auf die Bedeutung der Ellipse ankommt, auf die ausgelassene Passage, die die Breite der Planetenkreisbahnen beschreibt. Ein Hinweis auf ein nächstes Strukturmodell ist in einem anderen eudoxischen Intertext eingebettet. Beim Vergleich mit der Quelle, dem Prätext, merkt man, dass diesmal der Schlüssel für die Interpretation nicht durch Beachtung einer ausgelassenen Passage, sondern durch Beachtung einer hinzugefügten Passage zu finden ist. Es ist in *Finis Terrae* die Stelle, die das dritte Heft kreisförmig schließt: Eröffnet wurde es von den Diagrammen Eudoxos' (166–167), beschlossen wird es durch eine ausführliche Passage, die das eudoxische Modell nun nicht mehr nur aus astronomischer Perspektive rekonstruiert, sondern aus der der klassischen Philologie.

> *Die äußerste Sphäre des Mondes rotierte ebenfalls im Uhrzeigersinn um die Achse der Welt und entsprach darin wiederum der Tagesdrehung der Erde. Die zweite Sphäre rotierte gegenläufig zur Achse der Ekliptik und hatte* [...] *die Wiederkehr des Mondes im gleichen Tierkreiszeichen darzustellen, die zodiakale Wiederkehr, die Eudoxos mit 27 Tagen berechnete. Die dritte Sphäre nahm wie bei der Sonne ihren Umlauf leicht zur Ekliptik geneigt, bedingt durch die monatlich beobachtete Retrozession der Knoten seines Orbits nach Westen, welche* [...] *30° in 223 synodischen Monaten umfaßten.* (236, Kursiv. im Orig.)[44]

Die Passage stammt aus François Lasserres *Fragmente des Eudoxos von Knidos.*[45] Bis hierher stimmt das Zitat mit der Vorlage Lasserres vollständig überein, doch eine Passage entspricht nicht der prätextuellen Vorlage – sie wurde von Schrott hinzugefügt: „*Würde diese Bewegung auf ein Blatt Papier projiziert, ergäbe sie über diese Jahre hinweg die Zeichnung eines Labyrinths, seine ineinander verschlungenen Bahnen*" (236, Kursiv. im Orig.). Sie entspricht dem Befund des Handbuchs zur Kulturgeschichte des Labyrinths von Hermann Kern: *Labyrinthe. Erscheinungsformen und Deutungen. 5000 Jahre eines Urbilds.*[46] Was diesen Fund für die Romaninterpretation fruchtbar macht und die Rechtfertigung für die

---

44 Lasserre (Hrsg.): *Fragmente des Eudoxos von Knidos*. S. 205–206.

45 Das ist die erste umfassende Edition der Überlieferungsfragmente Eudoxos. Tonart und Methodik der Editionsphilologie werden im Roman auch nachgeahmt, indem der genaue Fundort und die Art der Aufzeichnungen mitverzeichnet werden: „[Auf die letzte Seite dieses Heftes wurde ein Blatt Papier mit einer groben Skizze von Schiaparellis Konstruktion geklebt; auf der Rückseite scheint eine mit der Maschine geschriebene Seite aus dessen Manuskript durch]" (236).

46 Hermann Kern: *Labyrinthe. Erscheinungsformen und Deutungen: 5000 Jahre Gegenwart eines Urbilds*. München: Prestel, 1982.

Identifizierung eines nächsten Strukturmodells liefert, ist, dass auch bei Kern das Modell des Labyrinths den Schleifenbewegungen der Planeten gegenübergestellt und mit Eudoxos' Lösung des Forschungsproblems der „Rettung der Phänomene" in Verbindung gebracht wird:

> Die fünf im Altertum bekannten [...] Planeten Merkur, Venus, Mars, Jupiter und Saturn zeigen auf ihrem Weg um die Sonne eigentümliche Schleifenbewegungen. Diese Planetenschleifen – verbunden mit einem Wechsel der Bewegungsrichtung nach rückwärts [...], dann wieder nach vorwärts – können mit der labyrinthischen Pendelbewegung verglichen werden. Dargestellt ist der unzureichende Versuch des griechischen Astronomen Eudoxos von Knidos [...], erstmals durch ein System ineinandergefügter Sphären mit unterschiedlicher Drehrichtung den Mechanismus dieser Bewegung zu erklären.[47]

8 Das Labyrinth als Erkenntnis-, Diskurs- und Lektüremodell

Betrachtet man den Roman noch einmal genauer auf makro- und mikrostruktureller Ebene, so stellt sich heraus, dass genau dies einer seiner Kunstgriffe ist, um das Labyrinthische den Ordnungsmustern gegenüberzustellen. Oder liegt sogar der Kulturgeschichte des Labyrinths ein schöpferisches Spiel zwischen Chaos und Ordnung zugrunde, das interpretatorisch fruchtbar ist? Das legt zumindest Umberto Eco nahe, der in der poetologischen *Nachschrift zum „Namen der Rose"* die labyrinthische Struktur seines Romans darlegt und hierfür eine typologische Systematik angibt,[48] die auch für die Analyse von *Finis Terrae* interessant ist: In der Antike dominierte das Modell des univialen, kretischen Labyrinths, zentriert und mit sieben Gängen, das auf ein geschlossenes, berechenbares Weltbild hindeutete. Ab der frühen Neuzeit setzt sich das System des komplexen Labyrinths als chaotisch konzipierter Irrgarten durch, der mehrere Zugänge, Irrwege, Doppelungen und Sackgassen bietet. Das letzte typologische Modell, auf das Eco verweist, ist das postmoderne Modell des Netzes, des Deleuze'schen Rhizoms ohne Mitte, mit aleatorischen Eingängen und Ausgängen.

Finis Terrae spielt alle drei Modelle gegeneinander aus: Seine Makrostruktur ist durch das Ordnungsmodell der Armillarsphäre dominiert, die Mikrostruktur aber, die Schreibweise des Romans, scheint labyrinthisch zu sein – etwa gibt es variierende Wiederholungen, Parallelismen, Redundanzen, Antinomien, Synko-

---

47 Kern: *Labyrinthe*, S. 40.

48 Umberto Eco: *Nachschrift zum „Namen der Rose"*. Übers. von Burkhart Kroeber. 6. Aufl. München: dtv 1986. S. 64.

pen und Ellipsen, *mises en abyme* und bewussten Fragmentarismus. Alles scheint darauf angelegt, den Leser zu verwirren und ihn an der Herstellung von sinnvollen Zusammenhängen zu hindern. Auch die dritte aleatorische Netzwerk-Tendenz weist der Roman auf, insofern als die intertextuellen Verfahren, die ihn prägen, zwischen Systematik und Rhizomatik oszillieren.

Die Parallelisierung zwischen Kosmosmodell und Labyrinth ist umso interpretationswürdiger, als sie sich in *Finis Terrae* an signifikanten Stellen in allen vier Heften wiederholt spiegelt. Das Labyrinth erscheint als Gegenmodell zum geordneten mathematischen Modell der Himmelsmechanik in direkter Gegenüberstellung im Logbuch Pytheas' (48), im Logbuch Höhnels (135), am Ende des dritten Heftes (236) und auf der letzten Seite des Romans (270). Bei näherer Betrachtung der Kontexte, in denen das Labyrinth erwähnt wird, ist ein Brennpunkt zu beobachten, der die Systematik der Zitation markiert und auf die kulturgeschichtliche Dimension dieses Ordnungsmusters referiert: die Romanmitte (135). Die Platzierung des Modells weist auf die Mittelachse eines symmetrischen Strukturmusters hin, das dem Gedanken des Labyrinths zunächst völlig widerspricht. Erwähnt werden die erste antike graphische Überlieferung des Labyrinths auf einem etruskischen Gefäß und die erste schriftliche Überlieferung auf einer mykenischen Tafel:

> *einen Honigtopf für alle Götter*
> *einen Honigtopf für die Herrin*
> *des Labyrinths* (135, Kursiv. im Orig.)[49]

Signifikanterweise wird hier erstens die medienspezifische Überlieferung des Labyrinths markiert – als ikonisch-visuelles und als schriftliches Zeichen – und diesem zweitens auch die performative Tradition des choreographischen Akts eingeschrieben. Und gewiss, die Hinweise wären nicht vollständig, wenn nicht an gleicher Stelle auch die mythologisch-literarische Tradition Homers, Plutarchs Tanz des Theseus und Vergils labyrinthisches Reiterspiel erwähnt werden würden (135). Auffällig ist hier, dass auf die definitorische Systematik geachtet wird, genau wie in Kerns Labyrinth-Handbuch, in dem zwischen dem Labyrinth als literarischem Motiv, als graphischer und als choreographischer Figur unterschieden wird.[50]

Dient die Gegenüberstellung von Kosmos und Labyrinth also ebenfalls als Lektüreanleitung? Vielleicht, wie nun eine Annäherung in drei Schritten zeigen soll: erstens durch eine an die Mytheme von Theseus und Daidalos orientierte

49 Kern: *Labyrinthe*, S. 17.
50 Kern: *Labyrinthe*, S. 22.

Lesart, die das Labyrinthische auf die Erkenntnis- und Orientierungsmöglichkeiten der Figuren Höhnels und Schiaparellis bezieht und die damit verbundenen Weltbilder berücksichtigt, zweitens durch eine kulturhistorisch-typologische Lesart, die sich auf die Korrelation zwischen dem Labyrinth als Graphik/Bau und der Struktur des Romans bezieht, und schließlich durch eine choreographisch-performative Lesart, die die Rolle des Lesers, die Bewegung der Blickrichtung und die Dynamik der Rezeption analysiert.

9 Das Labyrinth als Initiations- und Erkenntnismodell

Um die vielschichtige Funktionalisierung des Labyrinths für Schrotts Roman darzustellen, referiere ich auf Manfred Schmelings Studien zum Labyrinth als Diskursmodell.[51] Schmeling analysiert die Handlungsstränge des antiken Mythos und unterscheidet im Basistext zwischen der Perspektive des Theseus, der im Labyrinth gefangen war und dieses lediglich aus der Innensicht wahrnehmen konnte, und der des Daidalos, der das Labyrinth als Künstler geschaffen hatte, dessen Baugesetze kannte und sich deshalb aus ihm befreien konnte. Beide Mythologeme sind in den Charakteren der beiden Protagonisten von *Finis Terrae* verankert.[52] Da ist auf der einen Seite Ludwig Höhnel: Seine Verunsicherung, seine existentielle Angst und Entfremdung, seine Obdachlosigkeit, seine Suche nach Sinn entsprechen dem Theseus-Mythologem. Auf der anderen Seite ist Schiaparelli als Daidalos-Figuration angelegt: aufgrund seines Drangs nach geometrischer Perfektion und aufgrund seines Glaubens an die Möglichkeit der Rekonstruktion kosmologischer Modelle, die durch Symmetrien als Inbegriff der pythagoreischen Sphärenharmonie rekonstruiert werden können.

---

51 Manfred Schmeling: *Der labyrinthische Diskurs. Vom Mythos zum Erzählmodell.* Frankfurt a. M.: Athenäum, 1987; ders.: Narrativer Konstruktivismus in den Labyrinthen der Postmoderne. Undine Gruenter, Lars Gustaffson und Felix Philipp Ingold. In: *Labyrinth und Spiel. Umdeutungen eines Mythos.* Hrsg. von Hans Richard Brittnacher und Rolf-Peter Janz. Göttingen: Wallstein, 2007. S. 252–266; ders.: Der Erzähler im Labyrinth: Mythos, Moderne und Intertextualität In: *Europäischer Philhellenismus. Antike griechische Motive in der heutigen europäischen Literatur.* Hrsg. von Evangelos Konstantinou. Frankfurt a. M.: Lang, 1995. S. 251–226.

52 Dieser dichotomische Dualismus wird durch Andeutungen Höhnels in den Briefen untergraben, die auf eine bestimmte Form von Freundschaft, ja gar von Anziehungskraft zwischen den beiden hindeutet.

Schmeling zufolge beziehen sich die labyrinthischen Strukturen der modernen Erzählprosa auf das selbstreflexive Wirklichkeitsbewusstsein der Figuren. Ging es zu Pytheas' Zeit um Verirrung bzw. um die Möglichkeiten der Orientierung im Raum, wird in der Moderne das Labyrinthische ins Ich verlagert und prägt zudem auch die formalen Strukturen dessen, was das Ich schreibend formuliert. Das Denken, der Prozess der Erkenntnis, und die Weise, wie das Gedachte formuliert wird, sind unmittelbar miteinander verflochten.[53] Ich folge in meiner Interpretation Schmelings These, dass die Initiation, das Labyrinth-Motiv und das narrative System aufgrund gemeinsamer kultureller, ethnologisch-anthropologischer, religiöser und sozialer Voraussetzungen miteinander korrelierbar sind.[54]

Die durch Schiaparelli angestrebte Totalität der Erkenntnis durch mathematische Darstellung entspricht dem rationalen, vernunftbetonten Glauben an die vorhersehbaren, messbaren, auf Symmetrie und Harmonie basierenden Gesetze der Natur. Das lässt sich typologisch mit dem univialen antiken Labyrinth-Modell korrelieren, das vor dem Hintergrund eines geschlossenen, berechenbaren Weltbilds überliefert wird. Entsprechend dominiert in dieser Vorstellung auch das Ideal der Kreisförmigkeit der Planetenbewegungen, die Idealform des Kreises, dessen Brennpunkt der Mittelpunkt ist, der in dieser Vorstellung durch die Erde besetzt wurde. Die Makrostruktur des Romans orientiert sich, mit kleinen Abstrichen, an kosmologischen Modellen, die einem Diskurs entstammen, in dem Logos und Mythos noch nicht entzweit waren: Platons *Politeia*, Eudoxos' homozentrische Sphären bzw. die Harmoniensphären der Pythagoreer. Jedoch erweist sich mikrostrukturell die Schreibweise des Romans als postmoderne *écriture*.

10 Das Labyrinth als Diskursmodell für die Makro- und Mikrostruktur des Romans

In der Beschreibung seines labyrinthischen Diskursmodells synthetisiert Schmeling vier Grundverfahren des modernen labyrinthischen Schreibens: die Wiederholung, den Widerspruch, die Hypothetisierung und die Reflexivität.[55] Fast alle lassen sich in der mikrostrukturellen Erzählweise des Romans *Finis Terrae* wiederfinden: Die hohe Organisationsstruktur des labyrinthischen Diskurses zeichnet sich nicht nur dadurch aus, dass im ersten und zweiten Heft viele Stellen

53 Vgl. Schmeling: *Der labyrinthische Diskurs*, S. 123.
54 Vgl. Schmeling: *Der labyrinthische Diskurs*, S. 135.
55 Vgl. Schmeling: *Der labyrinthische Diskurs*, S. 287–288.

variierend wiederholt werden (Reisen Pytheas' und Höhnels, gleicher Parcours, zahlreiche intratextuelle Bezüge). Auch gibt es im dritten Heft zahlreiche Vorausdeutungen auf das vierte, während das vierte Heft die Erzählanlage der ersten drei Hefte wiederholt: Auch dort findet eine wissenschaftliche Entdeckungsreise im Jahr 1888 statt, die durch einen doppelten Parcours von Fuchs 1934 und Tichy 1975 wiederholt wird. Die Reisen nehmen aufeinander Bezug, doch werden sie nicht mehr in chronologischer Ordnung dargestellt, wie die Pytheas' und Höhnels. Die Chronologien der Reisen im vierten Heft überlagern sich bzw. sind ineinander verschachtelt. Während das Logbuch des ersten Heftes sich als Dokument ausgibt, ist es in weiten Teilen frei erfunden, während die Passagen des vierten Heftes eine Montage aus Originaltexten sind. Zudem gibt es auch redundante Doppelungen des narrativen Diskurses – zum Beispiel die Legende der Frau mit den Ziegen – die im ersten und vierten Heft (96, 248) identisch wiederholt werden, ohne dass die erzählerische Ökonomie das erfordern würde.[56] Dank dieser Doppelungen verlagert sich die Aufmerksamkeit des Lesers vom Inhalt des Textes auf seine künstlerische Sprachgestaltung. Viele Passagen in den autobiographischen Aufzeichnungen Höhnels sind fragmentarisch, von Synkopen und Ellipsen durchsetzt, wechseln unmotiviert von der homo- in die heterodiegetische Perspektive, als würde ein Prozess der Beobachtung zweiter Ordnung durch das Schreiben eingeleitet und immer wieder unterbrochen aus einem Gestus der verzweifelten Selbstzerfleischung heraus.

Programmatisch steht ausgerechnet zu Beginn des dritten Heftes der Verweis auf Velázquez' Bild „Las Meninas" (108), auf die Verfahren der wiederholten Spiegelungen und des *mise en abyme*, auch das eine Strategie des labyrinthischen Diskurses. Statt „Wirklichkeitsillusionen" zu erzeugen, wie das im Logbuch Pytheas' noch vorgeführt wird, werden die Illusionen durch wiederholende Variierung zerstört. So erzählt der Roman eher die Geschichte der eigenen Äquivalenzrelationen, wenn er das Prinzip der Wiederholung im vierten Heft auf die Spitze treibt und seine Machart durch dreifache Verschachtelung in *mise en abyme*-Manier selbst zitiert, wobei er den unbedingten Willen zur Konstruktivität und die Verweigerung der Originalität durch die durchweg konstruierte Intertextualität vorführt.

Der Autor von *Finis Terrae* spielt mit der Materialität des Buches und mit der ästhetischen Materialität des Labyrinthes und erzählt nicht die Geschichte, wie ein Protagonist sich auf der Suche nach der eigenen Identität im Labyrinthischen verirrt, sondern die, wie ein Erzähler eine Geschichte produziert, indem er sich als zufälliger Finder eines Nachlasses inszeniert, der die Geschichte der Suche nach

56 Das Gleiche gilt auch für die Passagen in *Finis Terrae* (159, 211), die bis auf kleinste Abweichungen identisch wiederholt werden.

der Identität eines anderen gleichsam doppelt erzählt, variiert und transfiguriert – und sich also gleichsam im Labyrinthischen des Erzählens verirrt. Der Roman ist ein Meisterbeispiel kompositorischer Qualitäten eines Autors als Arrangeur, der seine Originalität nicht verliert, obwohl er allen möglichen vorhergehenden Prätexten durch ihre Präsenz als Referenzen seine Reverenz erweist.

Schmeling zufolge stünde eine derartige Präsenz des Labyrinths als Gegenstand oder Medium kultureller Kommunikation kaum zur Diskussion, wenn es als Zeichen nicht über die wesentliche Qualität verfügte, die innere und äußere Welt in ihrer ganzen Komplexität zu repräsentieren. Im Wort ‚Labyrinth' ist strukturell und konzeptuell auf einen Begriff gebracht, was die Welt an chaogenen und an ordnenden Elementen beinhaltet: „Im Labyrinth-Muster als definierbarem Form- oder Strukturprinzip scheint die Komplexitäts-Erfahrung aufgehoben wie die Unordnung in der Ordnung."[57]

Der Roman korreliert in der Abfolge seiner vier Hefte die Geschichte literarischer Schreibweisen mit der Geschichte ihrer entsprechenden Weltbilder und mit der Kulturgeschichte des Labyrinths. Das erste Heft stellt mit seiner übersichtlichen Chronologie und der Reise des antiken Forschers inhaltlich und strukturell das antike Weltbild dar, das seine Entsprechung auch in dem univialen kretischen Labyrinth findet. Das zweite Heft stellt makrostrukturell durch die Mischung aus linearer Chronologie und Schleifenbewegung und mikrostrukturell mit den zahlreichen Doppelungen der Logbucheinträge Pytheas' sowie vielen elliptischen Sätze den Übergang von dem linearen zum labyrinthischen Struktur- und Diskursmodell dar: Der Kosmos wird zum Irrgarten, die Planeten werden zu Irrläufern (aus der Sicht der antiken Wissenschaftler). Deshalb ist das Strukturmodell des Labyrinths darin eingebettet (135). Das dritte Heft wird vom eudoxischen Modell der Planetenbewegungen eingeleitet und beendet, enthält es aber auch auf diegetischer Ebene, wo es zugleich neu interpretiert wird – die homozentrischen Sphären stellen nicht die Erde im Mittelpunkt des Universums dar, sondern den Menschen im Mittelpunkt des Erkenntnisprozesses. Das vierte Heft ist die narrative Rekonstruktion dieses Modells: durch die Verschachtelung der Kreise ineinander und durch die inhaltlichen Verweise der Hefte aufeinander. Doch im Mittelpunkt ist eine Ellipse, ein Leerzeichen, der Mensch kommt darin nicht mehr vor. Das vierte Heft führt die Konstruktionsweise des Romans vor. Strukturell besteht es lediglich aus Originalzitaten aus den Expeditionsberichten Ritter von Höhnels (1888), Fuchs' (1934) und Tichys (1980). Die Handschrift des Autors verschwindet hier in gewisser Weise, er kommt nur noch als Arrangeur der Romankomposition zur Geltung.

Zusammenfassend soll das in der folgenden Übersicht dargestellt werden:

---

57 Schmeling: *Der labyrinthische Diskurs*, S. 16.

Struktur und Schreibweise der Heftes	Strukturmodell	Weltbild	Kulturgeschichte und Typologie des Labyrinths
Heft 1 Chronologisch-linearer Aufbau/ Zirkularität; distanzierte, objektivierte Perspektive	Kreis: Platons Armillarsphäre	Geschlossenes geozentrisches Weltbild	Univiales kretisches Labyrinth – ausgerichtet um ein Zentrum, mit einem Zugang und sieben Gängen
Heft 2 Chronologie wird unterbrochen durch eine „Schleifenbewegung“; interne Fokalisierung, verlorene All-Übersicht; Gegenüberstellung der Perspektiven Pytheas’ und Höhnels	Schleifenmuster: erkennbar an der gestörten Chronologie der Tagebucheintragungen	Übergang vom geozentrischen zum heliozentrischen Weltbild, von der Antike zur Moderne	Übergang vom einfachen, univialen Labyrinth zum komplexen Labyrinth ab der frühen Neuzeit als Irrgarten
Heft 3 Fragmentcharakter; episodischer Aufbau; keine Chronologie; heterogene Struktur; hybride Schreibweise; Mischung aus Kindheitserinnerungen, Expeditionsberichten, Reiseeindrücken	Mechanische Rekonstruktion des Modells der homozentrischen Sphären; Mensch in der Mitte; Mensch im Maschinenmodell gefangen	Modernes Weltbild	Komplexes Labyrinth als Irrgarten: mehrere Zugänge, mehrere Ausgänge, kein dezidiertes Zentrum, zahlreiche Sackgassen, Irrwege, Doppelungen; Labyrinth und Chaos miteinander verbunden
Heft 4 Selbstreflexive Metaebene; ‚Autorhandschrift‘ verschwindet; Heft besteht ausschließlich aus Zitaten der Originalschriften der drei Afrika-Expeditionen, die ineinander verschachtelt sind	Strukturmodell durch die Makrokonstruktion des Heftes: 27 Einträge, entsprechen den 27 homozentrischen Sphären Eudoxos’, sind ineinander geschachtelt, aufeinander bezugnehmend, doch der Mensch ist aus der Mitte verschwunden	Postmoderne Selbstreflexivität	Struktur des Heftes führt die gesamte Romankonstruktion performativ vor; Auflösung durch das Daidalos-Mythologem, der als Schöpfer des Labyrinths gilt

11 Das Labyrinth als performatives Lektüremodell zu ‚Rettung der Textphänomene'

Ein Merkmal des labyrinthischen Diskurses ist, dass in ihm die ästhetische Funktion dominiert: Die Textorganisation ist nicht diffus, unübersichtlich, chaotisch-hermetisch, sondern sie entspricht Prinzipien äußerster Formkonzentration, präziser Systematik und poetischer Gestaltung.[58]

Die Meisterschaft von *Finis Terrae* besteht darin, dass beides, Ordnung und Chaos, strategisch angelegt sind. Der Text enthält genügend labyrinthische Strukturen, um beim Leser immer wieder Unverständnis, Unmut, neue Fragen zu provozieren, aber auch genügend subtil platzierte Ordnungs-, Symmetrie- und Poetizitätshinweise, die eine rekombinierende Zweitlektüre belohnen. Das ist der Blick, der dem Leser nahegelegt wird: Distanz, Beobachtung, rechnen, messen, Verbindungen herstellen. So ist der wiederholte Verweis auf die Traditionslinie des Labyrinths als einer Tanzform, also nicht als statisches graphisches oder architektonisches Muster, sondern als dynamische Form der Choreographie, die auch Symmetriestrukturen und ästhetischen Prinzipien folgt, ein Hinweis auf den performativen Akt der Lektüre. Somit sind beide Aspekte der Produktion und der Rezeption berücksichtigt. Denn der Leser kann das Labyrinth der mikrostrukturellen Schreibweise verlassen, Strukturen erkennen, sich aus der theseischen in die daidalische Perspektive erheben, die Unordnung in Ordnung überführen und die Textphänomene retten.

Durch den performativen Akt wird der Leser auf die Konstruktionsmechanismen des Romans aufmerksam gemacht. Die endgültige Erklärung liefert schließlich das Mythologem von Daidalos, demnach dieser die Ordnungsstruktur des Labyrinths erkennt, weil er sie selbst geschaffen hat. Die These wird unterstützt von einem Zitat über Schiaparellis Versuche, die „Phänomene zu retten": „Er gab vor, daß der Mensch ohnedies nicht imstande war, das Geschehen zu begreifen, denn wirklich verstehen könne er nur, was er selbst geschaffen hat, die Mathematik oder eine konstruierte Maschine." (217) Indem der Leser die Verbindungen performativ nachvollzieht, baut er sich selbst ein Modell des Romans und erkennt so dessen Schöpfungsprinzip. Kennt er dessen Mechanismen, so erkennt er auch seine Vorlage, die in einem letzten platonischen Prätext überliefert wird. Das fehlende, im Roman nicht zitierte Modell der kosmologischen Vorstellungen Platons ist das Urmodell der Schöpfungsidee des Romans, weil es Mythos und

58 Vgl. Schmeling: *Der labyrinthische Diskurs*, S. 285.

Logos miteinander verbindet: die Kosmologie des *Timaios*, die Stelle, an der der Demiurg die Weltseele, den Kosmos, zusammenfügt.

Das darin beschriebene astronomische System ist mit dem aus der *Politeia* weitgehend identisch. Der Kontext ändert sich jedoch, er ist nicht mehr ein mythisch-eschatologischer. Das kosmologische Modell des *Timaios* steht im Kontext des Weltschöpfungsdiskurses. Für die vorliegende Interpretation ist die Somatogonie interessant, in der Timaios erklärt, wie der Demiurg den Körper des Universums herstellt und somit die Mathematisierung des Universums bewirkt: Die Urelemente Erde, Feuer, Luft und Wasser werden durch Formen und Zahlen den fünf platonischen Körpern, den Polyedern, hinzugefügt. Ihr folgt die Phase der Psychogonie, in der der Demiurg eine Verbindung zwischen dem ‚Selben' und dem Bereich des ‚Anderen', zwischen der Welt der Ideen und der realen Welt herstellt.[59] Die Herstellung der Weltseele verläuft in drei Stufen: die Verbindung zwischen dem ‚Selben' und dem ‚Anderem', zu einem Dritten, dem Sein; die Aufteilung dieser Verbindung nach Zahlenverhältnissen, die musikalischen harmonischen Proportionen entsprechen;[60] die Verbindung dieser Teile zu konzentrischen Sphären, die ineinander geschachtelt sind und umeinander rotieren. Mittelstraß zufolge ist das Hauptanliegen des Demiurgen die Herstellung einer wohldefinierten Ordnung aus der vorgefundenen Unordnung. Ordnung ist in Platons Ideenwelt immer als mathematische Ordnung definiert. So apostrophiert Mittelstraß den Demiurgen ebenso als „kühlen Rechner und genialen Konstrukteur."[61] Ausgehend von einem mechanischen Modell der Astronomie wird dieses auf die Konstruktion der Weltseele übertragen mit dem Zweck, diesen Modellcharakter bis in den letzten Winkel seiner Welt fortzusetzen. Das funktioniert, weil dem Modell mathematische Verhältnisse zugrunde liegen, die strukturell auf unterschiedliche Gebilde übertragen werden können. Die mathematischen Verhältnisse sind die Isomorphismen, die die Übertragung des platonischen Modells auf die Strukturen des Romans erlauben. Ich behaupte, dass es eine Analogie gibt zwischen der Art, wie der Demiurg die große Weltseele teilt, um den Kosmos zu entwerfen, und der schöpferischen Tätigkeit des Schriftstellers, der seinen Roman konzipiert. Der Demiurg versucht die schlecht mischbare Natur des Verschiedenen, die Welt des Vergänglichen und Unregelmäßigen – dem würde das Labyrinthische in *Finis Terrae*

---

59 Vgl. hier den Kommentar zu Platon: *Timaios*. Griech./dt. Hrsg. und übersetzt von Thomas Paulsen und Rudolf Rehn. Stuttgart: Reclam, 2003. S. 219–220. Zu den Begriffen Somatogonie und Psychogonie vgl. Filip Karfik: *Die Beseelung des Kosmos. Untersuchungen zur Kosmologie, Seelenlehre und Theologie in Platons Phaidon und Timaios*. München: Saur, 2004. S. 203-206.

60 Vgl. hier Cornford: *Plato's Cosmology*, S. 57–58.

61 Mittelstraß: *Rettung der Phänomene*, S. 108.

entsprechen – „gewaltsam mit der des Selben“ harmonisch zusammenzufügen.[62] Die mythisch-figurative Sprache des *Timaios* stellt das Ergebnis der Mischung der Komponenten als ein langes Band dar, das nach den Proportionen musikalischer Intervalle geteilt wird. Mit dieser Teilung soll die universale harmonische Ordnung hergestellt werden, die die Seelen der Individuen ahnen und nachahmen können. Da diese Passage in *Finis Terrae* nicht zitiert wird, seien hier die für die Interpretation einschlägigen Passagen angeführt:

> Und nachdem er so beide mit der Seelensubstanz gemischt und so aus Dreien Eins gemacht hatte, teilte er wiederum dieses Ganze in so viele Teile, als es sich gehörte [...]. Er begann aber folgendermaßen zu teilen: Zuerst entnahm er einen Teil vom Ganzen, dann das doppelte desselben, als dritten sodann den anderthalbfachen des zweiten, [...] als vierten den doppelten des zweiten, als fünften den dreifachen des dritten, zum sechsten das Achtfache des ersten und zum siebten das Siebenundzwanzigfache des ersten.[63]

In den einschlägigen *Timaios*-Kommentaren[64] wird auf Crantors Diagramm und auf die arithmetische Zahlenprogression in der zweiten und dritten Potenz hingewiesen:

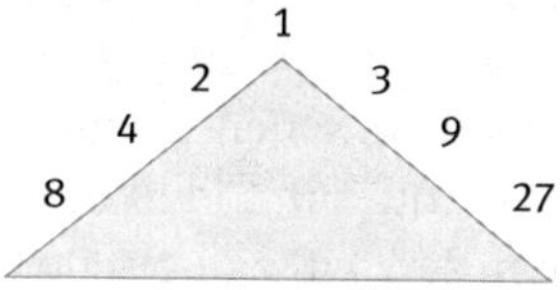

Abb. 1: Crantors Diagramm. Grafik: Aura Heydenreich

Beachten wir, um das Konstruktionsprinzip des Romans nachzuvollziehen, zunächst die linke Zahlenfolge: ausgehend von einem Vorwort, in dem die Gesamtstruktur des Romans detailliert beschrieben wird, zur symmetrischen Aufteilung in zwei Bücher (1 → 2). Dazwischen liegt der Goldene Schnitt! Jedes der zwei Bücher enthält zwei Hefte, das ergibt vier (2 → 4). Hinzugefügt wurden noch je vier Karten, das ergibt acht (4 → 8). Auf der rechten Seite der Dreier-Progression ist festzustellen, dass das Periplum Pytheas' dreifach erzählt wird, jedes Mal ist Höhnel maßgeblich beteiligt: Als Rekonstruktion und Übersetzung seiner Version, als Bericht der eigenen Entdeckungsreise auf den Spuren Pytheas' und als fiktionale Autobiographie in Form einer Initiationsreise Höhnels in die eigene Vergangenheit

62 Platon: Timaios. In: ders. *Werke in acht Bänden.* Griech./dt. Bd. 7. Übers. von Hieronymus Müller und Friedrich Schleiermacher. Hrsg. von Gunther Eigler. Darmstadt: Wiss. Buchges., 1972. S. 49 (35a–c).

63 Platon: Timaios, S. 49.

64 Vgl. hier Cornford: *Plato's Cosmology*, S. 67–68. Vgl. auch Platon: *Timaios*, S. 49.

(1 → 3). Alle Teile zusammengenommen – Vorwort und vier Hefte und vier Karten bzw. Diagramme – ergeben neun (3 → 9). Wenn man alle die Hefte begleitenden Motti, Peritexte und einzelne eingefügte Bestandteile zusammenzählt, ergibt das insgesamt 27 (9 → 27). Stützen lässt sich dieser Interpretationsbefund dadurch, dass auch das letzte Heft, das durch die drei ineinander geschachtelten Reiseberichte das Strukturmodell der ersten drei Hefte wiederholt, als Krönung des poetisch-mathematischen Modells platonischer Prägung, genau 27 Aufzeichnungen enthält. Jeder einzelnen ist jeweils eine Seite gewidmet.

Doch zurück zur Beschreibung der Konstruktion des Kosmos durch den Demiurgen:

> Darauf füllte er sowohl die zweifachen als dreifachen Abstände aus, daß er noch mehr Teile von dort abschnitt und sie zwischen dieselben stellte, so daß sich zwischen jedem Abstand zwei Mittelglieder befanden.[65]

Das Interessante an der poetischen Komposition von *Finis Terrae* ist, dass an entscheidenden Stellen, die durch musikalische Intervalle markiert werden, bestimmte Zitate auf die mythische und wissenschaftliche Überlieferung dieser kosmologischen Modelle hinweisen, die einerseits ihren Ursprung in der Idee der Sphärenharmonie haben, andererseits selbst als Strukturmodelle für die Kompositionsstruktur des Romans fungieren. Die Platzierung der Strukturmodelle lässt sich durch mathematische Isomorphismen und durch den analogischen Rückgriff auf die musikalischen Proportionen der pythagoreischen Sphärenharmonie rechnerisch eruieren, allerdings mit einer doppelt gestalteten Rechnung. Ausgehend vom Gesamtroman (270 Seiten : 2 = Seite 135,5) befindet sich am Oktavenintervall die systematische Darstellung des Modells des Labyrinths. Ausgehend von 250 Seiten – dem Umfang der Hefte eins bis vier ohne das Vorwort – befinden sich die Diagramme von Eudoxos am Quintintervall (2/3 = 20 + 83,3 + 83,3 = Seite 166) und das Astrolabienmodell der homozentrischen Sphären, die Neuinterpretation mit dem Menschen im Mittelpunkt, am Quartintervall (3/4 = 20 + [250 : 4] × 3 = Seite 207,5).

Noch einmal zu Platons *Timaios*:

> Indem er nun dieses gesamte Gefüge der Länge nach spaltete, legte er beide in ihrer Mitte in der Gestalt eines Chi (χ) aufeinander und bog sie jeweils kreisförmig in eins zusammen, indem er sie an der dem Kreuzungspunkt gegenüberliegenden Stelle mit sich selbst und mit dem andern zusammenknüpfte [...]. Die äußere Bewegung sollte, gebot er, der Natur des ‚Selben', die Innere aber der des Verschiedenen angehören. Die des ‚Selben' führte er längst der Seite rechts herum, die des Verschiedenen [...] links herum.[66]

---

65 Platon: *Timaios*, S. 49.

66 Platon: *Timaios*, S. 51.

Ich verweise hier auf die Reihenfolge der Kreise und auf den Verlauf der Leserichtung, die im Anschluss am kosmologischen Modell der *Politeia* ermittelt wurden. Die Richtung geht von links nach rechts: Heft 1 → 3 → 2 → 4. Zu beachten ist hier jedoch eine Ausnahme als „irrläufige" retrograde Bewegung: 3 → 2. Die Karten jedoch, die anderen Kreise, waren so disponiert, dass sie die entgegengesetzte Richtung nach links beschrieben: Karte 4 → 3 → 2 → 1.

An diesem Modell lässt sich erstens die Geburt der Astronomie aus dem Geiste der Metaphysik und Mathematik, zweitens auch die Geburt der Literatur aus dem Geiste von Mythos und Mathematik zeigen. Paradoxerweise bestätigt ausgerechnet der Rückgriff auf dieses Modell, das als Inbegriff des Kalküls nach pythagoreischer Sphärenharmonie gilt, auch die Grundthese Schmelings über das Labyrinth:

> Das Labyrinth funktioniert [...] nicht nur als materielles Konnotat der Schöpfer-Motivik, sondern zugleich als widersprüchliches Erkenntnismodell schlechthin. Wer die Welt bzw. das Kunstwerk, indem diese sich spiegelt, als Labyrinth auffasst, geht gerade nicht davon aus, dass sich jene Welt linear vom Chaos zur Ordnung, vom Mythos zum Logos entwickelt hat, sondern versteht seine Labyrinth-Muster als angemessenes Modell der widersprüchlichen Existenz beider Sphären.[67]

Klar wird, dass hier die Funktion des Schöpfertums problematisiert wird: die der Welt und die des Werks. Solange die Genese der Welt einem Schöpfer zugeschrieben werden kann, ist es zugleich gerechtfertigt, an Weltschöpfungsprinzipien als Prinzipien der Symmetrie und Harmonie zu denken und diese in den astronomischen Weltmodellen auch wiederfinden zu wollen. Denn der Schöpfer wird sich sicherlich – siehe Leibniz – um Perfektion bemüht haben. Mit dem Schwinden an den Glauben des göttlichen Schöpfertums beginnen Ellipsen, fragmentarische Enden, die nicht zueinander passen, Wiederholungen, Rückläufe, Redundanzen und Unstimmigkeiten in den viel genaueren Messungen der Planetenbahnen beobachtbar zu werden. Nun muss man, in umgekehrter Richtung, den Versuch des Menschen, den gesamten Kosmos in seiner symmetrischen Gestalt auf einer Formel zu bringen, zum vom Menschen gemachten Mythos erklären. Die Romaninterpretation stimmt dabei letzten Endes auch mit Nietzsches Diagnose überein:

> Alle Gesetzmäßigkeit, die uns im Sternenlauf [...] so imponiert, fällt im Grunde mit jenen Eigenschaften zusammen, die wir selbst an die Dinge heranbringen, so daß wir damit uns selber imponieren.[68]

---

67 Schmeling: *Der labyrinthische Diskurs*, S. 235.

68 Friedrich Nietzsche: Über Wahrheit und Lüge im außermoralischen Sinne. In: ders.: *Werke. Kritische Gesamtausgabe*. 3. Abt. Bd. 2: Nachgelassene Schriften 1870–1873. Hrsg. von Giorgio Colli und Mazzino Montinari. Berlin: De Gruyter, 1973. S. 369–384, hier S. 380.

Literatur

Aristoteles: Über den Himmel. Übers. und erläutert von Alberto Jori. In: ders.: *Werke in deutscher Übersetzung*. Bd. 12, Teil 3. Hrsg. von Hellmut Flashar. Berlin: Akademie Verlag, 2009.

Bernsdorff, Hans: Antonios-Diogenes-Interpretationen. In: *Studien zur Philologie und zur Musikwissenschaft* 7 (2009). S. 1–52.

Blumenberg, Hans: *Die Genesis der kopernikanischen Welt*. 2. Auflage. Frankfurt a. M.: Suhrkamp, 1989 [Suhrkamp-Taschenbuch Wissenschaft, Bd. 352].

Breitbarth, Claudia: Das mehrdimensionale Spiel mit Authentizitäts- und Historizitätsfiktion in Raoul Schrotts Prosawerken. In: *Kulturbau. Aufräumen Ausräumen Einräumen. Literaturangaben*. Hrsg. von Peter Hanenberg. Frankfurt a. M.: Lang, 2010 [Passagem, Bd. 4]. S. 335–349.

Carrier, Martin: Die Rettung der Phänomene. Zu den Wandlungen eines antiken Forschungsprinzips. In: *Homo Sapiens und Homo Faber. Epistemische und technische Rationalität in Antike und Gegenwart*. Festschrift für Jürgen Mittelstraß. Hrsg. von Gereon Wolters und Martin Carrier. Berlin u. a.: De Gruyter, 2005. S. 25–38.

Cornford, Francis Macdonald: *Plato's Cosmology. The Timaeus of Plato translated with a running commentary*. 2. Auflage. London: Routledge, 1948.

Dicks, D. R.: *Early Greek Astronomy to Aristotle*. London: Thames and Hudson, 1970.

Dreyer, John L.: *A History of Astronomy from Thales to Kepler*. 2. Auflage. New York: Dover Publ., 1953.

Eco, Umberto: *Nachschrift zum „Namen der Rose"*. Übers. von Burkhart Kroeber. 6. Auflage. München: dtv, 1986.

Fuchs, V. E., R. C. Wakefield, J. F. Millard und D. G. MacInnes: The Lake Rudolf Rift Valley Expedition, 1934. In: *The Geographical Journal* 86.2 (1935). S. 114–137.

Giannoulis, Markos: *Die Moiren. Tradition und Wandel des Motivs der Schicksalsgöttinnen in der antiken und byzantinischen Kunst*. Münster: Aschendorff, 2010.

Greiner-Kemptner, Ulrike: ‚Die unendliche Erfahrung der Unendlichkeit'. Zu Raoul Schrotts Roman „Finis Terrae". In: *Österreich in Geschichte und Literatur* 42.3–4a (2004). S. 176–183.

Hachmann, Gundela: Das Erhabene im Krieg. Medialität der Maßlosigkeit bei Raoul Schrott. In: *Zeichen des Krieges in Literatur, Film und den Medien*. Bd. 1: Nordamerika und Europa. Hrsg. von Christer Petersen. Kiel: Ludwig, 2004. S. 312–330.

Heglmeier, Friedrich: *Die homozentrischen Sphären des Eudoxos und des Kallipos und der Irrtum des Aristoteles*. Phil. Diss. Masch. Erlangen-Nürnberg: Friedrich-Alexander-Universität, 1988.

Hoffmann, Torsten: *Konfigurationen des Erhabenen. Zur Produktivität einer ästhetischen Kategorie in der Literatur des ausgehenden 20. Jahrhunderts (Handke, Ransmayr, Schrott, Strauß)*. Berlin u. a.: De Gruyter, 2006.

Höhnel, Ludwig von: *Zum Rudolph-See und Stephanie-See*. Wien: Hölder, 1892 [Oesterreichisch-ungarische Entdeckungs-Reisen am Aequator].

Höppner, Stefan: Ultima Thule im Südmeer. Raoul Schrotts ‚Tristan da Cunha' als utopischer Roman (mit einem Seitenblick auf ‚Finis Terrae'). In: *Raoul Schrott. Text + Kritik. Zeitschrift für Literatur* 176 (2007). S. 27–42.

Karfík, Filip: *Die Beseelung des Kosmos. Untersuchungen zur Kosmologie, Seelenlehre und Theologie in Platons Phaidon und Timaios*. München und Leipzig: K. G. Saur, 2004.

Kepler, Johannes: *Gesammelte Werke.* Bd. 1: Mysterium Cosmographicum. De stella nova. Hrsg. von Max Caspar. München: Beck, 1982.

Kepler, Johannes: *Gesammelte Werke.* Bd. 3: Astronomia Nova. Hrsg. von Max Caspar. München: Beck, 1990.

Kern, Hermann: *Labyrinthe. Erscheinungsformen und Deutungen. 5000 Jahre Gegenwart eines Urbilds.* München: Prestel, 1982.

Krafft, Fritz: Der Mathematikos und der Physikos. Bemerkungen zu der angeblichen Platonischen Aufgabe, die Phänomene zu retten. In: *Alte Probleme – neue Ansätze.* Hrsg. von Fritz Krafft. Wiesbaden: Steiner, 1965 [Beiträge zur Geschichte der Wissenschaft und der Technik, Bd. 5]. S. 5–24.

Kuhn, Thomas S.: *Die kopernikanische Revolution.* Braunschweig: Vieweg, 1981 [Facetten der Physik, Bd. 5].

Lasserre, François (Hrsg.): *Die Fragmente des Eudoxos von Knidos.* Berlin u. a.: De Gruyter, 1966.

Leeder, Karen: „Erkenntnistheoretische Maschinen“: Questions about the sublime in the work of Raoul Schrott. In: *German life and letters* 55.2 (2002). S. 149–163.

M. Vitruvius: *Baukunst.* Bd. 2, Buch 9. Übers. von August Rode. Zürich: Artemis, 1987.

Mesch, Walter: Plotins Deutung der platonischen Weltseele. Zur antiken Rezeptionsgeschichte von Timaios 35a. In: *Platons Timaios als Grundtext der Kosmologie in Spätantike, Mittelalter und Renaissance.* Hrsg. von Thomas Leinkauf und Carlos Steel. Leuven: Leuven University Press, 2005. S. 41–66.

Mittelstraß, Jürgen: *Die Rettung der Phänomene. Ursprung und Geschichte eines antiken Forschungsprinzips.* Berlin u. a.: De Gruyter, 1962.

Nietzsche, Friedrich: Über Wahrheit und Lüge im außermoralischen Sinne [1873]. In: ders.: *Werke. Kritische Gesamtausgabe.* 3. Abt. Bd. 2: Nachgelassene Schriften 1870–1873. Hrsg. von Giorgio Colli und Mazzino Montinari. Berlin: De Gruyter, 1973. S. 369–384.

Nuber, Achim: Globale Gesellschaft in der Gegenwartsliteratur? Ein Essay mit Überlegungen zu Robert Menasses ‚Schubumkehr‘ und Raoul Schrotts ‚Finis Terrae‘. In: *Globale Gesellschaft? Perspektiven der Kultur- und Sozialwissenschaften.* Hrsg. von Peter Schimany. Frankfurt a. M.: Lang, 1997. S. 273–289.

Platen, Edgar: Erhabenheit und Transitorik. Postmoderne Romane historischer Arktisexpeditionen in der deutschsprachigen Gegenwartsliteratur (Nadolny, Ransmayr, Köhlmeier, Schrott, Mosebach). In: *Grenzen überschreiten – transitorische Identitäten. Beiträge zu Phänomenen räumlicher, kultureller und ästhetischer Grenzüberschreitung in Texten vom Mittelalter bis zur Moderne.* Hrsg. von Monika Unzeitig. Bremen: Lumière, 2011. S. 31–44.

Platon: Nomoi (Gesetze). Buch IV–VII. In: ders.: *Werke.* Bd. IX 2. Hrsg. von Ernst Heitsch und Carl Werner Müller. Übersetzung und Kommentar von Klaus Schöpsdau. Göttingen: Vandenhoeck & Ruprecht, 2003.

Platon: Phaidon. In: ders.: *Werke.* Bd. I 4. Übers. und komm. von Theodor Ebert. Hrsg. von Ernst Heitsch und Carl Werner Müller. Göttingen: Vandenhoeck & Ruprecht, 2004.

Platon: Politeia. In: ders.: *Werke. Zehn Bücher vom Staate.* Bd. 5. Übers. von Wilhelm Wiegand. Hrsg. von Wilhelm Sigismund Teufell und Julius Deuschle. Stuttgart: Metzler, 1856.

Platon: Timaios. In: ders. *Werke in acht Bänden.* Griech./dt. Bd. 7. Übers. von Hieronymus Müller und Friedrich Schleiermacher. Hrsg. von Gunther Eigler. Darmstadt: Wiss. Buchges., 1972.

Platon: *Timaios.* Griech./dt. Hrsg. und übersetzt von Thomas Paulsen und Rudolf Rehn. Stuttgart: Reclam, 2003.

Pytheas Massiliensis: *Pytheas von Massalia*. Hrsg. von Hans Joachim Mette. Berlin u. a.: De Gruyter, 1952 [Kleine Texte für Vorlesungen und Übungen, Bd. 173].
Pytheas von Marseille: *Über das Weltmeer. Die Fragmente*. Übers. und erläutert von D. Stichtenoth. Köln: Böhlau, 1959.
Schavernoch, Hans: *Die Harmonie der Sphären. Die Geschichte der Idee des Welteinklangs und der Seelenstimmung*. Freiburg: Karl Alber, 1981.
Schiaparelli, Giovanni Virginio: *Die Vorläufer des Copernicus im Altertum: Historische Untersuchungen*. Übers. von Maximilian Curtze. Leipzig: Quandt & Händel, 1876.
Schiaparelli, Giovanni: Die homozentrischen Sphären des Eudoxos, des Kallippos und des Aristoteles. In: *Abhandlungen zur Geschichte der Mathematik* 22 (1877). S. 101–198.
Schiaparelli, Giovanni: *Le sfere omocentriche di Eudosso, die Callippo e di Aristotele*. Mailand: Hoepli, 1875.
Schmeling, Manfred: *Der labyrinthische Diskurs. Vom Mythos zum Erzählmodell*. Frankfurt a. M.: Athenäum, 1987.
Schmeling, Manfred: Der Erzähler im Labyrinth: Mythos, Moderne und Intertextualität In: *Europäischer Philhellenismus. Antike griechische Motive in der heutigen europäischen Literatur*. Hrsg. von Evangelos Konstantinou. Frankfurt a. M.: Lang, 1995. S. 251–226.
Schmeling, Manfred: Narrativer Konstruktivismus in den Labyrinthen der Postmoderne. Undine Gruenter, Lars Gustaffson und Felix Philipp Ingold. In: *Labyrinth und Spiel. Umdeutungen eines Mythos*. Hrsg. von Hans Richard Brittnacher und Rolf-Peter Janz. Göttingen: Wallstein, 2007. S. 252–266.
Schmitz-Emans, Monika: Die Erfindung der uralten Maschine. Raoul Schrott als Dichter und Archäologe. In: *Die eigene und die fremde Kultur. Exotismus und Tradition bei Durs Grünbein und Raoul Schrott*. Hrsg. von Dieter Burdorf. Iserlohn: Institut für Kirche und Gesellschaft, 2004. S. 11–48.
Schrott, Raoul: *Finis Terrae. Ein Nachlaß*. 2. Auflage. München: dtv, 1999.
Schrott, Raoul: *Finis Terrae. Ein Nachlaß*. Innsbruck-Wien: Haymon, 1995.
Raoul Schrott: *Tropen. Uber das Erhabene*. München: Hanser, 1998.
Simplicius: *On Aristotle „On the Heavens" 2.1–9*. Übers. von Ian Mueller. London: Duckworth, 2004.
Taylor, Alfred: *A Commentary on Plato's Timaeus* [1928]. New York und London: Garland, 1987
Tichy, Herbert: *See an der Sonne. Auf den Spuren der frühen Menschen*. Wien: Orac, 1980.
Waerden, Bartel Leendert van der: *Die Astronomie der Griechen. Eine Einführung*. Darmstadt: Wissenschaftliche Buchgesellschaft, 1988.
Wirth, Uwe: *Die Geburt des Autors aus dem Geist der Herausgeberfiktion*. München: Fink, 2007.
Zhmud, Leonid: „Saving the phenomena" between Eudoxus and Eudemus. In: *Homo Sapiens und Homo Faber: Epistemische und technische Rationalität in Antike und Gegenwart*. Hrsg. von Gereon Wolters und Martin Carrier: Berlin u. a.: De Gruyter, 2005. S. 17–24.
Zsellér, Anna: Das Erhabene der Natur als poetologisches Prinzip bei Raoul Schrott. In: *Germanistik ohne Grenzen* 1 (2007). S. 235–250.

Teil II: **Biologie und Hirnforschung – Evolution und Menschenbilder**

Caroline Welsh

Das Gehirn in Wissenschaft und Gegenwartsliteratur

Alternativen zum neurobiologischen Konstruktivismus

Abstract: Der Beitrag untersucht wissenschaftliche und literarische Gegenentwürfe zum neurobiologischen Konstruktivismus und fragt nach poetologischen und anthropologischen Implikationen der Hirnforschung. Der erste Teil hebt anhand von Thomas Fuchs' Kritik am cartesianischen Erbe der kognitiven Neurowissenschaften und seiner Neuverortung von Subjektivität innerhalb des lebenden Organismus sowie den Ausführungen von Aris Fioretos und Durs Grünbein zur Literatur als ‚alternativer Hirnforschung' die Bedeutung der subjektiven Innenperspektive für die Einbettung neurobiologischen Wissens über das Gehirn in anthropologisch relevante Kontexte hervor. Im zweiten Teil werden zwei Gehirngedichte Grünbeins aus der *Schädelbasislektion* wissensgeschichtlich aus ihrer bisherigen Zuordnung in den Kontext des neurobiologischen Konstruktivismus herausgelöst und zur Erforschung der Bedeutung subkortikaler Hirnareale im Rahmen der Neurochemie und Psychopharmakologie der 1980er Jahre in Beziehung gesetzt.

1 Einleitung

Mit Blick auf ihre Konsequenzen für unsere Selbstwahrnehmung und unser Menschenbild zieht die Hirnforschung wie kaum ein anderer Bereich naturwissenschaftlicher Grundlagenforschung das öffentliche Interesse auf sich. Renommierte Neurobiologen beanspruchen in populärwissenschaftlichen und neurophilosophischen Publikationen über die engeren Grenzen ihrer Wissenschaft hinaus die Deutungshoheit bei der Erforschung des Bewusstseins, des Denkens, Fühlens, Wollens und Handelns. Sie erklären sich zuständig nicht nur für die Anatomie, Neurologie und Pathologie des Gehirns, sondern auch für Fragen des Subjektiv-Seelischen.[1]

1 Stellvertretend Gerhard Roth: *Das Gehirn und seine Wirklichkeit. Kognitive Neurobiologie und ihre philosophischen Konsequenzen*. Frankfurt a. M.: Suhrkamp, 1994; Wolfgang Singer: Selbsterfahrung und neurobiologische Fremdbestimmung. Zwei konfliktträchtige Erkenntnisquellen. In: *Deutsche Zeitschrift für Philosophie* (2004). S. 235–255.

Mit der Rezeption neurobiologischer Forschungsergebnisse in anderen Wissensbereichen ist in den letzten Jahrzehnten zudem eine ‚heiße Zone des Wissens' entstanden, die *auf den ersten Blick* quer steht, sowohl zu den etablierten Disziplinen als auch zur Trennung zwischen den Natur- und Geisteswissenschaften: In dieser Zone findet man bereits seit Längerem die Neuropsychologie und die Neurolinguistik, seit Kürzerem aber auch die Neurodidaktik, die Neurophilosophie, die Neuroethik, die Neurogeschichte und das Neurorecht. Auch die Literaturwissenschaft ist als kognitive Literaturwissenschaft und in der Neuroästhetik vertreten.[2] Neben der Erschließung neuer und wichtiger Fragehorizonte geht es in dieser Form der Interdisziplinarität darum, bisher geistes- und kulturwissenschaftliche Fragestellungen auf der Basis des Wissens der Hirnforschung neu zu beantworten bzw. bereits vorhandene Theorien mit einer naturwissenschaftlichen Autorität auszustatten, indem man sie neurowissenschaftlich umformuliert.[3]

Der folgende Beitrag[4] versteht unter einer interdisziplinären Zusammenführung von Literatur und Hirnforschung nicht die Übernahme naturwissenschaftlicher Methoden und Theorien in den Bereich der Literatur- und Kulturwissenschaft. Solche Forschungen leisten zwar dem Aufruf der Hirnforscher an die Geisteswissenschaftler im „Manifest" zur Hirnforschung von 2004 Folge, „gemeinsam ein neues Menschenbild zu entwerfen",[5] sie bestätigen jedoch zugleich den aktuellen Anspruch der Hirnforschung in ihrer Ausbreitung auch auf das Feld der Geisteswissenschaften.

---

2 Vgl. Karin Herrmann (Hrsg.): *Neuroästhetik. Perspektiven auf ein interdisziplinäres Forschungsgebiet.* Kassel: University Press, 2011; Karl Eibl, Katja Mellmann und Rüdiger Zymner (Hrsg.): *Im Rücken der Kulturen.* Paderborn: Mentis, 2007; Raoul Schrott und Arthur Jacobs: *Gehirn und Gedicht. Wie wir unsere Wirklichkeiten konstruieren.* München: Hanser, 2011; Gerhard Lauer: Das Spiel der Einbildungskraft. Zur kognitiven Modellierung von Nachahmung, Spiel und Fiktion. In: *Literatur als Spiel. Evolutionsbiologische, ästhetische und pädagogische Konzepte.* Hrsg. von Thomas Anz und Heinrich Kaulen. Berlin: De Gruyter, 2009. S. 27–38; Kilian Koepsell und Carlos Spoerhase: Neuroscience and the Study of Literature. Some Thoughts on the Possibility of Transferring Knowledge. In: *Journal of Literary Theory* 2 (2008). S. 363–374.

3 Das aktuelle Interesse an neurokognitivistischen Ansätzen in der Linguistik und Ästhetik spiegelt sich in der Gründung neuer Institute der Max-Planck-Gesellschaft: dem MPI für Kognitions- und Neurowissenschaften in Leipzig unter der Leitung der Neurolinguistin Prof. Angela Friederici (gegründet 2004) und dem MPI für empirische Ästhetik, Frankfurt a. M., unter der Leitung des Literaturwissenschaftlers Winfried Menninghaus (gegründet 2013).

4 Der Beitrag wurde im Rahmen meiner Tätigkeit als Senior Fellow im Erlanger EFI-Projekt „Human Rights in Healthcare" fertiggestellt.

5 Hannah Monyer u. a.: Das Manifest. Elf führende Neurowissenschaftler über Gegenwart und Zukunft der Hirnforschung. In: *Gehirn & Geist* 6 (2004). S. 30–37.

Wichtiger und auch schwieriger zu beantworten, erscheint mir die Frage nach dem Beitrag der Literatur zur kulturellen Einbettung und kritischen Reflexion naturwissenschaftlicher Erkenntnisse, die im Falle der Hirnforschung das Bild vom Menschen direkt betreffen. Wie positioniert sich die Literatur im Verhältnis zum Expertenwissen der Neurobiologie? Reagieren literarische Texte in erster Linie auf den umfassenden Deutungsanspruch der Hirnforschung in neurophilosophischen Abhandlungen, auf Texte also, die sich selbst bereits im Grenzbereich zwischen Naturwissenschaft und Philosophie bewegen? Oder setzen sie sich detaillierter mit spezifischen neurobiologischen Fragestellungen und Forschungsergebnissen auseinander? Wenn ja, aus welchen Quellen beziehen sie ihr Wissen? Führt die Ästhetisierung naturwissenschaftlichen Wissens („*Singende Hirne* [...] sind wir“[6]), seine Einbettung in andere kulturelle Kontexte, auch zu einer Modifikation des mit der Hirnforschung verbundenen Menschenbildes, zu einem neuen Blick auf das eigene, „babylonische Gehirn“?[7] Inwiefern sind gerade literarische Texte dazu geeignet, gesellschaftliche und anthropologische Konsequenzen der Hirnforschung kritisch zu reflektieren? Welche Bedeutung hat schließlich das Wissen um die Neurobiologie des Gehirns für zeitgenössische Dichtungstheorien?

Welche Möglichkeiten der Hirnforschung einmal praktisch umgesetzt werden, welche Vorstellung wir in Zukunft vom Menschen haben werden, hängt nicht nur von den empirisch-neurobiologischen Ergebnissen der Hirnforschung ab, sondern ebenso sehr davon, welchen Stellenwert dieses Wissen sowohl innerhalb einer naturwissenschaftlichen Anthropologie als auch im Zusammenspiel mit anderen Wissensformen einnehmen wird und wie ihre Ergebnisse vor diesem Hintergrund in die breitere Kultur eingebettet werden. Um solche Einbettungen neurobiologischen Wissens über das Gehirn in größere, anthropologisch relevante Kontexte wird es im ersten Hauptteil des Aufsatzes gehen: innerwissenschaftlich zunächst mit der Darstellung des phänomenologisch-ökologischen Ansatzes von Thomas Fuchs und seiner Kritik am neurobiologischen Reduktionismus der kognitiven Neurowissenschaften. Sodann mit Blick auf die Selbstpositionierung der Literatur als Erkundung des Gehirns aus der subjektiven Innenperspektive in einigen poetologischen Essays von Aris Fioretos und Durs Grünbein. Abschließend werden Möglichkeiten und Effekte einer Zusammenführung inkommensurabler Menschenbilder in einem Gedicht aus Grünbeins *Schädelbasislektion* (1991) analysiert.

---

6 Durs Grünbein: Zerebralis. In: ders.: *Schädelbasislektion. Gedichte*. Frankfurt a. M.: Suhrkamp, 1991. S. 134–136, hier S. 136. Herv. im Orig.

7 Durs Grünbein: Mein babylonisches Gehirn. In: ders.: *Gedicht und Geheimnis. Aufsätze 1990–2006*. Frankfurt a. M.: Suhrkamp, 2007. S. 19–33.

Der zweite Hauptteil hinterfragt die in der Literaturwissenschaft postulierte Bedeutung des neurobiologischen Konstruktivismus in den Gehirngedichten Grünbeins und unternimmt eine historisch präzisere wissensgeschichtliche Verortung zweier Gedichte aus der *Schädelbasislektion*. Der wissensgeschichtliche Kontext dieser Gedichte ist, so die These, nicht wie bisher postuliert die kognitive Neurowissenschaft und Neurophilosophie, sondern die in den 1980er Jahren aktuelle Forschung zur Wirkungsweise von Psychopharmaka und Neurotransmittern bei der neuronalen Informationsweiterleitung. Es sind die in dieser Forschung fokussierten subkortikalen Areale des Gehirns in der Nähe der Schädelbasis (nicht die Großhirnrinde), die Grünbein auch in seiner Theorie zur poetischen Kreativität interessieren – was nicht gleichbedeutend ist mit der Überzeugung, dass die Hirnforschung im Alleingang darauf eine befriedigende Antwort finden könnte.

2 Wissenschaftliche und literarische Einbettungen neurobiologischen Wissens

Der neurobiologische Reduktionismus und seine wissenschaftlichen Alternativen

In neurophilosophischen und populärwissenschaftlichen Abhandlungen haben prominente Hirnforscher seit den 1990er Jahren gezielt Einfluss auf die breitere kulturelle Einbettung ihrer neurobiologischen Forschungsergebnisse genommen. Einige Titel machen deutlich genug, dass sie es auf eine Veränderung des Menschenbilds anlegen, wobei allerdings der Bereich neurophilosophischer Hypothesenbildung deutlich in Richtung Spekulation überschritten wird – Francis Crick: *The Astonishing Hypothesis. The Scientific Search for the Soul*; Gerhard Roth: *Wie das Gehirn die Seele macht*; Wolf Singer: *Keiner kann anders, als er ist. Verschaltungen legen uns fest. Wir sollten aufhören von Freiheit zu reden.*[8] Auf der Ebene der Popularisierung wissenschaftlichen Wissens durch prominente Neurowissenschaftler wird die Materialität des Geistes und der Seele mit einem Pathos der Desillusionierung ausgerufen und der Mensch auf sein Gehirn reduziert. Aus neu-

8 Wolf Singer: *Keiner kann anders, als er ist*. http://www.faz.net/aktuell/feuilleton/hirnforschung-keiner-kann-anders-als-er-ist-1147780.html. Frankfurter Allgemeine Zeitung Online, 8. Januar 2004. (14. April 2015); Francis Crick: *The Astonishing Hypothesis. The Scientific Search for the Soul.* New York: Simon & Schuster, 1994; Gerhard Roth: *Wie das Gehirn die Seele macht*. Frankfurt a. M.: Suhrkamp, 2001.

robiologischer Perspektive gibt es, so der Stand der neurophilosophischen Hypothesen, keine Willensfreiheit; das Ich wird als Basis des Bewusstseins, die subjektive Selbstwahrnehmung in der 1. Person Singular, zu einem Epiphänomen neuronaler Prozesse, zu einem Gehirnkonstrukt, das selbst keinen Einfluss, keine ‚Wirkungsmacht' auf neurobiologische Vorgänge ausübt.[9]

Die Faszination dieser Arbeiten und ihre Resonanz in der Öffentlichkeit scheint etwas mit dem zu tun zu haben, was der Schriftsteller Gottfried Benn bereits vor 100 Jahren mit Bezug auf die damaligen Ergebnisse der Hirnforschung konstatiert und in seinen Rönne-Novellen hinsichtlich der Auswirkungen auf das Menschenbild ausgekundschaftet hat:

> Was die Resultate in ihrer Gesamtheit bedeuteten, war mehr als eine völlig neue Erkenntnis von der Bedeutung der nervösen Organe; vielmehr handelte es sich um dies: man hatte an den Geweben des menschlichen Körpers experimentiert und hatte Reaktionen bekommen aus dem Gebiet des Seelischen; man hatte sich während der Arbeit mitten im Bereich der Physiologie dem Psychischen gegenüber gesehen; man war zu der Stelle gekommen, da waren die beiden Lebensbereiche zusammengeknotet und man konnte von hier aus in das dunkle rätselhafte Reich des Psychischen tasten. Und damit stand man vor etwas unerhört Neuem in der Geschichte der Wissenschaften.[10]

Wissensgeschichtlich ist der Gedanke von der Materialisierung der Seele so neu also nicht, wie heutige Hirnforscher behaupten. Was zu Benns Zeiten als etwas „unerhört" Neues empfunden wurde, dass „das Gehirn psychische Phänomene aus rein materiellen Grundlagen erzeugt",[11] wird heute in akademischen Kreisen kaum jemand ernsthaft bestreiten. Die Kontroversen fangen dort an, wo es um konkrete wissenschaftliche Fragestellungen, Methoden der Hirnforschung und allgemeine anthropologische Schlussfolgerungen geht. Besonders virulent sind diese dort, wo es um Fragen der Konzeptionen von Bewusstsein, Subjekt, Subjektivität und lebensweltlicher Selbst- und Welterfahrung geht.

In den letzten Jahren hat sich eine ‚kritische Neurowissenschaft' zum Ziel gesetzt, reduktionistischen Erklärungsansätzen durch die Einbettung neurobiologischer Forschungsergebnisse in einen breiteren interdisziplinären Kontext

---

9 Roth: *Das Gehirn und seine Wirklichkeit*, S. 253.

10 Gottfried Benn: Beitrag zur Geschichte der Psychiatrie [1910]. In: ders.: *Sämtliche Werke*. Bd. 3. Hrsg. von Gerhard Schuster. Stuttgart: Klett-Cotta, 1987. S. 8–9. Zu Benns Darstellung der Konsequenzen eines auf die Funktionsweise des Gehirns reduzierten Menschenbilds vgl. Caroline Welsh: Die „Dunkelheit hinter dem Stirnportal". Begegnungen von Literatur und Hirnforschung. In: *Hirngespinste. Denkprozesse zwischen Störung, Genialität und Fiktionalität in Künsten und Wissenschaften*. Hrsg. von Wladimir Velminski. München: Fink, 2013. S. 63–80.

11 Thomas Fuchs: *Das Gehirn – ein Beziehungsorgan. Eine phänomenologisch-ökologische Konzeption*. Stuttgart: Kohlhammer, 2013. S. 19.

entgegenzuwirken.[12] Eine grundlegende Kritik am idealistischen Erbe der kognitiven Neurowissenschaft leistet Thomas Fuchs in seiner Monographie *Das Gehirn – ein Beziehungsorgan.*[13] Mit seiner Konzeption des Gehirns als ein in den Gesamtorganismus eingebettetes „Beziehungsorgan“ bietet er zugleich einen umfassenden Gegenentwurf, der neurobiologische Theorien zur Funktionsweise insbesondere subkortikaler Hirnareale und phänomenologischer Ansätze miteinander kombiniert. Die in den kognitiven Neurowissenschaften beliebten neurokonstruktivistischen Theorien zur Arbeitsweise des (Groß-)Hirns sind, so Fuchs, keine Alternative zum cartesianischen Dualismus, sondern im Gegenteil lediglich eine Materialisierung des cartesianischen Subjekts unter Beibehaltung grundlegender, nicht hinterfragter Denkmuster.

In beiden Fällen werde erstens ein autonomes übergeordnetes System – die immaterielle Seele der cartesianischen *res cogitans* oder aber das Gehirn – dem Körper bzw. dem ‚Restkörper‘ abzüglich des Gehirns und der Umwelt radikal gegenübergestellt. Der Körper selbst, seine eigene Befindlichkeit ebenso wie die über die Sinnesorgane vermittelten Informationen über die Umwelt erschienen lediglich als ‚Repräsentationen‘ innerhalb der übergeordneten Systeme ‚Seele‘/ ‚Gehirn‘.

Auf der Basis dieser Repräsentationen würden die Daten aus dem Körper (und der Umwelt) erfasst und verarbeitet, wobei das Gehirn zweitens alle Aufgaben übernehme, die zuvor dem cartesianischen Ich zugesprochen wurden: Es denkt, berechnet, entscheidet, fühlt, handelt, wenngleich nicht mehr unter den Bedingungen der Freiheit, sondern der den Naturgesetzen unterstehenden Neuronenverschaltungen. Diese einfache Substitution des cartesianischen Subjekts durch das Gehirn spiegele sich auch im Sprachgebrauch: Auch auf der Ebene der Syntax tritt das Gehirn an die Stelle des grammatikalischen Subjekts.[14]

An einem weiteren Kritikpunkt deutet sich zugleich an, wo Fuchs das Denkmuster zu durchbrechen und mit seinem Gegenentwurf anzusetzen gedenkt: Bewusstsein, Subjektivität und subjektives Erleben in der 1. Person Singular würden in beiden Modellen, wenngleich jeweils auf unterschiedliche Weise, radikal vom

12 Jan Slaby: Perspektiven einer kritischen Philosophie der Neurowissenschaften. In: *Deutsche Zeitschrift für Philosophie* 59 (2011). S. 375–390; Suparna Choudhury und Jan Slaby (Hrsg.): *Critical Neuroscience. A Handbook of the Social and Cultural Contexts of Neuroscience.* Chichester: Blackwell, 2012; Felix Hasler: *Neuromythologie. Eine Streitschrift gegen die Deutungsmacht der Hirnforschung.* Bielefeld: transcript, 2012; Markus Stier: *Ethische Probleme in der Neuromedizin. Identität und Autonomie in Forschung und Diagnostik.* Frankfurt a. M.: Campus, 2006.

13 Fuchs: *Gehirn – Beziehungsorgan*, S. 25–92. Fuchs ist Psychiater und Ko-Direktor des Interdisziplinären Forums für Biomedizin und Kulturwissenschaften in Heidelberg.

14 Ebd., S. 65–68. Zum Folgenden vgl. ebd., S. 77–92.

lebendigen Organismus getrennt. Der Cartesianismus ordne sie als für das Denken und Handeln entscheidende Qualitäten der immateriellen Seele zu, die kognitive Neurowissenschaft betrachte sie als Epiphänome neuronaler Gehirnprozesse ohne eigene Wirkmacht. Ein theoretisches Gegenmodell, das für „eine adäquate Interpretation neurobiologischer Daten" hinsichtlich ihrer Bedeutung für das Verständnis von Bewusstsein und Subjektivität tauglich sei, müsse demgegenüber, so Fuchs, mit der „lebensweltlichen Erfahrung kompatibel" sein. Es müsse „von der 1. und 2. Person, also der Selbsterfahrung von lebendigen Personen ausgehen" und den Körper als lebenden Organismus miteinbeziehen.[15] Hier stieße die Naturwissenschaft allerdings an ihre Grenzen, weil die Voraussetzung ihres Erfolgs in der Objektwelt gerade im Ausschluss des Subjektiven bestehe.

Fuchs' Gegenmodell besteht in einer Neuverortung der Subjektivität innerhalb des lebenden Organismus, der nun verstanden wird als *zugleich* biologischer Körper *und* „subjektiver Leib". Im Anschluss an die Phänomenologie betont er die Bedeutung der „leiblichen Subjektivität", mit dem der „im Hintergrund ‚gelebte' Leib, als Ort diffusen Befindens [...] [,] als Resonanzraum aller Stimmungen und Gefühle [...] und Medium aller Wahrnehmungen, Bewegungen und Handlungen"[16] gemeint ist. Personale Subjektivität und Bewusstsein sind somit notwendig „verkörperte Subjektivität", Erfahrung des Selbst und der Welt durch das Medium des Leibes in seiner jeweils spezifischen Gesamtbefindlichkeit. Diese phänomenologische Grundannahme von der leiblichen Grundlage der Subjektivität und des Bewusstseins findet

> ihre Entsprechung in den Verhältnissen auf der neurobiologischer Ebene: Bewusstsein entsteht auf der Basis der Interaktion von Körper und Gehirn, und zwar so, dass der Körper nicht nur sekundär zu seinem Gegenstand wird, sondern *für seinen Aufbau selbst* konstitutiv ist.[17]

Um diese Zentralthese zu belegen, verknüpft Fuchs neurobiologische Thesen zur Funktion subkortikaler Hirnareale bei der Regulierung autonomer Körperprozesse[18] mit darauf aufbauenden neurobiologischen Bewusstseinskonzeptionen

15 Ebd., S. 92.

16 Ebd., S. 97. Herv. im Orig.

17 Ebd., S. 137.

18 Ebd., S. 135: „Die primäre Funktion des Gehirns ist die Regulation des inneren Milieus [...]. Hirnstamm und Zwischenhirn, insbesondere der Hypothalamus, sind zentrale Steuerungsorgane für neuroendokrine, viszerale und immunologische Prozesse. Sie regulieren Atmung, Kreislauf [...] und eine Reihe weiterer autonomer Körperprozesse. Zentrale und periphere Funktionen sind dabei in komplexen, horizontal-vertikalen Regelkreisen verknüpft, die z .B. die Hormon-, Glukose-, Sauerstoff- oder Kohlendioxid-Konzentration im Blut regulieren. Bereits auf dieser Ebene lässt sich keine Trennlinie zwischen Gehirn und extrazerebralem Körper ziehen."

von António Damásio und Jaak Panksepp.[19] An der „Wurzel des Bewusstseins" liegen demnach Regulationsprozesse, die das innere Milieu des Körpers betreffen: Verschiedene Subsysteme des Gehirns verarbeiten „neuronale und humorale Signale aus dem Körper und integrieren sie zu einer ‚Körperlandschaft', die sich ständig modifiziert." Letztere bildet den „physischen Zustand des Organismus" ab und stellt nach Damásio das „Protoselbst", eine Vorstufe des Bewusstseins, dar. Das „Kernbewusstsein", verstanden als bewusst wahrgenommenes elementares Lebensgefühl, entsteht darauf aufbauend im Zusammenspiel zwischen subkortikalen (u. a. des Thalamus), und kortikalen Hirnstrukturen. Konzeptionell tritt hier an die Stelle der *Repräsentation* des Körpers im Gehirn die *Resonanz* zwischen dem Gehirn und den „gesamtorganismischen Zuständen".[20] Die Verschiebung vom Repräsentationsmodell zum Resonanzmodell erlaubt eine theoretische Konzeption der Interaktion zwischen Körper und Gehirn auf der Basis gleichwertiger, miteinander in Wechselwirkung stehender Systeme. So wird einsichtig, wie ein subjektiv erlebter Leib selbst konstitutiv am *Aufbau* von Bewusstsein beteiligt sein kann. Die cartesianische Trennung zwischen einem *autonomen* übergeordneten System und dem (Rest-)Körper wird aufgehoben, das Gehirn „als Organ eines Organismus in seiner Umwelt" integriert. Als „Beziehungsorgan" vermittelt es „unsere Beziehungen zur Welt, zu anderen Menschen und zu uns selbst"[21] – aber es bleibt Organ der Vermittlung auf der Grundlage fortlaufender Rückkopplungen zwischen Gehirn, Organismus und Umwelt.[22]

Literarische Kranionautik als alternative Hirnforschung bei Fioretos und Grünbein

> Was wir Prosa nennen, ist in Wirklichkeit rhythmisierte Hirntätigkeit, das Rein-und-Raus-Spiel des Bewusstseins, das im Versteck der Sprache umherjagt wie in seinem Bau Kafkas Tier. Momentweise nur fällt ins Dunkel des Schädels ein Streifen Licht.[23]

Die Nähe der Literatur zur Hirnforschung ergibt sich aus dem gemeinsamen Interesse an der „Dunkelheit hinter dem Stirnportal".[24] Sie unterscheiden sich zugleich erheblich in ihren Erkundungsformen und in den Antworten, die sie pro-

19 Ebd., S. 137. Ebenso die folgenden vier Zitate.

20 Ebd., S. 138.

21 Ebd., S. 21.

22 Ebd., S. 144–152.

23 Durs Grünbein: Unter uns Hunden. In: Aris Fioretos: *Mein schwarzer Schädel*. Berlin: DAAD Berliner Künstlerprogramm, 2003 [Spurensicherung, Bd. 14]. S. 57–61, hier S. 60.

24 Aris Fioretos: *Mein schwarzer Schädel*, S. 21.

duzieren. Während die Literatur sich seit dem späten achtzehnten Jahrhundert zur Spezialistin für die Erkundung und Darstellung *subjektiver innerer Erlebniszustände* mit den Mitteln der Sprache entwickelt hat, gilt der Blick des Hirnforschers dem Gehirn als Objekt naturwissenschaftlicher Erforschung. Der literarische und der wissenschaftliche Blick auf das Gehirn stehen somit stellvertretend für zwei bisher grundsätzlich inkommensurable Perspektiven. Ihre Erkenntnisse sind mit den Worten Durs Grünbeins aus seinem Nachwort zu Aris Fioretos' Essay *Mein schwarzer Schädel*:

> [e]ntweder Ausdruck, Fetzen von Selbsterkenntnis oder Neurochemie, Geheimkode der Stoffwechselprozesse im Hirn. Dazwischen gibt es nichts als die Grauzone, ein Niemandsland, das sich der Sprache entzieht.[25]

Fioretos und Grünbein legen es darauf an, dieses „Dazwischen" zwischen Neurowissenschaft und erlebter Innenperspektive zu erkunden. Der ‚schwarze Schädel', die ‚Schädelbasis' benennen dabei den Ort der Erkundungen, ohne sich auf eine der beiden Perspektiven festzulegen:

> Was uns verbindet, ist eine fixe Idee. Fast zwanghaft kreist unser Gespräch, das wir seit acht Jahren führen, um jenen blinden Fleck, der als Seele vorzeiten die Dichter beschäftigte und den man heute, ebenso vage, mit denselben schwammigen Assoziationen, das Gehirn nennt. Fioretos spricht von der Dunkelheit im eigenen Kopf. Dichtung, soviel steht für uns beide fest, ist der Versuch mittelst Schriftsprache Licht in das Dunkel zu bringen.[26]

Der Alleinanspruch der Hirnforschung auf die Erkundung des Gehirns wird hier deutlich relativiert, die Dichtung als alternative Hirnforschung, als adäquater Ausdruck des Bewusstseins reflektiert: Begriffe wie ‚Seele' und ‚Gehirn' erscheinen als gleichwertige Umschreibungen eines blinden Flecks, wobei an die Stelle eines wissenschaftlichen Fortschritts das gemeinsame Assoziationsfeld der Begriffe und das bleibende Enigma des Schädelinnenraums treten. Nicht die modernen bildgebenden Verfahren der Hirnforschung, sondern die Schriftsprache wird als geeignetes Medium zur Beleuchtung des Schädelinnenraums präsentiert. In „Hirnbilder und Denkschriften", einem Dialog zwischen Grünbein und Michael Hagner, reflektiert Grünbein eine gute Dekade nach diesem Aufsatz noch einmal das Verhältnis von Dichtung und Hirnforschung. Der neurowissen-

25 Grünbein: Unter uns Hunden, S. 60.

26 Ebd., S. 60. Zu Grünbeins und Fioretos' öffentlich inszeniertem Dialog vgl. Joachim Grage: Stockholm gris – Gehirn, Stadt und Text bei Aris Fioretos und Durs Grünbein. In: *Skandinavistik* 34.2 (2004). S. 133–149.

schaftlichen Tranceforschung entnimmt er den Begriff der „Verarbeitungstiefe“[27], um mit ihm gerade die „Autonomie der Phantasie“[28] im Zustand schöpferischer Imagination zu begründen. Ebenso wie sich im Zustand der Trance das Gehirn „auf einem prinzipiell anderen Niveau geistiger Regsamkeit“[29] bewege, zeichne sich auch der Zustand literarischer sowie wissenschaftlicher Kreativität[30] durch eine „erhöhte“[31] und „umfassende Hirnaktivität“[32] aus, die es der Imagination ermögliche, sich dank „komplexer assoziativer Verarbeitungsprozesse [...] aus den Fesseln der Konventionen [zu] befreien“[33] und „etwas Neues zu schaffen“.[34] Nicht die „Hirnbilder“ bildgebender Verfahren sondern die „Denkschriften“ der Dichtung erweisen sich in diesem Dialog als Ort, an dem sich „die Verarbeitungsprozesse im Gehirn während des sogenannten schöpferischen Arbeitens“[35] studieren lassen.[36]

Fioretos hat für diese Art literarischer Erkundungen den Neologismus des „Prosaisten als Kranionauten“ geprägt. Als Astronaut im Universum des Gehirns, hat es sich dieser zur Aufgabe gemacht, mittels Introspektion „dem eigenen Gehirn in die Karten zu gucken.“[37] Analog heißt es dazu in Grünbeins lyriktheoretischem Essay „Mein babylonisches Gehirn“ über den Lyriker in dem Moment, wo die alltäglichen semantischen Bindungen sich lockern und sich die Möglichkeit neuer semantischer Kombinationen und poetischer Verdichtungen eröffnet: „Es ist, als würde er seinem Hirn bei der Arbeit zusehen.“[38] Beide veranschaulichen

---

27 Durs Grünbein und Michael Hagner: Hirnbilder und Denkschriften. Ein einführender Dialog. In: *Hirngespinste. Denkprozesse zwischen Störung, Genialität und Fiktionalität in Künsten und Wissenschaften*. Hrsg. von Wladimir Velminski. München: Fink, 2013. S. 21–45, hier S. 22 und 29–30.

28 Ebd., S. 41.

29 Ebd., S. 23.

30 Ebd., S. 34–35.

31 Ebd., S. 39.

32 Ebd., S. 23. Ebenso auch das folgende Zitat.

33 Ebd., S. 41.

34 Ebd., S. 40.

35 Ebd., S. 33–34.

36 Ebd., S. 22: „Es ist eine Illusion, zu glauben, man könne dem Subjekt, diesem Herrn *Cogito* des René Descartes, bei der Arbeit zusehen, indem man eine Versuchsperson in die Röhre schiebt und nachher auf dem Computer die Bilder der Magnetresonanztomographie auswertet. Von den graphischen Abstraktionen auf wirkliche Wahrnehmungs- und Denkprozesse, erst recht schöpferische Aktivitäten des Hirns, schließen zu wollen, ist einfach albern.“ Herv. im Orig.

37 Fioretos: *Mein schwarzer Schädel*, S. 9.

38 Grünbein: Mein babylonisches Hirn, S. 21.

das Verfahren der Introspektion topographisch als Begegnung des Schreibenden mit der Fremdheit des eigenen Gehirns.[39]

Die Methode der Introspektion hat sich spätestens seit Karl Philipp Moritz' Aufforderung zu distanzierter Selbstbeobachtung sowohl in der Literatur als auch in der Psychologie etabliert. Seit der literarischen Moderne (und in diese Tradition ordnet sich Fioretos auch ein) entwickelt die Literatur Darstellungsformen, um das Bewusstsein ‚in flagranti' zu ertappen, Darstellungsformen, die sich an den zeitgenössischen Wissenschaften orientieren. Auch fingierte Reisen durch innere Gehirnlandschaften haben literarische Tradition.[40] Wichtig ist nicht die Neuheit dieser Methode, sondern die Positionsbestimmung der Literatur hinsichtlich ihres spezifischen Beitrags zur aktuellen Anthropologie.

Neu ist die Ernsthaftigkeit, mit der über poetologische und anthropologische Konsequenzen aktueller neurobiologischer Theorien nachgedacht wird. Licht ins Dunkel des eigenen Gehirns zu bringen, heißt im Extremfall, einen Text zu produzieren, der auf der Basis der eigenen Gehirnaktivität entsteht und zugleich selbstreflexiv über die ihm zugrunde liegende Hirntätigkeit und die unhintergehbare, zugleich paradoxe Differenz zwischen dem Schreibenden und seinem Gehirn reflektiert. Für Grünbeins Gehirngedichte in der *Schädelbasislektion* ist dieses paradoxe Verhältnis, wie noch zu zeigen sein wird, entscheidend. Fioretos veranschaulicht es in einer Abwandlung des Märchens von Schneewittchen, in welcher der Text zum Zauberspiegel wird: „Spieglein, Spieglein *vor* mir, sag, *wessen* mein Gehirn sein mag!"[41] Anders ausgedrückt: Mit dem Wissen der Hirnforschung und ihrem Kontrast zur Selbstwahrnehmung der Person ist das Ich, das sich selbst im Schreibprozess zu erforschen versucht, sich zugleich darüber im Klaren, dass es immer auch ein ‚Anderer', ein verschalteter Neuronenklumpen ist, dessen Areale größtenteils im Dunkeln liegen. Das ‚Gehirn' wird dabei zum zugleich metaphorischen und realen Ort selbstreflexiver Überlegungen über die Vorgänge bei der Produktion von Literatur.

Die literarische Ausgestaltung subjektiver Erlebniswelten von Menschen, deren Selbst- und Weltwahrnehmung durch neurologische Störungen oder außergewöhnliche Gehirne verändert ist, ist eine weitere Form literarischer Kranionautik.

---

39 Parallel zu Fioretos' Konzept der Kranionautik heißt es bei Grünbein: Hirnbilder und Denkschriften, S. 23: „Der Trancezustand zeichnet sich dadurch aus, dass in ihm das vertraute Ich auf Wanderschaft durch die Auen der Anschauung geht. Reflektierend und Bilder sammelnd, streift es durch eine innere Flusslandschaft, während die Sinne offen für Umweltreize in erhöhte Alarmbereitschaft versetzt sind."

40 Vgl. Jutta Müller-Tamm: WeltkörperInnenraum. Anmerkungen zur literarischen Anthropologie des Körperinneren. In: *IASL* 25.1 (2000). S. 95–133.

41 Fioretos: *Mein schwarzer Schädel* (Anm. 21), S. 10. Herv. C. W.

Hier wird die „Selbstverständlichkeit, mit der die wissenschaftliche Perspektive sich selbst als allein legitime zur Erforschung des Menschen setzt“,[42] auch auf dem Gebiet der Medizin hinterfragt. Fioretos präsentiert in seinem Essay *Mein schwarzer Schädel* ein ganzes literarisches Archiv subjektiver Innenperspektiven von Menschen in neurologischen Extremsituationen. Dazu gehört die literarische Erkundung der Innenperspektive eines am Locked-in-Syndrom Erkrankten aus dem Antikriegsfilm *Johnny zieht in den Krieg* nach dem Roman von Dalton Trumbo und die Ausgestaltung möglicher Erfahrungswelten von historisch überlieferten Janusköpfen, wie sie in Per Olov Enquists Roman *Gestürzter Engel* beschrieben werden. In allen Beispielen stellt sich die Literatur als alternative Hirnforschung dar: Dort, wo die Medizin die Krankheit, die *Krankheits*geschichte und den Nutzen für die Forschung sieht, leuchtet die Literatur die *Kranken*geschichte, die subjektive Innenperspektive der Betroffenen aus.

Anthropologische Korrekturen – Imaginationsräume jenseits cartesianischer Dualismen

Literarische Texte versammeln Wissen aus ganz unterschiedlichen Bereichen.[43] Sie können in den Handlungen und Reden der Figuren, in Metaphern, Analogien und semantischen Verdichtungen inkommensurable Denkstile innerhalb einer Kultur zueinander ins Verhältnis setzen.[44] Spannungen zwischen überlieferten Vorstellungen in einigen Wissensbereichen und neuen Erklärungsmustern in anderen können auf diese Weise sichtbar werden und auf Umbrüche innerhalb einer Kultur verweisen. Das erste Gedicht aus Durs Grünbeins Gedichtzyklus *Schädelbasislektion* konfrontiert, so meine These, gezielt das neue naturwissen-

---

42 Erik Porath: Literarische Kranionautik. Erzählweisen des Gehirns. In: *Chiffre 2000 – Neue Paradigmen der Gegenwartsliteratur.* Hrsg. von Corina Caduff und Ulrike Vedder. München: Fink, 2005. S. 43–58, hier S. 50. Das Konzept der ‚literarischen Kranionautik‘ hat Erik Porath in seinem wegweisenden Aufsatz in Anlehnung an Fioretos entwickelt. Er fasst darunter alle Formen literarischer Auseinandersetzung mit dem Gehirn und der Hirnforschung. Wenngleich dem grundsätzlich zuzustimmen ist, liegt in diesem Kapitel (gleichfalls in Anlehnung an Fioretos’ Essay) die Emphase auf der hirnphysiologisch informierten Darstellung subjektiver Innenperspektiven.

43 Vgl. Weigel, deren Ausführungen zum ‚Schauplatz der Literatur‘ ich hier folge: Sigrid Weigel: *Literatur als Voraussetzung der Kulturgeschichte. Schauplätze von Shakespeare bis Benjamin*, München: Fink, 2004. S. 173.

44 Zum Gedankenverkehr innerhalb eines Denkstils (z. B. des naturwissenschaftlichen) und zwischen verschiedenen Denkstilen innerhalb einer Kultur vgl. Ludwig Fleck: *Entstehung und Entwicklung einer wissenschaftlichen Tatsache*. Frankfurt a. M.: Suhrkamp, 1980. Insbes. S. 129–145.

schaftliche Menschenbild mit dem älteren philosophisch-metaphysischen Bild vom Menschen. Es dreht sich um seine eigene Achse, um zwei sich ausschließende anthropologische Vorstellungen gleichzeitig präsent und in der Schwebe zu halten. Die anthropologische Korrektur besteht im Beitrag des Gedichts zur Gestaltung eines Menschenbilds, das die Spannung unterschiedlicher miteinander nicht kompatibler Teilperspektiven auf den Menschen aushält.

Was Du bist steht am Rand
Anatomischer Tafeln
Dem Skelett an der Wand
Was von Seele zu schwafeln
Liegt gerad so verquer
Wie im Rachen der Zeit
(Kleinhirn hin, Stammhirn her)
Diese Scheiß Sterblichkeit.[45]

In der Forschungsliteratur ist dieses Gedicht wiederholt als Affirmation des naturwissenschaftlichen Blicks auf den Menschen gelesen worden. Es zeige, so Meike Adam, „das Ende der Metaphysik" angesichts naturwissenschaftlicher Erkenntnisse.[46] Sein Thema, seine Lektion, sei, so Wolfgang Riedel, die Bedeutung des „Körper[s] als letzte Instanz der Wirklichkeit und des Menschen" und als Grundlage des von Grünbein vertretenen „physiologischen Humanismus". Auch die Sterblichkeit bekomme, so Riedel weiter, einen anderen Stellenwert, wenn „keine unsterbliche Seele [...] mehr die Totgeweihtheit des Leibes aus[gleicht]."[47]

Die ersten vier Verszeilen präsentieren in der Tat mit kühl sezierendem Blick ein naturwissenschaftliches Menschenbild ohne metaphysische Dimension. Die zweite Hälfte des Gedichts widersetzt sich allerdings deutlich einer solchen Interpretation. Auf formaler Ebene kündigt sich dieser Widerstand im Klang der Kadenz an. Ihr Wandel vom melodisch leichten Rhythmus abwechselnder Kadenzen in den ersten vier Verszeilen zur rein männlichen Kadenz in der zweiten Hälfte

45 Grünbein: Schädelbasislektion. In: ders.: *Schädelbasislektion*, S. 11–15, hier S. 11.
46 Meike Adam: Augenblicks-Welten. Der radikale Konstruktivismus und Durs Grünbeins neurophysiologische Poetik. In: *Der Schein der Dinge. Einführung in die Aesthetik*. Hrsg. von Monika Fick. Tübingen: Attempo, 2002. S. 166–178, hier S. 175.
47 Wolfgang Riedel: Poetik der Präsenz. Idee der Dichtung bei Durs Grünbein. In: *IASL* 24.1 (1999). S. 82–105, hier S. 85–86. Stockhorst versteht das Gedicht als „ein implizites Nein zur wissenschaftlichen Erklärbarkeit des Menschen", ohne diese Lesart jedoch zu begründen. Stefanie Stockhorst: Ästhetisierung der Anatomie. Medizinische und literarische Referenzräume in Durs Grünbeins Schädelbasislektionen. In: *Schreiben am Schnittpunkt. Poesie und Wissen bei Durs Grünbein*. Hrsg. von Kai Bremer, Fabian Lampert und Jörg Wesche. Freiburg: Rombach, 2007. S. 191–212, hier S. 208.

des Gedichts führt, trotz der weiterhin konstanten Eingängigkeit regelmäßiger dreifüßiger Anapäste, zu einer Veränderung der Tonlage hin zu einer stärkeren Emphase – oder in den Worten Grünbeins zur Funktion der Kadenz: „[E]ben war es [das Wort, C. W.] noch flüchtig, und schon hält es traumschwer inne und sieht sich um in einer Welt, feindlich dem Doppelsinn."[48]

Inhaltlich erschwert eine „gestörte Analogie"[49] das Verständnis: „Dem Skelett an der Wand / Was von Seele zu schwafeln / Liegt gerad so verquer / Wie" folgt kein einfacher Vergleich, sondern eine emotional aufgeladene (metrisch unregelmäßige) Metapher: „Wie im Rachen der Zeit / [...] / diese Scheiß Sterblichkeit". Um die Metapher weiter aufzulösen, das *tertium comparationis* zu finden, ist das Körpergedächtnis des Rezipienten gefragt: Etwas, das quer im Rachen liegt, bietet einen Widerstand, lässt sich nicht schlucken, verdauen – ebenso wenig wie die Analogie selbst, die zum Innehalten und Nachdenken zwingt. Liegt die „Scheiß Sterblichkeit" quer im „Rachen der Zeit", so liegt das „Schwafeln" von der „Seele" ebenso quer zum kühl zitierenden wissenschaftlichen Blick der ersten Verszeilen. Die Erinnerung an die eigene Sterblichkeit als unhintergehbares Faktum in der Tradition des *memento mori* ist eine Zentralaussage des Gedichts. Auf der Basis der übergeordneten Analogie folgt daraus, dass die Seele (oder das Reden über die Seele) ebenso wie die Sterblichkeit notwendig zum Menschen dazugehört.[50] Das Gehirn taucht konsequenterweise in der zweiten Hälfte des Gedichts nur noch in einer Klammer (Kleinhirn hin, Stammhirn her) auf.[51]

---

48 Grünbein: Mein babylonisches Gehirn, S. 26.

49 Ebd., S. 28.

50 Norbert Hummelt hat in seinem Nachwort zum Grünbein-Sammelband *Limbische Akte* am eindringlichsten auf die hochkomplexe rhetorische Figur im Zentrum des Gedichts hingewiesen und kommt zu einem ähnlichen Ergebnis: „das Wörtchen ‚wie' [...] setzt das Schwafeln von der Seele im Angesicht des Knochenmanns in Relation zu einer anderen Aussage. Dass ‚diese Scheiß Sterblichkeit' [...] ‚im Rachen der Zeit' liegt, dass also unser sterbliches Leben der alles verschlingenden Zeit in den Rachen geworfen wird, kann man kaum bezweifeln; wenn aber dem so ist und auch dieser Gedanke verquer liegt, so wie eine Gräte im Hals [...] dann ist [...] auch das Schwafeln von der Seele eine anthropologische Konstante, und alle Erkenntnisse der Hirnforschung helfen nicht darüber hinweg." Norbert Hummelt: Nachwort. In: Durs Grünbein: *Limbische Akte. Gedichte*. Ausgew. und mit einem Nachwort vers. von Norbert Hummelt. Stuttgart: Reclam, 2011. S. 354–355.

51 Aus der Perspektive der Evolutionsbiologie gehören Stammhirn und Kleinhirn zu den evolutionsgeschichtlich ältesten Bestandteilen des Gehirns. Insofern sie evolutionär ausgebildet vorliegen, könnte man sie als ‚unsterblich' bezeichnen. Zum Stammhirneffekt in diesem Sinne bei Grünbein vgl. Waldemar Fromm: Die Literatur und das Gehirn. Zur Rezeption der Naturwissenschaften bei Botho Strauß und Durs Grünbein. Ein Vergleich. In: *Kulturpoetik* 9.2 (2009). S. 233–251, insbes. S. 246.

Vom Ende des Gedichts her gelesen erscheint das Schwafeln von der Seele im Zeitalter der Reduktion des Geistes auf das Gehirn als Widerstand gegen den Zeitgeist. Vom Anfang her gelesen bestätigt es hingegen das naturwissenschaftliche Menschenbild. Um sich widersprechende anthropologische Vorstellungen gleichzeitig präsent zu halten, dreht sich das Gedicht sozusagen um seine eigene Achse.

In seinem lyriktheoretischen Essay „Mein babylonisches Gehirn" hat Grünbein eine solche „Drehung um die eigene Achse" als einzige Grundbewegung charakterisiert, die dem Gedicht zur Verfügung steht, um „mit einem Minimum an Notiertem ein Maximum an Ausdruck zu erzielen".[52] Eine nachhaltige Wirkung entstehe im Gedicht dadurch, dass dieses durch metrische Barrieren, semantische Entfernungen zwischen Begriffen oder gestörte Analogien der formlos dahinfließenden Zeit „genügend *Widerstände*" entgegensetze. Ihre Funktion ist die größtmögliche Verdichtung, Vernetzung, Spieglung von semantisch entfernten (beinahe unvereinbaren) Bildern und Begriffen auf engstem Raum.[53]

Das Gedicht baut, so lässt sich zusammenfassen, um eine komplex verschachtelte und metaphorisch erweiterte Analogie ein Spannungsverhältnis zwischen natur- und geisteswissenschaftlichem Menschenbild auf. Sie werden weder miteinander versöhnt, noch wird das eine zugunsten des anderen verworfen. Stattdessen werden beide Blickweisen über die verschachtelte Analogie unauflösbar ineinander verschränkt und gleichwertig in der Schwebe gehalten. Wichtig an dieser anthropologischen Korrektur ist, dass nicht die Entscheidung für oder gegen eine der beiden in sich kohärenten, aber inkompatiblen anthropologischen Positionen, sondern gerade die Gleichzeitigkeit beider als für das Selbstverständnis des Menschen im ausgehenden zwanzigsten Jahrhundert zentral gesetzt wird.

3 Hirnforschung und Wissenschaftskritik in Durs Grünbeins *Schädelbasislektion*

Grünbeins Gehirngedichte und seine poetologischen Reflexionen über die physiologischen und neurobiologischen Grundlagen von Dichtung gehören zu den

52 Diese und die folgenden Zit. aus Grünbein: Mein babylonisches Hirn, S. 27. Herv. C. W.

53 Über die Bedeutung der Zusammenfügung von semantisch Entferntem im Gedicht als Widerstand gegen Denkgewohnheiten und Möglichkeit einer grundlegenden Neuordnung der Konzepte nach der Lektüre vgl. auch Durs Grünbein: Katze und Mond. In: ders.: *Galilei vermißt Dantes Hölle und bleibt an den Massen hängen*. Frankfurt a. M.: Suhrkamp, 1996. S. 55–60.

von der Literaturwissenschaft mit Vorliebe rezipierten Texten zum Thema ‚Gegenwartsliteratur und Hirnforschung'.[54] Mit Emphase wird hier die Affinität der Dichtung zur naturwissenschaftlichen Anthropologie, die Rückkehr des Körpers (gemeint ist meistens das Gehirn) in den literarischen Text und der Anschluss der Literatur an die Neurowissenschaften hervorgehoben und zugleich der ästhetische Eigenwert der Literatur betont.[55] Gern wird darauf verwiesen, dass Grünbein im Gedichtzyklus *Schädelbasislektion* die Seele ebenso wie die Autonomie des dichtenden Subjekts verabschiedet und an ihre Stelle das Gehirn als Dichter setzt.[56] Selten wird jedoch gefragt, inwiefern Grünbein selbst die Ergebnisse und Möglichkeiten der Hirnforschung und die Theorien der Neurophilosophie in seiner Lyrik mit Blick auf ihren umfassenden Geltungs- und Deutungsanspruch kritisch reflektiert.[57]

---

54 Insbesondere die Gedichte in *Schädelbasislektion* (1991) und *Falten und Fallen* (1994) sowie die Essays *Ameisenhafte Größe* (1990), *Den Körper zerbrechen* (1995) und *Mein babylonisches Gehirn* (1995).

55 Vgl. u. a. Wolfgang Riedel: Poetik der Präsenz; Meike Adam: Augenblicks-Welten; Nicole Birtsch: Orientierungsversuche im Niemandsland zwischen Medizin und Poetik. Das Verhältnis von Körpergedächtnis und Poesie in den Texten von Durs Grünbein. In: *Einschnitte. Identität in der Moderne*. Hrsg. von Oliver Kohns und Martin Roussel. Würzburg: Königshausen & Neumann, 2007. S. 103–115; Hinrich Ahrend: *„Tanz zwischen sämtlichen Stühlen". Poetik und Dichtung im lyrischen und essayistischen Werk Durs Grünbeins*. Würzburg: Königshausen & Neumann, 2007; Waldemar Fromm: *Die Literatur und das Gehirn*; Lothar van Laak: Die Bilder der Wissenschaft – die Bilder der Literatur. Das interdisziplinäre Potential der Einbildungskraft im Blick von Eichendorff und Grünbein. In: *Literaturwissenschaft interdisziplinär*. Heidelberg: Synchron, 2010. S. 131–142; Anna Alissa Ertel: *Körper, Gehirne, Gene. Lyrik und Literaturwissenschaft bei Ulrike Draesner und Durs Grünbein*. Berlin: De Gruyter, 2011. Als Kritik an Grünbeins „Reduktion von Dichtung auf körperliche Prozesse", die zugleich die Einschätzung von Grünbeins unkritischer Integration neurobiologischen Wissens in seine poetologischen und lyrischen Texte bestätigt, vgl. Achim Geisenhanslüke: ‚Mensch ohne Großhirn'. Durs Grünbein und das Ende der Utopien? In: *Die eigene und die fremde Kultur. Exotismus und Tradition bei Durs Grünbein und Raoul Schrott. Tagungsprotokolle*. Hrsg. von Dieter Burdorf. Iserlohn: Inst. für Kirche und Gesellschaft, 2004. S. 63–78, bes. S. 66–69.

56 Riedel: Poetik der Präsenz, S. 86–87; Adam: Augenblicks-Welten, S. 176–177; Ertel: *Körper, Gehirne, Gene*, S. 207–229, 235–242; Birtsch: Orientierungsversuche im Niemandsland.

57 Dürbecks informierte Darstellung von Grünbeins Kritik am physiologischen Reduktionismus in seinem Gedichtzyklus *Mensch ohne Großhirn* bietet hier eine erfreuliche Ausnahme. Vgl. Gabriele Dürbeck: „Wenn es stimmt, dass wir schwierige Tiere sind". Anatomie und Anthropologie in Durs Grünbeins „Mensch ohne Großhirn". In: *Zeitschrift für Germanistik* 19.1 (2009). S. 133–145. In Ansätzen kritisch sieht auch Stefanie Stockhorst (Ästhetisierung der Anatomie) Grünbeins Stellung zu Hirnforschung.

Richtungweisend für die Rezeption von Grünbeins Lyrik als „neurophysiologische Poetik“[58] war die Arbeit von Wolfgang Riedel. Von der Büchnerpreisrede ausgehend, hatte dieser Grünbeins „Bündnis mit den Naturwissenschaften“[59] als dritten Weg angesichts der gegeben Alternativen politisch engagierter oder ästhetisch autonomer Dichtung dargestellt und dessen Poetik auf der Grundlage der neurokonstruktivistischen Wahrnehmungstheorie Gerhard Roths als eine „Poetik der Präsenz“ beschrieben.[60]

Vor dem Hintergrund der Kritik von Thomas Fuchs am cartesianischen Erbe der kognitiven Neurowissenschaft und -philosophie wird deutlich, warum die konstruktivistische Neurophilosophie für die Literaturwissenschaft verlockend ist. Über Roths Definition der „Wirklichkeit“ als neuronales Konstrukt des Gehirns können bereits vorhandene ästhetische Theorien zur Produktion endogener Bilder in der Literatur mit der Produktion der Wirklichkeit durch das Gehirn gleichgesetzt und zu einer „Poetik der Präsenz“ (im Sinne einer Anwesenheit des Körpers und der Wirklichkeit im Text) umformuliert werden. Dass sich die Materialisierung der Einbildungskraft oder die Vorstellung des Gehirns als autonomer „Präsenz-Generator“[61] der Beibehaltung eines alten Denkmusters verdankt, weiß auch Riedel. Er übersieht allerdings, dass mit dem alten Denkmuster auch die Trennung des autonomen übergeordneten Systems (Seele/Gehirn) vom (extrazerebralen) Körper beibehalten wird. Eine Poetik der Präsenz des Körpers lässt sich, nimmt man die Kritik von Fuchs ernst, mit Roths Neurophilosophie gerade nicht begründen.

Unbestreitbar bleibt, dass Grünbein sich für die Erkundung der neurobiologischen Grundlagen lyrischen Sprechens und kreativer Prozesse interessiert und den Menschen vom Körper her erkundet. Seine Aussage, dass „in der Neurologie die Poetik der Zukunft versteckt liege“, ist hier ebenso ernst zu nehmen wie die Überlegungen zur hirnphysiologischen Tiefenwirkung lyrischer Sprache.[62] Es darf jedoch nicht übergangen werden, dass Grünbein selbst, wenn er vom Körper redet, *nicht* immer das Gehirn meint,[63] und wenn er vom Gehirn redet, öfter die subkortikalen Hirnareale (Stammhirn, Kleinhirn, Zwischenhirn) fokussiert als

58 So der Untertitel von Adam: Augenblicks-Welten.

59 Riedel: Poetik der Präsenz, S. 83.

60 Ebd., S. 90–98.

61 Ebd., S. 96.

62 Durs Grünbein: Mein babylonisches Hirn, S. 21.

63 Vgl. Durs Grünbein: Reflex und Exegese. In: ders. *Galilei vermißt Dantes Hölle*, S. 62: „Bloßes Lesen genügt nicht, hat nie genügt. Entweder spricht der Körper, über die weißen Seiten gebeugt, mit, oder das Gedicht geht spurlos an ihm vorbei direkt ins Leere […] ohne Spannungsaufbau kein Magnetfeld.“

das Großhirn (Neokortex, Assoziationskortex), dem Sitz höherer kognitiver Leistungen einschließlich endogener Bildproduktionen.[64]

Daher möchte ich anhand einer Zusammenschau zweier Gedichte aus dem Gedichtband *Schädelbasislektion* mit seinerzeit aktuellem Wissen der Psychopharmakologie und der Neurotransmitterforschung zeigen, dass diese Gedichte sich für einen ganz anderen Bereich der Hirnforschung interessieren als den der kognitiven Neurowissenschaften. Ihr Interesse an den subkortikalen Hirnarealen, so die These, speist sich aus der Frage sowohl nach deren Bedeutung für das Dichten und Denken als auch nach den Möglichkeiten, mit dem neurochemischen Wissen „modellierend in geistig-seelische Funktionen ein[zu]greifen."[65] Auf dieser Ebene wird die zeitgenössische Hirnforschung zu Beginn der ‚Dekade des Gehirns' in den Gedichten zugleich interessiert rezipiert und kritisch reflektiert.

Das Gehirn und seine Drogen

Ohne Drogen läuft nichts
Hier im Irrgang der Zeichen
Wo Du umkommst gesichts-
Los in blinden Vergleichen
Träumend… Rate für Rate
Von den Bildern beäugt.
Wer ist Herr der Opiate
Die das Hirn selbst erzeugt?[66]

Grundlage dieses vierten Gedichts aus dem Zyklus *Schädelbasislektion* ist die bereits angesprochene paradoxe Differenz zwischen dem Schreibenden und seinem Gehirn. Sie ist hier eingebettet in eine selbstreflexive Lyrik, die über die Bedingungen ihrer schöpferischen Kreativität reflektiert, indem sie sich dem Ort ihrer Entstehung, dem Gehirn zuwendet. Das Gehirn erscheint dabei für den Sprecher des Gedichts als ein nicht ungefährlicher Ort: Der gebrochene Reim auf „Nichts" („gesichts-Los") deutet die Auflösung des Subjekts an, in einem Gehirn, dessen Fremdheit sprachlich-kognitiv nicht zu fassen ist – die Vergleiche sind blind, sie ermöglichen keine Erkenntnis.

64 Nicht immer beachtet wurde dabei zudem, dass sich seit Anfang der 1990er Jahre die Hirnforschung und mit ihr die Neurophilosophie rasant entwickelt hat. Eine Rezeption vom Zusammenhang zwischen Gedicht und Gehirn in *Schädelbasislektion* muss demnach wissensgeschichtlich vom Stand der Forschung vor 1991 ausgehen.

65 Solomon H. Snyder: *Chemie der Psyche. Drogenwirkungen im Gehirn* [*Drugs in the Brain*, 1986]. Heidelberg: Spektrum der Wissenschaft, 1988. S. 214.

66 Grünbein: Schädelbasislektion, S. 14.

Ein Gedicht über die Dichtung also, das zu dem Ergebnis kommt, dass das Gehirn und nicht das Subjekt dichtet?[67] Es leuchtet auf den ersten Blick ein, zumal die endogenen Bilder deutlich genug als Produktion des Gehirns gekennzeichnet werden. Das Bewusstsein ist ihnen passiv ausgeliefert, keineswegs Herr über die Bildproduktion des Gehirns. Die Frage des Gedichts lautet allerdings nicht: „Wer dichtet?", sondern: „Wer ist Herr der Opiate / Die das Hirn selbst erzeugt?" Gefragt wird nach dem genaueren Produktionsort, insbesondere nach der die Produktion *regulierenden* Instanz endogener Opioide. Diese Frage war in der Neurobiologie und der Neuropharmakologie Ende der 1980er Jahre höchst aktuell und keineswegs vollständig geklärt. Deutlich wurde damals, dass ihre Beantwortung nicht nur die Autonomie des Subjekts, sondern auch die These vom autonomen, den anderen Hirnarealen übergeordneten Neokortex infrage stellte.

Solomon H. Snyder, einer der ‚Entdecker' dieser Wirkstoffe und ihrer Rezeptoren, hat das damalige Wissen populärwissenschaftlich aufgearbeitet. Seine Monographie zur *Chemie der Psyche. Drogenwirkungen im Gehirn* erschien 1988 bei *Spektrum der Wissenschaft* in der ersten, bereits ein Jahr später in der zweiten Auflage.[68] Neben einer Einführung in die elektrochemische Erregungsübertragung an den Nervenenden und in die Bedeutung einzelner Hirnareale gibt das Buch einen klar verständlichen Überblick über die Hypothesen zur Wirkungsweise von Psychopharmaka, körpereigenen Opioiden und anderen Neurotransmittern.

---

67 So wird das Gedicht durchgängig interpretiert. Vgl. Riedel: Poetik der Präsenz, S. 87: „Diese zerebrale Chemie hat keinen ‚Herrn' über sich namens Vernunft oder Geist; sie selbst kocht die ‚Bilder' aus, von denen das Bewußtsein des Dichters sich umgeben sieht. Wer dichtet also? Die Physis selbst, das ‚Hirn'. Noch hier, im scheinbar leibfern ideierenden poetischen Prozeß, ist der Körper prima causa, letzte Instanz". Vgl. auch Ertel: *Körper, Gehirne, Gene*, S. 236–238; Anne-Rose Meyer: Physiologie und Poesie. Zu Körperdarstellungen in der Lyrik von Ulrike Draesner, Durs Grünbein und Thomas Kling. In: *Gegenwartsliteratur. Ein germanistisches Jahrbuch* 1 (2002). S. 107–133, bes. S. 120. Etwas vorsichtiger formuliert es Fromm: Die Literatur und das Gehirn, S. 245: „Gefragt wird nach dem lyrischen Ich unter den Bedingungen seiner Körperlichkeit und der Intensität des Dichtens […]. Thema ist das Zeichenproduzierende Gehirn als Entstehungsort der Dichtung. Bewusstsein fragt nach dem Status seiner materiellen Voraussetzungen, seiner ‚Regulierung' von diesen Voraussetzungen aus."

68 Seit der Veröffentlichung von Grünbeins *Schädelbasislektion* im Jahre 1991 hat sich das Wissen über Wirkungsweisen endogener Opiate und spezifischer, die Grenzen zwischen den einzelnen Hirnarealen überschreitenden Nervenbahnen vervielfältigt. Der folgende Überblick präsentiert das dem Gedichtzyklus zeitgenössische Wissen. Ich beziehe mich größtenteils auf Snyders Darstellungen. Hinsichtlich des Entstehungsorts der Opioide habe ich die an ein breiteres Fachpublikum gerichtete Überblicksdarstellung der Forschungsfragen und Ergebnisse zur Neurochemie des Gehirns hinzugezogen. Jüngere Forschungsaufsätze werden nur dort ergänzend eingebracht, wo sie in Ansätzen einen wissensgeschichtlichen Überblick über die Erforschung endogener Opioide bieten.

Bei den vom Gehirn selbst erzeugten Opiaten handelt es sich um endogene Opioide, die natürlichen Liganden der Opioidrezeptoren mit opium- oder morphinähnlicher Wirkung. Zu diesen Substanzen gehören verschiedene Endorphine, Enkephaline und Dynorphine. Sie werden u. a. in Stresssituationen ausgeschüttet und wirken schmerzstillend, euphorisierend und angstlösend. Die höchste Opioidrezeptordichte fand man laut Snyder im Zwischenhirn (im Hypothalamus) und in der Amygdala, einem Teil des limbischen Systems, das eine bedeutende Rolle bei der Entstehung von Gefühlen und Stimmungen spielt. Durch die enge neuronale Verknüpfung des limbischen Systems mit dem Hypothalamus und der Großhirnrinde wirken Emotionen sowohl auf den Körper (etwa durch die Ausschüttung von Hormonen über den Hypothalamus) als auch auf die Denk- und Gedächtnisprozesse.[69]

Bereits die Antike kannte die Wirkung des Opiums und setzte sie medizinisch ein. Die Opiatrezeptoren an postsynaptischen Membranen der Neuronen wurden jedoch erst 1973 identifiziert.[70] 1975 wurde das Enkephalin als erstes körpereigenes Opioid aus Hirnextrakten toter Ratten isoliert.[71] Im selben Jahr wurde nach derselben Methode, die zur Identifizierung der Opioidrezeptoren geführt hatte, auch der Dopaminrezeptor gefunden, der die Erkundung der für den Emotionshaushalt wichtigen dopaminergen Nervenbahnen einleitete und bei der Entwicklung von Neuroleptika zur Behandlung schizophrener Denkstörungen eine zentrale Rolle spielte.[72] Zehn Jahre später, 1985, gelang es mit dem bildgebenden Verfahren der Positronen-Emissions-Tomographie (PET) erstmalig *in vivo*, also im lebenden *menschlichen* Gehirn, die durch endogene Opioide in den verschiedenen, insbesondere subkortikalen Hirnregionen ausgelöste neuronale Aktivität sichtbar zu machen.[73] Die Möglichkeiten der PET zur quantitativen Erfassung und visuellen Kartierung der durch Opioide veränderten Neuronenaktivität in spezifischen kortikalen und subkortikalen Hirnarealen haben seitdem das Wissen um Vorkommen und Wirkungsweisen nicht nur der Opioide, sondern auch der Neurotransmitter insgesamt revolutioniert.[74]

---

69 Vgl. Snyder: *Chemie der Psyche*, S. 47–67. Zur Bedeutung des limbischen Systems vgl. S. 54–58.

70 Ebd., S. 48.

71 Ebd., S. 60–65.

72 Ebd., S. 84–93.

73 Vgl. Gjermund Henriksen und Frode Willoch: Imaging of opioid receptors in the central nervous system. In: *Brain:Journal of Neurology* 131 (Mai 2008). S. 1171–1196, bes. S. 1178.

74 Vgl. Terry Joney und Eugenii Rabiner: The development, past achievements, and future directions of brain PET. In: *Journal of Cerebral Blood Flow & Metabolism* 32 (Juli 2012). S. 1426–1454, bes. S. 1427–1428.

Diese kurze Entdeckungsgeschichte der endogenen Opioide zeigt, dass die Frage des Gedichts nach dem ‚Herrn' der Opiate einen in den 1980er Jahren hochaktuellen Bereich der Neurochemie und Psychopharmakologie anschneidet. Deutlich wird ihre damalige Bedeutung für die Erkundung der Organisation und Arbeitsweise des Gehirns und die Erforschung des Bewusstseins. Bereits in den Dekaden vor der Aufwertung der Emotionen in den kognitiven Neurowissenschaften der 1990er Jahre hatte die Beforschung der Wirkungsweise von endogenen und exogenen Drogen wie auch Psychopharmaka die Aufmerksamkeit auf die subkortikalen Hirnregionen sowie auf deren Bedeutung auch für höhere kognitive Leistungen gelenkt.[75] Hauptproduktionsort endogener Opioide ist demnach das Zwischenhirn und dort größtenteils der Hypothalamus, wo sie als Zerlegungsprodukte größerer Proteine entstehen.[76] Da der Hypothalamus das zentrale Steuerungssystem des autonomen (vegetativen) Nervensystems ist, liegt es nahe, ihm eine Funktion auch bei der Regulation der Opioidproduktion zuzugestehen.

Beantwortet man die Frage des Gedichts in diese Richtung, wird erkennbar, dass im Gedicht die Bedeutung subkortikaler, bewusst kaum steuerbarer Prozesse für die Herstellung eines Zustands künstlerischer Kreativität reflektiert wird. Eine der Lektion des Gedichtzyklus *Schädelbasislektion* wäre demnach, dass das Großhirn als Ort höherer kognitiver Leistungen gerade nicht autonom, nicht Herr der Opiate (und damit auch nicht im Freud'schen Sinne Herr im Hause) ist. Seine Funktion und mit ihr auch die endogene Bildproduktion wird von den subkortikalen Hirnarealen mitbestimmt. Die Verszeilen „Träumend... Rate für Rate / Von den Bildern beäugt" beziehen sich direkt auf die Wirkung der in diesen Hirnarealen produzierten Opioide: „Der euphorische Zustand, den Opiate auslösen, ist ein eher passives, traumartiges Geschehen."[77] Im Zentrum des Gedichts steht demnach nicht die Reflexion darüber, dass die „zerebrale Chemie [...] keinen ‚Herrn' [...] namens Vernunft oder Geist" über sich hat und stattdessen „das Hirn" dichtet.[78] Vielmehr bildet das neurobiologische Wissen um die Wirkungsweise endogener Opioide zusammen mit den damals noch offenen Fragen nach der körperinternen Regulation den Ausgangspunkt der Überlegun-

---

75 In den kognitiven Neurowissenschaften wurde die Bedeutung des das limbischen Systems für das Denken erst im Zusammenhang mit der Renaissance der Gefühle in den 1990er Jahre erkannt. Die Standardwerke von Gerhard Roth (*Das Gehirn und seine Wirklichkeit*) und António Damásio (*Descartes' Irrtum; Ich fühle also bin ich*) erschienen ab 1994, also später als Grünbeins *Schädelbasislektion* (1991).

76 Rudolf Nieuwenhuys: *Chemoarchitecture of the Brain*. Berlin: Springer, 1985. S. 94–108.

77 Snyder: *Chemie der Psyche*, S. 209.

78 Riedel: Poetik der Präsenz, S. 87; und mit ihm u. a. Ertel: *Körper, Gehirne, Gene*, S. 236–238.

gen zur innerphysiologischen Grundlage lyrischer Produktivität jenseits des Einflussbereichs der Großhirnrinde. Die Verunsicherungen des Selbstbewusstseins durch die Hirnforschung liegen nicht allein darin, dass höhere kognitive Fähigkeiten als Ergebnisse neuronaler Prozesse gefasst werden. Einschneidender noch erscheint die Möglichkeit, dass die neuronale Informationsverarbeitung selbst durch neurochemische Prozesse modifiziert wird, die weder das Großhirn noch das Subjekt kontrollieren können.

Perspektivverschiebungen: Vom Neokortex zum Zwischenhirn

Grünbeins „Ode an das Dienzephalon (nach W. H. Auden nach A. T. W. Simeons)" aus dem Gedichtband *Schädelbasislektion* konzentriert sich explizit auf das Zwischenhirn.[79] Ging es in dem vorausgehenden Gedicht um eine interessierte Rezeption eines spezifischen Teilgebiets der Hirnforschung mit Blick auf die Bedeutung der Neurotransmitterforschung sowohl für das anthropologische Selbstverständnis als auch für neurobiologisch informierte Dichtungstheorien, so findet sich hier – neben einer Integration neurobiologischen Wissens um die Bedeutung subkortikaler Hirnareale – auch eine kritische Reflexion der anthropologischen Konsequenzen neuropharmakologischer Forschung.

Bereits im Titel von Grünbeins „Ode" wird eine historisch-spezifische Theorie zur Wirkungsweise des Zwischenhirns mit verschiedenen Facetten des spezifisch literarischen Wissens um Gedichtformen und ihre Herkunft sowie um andere literarische Texte zusammengeführt. Grünbein hat für den griechischen Begriff ‚Dienzephalon' ganz passend ein antikes griechisches Versmaß – das der sapphischen Ode – gewählt. Sie wurde nach der antiken Lyrikerin Sappho benannt, die in dieser Odenform Götterhymnen und Liebeslieder verfasste. Folgt man dem Hinweis auf Auden, so stellt sich schnell heraus, dass dieser ein Vierteljahrhundert zuvor (1972) ebenfalls eine sapphische Ode an das Dienzephalon veröffentlicht hatte: „Ode to the Diencephalon (after A. T. W. Simeons)".[80] Albert Simeons wiederum war Endokrinologe und beschäftigte sich vor allem mit Hormonen, deren Produktion vom Hypothalamus aus, einem Teil des Zwischenhirns, gesteu-

---

79 Grünbein: Ode an das Dienzephalon (nach W. H. Auden nach A. T. W. Simeons). In: ders.: *Schädelbasislektion*, S. 133.

80 Wystan H. Auden: Ode to the Diencephalon (after A. T. W. Simeons). In: ders.: *Collected Poems*. Hrsg. von Edward Mendelson. New York: Vintage International, 1991. S. 878.

ert wird.[81] Gegen Ende seiner Karriere interessierte sich Simeons im Zusammenhang mit psychosomatischen Erkrankungen für die Interaktion zwischen Kortex und Zwischenhirn. In diesem Kontext erschien 1960 seine Monographie zu den Ursachen psychosomatischer Störungen: *Man's Presumptuous Brain. An Evolutionary Interpretation of Psychosomatic Disease*. In dieser Abhandlung werden die Grenzen des Bekannten bewusst zugunsten einer übergreifenden Hypothese menschlichen Verhaltens im Allgemeinen und psychosomatischer Störungen im Besonderen überschritten. Die Evolutionsbiologie bildet dabei das übergeordnete Narrativ, in das zeitgenössisches Wissen über Funktionsweise und Aufgaben des Dienzelphalon eingetragen wird.[82]

Der Bezug von Grünbeins Ode aus dem Jahre 1991 zur Theorie Simeons' und zum Gedicht Audens ist von der Forschung mehrfach thematisiert worden.[83] Nicht berücksichtigt wurde dabei die zeitliche Differenz zu den Prätexten von Simeons (1960) und Auden (1972) sowie die dazwischen liegende Verschiebung der Forschungsinteressen im Zusammenhang mit der Erforschung der Wirkungsweise von Psychopharmaka und endogenen Neurotransmittern. Die wissensgeschichtliche und wissenschaftskritische Dimension des Gedichts erschließt sich jedoch erst in einem intertextuellen Vergleich beider Oden, der zugleich auch den jeweils zeitgenössischen Forschungsstand zum Zwischenhirn miteinbezieht.

Nach Simeons spielte das Dienzephalon vor allem für die Vorbereitung des Körpers auf Flucht oder Angriff, also für zwei zumindest im Tierreich überlebenswichtige Reaktionen auf Umweltereignisse, eine zentrale Rolle. Bei den höher entwickelten Säugetieren ist, so die These, die Zusammenarbeit zwischen Kortex und Dienzephalon für diese Aufgabe gut eingespielt: Der Kortex registriere und verarbeite die Sinnesdaten und leite nur dann Information an das Dienzephalon weiter, wenn eine überlebenswichtige Handlung ausgelöst werden soll. Alle anderen Informationen aus der Umwelt würden nicht an das Dienzephalon weitergeleitet, sondern durch einen Zensor blockiert. Das Problem des zivilisierten Menschen besteht nach Simeons darin, dass die „alte Zensurierung der Sinnesbotschaften nicht auf die neuen, von der Kultur geschaffenen Bedingungen" hin abgeändert wurde.[84] Der Zensor leite nach wie vor die Gefahren von einst vom Kortex an das

---

81 Zum Wissensstand der 1950er Jahre vgl. Wolfgang Bargmann: *Das Zwischenhirn-Hypophysensystem*. Berlin: Springer, 1954; W. R. Hess: Das *Zwischenhirn. Syndrome, Lokalisationen, Funktionen*. Basel: Schwabe, 1952, bes. S. 70–87.

82 Vgl. die deutsche Ausgabe: Albert T. W. Simeons: *Das tyrannische Gehirn als Ursache seelisch bedingter Leiden*. Rüschlikon-Zürich: A. Müller, 1962.

83 Vgl. Stockhorst: Ästhetisierung der Anatomie, S. 198–203; Ertel: *Körper, Gehirne, Gene*, S. 167–177.

84 Simeons: *Das tyrannische Gehirn*, S. 60–66, bes. S. 65.

Dienzephalon weiter. Das Dienzephalon reagiere wie immer mit automatischen Reflexen, die nun aber der Situation unangemessen sind. Erklärt wird diese fehlende Adaption mit dem Grundargumentationsmuster der Evolutionsbiologie: erstens mit der Geschwindigkeit der kulturellen Entwicklung im Vergleich zu den viel langsamer verlaufenden evolutionären Prozessen; zweitens mit der Spezialisierung der Hirnareale und Zensurmechanismen, die nicht aufgrund neuer Umweltbedingungen umprogrammiert werden können.

Audens Ode knüpft an Simeons' These von evolutionsbiologisch bedingten Kommunikationsstörungen zwischen Dienzephalon und Kortex durch die mangelhafte Anpassung des Gehirns an die moderne Zivilisation an, gibt nun aber dem Dienzephalon selbst, nicht der Evolution die Schuld. In der ersten Strophe als ungeschliffen beschimpft, wird dem Dienzephalon vorgeworfen, dass es noch immer nicht gelernt habe, die Botschaften des Kortex richtig zu beurteilen:

> How *can* you be so uncouth? After sharing
> the same skull for all these millennia, surely
> you should have discovered the cortical *I* is
>   a compulsive liar.

Hinsichtlich der durch grundlegende Leistungen der Zivilisation veränderten Umweltbedingungen ist das Dienzephalon hoffnungslos ignorant. Auch gesellschaftliche Strukturen, die an die Stelle des darwinistischen Überlebenskampfes Recht und Gesetz stellen, sind ihm unbekannt. Es reagiert nach wie vor mit den eingespielten Reaktionsmustern von Flucht und Angriff:

> He has never learned you, it seems, about fig-leaves
> or fire or ploughshares or vines or policemen,
> that bolting or cringing can seldom earth a
>   citizen's problems?

In der entscheidenden Wende des Gedichts, in der vierten und letzten Strophe, wird schließlich deutlich, worauf Audens Kritik am Dienzephalon hinaus will – und warum es dennoch eine Ode ist, als Anrufung einer höheren Instanz, sich endlich einzuschalten:

> When you could really help us, you don't. If only,
> whenever the trumpet cries men to battle,
> you would flash to their muscles the urgent order
>   *ACUTE LUMBAGO!*[85]

85 Auden: Ode to the Diencephalon. Herv. im Orig.

Auden greift, so lässt sich zusammenfassen, Simeons' These von der mangelnden Adaption des menschlichen Gehirns an die Bedingungen der Zivilisation auf und veranschaulicht sie anhand von Beispielen. Mit der Verschiebung der Verantwortung an das Dienzephalon klingt zudem eine allgemeine Vernunftkritik an, die mit einer Wendung ins Politische einhergeht.[86] Der Kortex erhält im Gedicht lediglich eine Nebenrolle. Den höheren, dem Menschen spezifischen geistigen Eigenschaften wird eine Lösung zentraler Probleme der Zivilisation gar nicht erst zugetraut – allenfalls archaische Instinkte könnten, *wenn* das Dienzephalon seiner eigentlichen Aufgabe nachginge, dem gegenseitigen Morden Einhalt gebieten. Das Gedicht Audens entpuppt sich damit als Antikriegsgedicht. Simeons' Theorie wird in ihrer literarischen Umsetzung weniger reflektiert als vielmehr für eine politische Aussage funktionalisiert.

Neben der Übernahme der Form und des Titels korrespondiert Grünbeins „Ode an das Dienzephalon" auf zweierlei Weise erkennbar mit Audens Gedicht. In Grünbeins Ode gibt es ebenso wenig wie in der Audens ein lyrisches, also ein erlebendes Ich, das sich, wie in anderen Oden üblich, zu dem (oder der) von ihm Angesungenen in Beziehung setzt. Das ‚Ich' tritt in seiner grammatikalischen Funktion als Verweis auf ein artikulierendes Ich des Gedichts gar nicht in Erscheinung. Wer genau von welchem Ort aus spricht, ist nicht ganz klar. Dennoch taucht das ‚Ich' als Wort, bei Grünbein als Akkusativ-Objekt, bei Auden als „cortical *I*" auf. Es erscheint als das Andere, Fremde, Bedrohliche, als das kortikale, rationale Ich, das *Cogito* des René Descartes. Als solches nimmt es in beiden Oden, die sich dezidiert an das Dienzephalon richten, die Position des Dritten, aus dem Gespräch Ausgeschlossenen ein.

Weitere Bezüge zu Audens Ode, vor allem in der dritten und vierten Strophe, dienen der Herausbildung eines im Vergleich zu Auden gänzlich anderen Blicks auf das Dienzephalon und seiner Zuständigkeiten im Reich des Gehirns. Hatte Auden dasselbe als ungeschliffen, unwissend und uninformiert über die Vorgänge sowohl im Kortex als auch in der Welt beschimpft, so erscheint Grünbeins Dienzephalon ganz im Gegenteil als die *überlegene, alles überblickende Kontrollinstanz*. Es beherrscht nicht nur die grundlegenden Errungenschaften der Zivilisation, sondern auch höhere Kulturleistungen: „Alles im Griff, Flugkörper, Sprachen und Religionen".[87] Über die Tätigkeiten des Neokortex scheint es bestens informiert, nimmt jedoch dessen Höhenflüge und Aufstiegsambitionen nicht wirklich ernst:

---

86 Zum selben Ergebnis von Audens Ode kommt Stockhorst: Ästhetisierung der Anatomie, S. 201. Grünbeins Ode wird von Stockhorst (ebd., S. 203–204) anders als hier in den Kontext des Behaviorismus eingeordnet.

87 Grünbein: Ode. Hiernach auch das Folgende. Herv. C. W.

Nichts von dem was sich im Neuronalen Netz fing
War dir wirklich Ernst. Selten stand mehr auf dem Programm
Als Betrug, psychische Tricks oder Schlüsse wie dieses
Cogito ergo ...

Das cartesianische *cogito ergo sum*, ein für die Selbstdefinition des rationalistischen Menschen und die Begründung seiner Erkenntnisfähigkeit zentraler Satz, erscheint aus der dem Dienzephalon unterstellten Perspektive als eine für das Überleben unwesentliche, nicht ernst zu nehmende Spielerei. Mit dieser literarisch überzeichneten Aufwertung des Zwischenhirns zur zentralen Instanz des Gehirns zeichnet die Ode unter Verweis auf Simeons und Auden die Verschiebungen in den Forschungsfragen an das Gehirn seit den 1970er Jahren nach.

Bereits in der ersten Strophe wird das Dienzephalon als das von der Hirnforschung lang übersehene, bisher ungreifbare (und damit auch unangreifbare, nicht durch gezielte Eingriffe manipulierbare), schließlich aber dennoch entdeckte Zentrum des Gehirns präsentiert: „Hier also hältst du, Black Box, dich versteckt. [...] / Lange warst du ungreifbar, nun bist du dir selbst / Häßlich der Nächste."

Ebenso wie im oben besprochenen vierten Gedicht des Gedichtzyklus *Schädelbasislektion* führt auch hier eine Frage zu dem Problem der jüngeren Forschung. Sie findet sich im Zentrum des Gedichts, am Ausgang der zweiten Strophe: „Eingeklemmt zwischen Logos und feeling ... fragt sich / *Wer hält hier wen fest*?" Hirnanatomisch gesehen („Klinisch entblößt, auf Karten verzeichnet") liegt das Zwischenhirn mit seinen zentralen Kernen des Thalamus und des Hypothalamus zwischen dem Kortex („Logos") und dem limbischen System („feeling"). Der Adoneus dieser zweiten Strophe fragt nach Hierarchie, nach den Machtverhältnissen innerhalb des Gehirns.

Aus der Perspektive der Neurotransmitter- und Psychopharmakaforschung der 1980er Jahre erscheint die Richtung der Antwort klar: Wohl ist der Kortex das Zentrum des Bewusstseins und menschlicher Kognition, dennoch ist auch der Kortex in seiner Funktionsfähigkeit auf das Dienzephalon und andere subkortikale Areale angewiesen. Als Steuerungszentrale des zentralen Nervensystems, des inneren Milieus, sowie als Ort der Produktion bzw. Regulation von Opioiden und Hormonen übt der Hypothalamus einen erheblichen Einfluss auf die Funktionsweise des Großhirns aus. Als ‚Tor zum Bewusstsein' dient der Thalamus als Schaltstelle sensorischer Daten. Simeons' Darstellung der Informationsübermittlung zwischen Kortex und Dienzephalon hat sich als falsch herausgestellt: Die Informationsverarbeitung der Daten von den Sinnesorganen verläuft gerade umgekehrt, von den Sinnesorganen über ein Kerngebiet des Thalamus zum Kortex. Automatische Angstreaktionen erfolgen über eine direkte Verbindung zwischen dem Thalamus und dem limbischen System ohne Beteiligung des Kortex. Auf dieser Ebene haben sich die Forschungsthesen über die Machtverhältnisse im Zusammenspiel der Hirnareale („Wer hält hier wen fest?") verschoben: Man geht nun davon aus, dass nicht der Kortex, sondern das Dienzephalon darüber entscheidet, welche Sinnesdaten in welche Hirnareale weitergeleitet, welche Drogen und Hormone wann ausgeschüttet werden. Die Großhirnrinde verliert ihre Position als eine den anderen Hirnarealen übergeordnete Instanz in einem klar hierarchischen *Top-Down*-Modell.

Neben dieser wissensgeschichtlichen Dimension enthält Grünbeins Ode eine wissenschaftskritische Dimension und kann, so möchte ich abschließend zeigen, auch als kritischer Kommentar zu neuropharmakologischen Interessen am Gehirn gelesen werden. Die letzte Strophe des Gedichts (deren Stoßrichtung in der oben zitierten zweiten Hälfte der ersten Strophe bereits angedeutet wird) verweist darauf, dass dem Dienzephalon gerade durch seine wissenschaftliche Entdeckung ein Verlust seiner Machtposition droht:

> Alles im Griff, Flugkörper, Sprachen und Religionen,
> Hast Du nur eins unterschätzt, dieses Ich. Besser
> Es läge noch immer vor seinem Schlag aus der Art
> Glücklich im Koma.

Will man sich mit der evolutionsbiologischen Feststellung nicht begnügen, das kortikale Ich werde hier als evolutionäre Fehlentwicklung präsentiert[88], lohnt ein Blick auf die Strophenausgänge: „Häßlich der Nächste", „Wer hält hier wen fest?", „Cogito ergo", „Glücklich im Koma".

Auf dieser Ebene des Gedichts dominiert überraschenderweise das kortikale Ich: Es dominiert deutlich in den Adonei der beiden letzten Strophen, im *cogito ergo* und im Ich, das eben nicht glücklich im Koma liegt. Doch auch der erste Adoneus bezieht sich auf das Dienzephalon *nach* seiner wissenschaftlichen Entdeckung, an der unweigerlich das kortikale Ich, die cartesianische Ratio einiger Forscher beteiligt war. Bleibt der einzige nicht direkt zuzuordnende Adoneus, der selbst das Problem der Zuordnung reflektiert, die Frage: „Wer hält hier wen fest?"

Im Hinblick auf die Strophenausgänge wird deutlich, dass die Machtverhältnisse durch den wissenschaftlichen Blick auf das Gehirn ins Wanken geraten sind. Unterschätzt hat das Dienzephalon das kortikale Ich offensichtlich in seiner wissenschaftlichen Neugier und den für das Dienzephalon selbst aus diesem Forschungsdrang entstehenden Konsequenzen: Die überlegene Einstellung des Dienzephalons zum kortikalen Ich („Nichts von dem was sich im Neuronalen Netz

88 Stockhorst: Ästhetisierung der Anatomie, S. 203.

fing / War dir wirklich Ernst") erweist sich im Nachhinein als Fehleinschätzung. Nach seiner wissenschaftlichen Entdeckung ist das Dienzephalon weder „ungreifbar" noch un*an*greifbar, sondern durchaus von außen mit den entsprechenden Psychopharmaka manipulierbar. Die sapphische Ode an das Dienzephalon ist eine Hymne an einen von der Forschung entmachteten Gott. Das lyrische Ich stellt sich dabei eindeutig auf die Seite des Dienzephalons – das kortikale Ich erscheint als der aus dem Gespräch ausgeschlossene Dritte, der Fremde. Oder mit den Worten Grünbeins:

> Während das kognitive Ich aus der Weltbeherrschung entsteht, indem es das Reale erfasst, berechnet, vermisst und gestaltet, konzentriert das lyrische sich ganz auf die Anschauung. Es lehnt sich zurück und geht den Tag- und Nachtträumen nach, den Phantasien, Nachbildern, Erinnerungen. Eine seiner Bestimmungen lautet: Es ist der Statthalter der Stimme, wobei Stimme sich als Logos der Rede erweist, die sinnstiftende Elementarkraft im Vers. Das lyrische Ich wäre demnach jene Steuerungsinstanz, die den Geist in die Gedichtzeilen schmuggelt, während die Sinne beschäftigt sind mit der Wahrnehmung der Welt.[89]

Literatur

Adam, Meike: Augenblicks-Welten. Der radikale Konstruktivismus und Durs Grünbeins neurophysiologische Poetik. In: *Der Schein der Dinge. Einführung in die Aesthetik.* Hrsg. von Monika Fick. Tübingen: Attempo, 2002. S. 166–178.

Ahrend, Hinrich: *„Tanz zwischen sämtlichen Stühlen". Poetik und Dichtung im lyrischen und essayistischen Werk Durs Grünbeins.* Würzburg: Königshausen & Neumann, 2007.

Auden, Wystan H.: Ode to the Diencephalon (after A. T. W. Simeons). In: ders.: *Collected Poems.* Hrsg. von Edward Mendelson. New York: Vintage International, 1991. S. 878.

Bargmann, Wolfgang: *Das Zwischenhirn-Hypophysensystem.* Berlin: Springer, 1954.

Benn, Gottfried: Beitrag zur Geschichte der Psychiatrie [1910]. In: ders.: *Sämtliche Werke.* Bd. 3. Hrsg. von Gerhard Schuster. Stuttgart: Klett-Cotta, 1987. S. 7–10.

Birtsch, Nicole: Orientierungsversuche im Niemandsland zwischen Medizin und Poetik. Das Verhältnis von Körpergedächtnis und Poesie in den Texten von Durs Grünbein. In: *Einschnitte: Identität in der Moderne.* Hrsg. von Oliver Kohns und Martin Roussel. Würzburg: Königshausen & Neumann, 2007. S. 103–115.

Choudhury, Suparna, und Jan Slaby (Hrsg.): *Critical Neuroscience. A Handbook of the Social and Cultural Contexts of Neuroscience.* Chichester: Blackwell, 2012.

Dürbeck, Gabriele „Wenn es stimmt, dass wir schwierige Tiere sind". Anatomie und Anthropologie in Durs Grünbeins „Mensch ohne Großhirn". In: *Zeitschrift für Germanistik* 19.1 (2009). S. 133–145.

89 Durs Grünbein: *Der cartesische Taucher. Drei Meditationen.* Frankfurt a. M.: Suhrkamp, 2008. S. 90. Vgl. hierzu auch Laak: Bilder der Wissenschaft, S. 138–142.

Eibl, Karl, Katja Mellmann und Rüdiger Zymner (Hrsg.): *Im Rücken der Kulturen*. Paderborn: Mentis, 2007.

Ertel, Anna Alissa: *Körper, Gehirne, Gene. Lyrik und Literaturwissenschaft bei Ulrike Draesner und Durs Grünbein*. Berlin: De Gruyter, 2010.

Fioretos, Aris: *Mein schwarzer Schädel*. Berlin: DAAD Berliner Künstlerprogramm, 2003. Wieder abgedruckt in: Aris Fioretos: *Das Maß eines Fußes*. München: Hanser, 2008. S. 202–249.

Fleck, Ludwig: *Entstehung und Entwicklung einer wissenschaftlichen Tatsache*. Frankfurt a. M.: Suhrkamp, 1980.

Fromm, Waldemar: Die Literatur und das Gehirn: zur Rezeption der Naturwissenschaften bei Botho Strauß und Durs Grünbein. Ein Vergleich. In: *Kulturpoetik* 9.2 (2009). S. 233–251.

Fuchs, Thomas: *Das Gehirn – ein Beziehungsorgan. Eine phänomenologisch-ökologische Konzeption*. 4. akt. und erw. Auflage. Stuttgart: Kohlhammer, 2013.

Geisenhanslüke, Achim: ‚Mensch ohne Großhirn'. Durs Grünbein und das Ende der Utopien? In: *Die eigene und die fremde Kultur. Exotismus und Tradition bei Durs Grünbein und Raoul Schrott. Tagungsprotokolle*. Hrsg. von Dieter Burdorf. Iserlohn: Institut für Kirche und Gesellschaft, 2004. S. 63–78.

Grage, Joachim: Stockholm gris – Gehirn, Stadt und Text bei Aris Fioretos und Durs Grünbein. In: *Skandinavistik* 34.2 (2004). S. 133–149.

Grünbein, Durs: *Schädelbasislektion. Gedichte*. Frankfurt a. M.: Suhrkamp, 1991.

Grünbein, Durs: Katze und Mond. In: ders.: *Galilei vermißt Dantes Hölle und bleibt an den Massen hängen*. Frankfurt a. M.: Suhrkamp, 1996. S. 55–60.

Grünbein, Durs: Unter uns Hunden. In: Aris Fioretos: *Mein schwarzer Schädel*. Berlin: DAAD Berliner Künstlerprogramm, 2003 [Spurensicherung, Bd. 14]. S. 57–61.

Grünbein, Durs: Mein babylonisches Gehirn. In: ders.: *Gedicht und Geheimnis*. Frankfurt a. M.: Suhrkamp, 2007. S. 19–33.

Grünbein, Durs: *Der cartesische Taucher. Drei Meditationen*. Frankfurt a. M.: Suhrkamp, 2008.

Grünbein, Durs: *Limbische Akte. Gedichte*. Ausgew. und mit einem Nachwort versehen von Norbert Hummelt. Stuttgart: Reclam, 2011.

Grünbein, Durs, und Michael Hagner: Hirnbilder und Denkschriften. Ein einführender Dialog. In: *Hirngespinste. Denkprozesse zwischen Störung, Genialität und Fiktionalität in Künsten und Wissenschaften*. Hrsg. von Wladimir Velminski. München: Fink, 2013. S. 21–45.

Hasler, Felix: *Neuromythologie. Eine Streitschrift gegen die Deutungsmacht der Hirnforschung*. Bielefeld: transcript, 2012.

Henriksen, Gjermund, und Frode Willoch: Imaging of opioid receptors in the central nervous system. In: *Brain: Journal of Neurology* 131 (2008). S. 1171–1196.

Herrmann, Karin (Hrsg.): *Neuroästhetik. Perspektiven auf ein interdisziplinäres Forschungsgebiet*. Kassel: University Press, 2011.

Hess, Walter R.: Das *Zwischenhirn. Syndrome, Lokalisationen, Funktionen*. 2. Auflage. Basel: Schwabe, 1952.

Joney, Terry, und Eugenii Rabiner: The development, past achievements, and future directions of brain PET. In: *Journal of Cerebral Blood Flow & Metabolism* 32 (Juli 2012). S. 1426–1454.

Koepsell, Kilian, und Carlos Spoerhase: Neuroscience and the Study of Literature. Some Thoughts on the Possibility of Transferring Knowledge. In: *Journal of Literary Theory* 2 (2008). S. 363–374.

Laak, Lothar van: Die Bilder der Wissenschaft – die Bilder der Literatur. Das interdisziplinäre Potential der Einbildungskraft im Blick von Eichendorff und Grünbein. In: *Literaturwissen-*

schaft interdisziplinär. Hrsg. von Lothar van Laak. Heidelberg: Synchron Wissenschaftsverlag der Autoren, 2010. S. 131–142.
Lauer, Gerhard: Das Spiel der Einbildungskraft. Zur kognitiven Modellierung von Nachahmung, Spiel und Fiktion. In: *Literatur als Spiel. Evolutionsbiologische, ästhetische und pädagogische Konzepte.* Hrsg. von Thomas Anz und Heinrich Kaulen. Berlin: De Gruyter, 2009. S. 27–37.
Meyer, Anne-Rose: Physiologie und Poesie. Zu Körperdarstellungen in der Lyrik von Ulrike Draesner, Durs Grünbein und Thomas Kling. In: *Gegenwartsliteratur. Ein germanistisches Jahrbuch* 1 (2002). S. 107–133.
Monyer, Hannah u. a.: Das Manifest. Elf führende Neurowissenschaftler über Gegenwart und Zukunft der Hirnforschung. In: *Gehirn & Geist* 6 (2004). S. 30–37.
Müller-Tamm, Jutta: WeltkörperInnenraum. Anmerkungen zur literarischen Anthropologie des Körperinneren. In: *IASL* 25.1 (2000). S. 95–133.
Nieuwenhuys, Rudolf: *Chemoarchitecture of the Brain.* Berlin: Springer, 1985.
Porath, Erik: Literarische Kranionautik. Erzählweisen des Gehirns. In: *Chiffre 2000 – Neue Paradigmen der Gegenwartsliteratur.* Hrsg. von Corina Caduff und Ulrike Vedder. München: Fink, 2005. S. 43–56.
Riedel, Wolfgang: Poetik der Präsenz. Idee der Dichtung bei Durs Grünbein. In: *IASL* 24.1 (1999). S. 82–105.
Roth, Gerhard: *Das Gehirn und seine Wirklichkeit. Kognitive Neurobiologie und ihre philosophischen Konsequenzen.* Frankfurt a. M.: Suhrkamp, 1994.
Schrott, Raoul, und Arthur Jacobs: *Gehirn und Gedicht. Wie wir unsere Wirklichkeiten konstruieren.* München: Hanser, 2011.
Simeons, Albert T. W.: *Das tyrannische Gehirn als Ursache seelisch bedingter Leiden.* Rüschlikon-Zürich: A. Müller, 1962.
Singer, Wolf: *Keiner kann anders, als er ist.* http://www.faz.net/aktuell/feuilleton/hirnforschung-keiner-kann-anders-als-er-ist-1147780.html. *Frankfurter Allgemeine Zeitung Online*, 8. Januar 2004 (14. April 2015).
Singer, Wolfgang: Selbsterfahrung und neurobiologische Fremdbestimmung. Zwei konfliktträchtige Erkenntnisquellen. In: *Deutsche Zeitschrift für Philosophie* 52 (2004). S. 235–255.
Slaby, Jan: Perspektiven einer kritischen Philosophie der Neurowissenschaften. In: *Deutsche Zeitschrift für Philosophie* 59 (2011). S. 375–390.
Snyder, Solomon H.: *Chemie der Psyche. Drogenwirkungen im Gehirn* [*Drugs in the Brain*, 1986]. Heidelberg: Spektrum der Wissenschaft, 1988.
Stier, Markus: *Ethische Probleme in der Neuromedizin. Identität und Autonomie in Forschung und Diagnostik.* Frankfurt a. M.: Campus 2006.
Stockhorst, Stefanie: Ästhetisierung der Anatomie. Medizinische und literarische Referenzräume in Durs Grünbeins ‚Schädelbasislektionen'. In: *Schreiben am Schnittpunkt. Poesie und Wissen bei Durs Grünbein.* Hrsg. von Kai Bremer, Fabian Lampert und Jörg Wesche. Freiburg: Rombach, 2007. S. 191–212.
Weigel, Sigrid: *Literatur als Voraussetzung der Kulturgeschichte. Schauplätze von Shakespeare bis Benjamin.* München: Fink, 2004.
Welsh, Caroline: Die „Dunkelheit hinter dem Stirnportal". Begegnungen von Literatur und Hirnforschung. In: *Hirngespinste. Denkprozesse zwischen Störung, Genialität und Fiktionalität in Künsten und Wissenschaften.* Hrsg. von Wladimir Velminski. München: Fink, 2013. S. 63–80.

Karin Höpker und Antje Kley

Literatur und Wissen

‚Life Science‘ und ‚The Pursuit of Happiness‘ in Richard Powers’ *Das größere Glück* (2009)

Abstract: Was leistet die Gegenwartsliteratur für die Reflexion von Wissensproduktion, ihrer medialen Vermittlung und ihrer gesellschaftlichen Relevanz? Eine Lektüre von Richard Powers’ Wissenschaftsroman *Generosity: An Enhancement* (dt. *Das größere Glück*) geht diesen Fragen exemplarisch nach. Der Text entwirft eine fiktionale Welt, in der das Streben nach Glück – ‚The Pursuit of Happiness‘ – zur vorherrschenden gesellschaftlichen Logik geworden ist. In einem Kräftefeld aus Optimierungszwängen und weitreichender Ökonomisierung des Sozialen sind Medizin und Industrie auf die Bedürfnisprofile individueller Endverbraucher zugeschnitten, die sich selbst zum unternehmerischen Projekt geworden sind. Powers’ Roman zeigt eine biomedizinisch geprägte Gesellschaft, in der ein Denken in zukünftigen Wahrscheinlichkeiten und statistischer Distribution eine expandierende Dynamik aus Selbstermächtigung und biopolitischer Selbstregulierung antreibt. In einem erzählerischen Experiment bricht der Roman eine Lanze für einen bewussten Umgang mit der Kontingenz von Welterklärungsmodellen und mit den ethischen und politischen Implikationen, die sich ergeben, wenn wir spezifischen Formen der Wissensproduktion Erklärungshoheit einräumen.

1 Einleitung

Was leistet die Gegenwartsliteratur für die Reflexion von Wissensproduktion, ihrer medialen Vermittlung und ihrer gesellschaftlichen Relevanz? Um diesen Fragen nachzugehen, werden wir uns im Folgenden einem Text widmen, der sich in literarischer Form mit der Herstellung und mit der medialen Verbreitung biotechnologischen Wissens befasst.[1] Denn der 2009 veröffentlichte Roman *Generosity. An Enhancement* (dt. *Das größere Glück*) des amerikanischen Gegenwartsautors Richard Powers beobachtet die polykontexturalen und eigendynamischen Pro-

1 Dieses gemeinsame Projekt zur literarischen und naturwissenschaftlichen Wissensproduktion verdankt wichtige Impulse dem Forschungskontext von „Bio-Objects and Bio-Subjects“, einem weiteren interdisziplinären Projekt, das durch die Emerging Fields Initiative an der Friedrich-Alexander-Universität Erlangen-Nürnberg gefördert wird.

zesse an der Schnittstelle von Wissenschaft, Medien und postindustrieller Gesellschaft.[2] Dazu entwirft der Text eine fiktionale Welt, in der das Streben nach Glück – ‚The Pursuit of Happiness' – zur vorherrschenden gesellschaftlichen Logik geworden ist.

In dieser Welt versprechen Werbeslogans „[t]otal satisfaction … plus so much more" (3) und fordern KonsumentInnen auf, sich psychisch und kognitiv zu perfektionieren: „*Outpsych your tyke. Want to know what makes the planet tick? Make your life just a little perfecter.*" (4, Herv. im Orig.) Nahrungsergänzungsmittel, Stimmungsaufheller und Psychopharmaka sowie elektronisch gesteuerte prothetische Hilfsmittel sind allgegenwärtig und jährlich erscheinen rund 2000 neue *Self-help*-Titel (38). Psychologische Beratungsstellen unterstützen emotional stabilisierende Selbsttechnologien, und College-Psychologin Candace Weld begeistert sich für „the untapped ability of any human temperament to recompose itself. Everyone could be redeemed, given the right combination of behavioral adjustment, medical intervention and talk" (85). Der *Creative-writing*-Dozent Russell Stone editiert Beiträge für das *Self-improvement*-Magazin „Becoming You", und der Biowissenschaftler Thomas Kurton ist überzeugt, dass Glück chemisch herstellbar und Alter heilbar ist (40, 57). In der programmatisch betitelten Fernsehshow „Over the Limit" wirbt Kurton für die selbstbestimmte technologische Verbesserung des Lebens:

> Enhancement. Why shouldn't we make ourselves better than we are now? We're incomplete. Why leave something as fabulous as life up to chance? […] Superdrugs, smart drugs. Healthier people. Stronger people. Smarter people … The first person to live to one hundred and fifty has already been born. […] We're heading toward something glorious. Something better than anyone alive can imagine. (19–21)

Das emotionale Selbstmanagement im Sinne hyperbolischer zukunftsorientierter Versprechen gehört zum kulturellen Erwartungshorizont der erzählten Welt der US-amerikanischen postindustriellen Gesellschaft und verpflichtet das „unternehmerische Selbst" auf konstante Verbesserungsleistungen.[3] In diesem Kräftefeld aus Optimierungszwängen und weitreichender Ökonomisierung des

---

2 Richard Powers: *Generosity. An Enhancement*. New York: Farrar, Straus and Giroux, 2009. Im Folgenden werden Zitate aus Powers' Roman direkt – im Haupttext wie in den Fußnoten – in Klammern hinter der entsprechenden Stelle angeführt. Die Angaben beziehen sich auf diese Ausgabe.

3 Das unternehmerische Selbst ist wettbewerblich orientiert, will Gewinnchancen nutzen und innovativ sein, und ist noch am Rande der Überforderung bereit, Risiken einzugehen. Vgl. Ulrich Bröckling: *Das unternehmerische Selbst. Soziologie einer Subjektivierungsform*. Frankfurt a. M.: Suhrkamp, 2007.

Sozialen sind Genetik, Neurologie, Psychopharmakologie, positive Psychologie und *Self-help*-Industrie auf die spezifischen Bedürfnisprofile einzelner Endverbraucher zugeschnitten, und Werbe- und Unterhaltungsindustrie vermarkten umfassende Ernährungs- und Bewegungsprogramme ebenso wie neueste Kommunikationstechnologien an Individuen, die sich selbst zum unternehmerischen Projekt geworden sind. Dabei lotet der Roman das Ineinanderwirken sozialer, wissenschaftlicher und medialer Mechanismen der Wissensproduktion aus und weist sowohl narrative als auch wissenschaftliche Beobachtungs- und Beschreibungsvorgänge als hochkomplex aus.

2 Powers' Wissenschaftsromane und *Das größere Glück*

Seit 1985 hat Richard Powers zehn umfangreich und präzise recherchierte Ideenromane vorgelegt, deren Interesse den medialen, technologischen und wissensdiskursiven Prägungen individueller und kollektiver Handlungsspielräume gilt; darunter zuletzt die auch in Deutschland vielfach verkauften Titel *Plowing the Dark* (2000; dt. *Schattenflucht*) – ein analog zu einer Doppelhelix angelegter Text aus zwei (nur durch schwache Verbindungen) parallelisierten Plotsträngen, die sich um ein computertechnologisches und ein existentiell bedingtes Weltschöpfungsszenario ranken –, *The Time of Our Singing* (2003; dt. *Der Klang der Zeit*) – ein Text, dessen Exploration rassistischer Spannungen zwischen schwarzen und weißen Bevölkerungsgruppen im Amerika des zwanzigsten Jahrhunderts mit Bezügen zur klassischen Musik und zur Allgemeinen Relativitätstheorie arbeitet – und der mit dem National Book Award ausgezeichnete Roman *The Echo Maker* (2006; dt. *Das Echo der Erinnerung*), der von einem Gedächtnisverlust infolge eines Autounfalls erzählt und mit neurowissenschaftlichen und narrativ-psychologischen Erklärungsversuchen Möglichkeiten auslotet, dem Protagonisten wieder Zugang zu einer tragfähigen Identitäts- und Wirklichkeitsmatrix zu eröffnen.

Powers' Texte inszenieren wissenschaftlich, kulturell, technologisch und medial produzierte Kräftefelder, verorten diese in Raum und Zeit und erforschen deren sozialtechnologische Wirkungen auf Individuen und Gruppendynamiken.[4] Seine fiktionalen Romanwelten brechen unterschiedlichste Wissensbereiche

4 Powers selbst studierte zunächst Physik, erwarb einen M. A. in Englisch, arbeitete als Programmierer und begann mit dem literarischen Schreiben. In einem Interview erläutert er diese Umorientierung damit, dass der literarische Interdiskurs es ermöglicht, die Grenzen funktional ausdifferenzierter und streng bewachter Wissensbereiche zu überschreiten und Verbindungen

durch die literarische Repräsentation zweiter Ordnung, sie stellen die populäre Dichotomie zwischen den von C. P. Snow 1959 konstatierten zwei Kulturen der empirisch-technischen Naturwissenschaften und der imaginativen Geisteswissenschaften bzw. der Literatur infrage, ohne deren methodologische Differenzen zu nivellieren. Sie entwickeln ein Verständnis von Wissenschaft und Literatur als zweier Modi der Formulierung von „Propositions about Life", von Hypothesen über das Leben – Modi mit jeweils spezifischen Möglichkeiten und Grenzen.[5] Dabei zeichnet sich die fiktionale Modellbildung durch die Möglichkeit aus, die prinzipielle Kontingenz und lediglich hypothetische Abgeschlossenheit von Modellbildungen auszuweisen. So problematisieren Powers' Texte Beobachtungsvorgänge und damit die Grundlage des Wissenserwerbs. Sie zeichnen sich durch die selbstreflexive Infragestellung der Grenze zwischen Fakt und Fiktion aus, durch die Verbindung postmodernistischer und realistischer Erzählkonventionen, durch in der Regel mehrfache Plotstränge sowie durch ihre bildreiche und mitunter enzyklopädisch anmutende Prosa, mit der sich der Autor wiederholt den Vorwurf einhandelte, er schreibe verkopfte Texte. Als literarische Versuchsanordnungen testen und erweitern Powers' Romane die analytischen Leistungen der Fiktion; sie artikulieren spekulative Selbst- und Weltverständnisse, deren ordnende Kraft sich an den Komplexitäten der Gegenwart messen muss.[6] Auch Powers' Roman *Das größere Glück* ist in diesem Sinne der literarisch-selbstreflexiven Wissenschaftsfiktion zuzuordnen.

Chicago im Winter, wenige Jahre nach der Jahrtausendwende. In fünf Kapiteln, die einer klassischen Spannungskurve folgen,[7] vermittelt eine heterodiegetische Erzählinstanz die Geschichte der öffentlichen Entdeckung einer außergewöhnlich positiven emotionalen Grunddisposition bei der 23-jährigen Thassadit Amzwar, einer kanadisch-algerischen Filmstudentin. Zunächst wechselt der Text hin und her zwischen narrativen Segmenten um Dozent und TeilnehmerInnen eines *Creative-writing*-Kurses, darunter Thassa, und einer Episode der fiktiven

herzustellen, die sich hochspezialisierter wissenschaftlicher Arbeit strukturell verböten. Vgl. Richard Powers: The Last Generalist. Interview with Jeffrey Williams. In: *Cultural Logic* 2.2 (1999). http://www.eserver.org/clogic/2-2/williams.html (14. April 2015).

5 Jan Kucharzewski: *Propositions about Life. Reengaging Literature and Science*. Heidelberg: Winter, 2011.

6 Antje Kley und Jan Kucharzewski: Introduction. In: *Ideas of Order. Narrative Patterns in the Novels of Richard Powers*. Hrsg. von Antje Kley und Jan Kucharzewski. Heidelberg: Winter, 2012. S. 9–20.

7 Die Struktur aus Exposition, steigender Handlung, Höhepunkt und Peripetie, fallender Handlung und retardierendem Moment, Katastrophe und, in Antizipation eines „collective need for happier endings" (295), alternativem Ende folgt, wie der Roman an anderer Stelle reflektiert, dem Modell des Freytag'schen Dreiecks.

TV-Wissenschaftsshow „Over the Limit“, die die Arbeit des charismatischen Genetikers Thomas Kurton populär aufbereitet. Als sich Thassa erfolgreich gegen den Vergewaltigungsversuch eines Mitstudenten wehrt, lässt sich ihr Dozent Russell Stone in einem polizeilichen Verhör zu dem ungeschickten Erklärungsversuch verleiten, Thassa sei möglicherweise *hyperthymic* – ein Begriff, mit dem im Roman der sehr seltene Fall einer stabilen, außergewöhnlich glücklichen Persönlichkeitsstruktur benannt wird. Mit der medialen Verbreitung dieser Diagnose konvergieren ab dem dritten Kapitel die zunächst getrennt geführten Plotstränge, und die Geschichte der öffentlichen Objektivierung Thassas nimmt ihren Lauf. Eine buchstäbliche ‚Pursuit of Happiness‘, eine Jagd auf das Phänomen eines unwahrscheinlichen und unmotiviert erscheinenden andauernden Glückszustandes beginnt.

Thassas außergewöhnliche Gefühlsdisposition gerät in das automatisierte Suchraster von Kurtons Biotechfirma Truecyte, die gerade kurz vor der Veröffentlichung einer umfangreichen Studie zur genetischen Ausstattung von emotional besonders gesunden Menschen steht (121–123). Die Studie identifiziert Korrelationen zwischen bestimmten Genen bzw. ihren allelomorphen Ausprägungen und hohen Levels des persönlichen Wohlbefindens. Diese genetischen Netzwerke sollen für zwei Drittel der Erblichkeit des emotionalen Temperaments verantwortlich sein. Thassa erweist sich als „the missing datum“, das für eine hochprofilierte Veröffentlichung der Ergebnisse noch fehlte (128).[8] Nach ausführlichen Labortests an Thassa veröffentlicht Kurton seine Studie und läutet auf einer Pressekonferenz „a new era in our understanding of the foundation of emotion“ (181) ein. Die multimediale Kommunikation der Ergebnisse macht aus den komplex bedingten Korrelationen der Studie blitzschnell und höchst öffentlichkeitswirksam die Entdeckung des „happiness gene“ (181) – einer Formel, die sich bald verselbstständigt (194–195). Quasi perfekt getimt kann die Nachricht im Kontext von negativen Kriegs-, Klima-, Ernährungs- und Finanznachrichten glänzen. Obwohl Kurton darauf hinweist, lediglich eine Korrelation identifiziert zu haben, schürt die „sexy“ *Science Show*, die er zur populären Verbreitung seiner Arbeit nutzt, den Machbarkeitswahn: „[S]trengthen, sharpen, enhance your chromosomes, be smarter, healthier, and truer. Thrive and be what you want, feeding every need. Live forever, suffused in joy“ (190). Vollmundig und ohne Rücksicht auf die problematischen Wirkungen seiner Aussagen, verkündet Kurton vor laufenden Kameras: „I don’t believe in God, but I do believe that it’s humanity’s job to bring

8 Thassas genetische Disposition, der „happiness jackpot“ (166) der genetischen Lotterie, ist genau jener statistische ‚Outlier‘, der zur Verifizierung der Studie noch fehlte – „a candidate whose alleles confirm their extreme-end predictions“ (155).

God about" (190). Online-Magazine, *Late-night*-Talkshows und soziale Netzwerke schalten sich ein – und der „madly democratic chorus" der wissenschaftlichen Community hypt den Fall auch dort, wo er zu Vorsicht mahnt (192). Thassas Genom gewinnt ein mediales Eigenleben, und es dauert nicht lange, bis dessen Trägerin identifiziert ist und sich vor Emails und Interviewanfragen nicht mehr retten kann. Um ihr Leben zurückzugewinnen und zu beweisen, dass sie kein „*freak of nature*" ist (173, Herv. im Orig.), entschließt sich Thassa, in der „Oona Show" aufzutreten. Dort allerdings wird sie präsentiert wie eine „trained seal of elation" (220) und erlebt öffentlich beinahe einen psychischen Zusammenbruch (221). Anschließend werden Thassa von einer Klinik 32.000 Dollar für ihre Eizellen geboten, mehr als ihr Bruder in Algier in Jahren verdienen könnte. Dass sie das Angebot nicht ausschlägt, löst erneut eine nationale Debatte aus, die Kongressabgeordnete, *Megachurch*-Prediger und die unterschiedlichsten Fernseh- und Internetformate mit ihrer je eigenen Agenda auf den Plan ruft. ‚The Pursuit of Happiness' schlägt in eine landesweite, medial gestützte Hetzjagd auf Thassa um, deren Verzweiflung in einem Suizidversuch mit unklarem Ausgang mündet.

3 ‚The Pursuit of Happiness' in biomedizinischen Regimen

Wenn Powers' Roman sich mit der Frage nach dem menschlichen Streben nach Glück auseinandersetzt, so ruft er eine historische ‚Große Erzählung' auf, die einen wesentlichen Teil des individuellen wie kollektiven Selbstverständnisses in der amerikanischen Gesellschaft prägt. ‚The Pursuit of Happiness' ist in der Präambel der amerikanischen Unabhängigkeitserklärung von 1776 auf der Grundlage des Naturrechts als ein unveräußerliches Menschenrecht festgeschrieben, das die Möglichkeit eröffnet, ökonomische, religiöse und moralische Interessen frei zu verfolgen. Die Formulierung ruft unterschiedliche Bedeutungsdimensionen auf, die sich in der Tradition John Lockes sowohl auf das private, individuelle, als auch, wie durch die schottische Moralphilosophie vermittelt, auf das öffentliche, kollektive Glück beziehen. Beide Dimensionen verweisen auf eine zukunftsorientierte, produktive Kraft, die für Generationen von Amerikanern die Möglichkeit der Erneuerung präsent gehalten hat und als wesentliche Bezugsgröße jedem Leistungs-, Kreativitäts-, Optimierungs- und Veränderungsdiskurs zugrunde liegt. Diese vielgestaltige Kraft hat in *Generosity* konsequent potenzierte, aber auch stark verengte Formen angenommen. Die möglichst passgenaue, biochemische Herstellung persönlichen Glücks, die am Individuum lediglich als einem zahlenden und konsumierenden Endverbraucher Interesse hat, lässt, wie der Roman deutlich macht, vieles hinter sich. Vor allem verabschiedet sie sich von der Orientierung der strebenden Praxis an Zielen, die sowohl das Individuum als auch Kollektive und Gemeinschaften im Blick haben, sowie vom Bewusstsein für die Tatsache, dass die sozialen, kulturellen und biographischen Umweltvoraussetzungen für emotionale Dispositionen höchst disparat sind und eine Vielzahl von Faktoren ins Spiel bringen, die nicht problemlos homogenisiert oder statistisch eingeebnet werden können.

Vor dem Hintergrund dieser ‚Großen Erzählung' zeigt der Text, wie individuelle und kollektive Sinnstiftungs- und Selbstverständigungsprozesse ganz wesentlich auf der Kulturtechnik des Erzählens beruhen. Er macht auch deutlich, in welch wesentlichem Maße die Formen narrativer Kommunikation, welche die Geschichten menschlicher Leben, Subjektivität und Identität prägen, von diskursiven Konstellationen innerhalb biomedizinischer Episteme bestimmt werden: Muster und Formen der Wissensproduktion prägen die Narrative, innerhalb derer Subjekte die Erzählungen ihrer Leben formulieren und in Handlungsstrukturen spinnen. Faktoren einer solchen Prägung sind die rapide Verbreitung und Popularisierung biomedizinischer Erkenntnisse, die schlaglichtartig selbst alltagsweltliche Lebensbedingungen und -umstände durchdringen, genauso wie der omnipräsent erscheinende Zugriff auf umfassende Online-Ressourcen. Das Internet macht neue Ergebnisse pharmazeutischer Studien ebenso zugänglich wie eine Vielzahl ‚googlebarer' Information über beliebige Mitmenschen, und es befördert umgekehrt die exponentielle Verbreitung medial spezifischer Erzähl- und Kommunikationsformen wie die konfessionalen Rhetoriken und Selbstdarstellungsmodi des Online-Blogs.

Innerhalb eines vorherrschenden biomedizinischen Regimes haben sich traditionell binär gefasste Verhältnisse von Norm und Abweichung, geistiger Gesundheit und sich ausdifferenzierenden Krankheitsbildern verkompliziert.[9] Wie Russells Figur und ihr komplexes Verhältnis zu Narrativen von Glück und Depression deutlich zeigt, schafft das Verwischen solcher Grenzziehungen zwar vordergründig neuen Raum für alternative Formen von Individualität, aber es schränkt individuelle Freiheit auch drastisch ein: Indem sich für die Zukunft des Einzelnen neue Zonen hochgradiger Unbestimmtheit etablieren, wird dem Einzelnen eine deutlich höhere Verantwortung in Sachen Selbst- und Risikomanagement zugewiesen. Realweltlich erfasst eine wachsende Anzahl vor allem britischer und amerikanischer soziologischer Studien mit Begriffen wie

---

9 Zu einer ausführlichen Diskussion biomedizinischer Diskurse siehe auch Karin Hoepker: Happiness in Distress – Richard Powers' *Generosity* and Narratives of the Biomedical Self. In: *Ideas of Order: Narrative Patterns in the Novels of Richard Powers*. Hrsg. von Antje Kley und Jan Kucharzewski. Heidelberg: Winter, 2012. S. 285–312.

‚Biomedicalization' oder ‚Pharmazeutisierung von Gesellschaft' eine Entwicklung, in der sich Pathologien von der Diagnostik bereits akuter Krankheiten zu Erhebungen von Dispositionen und Krankheitspotentialen hin verschieben.[10] Wenn sich beispielsweise anhand von Familiengenealogien und genanalytischen diagnostischen Verfahren eine (durchaus problematisch zu sehende) statistische Wahrscheinlichkeit für bestimmte zukünftige Krankheitsverläufe erheben lässt, so ergibt sich daraus suggestiv eine Handlungsanweisung zur möglichen Vermeidung. Die Tendenz zur präventiven Medikation – zur Einteilung in Risiko- und daraus resultierenden Risiko-Vermeidungsgruppen – stellt dabei nicht nur eine Ermöglichung und Ermächtigung zum besseren, längeren, gesünderen Leben dar, sondern umgekehrt auch eine Verpflichtung zur selbstverantwortlichen Verwaltung des eigenen Lebenswandels. Dadurch wird eine Regulierung des individuellen Körpers über ausgeklügelte – und für wachsende Industriezweige ökonomisch höchst profitable – Regime aus spezifischen Diäten und Ernährungsweisen, Erwerb und Erhalt gruppenspezifischer körperlicher Fitness usw. befördert. Der Soziologe Nikolas Rose bezeichnet diese doppelte Dynamik aus Selbstermächtigung und Selbstregulierung, die in vielerlei Hinsicht als internalisierte Verlängerung eines biopolitischen Zugriffs auf den Körper individualisierter Subjekte zu verstehen ist, als ‚Ethopolitik' („ethopolitics"). In *The Politics of Life Itself*, seinem Buch zu Biomedizin, Macht und Subjektivität von 2006, beschreibt er „ethopolitics" als einen an das Individuum gerichteten Handlungsimperativ gegenwärtiger westlicher Gesellschaftsformen:

---

10 Mit ‚Biomedizinierung' beschäftigen sich u. a. Adele E. Clarke, Nick J. Fox und Nikolas Rose, mit ‚Pharmazeutisierung' Simon J. Williams, Paul Martin u. a. Insbesondere der Terminus der ‚Biomedizin' bezieht sich als hybrider Sammelbegriff auf jenes Feld aus Wissen, Praktiken und Techniken, welches das Subjekt über einen engverschmolzenen Referenzrahmen biologischer und medizinischer Betrachtung adressiert. Zur Produktion und Verbreitung solcher Wissensformen in modernen, westlichen Gesellschaften vgl. z. B. Adele E. Clarke u. a.: Biomedicalization. Technoscientific Transformations of Health, Illness, and U.S. Biomedicine. In: *American Sociological Review* 68.2 (April 2003). S. 161–194, hier S. 161; Peter Conrad: The Discovery of Hyperkinesis. Notes on the Medicalization of Deviant Behavior. In: *Social Problems* 23 (1975). S. 12–21; Eliot Freidson: *Professionalism. The Third Logic*. Chicago: University of Chicago Press, 2001; Irving Zola: Medicine as an Institution of Social Control. In: *Sociological Review* 20 (1972). S. 487–504; Paul Rabinow und Nikolas Rose: Biopower Today. In: *Biosocieties* 1 (2006). S. 195–217; Paul Rabinow: Artificiality and Enlightenment. From Sociobiology to Biosociality. In: *Incorporations*. Hrsg. von John Crary und Sanford Winter. New York: Zone Books, 1992. S. 234–252; Nikolas Rose: *The Politics of Life Itself. Biomedicine, Power, and Subjectivity in the Twenty-First Century*. Princeton, NJ: Princeton UP, 2006; ders.: Identity, Genealogy, History. In: *Questions of Cultural Identity*. Hrsg. von. Stuart Hall und Paul Du Gay. Thousand Oaks, CA: Sage, 1996. S. 128–150; ders.: Neurochemical Selves. In: *Society* 41 (November/Dezember 2003). S. 46–60; ders.: *Governing the Soul. The Shaping of the Private Self*. New York: Free Association Books, 1999.

> In the politics of our present, notably in the revival of communitarian themes, the ethos of human existence – the sentiments, moral nature, or guiding beliefs of persons, groups, or institutions – has come to provide the "medium" within which self-government of the autonomous individual can be connected up with imperatives of good government. If "discipline" individualizes and normalizes, and "biopolitics" collectivizes and socializes, "ethopolitics" concerns itself with the self-techniques by which human beings should judge and act upon themselves to make themselves better than they are.[11]

Dieser Komplex aus Handlungsimperativen, der Individuen in enge Regularien aus Risikoprävention und Arbeit am Selbst einspannt, wird in Powers' Roman, der nicht umsonst *An Enhancement* im Untertitel führt, auf unterschiedlichste Weise evoziert. Er bestimmt das Handeln aller Figuren, sei es, weil sie sich explizit danach richten, sei es, weil sie sich implizit diesen Zwängen zu entziehen versuchen.

Russell fungiert für die LeserInnen als Protagonist und *Focalizer*, als Jedermann und diegetischer Orientierungspunkt fiktionaler Normalität. Während wir Stück für Stück mehr über Russells Biographie, seine medizinische Familiengeschichte, seine Verhaltensmuster aus Ängsten und Vermeidungshaltungen usw. erfahren, erscheint seine „Normalität" allerdings zunehmend als prekäres Produkt aufwendiger und sorgsamer Pflege. Denn Russell selbst empfindet seine psychische Befindlichkeit wie auch die Aufrechterhaltung seiner sozialen Funktions- und Interaktionsfähigkeit als instabil und bedroht. Er unterwirft sich einem omnipräsenten, wenn auch nie voll artikulierten Regime aus Selbstregulierung und Selbstmedikation, das vom sorgsamen Vermeiden emotional zu stark affizierender Literatur (138) bis zur Einnahme von Lorazepam als Angstlöser vor einem Date reicht (189). Russells hochintelligenter Bruder, der nach Russells Vermutung unter dem Asperger-Syndrom leidet, zieht es vor, Satellitenschüsseln zu installieren, und experimentiert nebenbei mit der Optimierung seines persönlichen Cocktails aus Psychopharmaka und Nahrungsergänzungsmitteln. Und selbst Candace, die alleinerziehende College-Psychologin, unterwirft sich strikten, selbst aufgestellten Kriterien professioneller Selbstbeobachtung, deren Regeln einer ethopolitischen Hermeneutik des Verdachts folgen. Hinter deren Rigidität verblasst jede Supervision, als Candace jeglichen freundschaftlichen Kontakt mit Thassa aufkündigt aus Angst, die Grenzen ihrer Professionalität zu verwischen (211).[12]

---

11 Rose: *Politics of Life Itself*, S. 27. Für eine Einführung zu Biosozialität und Ethopolitik vgl. Kapitel 7 („The End and Reinvention of Nature") in Thomas Lemke: *Biopolitics. An Advanced Introduction*. New York: NYU Press, 2011. S. 93–104.

12 Candaces eigene Biographie lässt sie übervorsichtig handeln, was die Wahrung professioneller Distanz zu Patienten angeht, denn sie misstraut hier ihrer Selbsteinschätzung aufgrund dreier „major miscalculations" in der Vergangenheit (eine davon traumatisch markiert durch den Selbstmordversuch eines Patienten).

Wie Powers' Roman deutlich demonstriert, zeichnen sich gegenwärtige biomedizinisch geprägte Gesellschaftsformen dadurch aus, dass ein Denken binärer Normativität durch ein Denken in zukünftigen Wahrscheinlichkeiten und statistischer Distribution ersetzt wird. Innerhalb der neu entstandenen, flexiblen Normativität einer internalisierten Ethopolitik wird die Option, *keine* Vorkehrungen zur Vermeidung von Risiken zu treffen, zur problematischen Entscheidung. Das entsprechende Nicht-Handeln wird als willentliche Nachlässigkeit interpretiert, als Versäumnis, jene optimalen Umstände zu schaffen, die Gesundheit, Wohlbefinden und zukünftigen Erfolg erst möglich machen – und damit letzten Endes als ein Versagen in der Verantwortung gegenüber der eigenen Möglichkeitsoptimierung und jener der biologischen Nachkommenschaft. Innerhalb dieser, in Powers' Roman vorherrschenden gesellschaftlichen Logik erklärt sich auch, weshalb das bloße Erscheinen von Thassa und die biomedizinische Verheißung, die an die „Entschlüsselung" ihres „Glücksgenoms" gekoppelt scheint, eine solch überwältigende Spirale aus Ängsten und Begehrlichkeiten auslöst.

Deutlich wird diese Dynamik etwa an der Reaktion diverser (Eltern-)Paare, für die sich mit der Sequenzierung von Thassas Erbgut und dem vermeintlichen Beweis für eine genetische Neigung zu emotionaler Gesundheit und zum Glücklichsein der Druck einer Möglichkeitsoptimierung für zukünftige Nachkommen drastisch erhöht (217–218). Diverse reproduktionsmedizinische Unternehmen reagieren sofort, denn für sie bedeutet sowohl das biomolekulare Wissen um Thassas genetische Verfasstheit als auch die Möglichkeit eines ganz konkreten Zugriffs auf ihr Erbgut bares Geld und einen immensen Marktvorteil. Die von Kurton propagierte genetisch orientierte Biomedizin steht ganz im Zeichen einer solchen Ermöglichung des Kommenden mit dem Ziel einer utopisch anmutenden evolutionären ‚Verbesserung' der menschlichen Spezies. Kurton vermarktet schon jetzt biomedizinisches Wissen als Schlüssel zu Prävention und „Enhancement"; das Nicht-Treffen von Vorsichtsmaßnahmen wird damit zur leichtsinnigen Gefährdung, denn unter dem Aspekt statistisch geprägter Präventivmedizin ist jede menschliche Population immer schon potentiell und präsymptomatisch krank. Scheinbare Normalität innerhalb gewisser Parameter oder gegenwärtige Gesundheit bedeuten lediglich, dass Risiken noch nicht umfassend erhoben wurden, Neigungen und Prädispositionen (zu Syndromen wie Adipositas, Diabetes, hohem Blutdruck oder Alzheimer) noch nicht diagnostiziert wurden und Krankheiten noch nicht ausgebrochen sind. Unter dem Vorzeichen des Vorbeugungsprinzips verschärft sich der medizinische Blick auf Erkennung frühester Krankheitsanzeichen und potentieller Risikofaktoren. Das Spektrum psychischer Verfasstheiten und Befindlichkeiten, die als Pathologien beschrieben werden, wird breiter und immer differenzierter. In Powers' fiktivem Szenario einer erkennbaren (‚screenbaren') genetischen Prädisposition zum Glücklichsein ergibt sich daraus eine kaum zu ignorierende Verpflichtung für Eltern, die sich reproduktionsmedizinischer Unterstützung bedienen können oder müssen.

Thomas Kurton selbst, der sich als Pionier einer solchen Präventionslogik und Selbstoptimierung versteht, begreift den Einsatz biomedizinischer Erkenntnis zur Verbesserung zukünftiger und gegenwärtiger menschlicher Befindlichkeit als ‚Pursuit of Happiness' im Sinne individueller und kollektiver Selbstermächtigung: Die Umsetzung eines solchen Wissens um Verbesserbarkeit und Machbarkeit bedeutet für ihn einen selbstverständlichen Schritt menschlicher Weiterentwicklung und lebensbejahender ‚Selbst-Vervollständigung', bei dem die menschliche Spezies den evolutionären Fortschritt nicht länger dem Zufall überlässt (19). Kurton selbst fungiert dabei im Text als telegener Prototyp einer solchen menschlichen Avantgarde ethopolitischer Selbstoptimierung: Innerhalb klar geregelter Tagesabläufe und Schlaf-Wach-Zyklen praktiziert Kurton ein komplexes System aus kontrolliert reduzierter Kalorienaufnahme und Einnahme von Nahrungsergänzungsmitteln. Im Falle eines mehr oder minder überraschend eintretenden Todes soll sein Körper innerhalb kürzester Zeit von der Notfalleinheit einer Spezialfirma sichergestellt, sachgerecht heruntergekühlt und kryonisch eingelagert werden, um Körper und Gehirn für zukünftig mögliche medizinische Wiederherstellungsmaßnahmen zu sichern (23). Für Kurton erfordert ‚Pursuit of Happiness' als Grundprinzip intelligenter menschlicher Existenz die Ausschöpfung aller Möglichkeiten und die Vorbereitung auf zukünftig Machbares. Änderungen am menschlichen Genom bedeuten für ihn lediglich wünschenswerte Korrekturen an einer fehlerhaften Blaupause und einem schlecht geskripteten Plot, von dem es sich in Ermächtigung zu eigener ‚Autorschaft' endlich freizumachen gilt:

> The script that has kept us in gloom and dread is about to be rewritten. Labs across the globe are closing in on those ridiculous genetic errors that cause life to suicide. Aging is not just disease; it's the mother of all maladies. And humankind may finally have a shot at curing it. (57)

Was Powers' Roman an dieser Haltung vor allem kritisiert, ist, dass die etho- und biopolitische Logik des Strebens nach Glück, Gesundheit und Langlebigkeit die Basis ihrer eigenen Wissensproduktion überdeckt und vergessen macht, dass ein wesentlicher Teil ihrer Annahmen auf einer hypothetischen Basis statistischer Korrelation innerhalb erhobener Datenmengen beruht. Ein Teil von Kurtons Mitschuld am Einzelschicksal Thassas und an der beschriebenen Dynamik liegt also darin, dass er sein eigenes Caveat der Mehrfaltigkeit genetischer Faktoren und der beschränkten explikatorischen Reichweite statistischer Korrelation einer ethopolitischen Ökonomie des Begehrens und der Hoffnung auf ein „Glücksgen" fahrlässig und aus strategischem Opportunismus unterordnet (181–182).

Letztendlich jedoch erweist sich Powers' Roman hinsichtlich der Auslegung und unterschiedlichen Auffassung der ‚Pursuit of Happiness' als dialogisches Konstrukt, denn er konfrontiert die LeserInnen mit der unaufgelösten Mehrstimmigkeit unterschiedlicher Glücksvorstellungen, die sich trotz innerer und externer Zwänge Raum schaffen. Auch wenn die Figuren innerhalb historischer, kultureller, bio- und ethopolitischer Regulative wenig Handlungsspielraum erfahren, so führt das erzählerische Experiment des Textes den LeserInnen die Möglichkeiten einer solchen Vielfalt doch unter dem Vorzeichen vor, dass die statistische Einebnung letztlich infiniter sozialer Komplexität quantitativen Weltbeschreibungsmodellen zwar Einfluss verleiht, die Erklärungsmacht solcher Ansätze aber immer und notwendig auf den unterm Strich fiktionalen Charakter ihrer Modellhaftigkeit beschränkt bleibt. Und in dieser Erkenntnis um die Nicht-Abschließbarkeit modellierender, welterklärender Systeme liegt möglicherweise auch die wesentliche Differenz und Besonderheit literarischer Wissensproduktion.

4 Systeme der Wissensproduktion

Richard Powers selbst wird häufiger als „novelist of ‚science studies'"[13] beschrieben und wegen seiner vermeintlich zelebratorischen Haltung den Naturwissenschaften gegenüber auch häufig attackiert – zu Unrecht, wie deutlich wird, wenn man die differenzierte und kritische Auseinandersetzung mit Mechanismen der Wissensproduktion und Informationsdistribution in *Das größere Glück* genauer betrachtet. Zur Illustration wollen wir zwei Aspekte näher beleuchten: die Darstellung der (wirtschaftlich und historisch bedingt) veränderten Voraussetzungen von Wissensproduktion innerhalb der Naturwissenschaften auf der Ebene der Diegese und die Strukturierung eines sich selbst problematisch werdenden erzählerischen Erkenntnisprozesses als Form literarischer Wissensproduktion.

Über die Darstellung des Biologen Thomas Kurton und seines Forschungslabors Truecyte wird schon früh im Verlauf des Romans demonstriert, in welchem Maße sich die Landschaft naturwissenschaftlicher Forschung weg von traditioneller Institutionalisierung und Disziplinarität und hin zu neuen disziplinären Konglomeraten und Hybridbildungen der sogenannten *Life Sciences* und der *Technoscience* verschoben hat. Um die neuen, wirkmächtigen Dynamiken einer

---

13 Bruno Latour: Powers of the Facsimile. A Turing Test on Science and Literature. In: *Intersections. Essays on Richard Powers*. Hrsg. von Stephen J. Burn und Peter Dempsey. Champaign, IL: Dalkey Archive Press, 2008. S. 263–291, hier S. 264.

solch folgenreichen tektonischen Verschiebung in der sozialen Praxis naturwissenschaftlicher Forschung und Wissensproduktion greifbar zu machen und kritisch zu beleuchten, beobachtet der Text die Wissenschaftskultur naturwissenschaftlicher Labore, Forschungs-, Diskussions- und Publikationspraktiken. Die im Zusammenhang mit der ‚Pursuit of Happiness' schon diskutierte Übermacht biologischer und biomedizinischer Diskurse, die weit bis in den Bereich individueller Lebens- und Alltagsgestaltung hineinreicht, wird hier insofern relativiert, als diese Diskurse im Kontext ihrer Entstehung gezeigt werden: im Kontext eines sozialen Netzwerks diverser Akteure, in dem unterschiedlichste historische und kulturelle Praktiken, ideologische Überzeugungen und ökonomische Interessen ihren Ausdruck finden.

Insbesondere die Figur Thomas Kurton steht dabei im Fokus der Betrachtung. Einerseits stilisiert er sich zum Ausnahmewissenschaftler, genialen Forscher und erfolgreichen Unternehmer, der Forschung als Suche nach wissenschaftlicher Erkenntnis archaisierend mit der Metapher der Mammutjagd beschreibt. Gleichzeitig begreift er seine eigene Forschungspraxis im Narrativ evolutionärer Fortentwicklung von Wissenschaft und Menschheit, innerhalb dessen komplexe, nichtlineare Muster Vorstellungen von individuellem Handeln und damit individueller Verantwortung längst ersetzt haben. Sowohl seine Entdeckung Thassas als genetischem und neurobiologischem Ausnahmefall als auch seine Entmachtung in seiner eigenen Firma sind in dieser Hinsicht und gemäß Kurtons eigener Logik weder überraschend noch persönlich zu nehmen, sondern lediglich Bestandteile evolutionärer Verhaltensmuster, die nicht individuell adressierbar sind.

Trotz erbitterter Auseinandersetzungen um die Validität und Erklärungsmacht jener genetischen Sequenz, welche die Medien irreführend als „Glücksgen" bezeichnet hatten, und der sozialen Verwerfungen, die eine solche Bekanntmachung zur Folge hat, bleibt Kurton konsequent ungerührt. Für Truecyte als Unternehmen ist das tatsächliche Ergebnis dieser Debatten nicht primär relevant, denn die unmittelbare Wertsteigerung und die zu erwartenden Investitionszugewinne resultieren bereits aus der *Publicity* und dem Interesse an der Vermarktbarkeit einer potentiell bahnbrechenden Entdeckung. Der Wechsel von Forschungsinstitutionen in den privaten Sektor macht den Erfolg wissenschaftlicher Forschung messbar in Kategorien wie Risikokapital und *Shareholder-Value*, die nicht primär Prozessen wissenschaftlicher Erkenntnisbildung folgen, sondern eigenen, ökonomischen Dynamiken unterworfen sind. Auch wenn sich die Veröffentlichung von Kurtons Studie als überstürzt herausstellen sollte, wird der wirtschaftliche Nutzen der Veröffentlichung den temporären Misskredit einer nicht oder nur teilweise verifizierten Studie bei Weitem aufwiegen, wie uns der an dieser Stelle intern durch Kurton fokalisierte heterodiegetische Erzähler erklärt: „They're a private company after all, accountable to no one but their investors.

Write off the loss, manage the resulting publicity, and stake a new claim.“ (195) Was also eingangs als bloße Verschiebung hin zu neuen wissenschaftlichen Technologien und finanzieller Deregulierung im privatisierten Wissenschaftsbetrieb erschien, manifestiert sich als tiefgreifender struktureller Wechsel, der die Dynamik wissenschaftlicher Debatten und die methodologischen Prioritäten naturwissenschaftlicher Wissensproduktion nachhaltig verändert: „The mastodon has evolved. It’s a whole new elephant.“ (195)

Kurtons legitimierendes Narrativ einer überindividuellen und unaufhaltsamen Dynamik fortschreitender wissenschaftlicher Evolution destabilisiert sich lediglich einmal und vorübergehend als er von Tonia Schiff im Interview mit seiner ethischen Verantwortung für Thassas beunruhigenden Bekanntheitsgrad konfrontiert wird. Dies ist der einzige Augenblick im Roman, in dem sich der sonst so charmante und mediengewandte Kurton hinter die engen Grenzlinien traditionell spezialisierter Disziplinarität zurückzieht und Unverständnis mimt: „I frankly don’t understand most of this reaction. Mass psychology is too hard for me. Genomics is trivial, compared to sociology.“ (251) Ungehalten und defensiv deflektiert Kurton, der sonst jederzeit bereit war, die universelle Erklärungsmacht der ‚Life Sciences‘ als Primärwissenschaft zu reklamieren, jegliche gesellschaftliche Kompetenz außerhalb seines eigenen Feldes und weist damit alle Verantwortung für die Konsequenzen seines Agierens als Wissenschaftler jenseits seiner Disziplin zurück. Nur zu bereitwillig ignoriert er im kritischen Moment seine eigene Rolle und sein instrumentelles Interesse am Medienzirkus um Thassa – und macht den LeserInnen so sein utopisches Projekt einer glorreichen menschlichen Zukunft vermittels der progressiven Macht der Naturwissenschaften mehr als suspekt. Wenn der bedauernswerte Einzelne derart nahtlos dem Wohl des großen Ganzen geopfert werden kann, dann scheint an dieser Stelle – bei allem glaubhaft guten Willen zum letztendlichen Glück für eine größtmögliche Anzahl von Menschen – doch auch der potentiell totalitäre Charakter eines solchen Heilsversprechens durch naturwissenschaftlichen Erkenntnisgewinn auf: „Men will grow daily more happy, each in himself, and more able to communicate happiness to others. [...] [W]hatever was the beginning of this world, the end will be glorious and paradisiacal, beyond what our imagination can now conceive.“ (136, 129)

5 Beobachten und Erzählen – Wissensproduktion und Komplizität

Der Roman nimmt zum einen eine inhaltliche Problematisierung von Prozessen institutioneller Wissensproduktion auf der Ebene der erzählten Welt vor. Interessant ist dabei die Betonung des Visuellen, die augenscheinliche Privilegierung von Beobachtung als traditionell wichtigster Quelle empirischen Erkenntnisgewinns. Allerdings reflektiert Powers' Roman die Mechanismen von Beobachtung, Beschreibung, Kategorisierung und Konsolidierung von Erkenntnis auch auf der Ebene des Erzählvorgangs. Denn medienspezifisch für Erzählliteratur fungiert hier die Erzählinstanz als primäre Quelle für Informationsvermittlung und den strukturierten Prozess der literarischen Wissensproduktion. Durch eine selbstreflexive Erzählperspektivengestaltung verweist der Roman auf die Aporien, die mit medialen, wissenschaftlichen und erzählerischen Beobachtungsleistungen verbunden sind.

Die heterodiegetische Erzählinstanz ist in *Das größere Glück* nicht eigens als Figur ausgestaltet und erscheint lediglich als variabel intern und extern fokalisierende Stimme. Doch sie bewegt sich in irritierender Weise auf der Grenze zwischen Figur und körperloser Stimme. Sie choreographiert explizit die diegetische Welt, beispielsweise mit Wendungen wie „so there's a scene where" (77, 92) oder „[f]orgive one more massive jump cut. This next frame doesn't start till two years on" (79). Sie zeigt sich als teilnehmender Beobachter stärker in das Geschehen involviert, als wir es einer heterodiegetischen Erzählinstanz – die sich ja gerade dadurch auszeichnet, dass sie *nicht* Teil der diegetischen Welt ist – für gewöhnlich zubilligen. Sie schaltet sich außerdem immer wieder mit Überlegungen über die Qualität ihres eigenen Erfassens des Geschehens und mit metafiktionalen Reflexionen ein. So z. B. gleich zu Beginn des Textes, den wir im Folgenden in einiger Ausführlichkeit zitieren wollen, um auf die Komplizität oder unumgängliche Involvierung hinzuweisen, die der Text dem häufig idealisierten Vorgang der vorgeblich neutralen, distanzierten Beobachtung zuschreibt:

> A man rides backward in a packed subway car. This must be almost fall, the season of revision. I picture him in the thick of bequest, tunneling beneath the *I Will* City [...].
> He's just thirty-two, I know, although he seems much older. I can't see him well, at first. But that's my fault, not his. I'm years away, in another country,[14] and the El car is so full tonight that everyone's near invisible.
> Look again: the whole point of heading out anywhere tonight. The blank page is patient, and meaning can wait. I watch until he solidifies. (3, Herv. im Orig.)

> I force my eyes down over the scribbler's left shoulder, spying on his notes. The secret of all imagination: theft. I stare at his yellow legal pages until they resolve. They're full of lesson plans.

14 Mit der Bemerkung „I'm years away, in another country" deutet die Erzählinstanz bis zum Schluss das einzige Mal eine zeitliche und räumliche Verortung des Erzählvorgangs an (3).

> I know this man. He's been fished from the city's adjunct-teacher pool, an eleventh-hour hire. [...] [T]his fluke part-time night job is his last hope for rehabilitation. He never expected to land such a plum again. Death and resurrection. I know this story, like I wrote it myself. (4)

> No, you're right: those streets don't really run that way. That neighborhood is a little off. The college isn't quite there; it's not *that* college. This place is some other Second City. [...] And these words are not journalism. Only journey. (6, Herv. im Orig.)

Paradigmatisch ist hier zu sehen, wie sich der Erzählprozess als Mischung ausweist zwischen der Beobachtung von vorgefundenem Material und dessen imaginativer Anreicherung und Variation, beispielsweise auf der Basis des Archivs bekannter Narrative (vgl. 109). Genau dieser Problematik widmet sich Russell Stones Kurs in Kreativem Schreiben „Journal and Journey". Die Konzeption des Kurses in *creative non-fiction* stellt seine Studierenden vor die Frage: „[A]re we supposed to be making up stories, with a plot and everything? Or are we just supposed to put down what actually happens?" (37) Diese Unterscheidung, die bestenfalls heuristisch zu treffen, letztlich aber notwendigerweise aporetisch zu verstehen ist, bleibt auch für Russell, für Tonia Schiff und die Erzählinstanz sowie für die Leserinnen und Leser eine Aufgabe.

Beobachtungen sind grundsätzlich positionell gebunden und damit immer relational; sie bedürfen einer nachvollziehbaren Beschreibung, um zugänglich und verständlich zu sein. Sie müssen über Konventionen kanalisiert und in einen Plot eingebettet werden, um kommunizierbar, bedeutungstragend und plausibel zu sein. Tonia Schiff weiß: So endet der schwebende Zustand der Forschung, „[o]bservation washed away by certainty" (81). Um Verfestigungen herkömmlicher Denkweisen zu entgehen, folgt Russell Stone daher dem Lebensmotto: „When you're sure of what you're looking at, look harder." (7)[15] Auch fiktionale Konventionen zwingen den Dingen eine Form auf. In einer plötzlichen Einsicht führt Russell Stone seine Schreibblockaden deshalb auf „the unbearable burden of a plot" zurück:

> Plot is preposterous: event following event in a chain of clean causes, rising action building to inevitable climax and resolving into meaning. Who could be suckered by that? The classic tension graph is a vicious lie, the negation of a mature grasp of reality. [...] In reality, a million things happen all at once for no good reason [...]. (273)

---

15 Interessanterweise ist es die Erzählinstanz, die Russell „[f]or convenience" ihr eigenes Lebensmotto verleiht (7), was erneut die programmatische Distanz zwischen der heterodiegetischen Erzählinstanz und der diegetischen Welt fragwürdig werden lässt.

Auch Tonia Schiff gelangt zu der Einsicht, dass ihre 42-minütigen „Over the Limit"-Sendungen, die sie in jeweils sechzigstündiger Arbeit herstellt, nicht einfach dokumentarische Abbildungen – „an accurate map of the present at the scale of one to one" (65) – sind. Nach einer Auseinandersetzung mit ihrem Produktionsteam über den simplifizierenden Schnitt der Kurton-Episode rückt die konstruierende Dimension ihrer Dokumentationsarbeit, die bestimmten Skripten folgt und sie als Autorin bei der Hervorbringung von Fakten stärker involviert, als ihr das lieb ist, deutlicher ins Blickfeld: „[A]ll she has ever tried for, the thing she has wanted to be from birth. Blameless observer. But the blameless can't afford to look. Just looking is already the worst kind of guilt." (259)[16]

Der Roman macht deutlich, dass die Gewinnung einer distanzierten literarischen Perspektive besonders dann für die Erkenntnisgewinnung fruchtbar werden kann, wenn sie als künstliche markiert ist, etwa durch kreative Transformation oder durch zeitliche oder räumliche Abstände. Dies geschieht etwa in Thassas per Hand nachbearbeiteten filmischen Sequenzen zu den Heimatsehnsüchten von Immigranten in Chicago (51). Auch Russells Schwärmen für räumliche und temporale Verfremdungen thematisiert die Kulturtechnik erzählerischen wie betrachtenden Perspektivierens. Den Blick auf Chicago vom Hancock Tower aus genießend, wertet Russell Perspektiven von „[h]igh up or deep down" – „Or far away in some parallel universe. A thousand years before or after, anywhere but now" – als Befriedigung eines „[i]nfinite hunger for the unreal" (95). Anders als realistische Protokolle, die ihre eigene formende und perspektivierende Arbeit transparent, unmerklich, und der bloßen Abbildungsfunktion geschuldet erscheinen lassen,[17] können als künstlich markierte Repräsentationsformen den Rezipienten zwar bis hin zur Empfindung eines Momentes des Erhabenen affizieren, bleiben, wie Thassas filmische Nachbearbeitungstechniken, in dem Prozess aber selbstreflexiv und sichtbar.

Wo Bruno Latour und Steve Woolgar für den wissenschaftssoziologischen Blick das Mittel der „anthropological strangeness" vorschlagen, das durch ein quasi-ethnographisches Fremd-Machen die habitualisierten Kurzschlüsse vertrauter Wahrnehmung umgehen und Prozesse der Interaktion und institutionellen Wissensproduktion neu sichtbar machen soll,[18] scheint Powers' Erzählinstanz

16 Später weist sie ihrer Tätigkeit eher ermöglichende als dokumentarische Funktion zu: „She cues up her rough clips and searches for a way to splice their cataclysms into a future worth birthing" (81).

17 Die Erzählinstanz spricht von „the whole threadbare patch job of consoling conventions" (273).

18 Vgl. Bruno Latour und Steve Woolgar: *Laboratory Life. The Social Construction of Scientific Facts*. Princeton, NJ: Princeton UP, 1986. S. 29.

im Text etwas Ähnliches zu generieren, um die kulturell eingeschriebenen Abläufe von Beobachten, Beschreiben und Erzählen aus der verdeckten Substruktur der Wissensproduktion zurück in den Bereich des Sichtbaren zu holen. Sowohl die sich selbst unterwandernde Erzählhaltung als auch die diegetische Thematisierung von Beobachtungs- und Darstellungsprozessen im Roman rufen in Erinnerung, dass die Selbstvergessenheit des Beobachters durchweg problematische Konsequenzen hat. Denn Wahrheiten werden nicht einfach aufgedeckt und als solche gezeigt; um einen Sachverhalt als wahr und relevant zu kommunizieren, werden narrative, institutionelle und ökonomische Einbettungen und Rahmungen vorgenommen sowie Sendezeitpunkte, Kanäle, und ein designiertes Publikum bestimmt.

Powers' Roman leistet also eine explizit markierte, fiktionale Beobachtung und Beschreibung unterschiedlich verorteter sozialer Beobachtungs- und Wissens*produktions*vorgänge. Der Erzählprozess und die Thematisierung der Bedingungen und Konventionen der Herstellung einer überzeugenden fiktionalen Welt unterstützen die auch auf der diegetischen Ebene vorangetriebene Artikulation von wissenschaftlicher Wahrheits- und Wissensproduktion als vielschichtigem, medial und gesellschaftlich bedingtem Prozess. Die Herstellung wissenschaftlicher Fakten ist auf eine gesellschaftlich eingebettete Übersetzung konventionalisierter und streng kontrollierter empirischer Beobachtungsszenarien angewiesen. Und Übersetzungsprozesse sind immer eine hochkomplexe Angelegenheit: Sie involvieren medial spezifische, kontext- und adressatengerechte Kommunikationsprotokolle. Die fiktionale Welt des Romans gewährt Einblick in die institutionellen Strukturen und sozialen Prozesse, die mit einer solchen Produktion biotechnologischen Wissens einhergehen, und fragt nach den Konsequenzen seiner Verbreitung in einem kulturellen Umfeld, das auf eigenverantwortliches *Self-improvement* abonniert ist.

6 Die Leistungen fiktionaler Wissensproduktion

Die spezifische Leistung der literarisch erzählenden Wissensproduktion liegt darin, dass sie immer schon – manchmal *weniger* und manchmal, wie im vorliegenden Fall, *sehr* deutlich – in den Prozess der Fiktionalisierung eingebettet ist. Sie weist sich so selbst als prinzipiell unabgeschlossen und kontingent aus. Diese fiktionspezifische Ausstellung der Nicht-Abschließbarkeit welterklärender Modelle erfolgt in *Das größere Glück* am Schluss noch einmal über das irritierende *surprise ending*, das sich an Thassas Suizidversuch und den Abtransport ihres praktisch leblosen Körpers durch den Notarzt anschließt.

Zwei Jahre später trifft Tonia Schiff Thassa in einem Café im Norden Tunesiens. Thassa wird als eine Erscheinung beschrieben, „an apparition" (294). Die beiden sehen eine Videofilmsequenz über die freudetrunkenen ersten Gehversuche eines kleinen Mädchens an – offenbar handelt es sich um eines der Kinder, das aus Thassas Eizellen entstanden ist. Doch plötzlich lösen sich die Materialien der Szene in dem Café nach und nach auf und geben zum Abschluss des Romans den letztlich uneinholbaren Komplexitäten der realen Welt Raum. Die Erzählinstanz schildert, wie zunächst die Bücher verschwinden, die Tonia mitgebracht hat, die Kamera, der Text der Speisekarte, die Geräusche im Café, die Einrichtungsgegenstände, schließlich auch Tonia Schiff – bis nur er oder sie selbst – nun doch als Figur – und Thassa sich für einen Moment „[of] shared joy" (296) in diesem Imaginationsraum gegenübersitzen.

Das Ende irritiert, weil sein Status und sein Verhältnis zum Rest des Textes insofern unklar bleiben, als das Einbrechen des heterodiegetischen Erzählers in die erzählte Welt und die allmähliche Auflösung der Diegese erzählerische Konventionen verletzen. Damit vollzieht das Ende etwas, das man mit einem Begriff des amerikanischen Geistesgeschichtlers Martin Jay als „denigration of vision"[19] bezeichnen könnte: Es entzieht der konventionell visuell gefassten Kontrolle über äußere und innere Welten die unbedingte Autorität, indem es vorführt, dass vermeintlich neutrale Wahrheitsdiskurse distanzunterlaufende Implikationen mitführen. Mit dem Auftreten des Erzählers auf der diegetischen Ebene löst sich seine ohnehin als prekär ausgewiesene Beobachtungsperspektive ebenso auf wie die Distanz zwischen LeserInnen und Text. Die Diegese wird instabil, sie entzieht sich und entlässt die LeserInnen in eine Leere, die eigene und explizite Ordnungsstiftungen erfordert. Die Doppelung des Endes bzw. die Überschreibung des möglichen Todes der Protagonistin literalisiert die Nicht-Abschließbarkeit fiktionaler Modelle und impliziert einen Aufruf zur Pluralisierung von prinzipiell kontingenten Blick- und Abbildungsregimen, eine Pluralisierung von Modellbildungen. Fiktion arbeitet an solchen Pluralisierungen, indem sie immer wieder neue fiktive Weltmodelle zur Verfügung stellt, die menschliche Imaginationskräfte testen und erweitern. Ihr Wert bemisst sich daran, in welchem Maße sie – sei es durch spielerischen oder polemischen Kontrast, durch Ausschmückung, Ironisierung, Übertreibung oder eine andere Art der Verfremdung – bestehende, disziplinär produzierte Wissensarchive infrage stellt und alternative Formen des Verstehens innerer und äußerer Welten eröffnet. Treffend formuliert Sacvan Bercovitch die

---

19 Martin Jays Studie *Downcast Eyes. The Denigration of Vision in Twentieth-Century French Thought*. Berkeley: University of California Press, 1993, untersucht die Auseinandersetzung der französischen Theorie des zwanzigsten Jahrhunderts mit der Tradition des okularzentrischen Denkens und visuell gefassten Kontrollregimen.

Aufgabe der Literaturwissenschaft, die sich aus dieser Verfremdungsleistung ergibt, folgendermaßen:

> Literary criticism [...] allows [...] [cultural critics, A. K., K. H.] to contextualize what we know disciplinarily about culture – the truths-up-to-a-point of the human sciences – in terms of make-believe literary facts. The purpose is not to transcend the world out there. Quite the contrary: it is to challenge our knowledge of it in ways that return us more concretely, with more searching cultural specificity, to our nontranscendent realities.[20]

Literatur

Bercovitch, Sacvan: The Function of the Literary in a Time of Cultural Studies. In: *„Culture" and the Problem of the Disciplines*. Hrsg. von John Carlos Rowe. New York: Columbia University Press, 1998. S. 69–86.

Bröckling, Ulrich: *Das unternehmerische Selbst: Soziologie einer Subjektivierungsform*. Frankfurt a. M.: Suhrkamp, 2007.

Clarke, Adele E., Janet K. Shim, Laura Mamo, Jennifer Ruth Fosket und Jennifer R. Fishman: Biomedicalization. Technoscientific Transformations of Health, Illness, and U.S. Biomedicine. In: *American Sociological Review* 68.2 (April 2003). S. 161–194.

Conrad, Peter: Medicalization, Genetics, and Human Problems. In: *Handbook of Medical Sociology*. Hrsg. von Chloe E. Bird u. a. 6. Auflage. Thousand Oaks, CA: Sage, 2000. S. 322–333.

Conrad, Peter: The Discovery of Hyperkinesis. Notes on the Medicalization of Deviant Behavior. In: *Social Problems* 23 (1975). S. 12–21.

Fox, Nick J., und Katie J. Ward: Pharma in the Bedroom ... and the Kitchen. The Pharmaceuticalisation of Daily Life. In: *Pharmaceuticals and Society. Critical Discourses and Debates*. Hrsg. von. Simon J. Williams, Jonathan Gabe und Peter Davis. Oxford: Blackwell, 2009. S. 41–53.

Freidson, Eliot: *Professionalism. The Third Logic*. Chicago: University of Chicago Press, 2001.

Gibbons, Michael, Camille Limoge, Helga Nowotny u. a. (Hrsg.): *The New Production of Knowledge. The Dynamics of Science and Research in Contemporary Societies*. London: Sage, 1994.

Haybron, Dan: Happiness. In: *The Stanford Encyclopedia of Philosophy (Fall 2011 Edition)*. Hrsg. von Edward N. Zalta. http://plato.stanford.edu/archives/fall2011/entries/happiness/. Metaphysics Research Lab, CSLI, Stanford University. 6. Juli 2011 (14. April 2015).

Hoepker, Karin: Happiness in Distress – Richard Powers' *Generosity* and Narratives of the Biomedical Self. In: *Ideas of Order: Narrative Patterns in the Novels of Richard Powers*. Hrsg. von Antje Kley und Jan Kucharzewski. Heidelberg: Winter, 2012. S. 285–312.

Jay, Martin: *Downcast Eyes. The Denigration of Vision in Twentieth-Century French Thought*. Berkeley: University of California Press, 1993.

20 Sacvan Bercovitch: The Function of the Literary in a Time of Cultural Studies. In: *„Culture" and the Problem of the Disciplines*. Hrsg. von John Carlos Rowe. New York: Columbia UP, 1998. S. 69–86, hier S. 71.

Kley, Antje, und Jan Kucharzewski: Introduction. In: *Ideas of Order. Narrative Patterns in the Novels of Richard Powers*. Hrsg. von Antje Kley und Jan Kucharzewski. Heidelberg: Winter, 2012. S. 9–20.

Kucharzewski, Jan: *Propositions about Life. Reengaging Literature and Science*. Heidelberg: Winter, 2011.

Latour, Bruno, und Steve Woolgar: *Laboratory Life. The Social Construction of Scientific Facts*. Princeton, NJ: Princeton University Press, 1986.

Latour, Bruno: *Science in Action. How to Follow Scientists and Engineers through Society*. Harvard: Harvard University Press, 1987.

Latour, Bruno: Powers of the Facsimile. A Turing Test on Science and Literature. In: *Intersections. Essays on Richard Powers*. Hrsg. von Stephen J. Burn und Peter Dempsey. Champaign, IL: Dalkey Archive Press, 2008. S. 263–291.

Lemke, Thomas: *Biopolitics. An Advanced Introduction*. New York: NYU Press, 2011. S. 93–104.

Powers, Richard: The Last Generalist. Interview with Jeffrey Williams. In: *Cultural Logic* 2.2 (1999). http://www.eserver.org/clogic/2-2/williams.html (14. April 2015).

Powers, Richard: *Generosity. An Enhancement*. New York: Farrar, Straus and Giroux, 2009.

Priestley, Joseph: Essay on the First Principles of Government. In: *The Theological and Miscellaneous Works of Joseph Priestley*. Bd. 22. Hrsg. von John T. Rutt. London: Smallfield, 1823. S. 8–144.

Rabinow, Paul, und Nikolas Rose: Biopower Today. In: *Biosocieties* 1 (2006). S. 195–217.

Rabinow, Paul: Artificiality and Enlightenment. From Sociobiology to Biosociality. In: *Incorporations*. Hrsg. von John Crary und Sanford Winter. New York: Zone Books, 1992. S. 234–252.

Rose, Nikolas: Identity, Genealogy, History. In: *Questions of Cultural Identity*. Hrsg. von Stuart Hall und Paul Du Gay. Thousand Oaks, CA: Sage, 1996. S. 128–150.

Rose, Nikolas: *Governing the Soul. The Shaping of the Private Self*. New York: Free Association Books, 1999.

Rose, Nikolas: Neurochemical Selves. In: *Society* 41 (November/Dezember 2003). S. 46–60.

Rose, Nikolas: *The Politics of Life Itself. Biomedicine, Power, and Subjectivity in the Twenty-First Century*. Princeton, NJ: Princeton University Press, 2006.

Stepnisky, Jeff: The Biomedical Self. Hermeneutic Considerations. In: *Social Theory & Health* 5 (2007). S. 187–207.

Stepnisky, Jeff: Antidepressants, Recognition, and the Family Drama. In: *Cultural Technologies within a Technological Culture. On the Hybrid Construction of Social Life*. Hrsg. von Christian Papilloud und Kornelia Hahn. Berlin: Lit Verlag, 2008. S. 133–152.

Williams, Simon J., Paul Martin, and Jonathan Gabe: The Pharmaceuticalisation of Society? A Framework for Analysis. In: *Sociology of Health & Illness* 33.5 (2011). S. 710–725.

Zola, Irving: Medicine as an Institution of Social Control. In: *Sociological Review* 20 (1972). S. 487–504.

Patrick Müller

Evolutionstheorie und Darwins Glaubenskrise(n) in Harry Thompsons *This Thing of Darkness* (2005)

Abstract: Der Beitrag untersucht zunächst die Forschungslage zu den religiösen Implikationen Darwin'scher Evolutionstheorie und unternimmt vor diesem Hintergrund eine vertiefte generische Einordnung von Harry Thompsons historischem Roman *This Thing of Darkness*. Darauf aufbauend legt die eingehende Analyse des Texts zunächst eine sich in den Dialogen zwischen Darwin und dem Kapitän der HMS Beagle, Robert FitzRoy, entwickelnde, intellektuelle *Tour de Force* frei, die die verschiedenen Argumente für und wider den biblischen Schöpfungsmythos sowie die Darwin'sche Evolutionstheorie schonungslos entwickelt. Dabei zeigt sich, dass neben dieser ideenhistorischen Komponente auch die narrativen Implikationen der unterschiedlichen Welterklärungsmodelle verhandelt werden: Neben einer deutlichen, mit postkolonialer Theoriebildung im Einklang stehenden Kritik an (nicht nur) britischer Kolonialpolitik leuchtet der Text auch das jeweilige Potential religiös motivierter, teleologischer Handlungsverläufe oder aber auf wissenschaftlichem Weltverständnis beruhender, nichtlinearer Plots aus. Jedoch wird trotz der Tatsache, dass der Text den Triumph Darwin'scher Theorie anhand des Scheiterns der Ideale FitzRoys nachzeichnet, kein Erklärungsmodell bevorzugt. Vielmehr wird deutlich, dass eine das Konfliktpotential zwischen Religion und Wissenschaft betonende, einseitige Weltsicht sich fundamentaler Einsichten beraubt, die der jeweils anderen zuzuschreiben sind.

1 Einleitung

Unter den tausenden Publikationen zu Charles Darwin und der Evolutionstheorie, die heutzutage die Regale der Universitätsbibliotheken beschweren, nehmen die Bände, die sich Darwins Stellung zum christlichen Glauben oder den Implikationen der Evolutionstheorie für die Religion widmen, eine Sonderstellung ein. Die weitreichenden Folgen insbesondere von *On the Origin of Species* (1859) und *The Descent of Man* (1871) sowohl für die Geologie und Biologie als auch für die Theologie sind unbestritten. Die Evolutionstheorie stellt(e) insbesondere eine jenseitige Erlösung als individuelles Lebensziel postulierende Weltanschauung auf die Probe, nach der der Lauf der Menschheitsgeschichte sich anhand eines auf göttlicher Vorsehung beruhenden Planes vollzieht.[1] Sigmund Freud zählte den Darwinismus zusammen mit der kopernikanischen Wende und – natürlich – der Psychoanalyse bereits 1917 zu den drei „großen[n] Kränkungen", die die „naive Eigenliebe" der Menschheit „im Laufe der Zeiten von der Wissenschaft" zu erdulden gehabt habe. Die erschütternde Wirkung der Darwin'schen Theorie liege darin begründet, dass sie „das angebliche Schöpfungsvorrecht des Menschen zunichtemachte, ihn auf die Abstammung aus dem Tierreich und die Unvertilgbarkeit seiner animalischen Natur verwies."[2] Auch im Sinne von Thomas S. Kuhn darf der von Thomas Henry Huxley 1860 ausgerufene Darwinismus als eine der großen wissenschaftlichen Revolutionen angesehen werden.[3]

2 Evolutionstheorie und Religion: vereinbar oder nicht?

Was jedoch das tatsächliche Ausmaß der von der Evolutionstheorie ausgehenden Wirkung auf die Religion(en) betrifft, so herrscht keineswegs Konsens. Um mit Kuhns *ad nauseam* verwendeter Terminologie zu sprechen, so bleibt der Vollzug des „Paradigmenwechsels" weg von heilsgeschichtlich und schöpfungstheologisch geprägter Wissenschaft hin zu einem emanzipierten, positivistisch verstandenen Szientismus[4] in der Debatte um die Implikationen Darwin'scher Theorie

---

1 Vgl. Jon H. Roberts: Religious Reactions to Darwin. In: *The Cambridge Companion to Science and Religion*. Hrsg. von Peter Harrison. Cambridge: Cambridge UP, 2010. S. 80–102, hier S. 80.

2 Sigmund Freud: Die Fixierung an das Trauma, das Unbewusste. In: ders.: *Vorlesungen zur Einführung in die Psychoanalyse*. Studienausg. Bd. 1. Frankfurt a. M.: Fischer, 2000. S. 273–284, hier S. 283–284. Vgl. dazu auch Gillian Beer: *Darwin's Plots. Evolutionary Narrative in Darwin, George Eliot and Nineteenth-Century Fiction*. Cambridge: Cambridge UP, 2000. S. 8–9; und John Durant: Darwinism and Divinity. A Century of Debate. In: *Darwinism and Divinity. Essays on Evolution and Religious Belief*. Hrsg. von John Durant. London: Blackwell, 1985. S. 9. Roberts: Religious Reactions to Darwin, S. 80, zeigt, dass die Evolutionstheorie 1920 zur meistdiskutierten naturwissenschaftlichen Hypothese seit Galileos *Dialogo* aufgestiegen war.

3 Vgl. Durant: Darwinism and Divinity, S. 10. Kuhns Konzeption wissenschaftlicher Revolutionen wird dargelegt in Thomas S. Kuhn: *Die Struktur wissenschaftlicher Revolutionen*. Frankfurt a. M.: Suhrkamp, 1990. Huxley prägte den Begriff „Darwinismus" in seiner Rezension von *Origin of Species* im *Westminster Review* 17 (1860), S. 541–570.

4 „Szientismus" verstehe ich hier im Sinne von Habermas als „den Glauben der Wissenschaft an sich selbst, nämlich die Überzeugung, dass wir Wissenschaft nicht länger als *eine* Form möglicher Erkenntnis verstehen können, sondern Erkenntnis mit Wissenschaft identifizieren müssen." Jürgen Habermas: Die Krise der Erkenntniskritik. In: ders.: *Erkenntnis und Interesse*. Frankfurt a. M.: Suhrkamp, 1969. S. 11–87, hier S. 13. Herv. im Orig.

höchst kontrovers. Dabei lassen sich drei Positionen umreißen, zwei extreme sowie eine moderate. Die extremen Positionen bilden dabei die (unvereinbaren) Pole einer „Konfliktthese" (im Englischen *conflict thesis*).[5]

Auf der einen Seite steht der die Auswirkungen der Evolutionstheorie auf der Basis des Schöpfungsmythos der Genesis betrachtende, wenn auch durchaus nicht homogene Kreationismus als deutlichstes Beispiel.[6] Als Fahnenträger der szientistischen Position, wonach Darwin als Sargnagel für jedwede metaphysisch gedachten Ursprünge von Welt und Leben und somit als Heilsbringer des Atheismus zu gelten hat, mag hier der Verweis auf den Evolutionsbiologen Richard Dawkins genügen. Bereits in seinem 1976 erschienenen Bestseller *Das egoistische Gen* (*The Selfish Gene*) konstatierte dieser, dass mit der Veröffentlichung der *Origin of Species* jedweder Rückgriff auf den „Aberglauben" zur Beantwortung der dringendsten Fragen menschlichen Lebens (sprich: jene nach dessen Ursprung und Sinn) obsolet geworden seien.[7] Den vorläufigen Höhepunkt seines Kreuzzugs gegen alle Religion erreichte Dawkins 2006 mit der Veröffentlichung seiner polemischen Schrift *Der Gotteswahn* (*The God Delusion*). Interessanterweise identifizierte John Durant bereits 1985 derlei einseitige Positionen als „akademischen Parochialismus", der dadurch entstehe, dass die Vertreter solcher Meinungen entweder „unfähig" oder „nicht willens" seien, die Argumente der jeweils anderen Seite zu assimilieren.[8] Als einer der Hauptvertreter einer moderaten Sichtweise sei hier stellvertretend Robert J. Asher genannt, der in seinem 2012 veröffentlichten Buch *Evolution and Belief* einen Vermittlungsversuch gestartet hat.[9]

---

5 Vgl. etwa Geoffrey Cantor: What Shall We Do with the ‚Conflict Thesis'? In: *Science and Religion. New Historical Perspectives*. Hrsg. von Thomas Dixon, Geoffrey Cantor und Stephen Pumfrey. Cambridge: Cambridge UP, 2010. S. 283–298. Der Begriff bezeichnet den Konflikt zwischen Wissenschaft und Religion allgemein, wird hier also exemplarisch auf jenen zwischen Evolutionstheorie und Religion angewendet.

6 Einen Überblick über die Entstehung moderner kreationistischer Theorie(n) verschafft Eileen Barker: Let There Be Light. Scientific Creationism in the Twentieth Century. In: *Darwinism and Divinity. Essays on Evolution and Religious Belief*. Hrsg. von John Durant. London: Blackwell, 1985. S. 181–204.

7 Richard Dawkins: *Das egoistische Gen*. Berlin: Springer, 1978. S. 1.

8 John Durant: Introduction. In: In: *Darwinism and Divinity. Essays on Evolution and Religious Belief*. Hrsg. von John Durant. London: Blackwell, 1985. S. 1–7, hier S. 4–5.

9 Asher argumentiert, dass sowohl agnostische (Stephen Jay Gould) als auch sich selbst als religiös bezeichnende (Francis Collins) Evolutionsbiologen nicht zwingend einen Konflikt zwischen einer religiös motivierten Weltsicht und einer „materialistisch orientierten modernen Naturwissenschaft" sähen. Er selbst prägt letzteren Begriff, um die extremen Pole unter Zuhilfenahme der Unterscheidung zwischen „Handlung" (*agency*, bezogen auf die Wissenschaftler als solche) und „(natürlicher) Wirkung" (*cause* oder *natural causation*) zu vereinen. Vgl. Robert J. Asher:

3 Darwin und die Religion

Ebenso umstritten wie die Vereinbarkeit von Evolutionstheorie und Religion bleiben Darwins eigene religiöse Ansichten. Oft wird vergessen, dass Darwin anglikanischer Geistlicher werden sollte und sein Studium in Cambridge 1828 mit eben jenem Berufsziel antrat – ein Umstand, der Darwin selbst später eine leicht spöttische Notiz wert war: „Wenn ich daran denke, wie heftig ich von den Orthodoxen angegriffen worden bin, so erscheint es mir spaßig, daß ich einmal beabsichtigt habe, Geistlicher zu werden."[10] Kurz zuvor umreißt er seine jugendlich-naive Annahme wörtlicher Bibelexegese mit folgenden Worten:

> Auch fiel es mir nicht im geringsten auf, wie unlogisch es ist zu sagen, ich glaube an etwas, was ich nicht erfassen kann und was sich faktisch [überhaupt, P. M.] nicht begreifen läßt. Ich könnte völlig wahrheitsgemäß sagen, daß ich nie den Wunsch verspürt habe, dieses oder jenes [religiöse, P. M.] Dogma anzufechten, aber nie war ich ein solcher Dummkopf, der ‚*Credo quia incredibile*' fühlte und sprach.[11]

Zeitlebens ging es Darwin nicht um religiöse Haarspaltereien. Institutionalisierte Religion(en), spezifische Glaubensrichtungen oder -inhalte innerhalb der anglikanischen und katholischen Kirche mitsamt deren (metaphysischen) Dogmen interessierten ihn nicht. Vielmehr zeugen viele Passagen in seinem Werk von einer tiefgreifenden Auseinandersetzung mit dem seit der aufklärerischen Deismusdebatte in der anglikanischen Kirche äußerst bedeutsamen Konzept einer ‚natürlichen Religion', die sich auf der Vernunft entlehnte Maßgaben berief.[12]

Evolution and Belief. Confessions of a Religious Paleontologist. Cambridge: Cambridge UP, 2012. S. 2 und 5. In einem vielbeachteten Essay vertritt Francis Watson die These, dass Darwin Heilige Schrift und Naturwissenschaft vom Joch des jeweils anderen „befreit" habe. Vgl. Francis Watson: Genesis before Darwin. In: *Reading Genesis after Darwin*. Hrsg. von Stephen C. Barton und David Wilkinson. Oxford: Oxford UP, 2009. S. 23–37, hier S. 35–36.

10 Charles Darwin: *Autobiographie*. Hrsg. von S. L. Sobol. Leipzig: Urania Verlag, 1959. S. 57. Vgl. dazu auch John Hedley Brooke: Darwin and Victorian Christianity. In: *The Cambridge Companion to Darwin*. Hrsg. von Jonathan Hodge und Gregory Radick. Cambridge: Cambridge UP, 2003. S. 192–213, bes. S. 192.

11 Darwin: *Autobiographie*, S. 57. Herv. im Orig.

12 Vgl. John Hedley Brooke: The Relations between Darwin's Science and his Religion. In: *Darwinism and Divinity. Essays on Evolution and Religious Belief*. Hrsg. von John Durant. London: Blackwell, 1985. S. 40–75, hier S. 42.

Viel wurde geschrieben über die Implikationen von Darwins Schriften für die verschiedenen Ausformungen des *argument from design*,[13] seine Stellung zu William Paleys 1802 erschienener Schrift *Natural Theology*,[14] oder die stilistische Nähe vieler Passagen in der *Origin of Species* zu biblischer Rhetorik.[15] Dabei tritt in jüngster Zeit immer deutlicher hervor, dass es zwischen Darwin als privater und öffentlicher Person zu unterscheiden gilt. Wie vielen Naturwissenschaftlern oder aber religionskritischen Philosophen vor ihm waren ihm die Gefahren, öffentlich gegen fundamentale religiöse Grundsätze einzutreten, bewusst. Zwar musste er im fortschrittsgläubigen Viktorianischen Zeitalter nicht mehr fürchten, das Schicksal eines Galileo zu erleiden. Wie jedoch schon die gemischten Reaktionen aus dem In- und Ausland im Nachgang zur Veröffentlichung von *On the Origin of Species* zeigten,[16] war Vorsicht durchaus noch angebracht. Darwin selbst bezeichnete seine religiösen Ansichten als zutiefst persönliche Angelegenheit,[17] und so werden die religiösen Elemente in den veröffentlichten Schriften vermehrt von den privaten Erlebnissen und Äußerungen Darwins getrennt betrachtet. Zudem muss gerade bei Darwin die Möglichkeit der Meinungsverschiebung in Betracht gezogen werden: Die Ansichten des noch nicht einmal volljährigen Studenten der Cambridger Jahre hatten mit jenen des gerade von der Reise der HMS Beagle zurückgekehrten Mittzwanzigers im Jahre 1836 oder des gestandenen Wissenschaftlers von Weltruf der 1860er und 1870er Jahre sicher nicht mehr viel gemein.

Laut eigener Aussage war Darwin nie Atheist in dem Sinne, dass er die Existenz Gottes abgestritten hätte.[18] Tatsächlich bieten seine Schriften zahlreiche Deutungsmöglichkeiten, und nicht selten werden diese auch von den persönlichen Ansichten der Interpreten beeinflusst. So wehrt sich Dawkins etwa wenig überraschend vehement gegen jede religiöse Lesart der *Origin of Species*. Andere wiederum sehen, nicht zuletzt aufgrund der berühmten Schlusspassage, in der poetisch anmutenden Metaphorik Darwins einen klaren Verweis auf eine

---

13 Vgl. etwa Brooke: Darwin and Victorian Christianity, S. 194; oder ders.: The Relations between Darwin's Science and his Religion, S. 45–47.

14 Vgl. Brooke: Darwin and Victorian Christianity, S. 197–198; oder ders.: The Relations between Darwin's Science and his Religion, S. 50–53.

15 Vgl. exemplarisch John Hedley Brooke: Genesis and the Scientists. In: *Reading Genesis after Darwin*. Hrsg. von Stephen C. Barton und David Wilkinson. Oxford: Oxford UP, 2009. S. 94–109, bes. S. 99.

16 Roberts: Religious Reactions to Darwin verschafft einen nützlichen Überblick.

17 Vgl. Brooke: Relations between Darwin's Science and his Religion, S. 40.

18 Ebd., S. 42.

metaphysische Instanz.[19] Und während Asher die paradoxe Tatsache betont, dass ein Buch, welches sich der Entstehung der Arten widmet, diese Ursprünge gar nicht thematisiert,[20] hat Mary Midgley auf eine Entwicklung hingewiesen, wonach die Evolutionstheorie als „Schöpfungsmythos unserer Zeit“ bezeichnet werden kann. Des Weiteren stellt sie fest, dass „eine überraschende Zahl jener Elemente, die lange Zeit der traditionellen Religion zugesprochen wurden, sich heute unter dem Banner der Wissenschaft, insbesondere unter dem Begriff der Evolution, neu gruppiert haben.“[21] Doch wo steht Darwin selbst? Es darf mit John Hedley Brooke angenommen werden, dass Darwin gegen Ende seines Lebens eine bestimmte, ‚milde‘ Form des Agnostizismus vertrat, die nicht nur durch seine wissenschaftlichen Studien, sondern auch durch persönliche Erlebnisse, Krisen und Traumata geprägt wurde.[22]

4 Harry Thompsons This Thing of Darkness: eine generische Einordnung

Darwins religiöses Leben bis zu seiner Hinwendung zum Agnostizismus wurde als „Odyssee“[23] bezeichnet, und Harry Thompsons historischer Roman *This Thing of Darkness* kann als fiktionale Nacherzählung dieser „Odyssee“ gelten.[24] Dabei ist der eigentliche Protagonist des Romans nicht Darwin selbst, sondern Robert FitzRoy, Kapitän der HMS Beagle, jenes Schiffes, auf welchem Darwin die Reise nach Feuerland antrat, die ihm die Grundlagenforschung für seine Theorien ermöglichte. Zugleich wird die Geschichte des gesellschaftlichen Aufstiegs Darwins und des gleichzeitigen Abstiegs FitzRoys erzählt. Thompson beruft sich in einem Post-

19 Vgl. dazu Robert J. Richards: Darwin on Mind, Morals and Emotions. In: *The Cambridge Companion to Darwin*. Hrsg. von Jonathan Hodge und Gregory Radick. Cambridge: Cambridge UP, 2003. S. 92–115, bes. S. 100–101. Der letzte Absatz wird weiter unten in Kapitel 7 zitiert.

20 Asher: *Evolution and Belief*, S. 5.

21 Mary Midgley: The Religion of Evolution. In: *Darwinism and Divinity. Essays on Evolution and Religious Belief*. Hrsg. von John Durant. London: Blackwell, 1985. S. 154–180, hier S. 154 (Übersetzung Patrick Müller). Eine genaue Untersuchung der Rhetorik etwa von Dawkins würde sicher zu ähnlichen Schlussfolgerungen führen.

22 Brooke: Darwin and Victorian Christianity, S. 199–200.

23 Ebd., S. 199.

24 Harry Thompson: *This Thing of Darkness*. London: Headline, 2006. Im Folgenden werden Zitate aus Thompsons Roman (Übersetzungen Patrick Müller) direkt – sowohl im Haupttext als auch in den Fußnoten – in Klammern hinter der entsprechenden Stelle angeführt. Die Angaben beziehen sich auf diese Ausgabe.

skript sowie in einer umfangreichen Bibliographie auf zahlreiche von ihm konsultierte Dokumente und Sekundärtexte, derer er sich bei der Rekonstruktion der geschilderten Ereignisse bediente. Im Anschluss an diese Beobachtung sei zunächst die banale Feststellung gestattet, dass es in historischen Romanen nicht darum gehen kann, historische Ereignisse ‚wahrheitsgemäß' wiederzugeben. Vielmehr manifestiert sich im Historienroman, „dass der Mensch und die Gesellschaft sich als Teil eines Prozesses entwickeln, der die Gegenwart sowohl beinhaltet als auch umschließt."[25] Von besonderer Bedeutung ist hier eine Neuorientierung des neuzeitlichen Geschichtsverständnisses:

> Dem neuzeitlichen Geschichtsbegriff liegt der Übergang vom heilsgeschichtlichen zum weltgeschichtlichen Denken zugrunde. Das bedeutet: Nicht Gott, sondern die Menschen handeln, ihre Handlungsziele ändern sich (im Gegensatz zum göttlichen Schöpfungsplan), Geschehenes kann von Nachfolgendem überholt werden, und Ursachen wie Gründe aller Vorfälle liegen im Diesseits.[26]

Dieser Unterschied lässt sich auch auf den Übergang zwischen religiös motivierten und naturwissenschaftlichen Weltbildern anwenden. Dieser findet wiederum seinen Niederschlag in narrativen Modellen:[27] Ein sich auf metaphysische Instanzen berufendes Weltbild äußert sich häufig in klar geordneten, auf göttlicher Vorsehung beruhenden Erzählstrukturen. Tatsächlich finden sich in der Literatur gerade des achtzehnten Jahrhunderts zahllose Beispiele für ein solches, sich des *argument from design* bedienendes, heilsgeschichtlich motiviertes Geschichtsverständnis.[28] Derlei sich in einem geordneten Universum abspielende Erzählungen laufen demnach teleologisch (und zumindest metaphorisch) auf Erlösung im Jenseits hinaus.[29]

In dem von den modernen Naturwissenschaften propagierten Universum ist hingegen jedwedem heilsgeschichtlich motivierten, linearen Geschichtsverständnis die Grundlage entzogen. Diese verschiedenen Lesarten des Universums haben ihre Entsprechung in historiographischen Erzählmodellen:

---

25 Andrew Sanders: *The Victorian Historical Novel, 1840–1880*. London: Macmillan, 1978. S. 11 (Übersetzung Patrick Müller).

26 Hugo Aust: *Der historische Roman*. Stuttgart: Metzler, 1994. S. 7.

27 Vgl. dazu George Levine: *Darwin and the Novelists. Patterns of Science in Victorian Fiction*. Cambridge, MA: Harvard UP, 1988. S. 19–20.

28 Vgl. hierzu exemplarisch Martin C. Battestin: *The Providence of Wit. Aspects of Form in Augustan Literature*. Charlottesville: University Press of Virginia, 1989.

29 Zum Verhältnis von Teleologie und „Plot" (oder den Handlungsablauf) vgl. Levine: *Darwin and the Novelists*, S. 18–19.

> Es ist klar, dass die lineare Chronologie der Biographie und Geschichte eng mit der Newton'schen Sicht des Universums verbunden ist, während die nicht-lineare Chronologie modernistischer Fiktion eher mit dem neuen Universum von Einstein oder Heisenberg im Einklang steht.[30]

Gerade der historische Roman der bewusst subversiv agierenden Postmoderne widmet sich als „historiographische Metafiktion“[31] derlei Fragestellungen. Ähnlich wie eine häufig als „entmystifizierend“[32] verstandene Naturwissenschaft anhand empirischer Forschung der Heils- und Schöpfungsgeschichte allmählich die Grundlagen für eine teleologische Weltsicht entzieht, so stellt historiographische Metafiktion auf der Grundlage alternativer Geschichtsmodelle die teleologische Tendenz positivistischer Geschichtsschreibung infrage. Gerade die den rationalistischen Idealen der Aufklärung entspringenden Annahmen stehen dabei ebenso im Fokus der Kritik wie der Hegel'sche Geschichtsbegriff, der von einem kontinuierlichen Prozess des Fortschritts ausgeht, in dem die Vergangenheit als etwas erscheint, das „überkommen“ werden muss, während die Zukunft endlose Progression verspricht.[33]

Thompsons Roman bedient sich vordergründig traditioneller Erzählmuster. Die Handlung schreitet strikt chronologisch voran, es gibt keine den Erzählfluss unterbrechenden Einschübe oder gar selbstreflexiven Exkurse. Thompson widmet sich ganz den Geschehnissen von der Übernahme der HMS Beagle durch FitzRoy in Südamerika im Jahr 1828 bis zu seinem Tode im April 1865. Erst ein Blick auf den von Thompson geschlagenen Bogen, der sich vom Vorwort bis zum Zerreißen ins letzte Kapitel des Romans spannt, verdeutlicht die experimentelle Seite des Romans. Im Vorwort nimmt sich FitzRoys Vorgänger als Kapitän der Beagle, Pringle Stokes, das Leben; im letzten Kapitel des Romans richtet auch FitzRoy sich selbst. Das aus Stokes' Logbuch entnommene, von FitzRoy für seinen Vorgesetzten Phillip Parker King identifizierte Zitat von James Thomson, „die

30 M. Keith Booker: Cultural Crisis Then and Now. Science, Literature, and Religion in John Banville's „Doctor Copernicus“ and „Kepler“. In: *Critique* 39 (1998). S. 176–192, hier S. 185 (Übersetzung Patrick Müller).

31 Vgl. z. B. Ansgar Nünning: *Von historischer Fiktion zu historiographischer Metafiktion.* Trier: Wissenschaftlicher Verlag, 1995.

32 Durant: Darwinism and Divinity, S. 9, identifiziert eine solche Sicht als ein in der Forschungslandschaft weitverbreitetes Missverständnis.

33 Vgl. dazu Susana Onega: Introduction. „A Knack for Yarns“: The Narrativization of History and the End of History. In: *Telling Histories. Narrativizing History, Historicizing Literature.* Hrsg. von Susana Onega. Atlanta: Editions Rodopi, 1995. S. 7–18, hier S. 10.

Seele eines Mannes stirbt in ihm",[34] umreißt die metaphysische Dimension des Romans und führt gleichsam eine der zentralen Fragen ein, die Darwin und FitzRoy im Verlaufe ihrer Diskussionen umtreiben wird (15). Somit handelt es sich bei *This Thing of Darkness* um einen Roman, der unter Rückgriff auf die Entstehung der Evolutionstheorie die Möglichkeit eines heilsgeschichtlich motivierten Erzählmodells reflektiert. Der im Titel enthaltene intertextuelle Verweis auf Shakespeares *Sturm*[35] deutet eine weitere Dimension des Textes an: jene des (Post-)Kolonialismus. *The Tempest* ist bekanntlich jenes Stück Shakespeares, das traditionell von postkolonialer Theorie in Beschlag genommen wurde;[36] *This Thing of Darkness* stellt die Frage nach den Implikationen britischer Kolonialpolitik und anglikanischer Missionierung vor dem Hintergrund der sozialen und ethischen Implikationen der Darwin'schen Theorie (und Darwins eigenen Ansichten dazu).

5 Die Eckdaten des ideologischen Konflikts

Darwin selbst betritt die Bühne erst im zweiten Teil des Romans. Der erste Teil endet mit der vorläufigen Rückkehr FitzRoys nach England im Oktober 1830 und fungiert in vielerlei Hinsicht als Einleitung, die den Leser auf die später im Text verhandelten Fragen vorbereitet. Früh wird auf den für FitzRoy zunächst unstrittigen Zusammenhang zwischen wissenschaftlichen Studien und religiöser Weltsicht hingewiesen: Die für seine hydrographischen Erhebungen nötigen Instrumente hängen, „religiösen Artefakten" gleich, in der Kabine des Kapitäns und erscheinen als „wissenschaftliche Ikonen", ohne deren Hilfe es nicht möglich wäre, die Welt „im Namen Gottes und König Georgs zu zähmen und unterwerfen" (23). Die ersten Zweifel entstehen, ganz im Sinne des Shakespeare-Intertexts, in der Aufarbeitung eines plötzlich aufziehenden verheerenden Sturms. FitzRoy, überzeugt davon, dass ein „guter Kapitän" in der Lage sein müsse, „Wissenschaft und Natur in seinen Erwägungen zu verheiraten" (32), fällt diesem mitsamt seiner

---

34 James Thomson: Winter. In: ders.: *The Seasons* [1909]. Hrsg. von Henry D. Roberts. London: Routledge and Sons, New York: E. P. Dutton, 1939. S. 133–169, hier S. 136 (Vers 61; Übersetzung Patrick Müller).

35 Prospero über Caliban: „This thing of darkness I / Acknowledge mine". William Shakespeare: *The Tempest*. Hrsg. von Anne Barton. London: Penguin, 1996. S. 135 (V, i, 275–276).

36 Vgl. Octave Mannoni: *Prospero and Caliban: The Psychology of Colonization*. Mit einem neuen Vorwort von Maurice Bloch. Ann Arbor: University of Michigan Press, 1990. Die Erstausgabe (in französischer Sprache) erschien bereits 1950.

Crew beinahe zum Opfer. Dieses einschneidende Erlebnis erweckt zunächst den Forschergeist FitzRoys:

> Wenn Gott diese Welt mit einer bestimmten Absicht erschaffen hat, hätte er wohl die Winde und Strömungen dem Zufall überlassen? Was, wenn das Wetter nichts anderes als eine von Gott erschaffene, gigantische Maschine ist? Was, wenn die gesamte Schöpfung geordnet und berechenbar ist? Was, wenn wir untersuchen könnten, wie seine Maschine funktioniert und jeden ihrer Schritte voraussagen könnten? [...] Was, wenn die Elemente durch die Naturphilosophie [*natural philosophy* als synonymer Begriff für die Wissenschaften, P. M.] gezähmt werden könnten? (45)

Die von FitzRoy angedeutete Uhrmacher-Analogie[37] wird, als Teil einer teleologischen Weltsicht, in dieser Passage mit einem kühnen Fortschrittsglauben gepaart. Paley hatte in seiner *Natural Theology*, in der sich die für das neunzehnte Jahrhundert (und somit auch Darwin) maßgebliche Formulierung der Analogie findet, darauf bestanden, dass die Natur weit komplizierter konstruiert sei als jedes menschliche Artefakt, „und zwar in einem Maße, das alle Berechnung übersteigt."[38]

Der Konflikt zwischen FitzRoys Fortschrittsglauben und seinen religiösen Überzeugungen zieht sich, den Ausschlägen einer Waage gleich, durch den kompletten ersten Teil des Romans. Dabei wird der Versuch, vermittels der von ihm professionell betriebenen Meteorologie ‚Welterklärung' zu betreiben, immer mehr durch seine religiösen Motivationen überlagert. Der durch den Verweis auf Paleys *argument from design* eingeführte Schöpfungsmythos wird durch ständige, offensichtliche oder versteckte, Verweise auf den Schöpfungsmythos der Genesis (vgl. etwa 63) ebenso leitmotivisch durch den Text geführt wie das auch von Paley aufgegriffene Theodizeeproblem. Ethische Fragen stellen sich insbesondere bezüglich des Umgangs mit den südamerikanischen Feuerländern (Fuegians) durch die britischen Eindringlinge. Ein innerer Monolog FitzRoys kennzeichnet dessen Gewissenskonflikt: „*Ich muss das vor Gott Richtige tun. Er hat mich hierher gebracht, um seinen Willen durchzusetzen. Ich bin nicht aus ihm, aber er hat mich erschaffen. Es ist meine Pflicht, Gerechtigkeit zu schaffen. Zwischen richtig und falsch zu entscheiden*" (86, Herv. im Orig.). In diesem in der Form eines Katechismus gehaltenen Monolog klingen die Symptome eines Zusammenbruchs

---

37 Die Analogie wird von Biologen bis heute diskutiert und abgelehnt. Vgl. z. B. Richard Dawkins: *The Blind Watchmaker. Why the Evidence of Evolution Reveals a Universe Without Design*. New York: W. W. Norton and Company, 1986. S. 43–76. Darwin selbst bezeichnet die logische Stringenz der Analogie im ersten Gespräch mit FitzRoy als „unwiderstehlich" (167).

38 William Paley: *Natural Theology* [1802]. New York: American Tract Society, 1881. S. 20 (Übersetzung Patrick Müller).

an, der nicht zuletzt FitzRoys religiös motiviertem Selbstanspruch, vor Gott stets das Richtige zu tun, zuzuschreiben ist. Dieser Zusammenbruch kann seinem missionarischen Eifer jedoch zunächst nichts anhaben, und so erscheint FitzRoy von der Idee beseelt, die vier auf der HMS Beagle gefangengehaltenen Feuerländer würden, einmal in England im protestantischen Glauben unterwiesen, bei ihrer Rückkehr in die Heimat zu christlichen Botschaftern:

> Das nächste Forschungsschiff, das die vier Indianer zurückbringen würde, wäre wie ein Pfeil in das Herz dieser wilden Nation, ein in das Elixier christlicher Zivilisation getauchter Pfeil, der sich in der Blutbahn des Landes ausbreitete, bis das komplette Feuerland vom Wort Gottes durchflutet wäre. (111)

Kurz vor der Rückkehr nach England erreichen FitzRoys religiöse Gewissensbisse ihren Höhepunkt. Um seinen Gefangenen die Vorteile medizinischen Fortschritts (eine Pockenimpfung) schmackhaft zu machen, gibt er diesen sein Wort, dass „die Medizin des weißen Mannes sie zukünftig vor Krankheiten schützen würde" (126). Daraufhin wird ihm bewusst, dass er die Folgen dieses wissenschaftlich motivierten Eingriffs in den natürlichen Gang der Dinge entgegen seines Versprechens nicht vorhersehen oder beeinflussen kann. Durch die anschließende Lektüre des *locus classicus* christlicher Theodizee, des Buchs Hiob, fühlt er, dass das Leben letztendlich nichts anderes sei als

> ein Kampf, einen unerbittlichen alttestamentlichen Gott zu besänftigen; einen Gott, der den Großteil der Weltpopulation in einem Augenblick mit einer mächtigen Flut auslöschen oder einem schutzlosen Manne, wie gut oder mächtig dieser auch sein mochte, das Leben nehmen konnte, ganz wie es ihm beliebte. (126–127)

Nach England zurückgekehrt, zeigt sich FitzRoy die volle Tragweite seines Handelns in zweierlei Hinsicht. Zum einen werden die von ihm nach England entführten Feuerländer anhand neuartiger phrenologischer Studien als minderwertige Rasse eingestuft: „Wilde", berichtet der behandelnde Kraniologe, „unterscheiden sich grundlegend von zivilisierten Menschen, sowohl in ihrer äußeren Erscheinung als auch in ihrem Geist. Sie sind des Fortschritts unfähig". Den von FitzRoy vorgebrachten Einwand, vor Gott seien alle Menschen gleich, wischt der Wissenschaftler vom Tisch: Zwar beweise die Tatsache, dass alle Menschen mit dem „Organ der Veneration" ausgestattet seien, direkt die Existenz Gottes[39] –, „aber

39 Für eine Definition des „organ of veneration" als „Quelle der natürlichen Religion" aus George Combes *System of Phrenology* (Erstausgabe 1819 als *Essays of Phrenology*) vgl. die Website von John van Wyhe: *The History of Phrenology on the Web*. http://www.historyofphrenology.org.uk/system/veneration.htm. Hier eine Wiedergabe der Ausgabe von 1853 (14. April 2015).

wenn alle Menschen gleich wären, dann wären auch ihre Schädel gleichförmig gestaltet“ (140). Wissenschaftlicher Fortschritt wird hier nicht nur zum Instrument von Rassenpolitik; gleichzeitig zeigt sich die Wechselwirkung von Religion und Forschung. Was sich nicht mit den ethischen Grundsätzen des Christentums vereinbaren lässt, wird passend gemacht. Der zweite Schlag für FitzRoy folgt mit dem Tod des infolge der Impfung an Pocken erkrankten Boat Memory, und mit dieser endgültigen Erschütterung des von FitzRoy eingangs beschworenen, von göttlicher Vorsehung gelenkten und durch wissenschaftliche Forschung kontrollierbaren Weltbilds endet der einführende Teil des Romans.

6 Die Fahrt der Beagle: FitzRoy kontra Darwin

Darwin wird als orientierungsloser 22-jähriger Student eingeführt, der eher geologischen als den eigentlich zu betreibenden theologischen Studien zugeneigt ist und der nunmehr seinen Vater davon überzeugen muss, einer neuerlichen Expedition der HMS Beagle als Naturkundler beiwohnen zu dürfen. Nachdem dieses Hindernis genommen ist, läutet bereits das erste Treffen mit FitzRoy die kommenden, meist in langen Dialogen entwickelten Kontroversen ein. Das von den beiden betriebene *Namedropping* führt im Zusammenhang mit der Entstehung der Evolutionstheorie häufig genannte Paten (William Smith, Erasmus Darwin, Charles Lyell) und Antipoden (Adam Sedgwick) ein und weist die zukünftigen Kontrahenten als intellektuell auf einer Stufe stehende Naturforscher aus, wobei FitzRoys größere Lebenserfahrung eine profundere Einsicht in das im Gespräch anklingende Konfrontationspotential andeutet. Der von diesem ersten, freundschaftlich endenden Treffen ausgehende, fortschreitende Konflikt wird im Anschluss linear, jedoch mit den Ausschlägen eines Kardiogramms versehen, entwickelt. Während der Reise diskutieren die beiden nicht nur die geologischen Funde und Beobachtungen Darwins, sondern auch deren Implikationen für die wörtliche Auslegung der Schöpfungsgeschichte der Genesis, und dabei insbesondere die Frage, ob es Beweise für die biblische Flut geben kann. Zudem steht die christliche Mission im Vordergrund: Welche Schlussfolgerungen lassen sich aus Darwins Theorie etwa bezüglich der angeblichen Überlegenheit der weißen Rasse und ihrer Zivilisation ziehen?

Die ersten Anzeichen einer nachhaltigen Erschütterung von Darwins zunächst noch christlich geprägtem Weltbild zeigen sich während einer der ersten Exkursionen in den brasilianischen Urwald. Seine empirischen Studien rufen in Darwin ambivalente Gefühle hervor:

> Er fühlte sich hin- und hergerissen zwischen einer erhabenen Ergebenheit an jenen Gott, der solch fabelhafte Schönheit erschaffen konnte, und Ehrfurcht angesichts der Grausamkeit dessen, der eine solche Welt, gegründet auf einem unbarmherzigen Kampf ums Überleben, erschaffen konnte. (251)

In diesem Kontext führt Thompson die Vorboten der zum geflügelten Wort gewordenen Formulierung ‚survival of the fittest' ein, geprägt von Herbert Spencer[40] und von Darwin schließlich in der fünften Ausgabe der *Origin of Species* als synonyme Formulierung für ‚natürliche Selektion' übernommen.[41] Immer deutlicher zeigt sich, dass die Religion gerade in den Tod betreffenden Sinnfragen keine Antworten zu bieten hat: Nachdem eine Malariainfektion einige Crewmitglieder das Leben gekostet hat, wird FitzRoy mit der Frage konfrontiert, warum Gott einen der Verstorbenen zu sich genommen habe. Obwohl er die gewünschte Antwort liefert („Vielleicht liebte er Mr Musters so sehr, dass er ihn sich zu seiner rechten Hand wünschte"), gesteht er vor sich selbst ein, dass er keine befriedigende Antwort zu geben imstande ist (269–270) – göttliche Liebe und kreatürliches Leid lassen sich nicht vereinbaren. So rückt auch die Theodizee immer weiter ins Zentrum des Romans, eine Dimension, die dem Roman von Thompson nicht zufällig eingeschrieben wurde. Eines der Bücher, die Darwin während der Expedition immer bei sich trug, war eine Ausgabe der poetischen Schriften John Miltons.[42] Miltons *Paradise Lost* widmet sich, ausgehend vom Sündenfall, in eindringlicher und ausführlicher Form der Theodizeefrage und kommt nicht zuletzt zu dem Schluss, dass das Erlangen von Wissen, von Einsicht in die Natur der Dinge, ein schmerzvoller, althergebrachte Meinungen erschütternder Prozess ist.[43]

Bald überschatten die ersten Missklänge Darwins Gespräche mit FitzRoy. Während Letzterer vehement die Beobachtungen Darwins mit der biblischen Flut in Einklang zu bringen versucht,[44] verweist dieser auf die inneren Widersprüche in der Heiligen Schrift, wenn er auch konstatiert, dass anhand einer „figurativen"

---

40 Herbert Spencer: *The Principles of Biology*. Bd. 1. London: Williams and Norgate, 1864. S. 444.

41 Charles Darwin: *On the Origin of Species by Means of Natural Selection*. London: John Murray, 1869. S. 91–92.

42 Vgl. Beer: *Darwin's Plots*, S. 5 und 30–32.

43 Vgl. Simone Broders: „A True Poet, and of the Devil's Party". Theodicy and Paradox in John Milton's „Paradise Lost". In: *But Vindicate the Ways of God to Man. Literature and Theodicy*. Hrsg. von Rudolf Freiburg und Susanne Gruss. Tübingen: Stauffenburg, 2004. S. 73–84, hier S. 84.

44 Er verfasste später eine Abhandlung über die Flut im Zusammenhang mit Darwins Forschungen in seinem *Narrative of the Surveying Voyages of His Majesty's Ships ‚Adventure' and ‚Beagle' between the years 1826 and 1836*. Vgl. Appendix Two. Robert FitzRoy's ‚Remarks with Reference to the Deluge'. In: *Voyage of the ‚Beagle?. Charles Darwin's Journal of Researches*. Hrsg. von Janet Browne und Michael Neve. Harmondsworth: Penguin, 1989. S. 400–424.

statt wörtlichen Auslegung (nämlich dessen, dass die Welt in sieben Tagen erschaffen wurde) die Ergebnisse seiner Forschung mit der Genesis durchaus übereinstimmen könnten. Die die Debatte durchziehenden Anspielungen auf Volksmärchen und Mythen (etwa die von Hobbes für seine Gesellschaftsvertragstheorie bemühten Leviathan und Behemoth)[45] deuten dabei immer wieder den hypothetischen und letztlich gar fiktiven Charakter nicht nur des biblischen, sondern auch des Welterklärungsmodells von Darwin an (278–281), eine Sichtweise, die gerade in der literaturwissenschaftlichen Forschung seit den 1980er Jahren immer deutlicher herausgearbeitet wird.[46] In den Disputen zwischen FitzRoy und Darwin rückt somit die Frage in den Vordergrund, wer von beiden die kohärenteren Fiktionen bezüglich der dringlichen Fragen nach Ursprung und Sinn des Lebens (und des Todes) bereithält.

Im Laufe der Expedition zeigt sich immer deutlicher, dass die Ansichten Darwins und FitzRoys ideologisch nicht vereinbar sind. Während Darwin die Antwort auf FitzRoys Frage, ob er sich noch vom Heiligen Geist beseelt fühle, zunächst noch bejaht und nur mit einem zögerlichen „aber" abschwächt (281), wird die Kluft schnell und spürbar größer. Die Nachricht vom Tod einer Cousine verstärkt seine Zweifel am Wirken eines gütigen Gottes; vielmehr erscheint ihm das Ereignis als Werk einer „herzlosen oder gleichgültigen oder lieblosen Gottheit" (286). Jedoch wird Darwins ‚Odyssee' nicht als gerader Weg in den Unglauben gezeichnet, sondern es werden auch die zahlreichen Brüche thematisiert. Darwins von seinen Zweifeln mitunter ausgelöste Gewissensbisse zeigen die ganze Wucht seines seit seiner Kindheit gewachsenen Glaubens an. Während einer Tanzveranstaltung darauf angesprochen, ob er daran glaube, nach dem Tode ins Paradies zu gelangen, bejaht er die Frage zwar, fragt sich jedoch innerlich, ob Gott ihn angesichts der von ihm vorgebrachten Argumente gegen den Wahrheitsgehalt der Heiligen Schrift nicht zu ewiger Verdammnis bestimmt habe: „Sollte er nicht Buße tun,

---

45 Bis heute bedienen sich Verteidiger der Evolutionstheorie Hobbes'scher Kategorien, um eine „natürliche", naturwissenschaftlich begründete Ethik zu unterfüttern. Vgl. etwa Daniel C. Dennett: On the Origin of Morality. In: *Darwin's Dangerous Idea. Evolution and the Meanings of Life*. New York: Simon and Schuster, 1995. S. 452–510. Für ein frühes Beispiel vgl. auch den deutliche rhetorische Anleihen bei Hobbes nehmenden Auszug aus Thomas Henry Huxleys *Evolution and Ethics* (1893). In: *The Oxford Book of Essays*. Hrsg. von John Gross. Oxford: Oxford UP, 1992. S. 247–251.

46 Vgl. Beer: *Darwin's Plots*, S. 3. Levine: *Darwin and the Novelists*, S. 6 und 24, bezieht sich auf Gerald Holtons „themata"-Theorie, wonach solche „Vorurteile" die Grundlage allen angeblichen wissenschaftlichen Wissens darstellen, ohne dass sie verifiziert würden – dies rücke sie in die Nähe religiöser Dogmen. Vgl. dazu auch Midgleys These in: Religion of Evolution. Ziel der empirisch geprägten Wissenschaftstheorie in der Nachfolge Francis Bacons war es gerade, die Vorurteilsstruktur menschlichen Denkens zu durchbrechen.

bevor es zu spät war?“ (293) Diese Diskrepanz zwischen öffentlichen Glaubensbekenntnissen und innerlichem Zweifel lässt sich bei beiden Protagonisten feststellen und deutet die Tragweite des nicht nur *zwischen* ihnen, sondern auch *in* ihnen selbst ausgetragenen Konflikts an.

In den ersten Anklängen der Theorie natürlicher Selektion in Darwins Ausführungen gegenüber FitzRoy kommen die verschiedenen thematischen Stränge zusammen. Eine Diskussion über den Fortschritt menschlicher Gesellschaften nimmt Darwin zum Anlass, zum ersten Mal die These zu äußern, dass die Starken die Schwachen unvermeidlich „auslöschen“ und dass so der Sieg der „Zivilisation“ über die „niederen Rassen“ zwangsläufig bevorstehe. FitzRoy erschaudert ob solcher Thesen, die ihm als Irrweg in die Blasphemie erscheinen – ein Eindruck, den er Darwin freilich nicht mitteilt (304). Während Darwin fortan seine Forschung zum Anlass nimmt, die biblische Schöpfungsgeschichte immer aggressiver infrage zu stellen, hält FitzRoy an dieser fest. Und während FitzRoy die moralische Dimension des Christentums in den Debatten über die Missionierung der Ureinwohner Südamerikas und Neuseelands herausstellt, rechtfertigt Darwin die Auslöschung der, wie er argumentiert, dem Affen näher als dem Menschen stehenden „Wilden“ durch die „christlichen Armeen“ aus evolutionsbiologischer Sicht als logische Konsequenz der Maxime ‚survival of the fittest‘. Während eine richtig verstandene Wissenschaft laut FitzRoy versucht, das „materielle mit dem moralischen“ (471) zu verbinden, verbannt Darwin die Moral schließlich aus dieser Gleichung. Der argentinische Diktator Don Juan Manuel Ortiz de Rosas wird ihm nach einer die willkürliche Tötung zahlloser Ureinwohner rechtfertigenden Rede zum „christlichen Ritter“, der „die Verletzlichen und Unschuldigen unerschrocken verteidigt“ (366–367).

Es mag als eine der Schwächen des Romans angesehen werden, dass Thompson an einigen Stellen die nötige Distanz zu seinen Hauptfiguren fehlt, und so scheint seine Bewunderung für den zaudernden und ständig mit sich ringenden FitzRoy deutlich durch, während der aufbrausende Darwin nicht selten rechthaberisch und ideologisch verblendet wirkt. Seine These von der „Überlegenheit“ der europäischen Zivilisation wird im Text vermittels einiger Kunstgriffe untergraben. Zum einen erscheinen die von Darwin als Märchen verunglimpften poetischen Mythen gerade der ‚primitiven‘ Naturreligionen der südamerikanischen Eingeborenen im Vergleich mit seinen eigenen Vorlesungen über „die Rotation der Erdachse in Relation zum Sonnenlicht“ als adäquatere Beschreibung der Ästhetik der Schöpfung (359; vgl. auch 112). Zum anderen wird London von Thompson während des ersten Besuchs der nach England überführten Feuerländer als eine Art Vorhölle beschrieben, in der natürliche Selektion und Überlebenskampf nicht minder bedeutsam sind als im südamerikanischen Urwald.

Die beiden letzten ausführlichen Diskussionen zwischen Darwin und FitzRoy zeigen schließlich das veränderte Kräfteverhältnis zwischen den beiden Protagonisten an. Darwin hat es mit den nach England durchgesickerten Ausschnitten seiner Forschungsergebnisse zu einiger Berühmtheit gebracht, während FitzRoy immer deutlicher an den ihm übertragenen kartographischen Aufgaben scheitert. Die ideologischen Grenzen sind nunmehr klar abgesteckt: Während Darwin die wissenschaftlichen Implikationen der Bibel ablehnt, gleichzeitig aber die aggressive Kolonialpolitik „christlicher Armeen" rechtfertigt, wendet sich FitzRoy entschieden gegen die dem christlichen Schöpfungsmythos widersprechenden Aspekte von Darwins sich langsam immer deutlicher abzeichnenden Theorie und propagiert ein auf seinen christlichen Überzeugungen beruhendes Menschenbild, das die Tötung Eingeborener im Sinne der Expansion westlicher Werte und ‚Zivilisation' ablehnt. Als Darwin ihm seine Transmutationslehre vorträgt, entspinnt sich eine erregte Debatte, in deren Verlauf Darwin endgültig die wörtliche Bibelexegese *ad absurdum* führt: „Ich [...] zweifle das vom Menschen in der Heiligen Schrift niedergeschriebene Wort Gottes an" (470). Übernatürliche Phänomene werden endgültig ins Reich der Fabeln verwiesen:

> Ich kann einfach nicht mehr an die biblischen Wunder glauben. Kein Mensch, der noch recht bei Sinnen ist, kann an Wunder glauben! Je mehr ich über die unveränderlichen Gesetze der Natur erfahre, die auf dieser Erde gelten, desto unglaublicher werden mir solche Wunder.

Zwar glaubt Darwin nach eigener Aussage noch, dass Gott die Welt erschaffen hat: „[A]ber ich weiß nicht wie. Vielleicht kommt ein zufälliges Prinzip zum Tragen ..." (517) In der Schöpfung herrschen demnach nach eigenen Regeln ablaufende Naturgesetze: Paley und natürliche Religion Ade. Die folgende von FitzRoy ausgesprochene Warnung, die Transmutationsthese sei blasphemisch und tunlichst nicht öffentlich zu machen, steht für die letzten Zuckungen des von ihm verfochtenen Glaubens: „Transmutation zu verfechten [...] heißt tatsächlich, das Christentum aufzugeben – und das Christentum aufzugeben bedeutet, der Gesellschaft den Rücken zu kehren" (518). *Errare humanum est.*

7 Gesellschaftliche Transmutation und Selektion: Darwins Triumph

Widmete Thompson den beiden Expeditionen über einen Zeitraum von sieben Jahren 520 Seiten, so schreitet der Handlungsverlauf nach Heimkehr der HMS Beagle geradezu im Zeitraffer voran: 28 Jahre werden auf gut 200 Seiten verhandelt. Bereits im Jahr nach der Rückkehr kommt es zum endgültigen Bruch zwischen FitzRoy und Darwin. Der erste Besuch Darwins im Hause des ehemaligen Freundes endet im Streit: Darwin äußert die später von Freud geäußerte These, dass die Gottebenbildlichkeit des Menschen (siehe Genesis 1,27 und 5,1) lediglich „Fleisch gewordener menschlicher Egoismus" sei; der Mensch sei schlicht ein Tier. Auch in diesem Kontext rückt Darwin nicht davon ab, dass die Welt das Resultat göttlichen Schöpfungswillens ist – jedoch wischt er nun jede Grundlage für ein *argument from design* mit ausladender Geste vom Tisch:

> Die Natur ist nicht die Schöpfung eines gütigen Gottes! Die Ordnungsmäßigkeit in Gottes Universum ist ein zufälliges Nebenprodukt des auf erfolgreiche Reproduktion ausgerichteten Kampfes unter den Organismen [...]. Deine Feuerländer sind der lebende Beweis, dass die christliche Zivilisation vergänglich ist, eine bloße Fußnote der biologischen Fakten – schau doch nur, wie schnell sie wieder zu Wilden wurden! Ich sage Dir, FitzRoy, unsere christliche Gesellschaft ist nicht mehr als eine Verzweigung der Natur – ein malthusischer Kampf ums Überleben.[47] Hobbes' *bellum omnium contra omnes*. Wir reiten auf der Welle des Chaos! (532–533, Herv. im Orig.)

FitzRoys verzweifelte Verteidigung von Paleys Uhrwerk-Analogie wird nun auch explizit zurückgewiesen: „Wenn das Universum wirklich eine Maschine ist, dann beutet das Leben lediglich deren Stottern aus" (ebd.). Darwin – der das gemeinsam in Angriff genommene Projekt, die während der Expedition der HMS Beagle gemachten Beobachtungen in Buchform zu veröffentlichen (es erschien schließlich 1839 in vier Bänden), zügig vorangetrieben sehen will, um seine wissenschaftliche Reputation festigen zu können – verzweifelt zusehends an den seiner Ansicht nach überkommenen aristokratischen Werten FitzRoys. Als er diesem schließlich in der Hitze des Gefechts das Gerücht mitteilt, die nächste Forschungsreise der HMS Beagle finde unter der Ägide eines anderen Kapitäns statt, deutet sich endgültig die auf den Prinzipien Darwins beruhende Umkehr der Geschicke der Protagonisten an, und zwar im Sinne einer umfassenden gesellschaftlichen Umwälzung, die „Wissenschaftler, Industrielle, Unternehmer, Erfinder, Geschäftsleute" als die „Erben" einer aristokratischen Ordnung erscheinen lässt, die die Klasse FitzRoys – „altvorderen Ungetümen" gleich – „beiseite wischen" werde: „Deine Spezies hat das Ende ihrer natürlichen Lebensdauer erreicht" (537).

Der Rest des Romans widmet sich dem unaufhaltsamen Abstieg FitzRoys, der es durch sein Festhalten an einem aristokratisch und militärisch geprägten

---

47 Ein Verweis auf den Ökonom Thomas Robert Malthus, der in seinem *Essay on the Principle of Population* (1798) das Problem der Überbevölkerung bei gleichzeitiger Ressourcenknappheit mathematisch zu erfassen suchte.

Ehrenkodex versäumt, sich den ideologischen und gesellschaftlichen Entwicklungen anzupassen. Zudem werden die sich dadurch ergebenden Veränderungen im Weltbild der Protagonisten thematisiert. Thompson inszeniert Darwins letzten Schritt in die agnostische Blasphemie jedoch nicht als Folge seiner Forschung, sondern als persönliches Erleben. In der Öffentlichkeit vermeidet es Darwin, starke theologische Meinungen zu vertreten. Es ist schließlich erneut der Tod, der zur Feuerprobe seines Glaubens wird. Während Darwin seine eigene Krankheit noch als mögliche Strafe Gottes interpretiert (615), wird ihm der plötzliche Tod seiner Tochter Anne 1851 zum atheistischen Erweckungserlebnis:[48]

> Geht zum Teufel! [...] Unsere Tochter ist *tot*. Sie verwest im *Erdreich*. Sie sitzt nicht „zu Gottes rechter Hand im Himmel". Warum? Weil das Himmelreich nicht existiert, und zwar weil Gott nicht existiert. Er ist bloß die fleischliche Inkarnation unserer pathetischen Ängste. [...] GOTT EXISTIERT VERDAMMT NOCHMAL NICHT [GOD DOES NOT DAMNED WELL EXIST]! (633, Herv. im Orig.)

FitzRoys Erweckungserlebnis ist gegenläufig: Er beharrt auf seinem Glauben an die Existenz Gottes, vertraut jedoch nicht mehr an dessen Kraft, die Geschicke der Menschen lenken zu können. Seinem Weltbild wird buchstäblich der Boden unter den Füßen entzogen (vgl. etwa 604), seine Gedankenwelt gleicht aufgrund immer neuer Erschütterungen mehr und mehr der von Darwin metaphorisch beschworenen „Welle des Chaos", die über seine tiefsten Überzeugungen hinwegfegt. Der im Laufe des Romans immer wieder an seiner Tür anklopfende Wahnsinn bemächtigt sich langsam FitzRoys.

Die berühmte Oxforder Evolutionsdebatte am 30. Juni 1860 im Rahmen des Jahrestreffens der British Association for the Advancement of Science wird für FitzRoy zum Wendepunkt. Die im November 1859 erschienene *Origin of Species* hatte Darwin endgültig zum Helden der Wissenschaftsszene werden lassen, und im Laufe des Treffens wurden zahlreiche Argumente für und wider die Evolutionstheorie ausgetauscht. FitzRoy nimmt an der heutzutage selbst zum Mythos aufgestiegenen Debatte in der Hoffnung teil, die Transmutationslehre durch schlagende theologische Argumente entkräftet zu sehen. In Abwesenheit Darwins wird mit Spannung das Auftreten der beiden Hauptkontrahenten, des Oxforder Bischofs Samuel Wilberforce sowie des Darwinianers Thomas Henry Huxley, erwartet. Zunächst können die polemischen Spitzen von Wilberforce das Publikum in ihren Bann ziehen: „Mr Darwins Schlussfolgerungen sind reine Hypothesen, nicht mehr, und diese werden in höchst unphilosophischer Weise in den würdevollen Rang einer kausalen Theorie erhoben!" (706) Auch FitzRoy

48 Vgl. dazu auch Brooke: Darwin and Victorian Christianity, S. 200.

sieht den Triumph seines Weltbilds nahen, bis sich Wilberforce schließlich zu jener Aussage hinreißen lässt, deren wörtliche Überlieferung in der Literatur bis heute umstritten ist: „Wenn sie willens sind, Mr Huxley, ihre Herkunft auf großväterlicher Seite auf einen Affen zurückzuführen, sind sie gleichsam bereit, diese Herkunft auch großmütterlicherseits zurückzuverfolgen?"[49] FitzRoy zeigt sich geschockt: *„Er hat vergessen, sich wie ein Gentleman zu verhalten."* (706, Herv. im Orig.) Und tatsächlich kippt die Stimmung. Nach einiger Konfusion nutzt Huxley den verbalen Fauxpas seines Widersachers und kontert, er stamme lieber von einem Affen als von einem Würdenträger ab, der seine „Fähigkeiten und seinen Einfluss lediglich dafür nutzt, eine ernsthafte wissenschaftliche Diskussion der Lächerlichkeit preiszugeben." Es folgt ein Tumult, in dem FitzRoys verzweifelter Aufruf: „Ich flehe Euch alle an, an Gott anstatt an den Menschen zu glauben" (708) endgültig untergeht. Er ist zum Schweigen verdammt.

An die Stelle göttlicher Fügung tritt für FitzRoy nunmehr, da er immer häufiger gesellschaftliche Ächtung erfährt und auch beruflich trotz beachtlicher meteorologischer Forschungen weiter in Vergessenheit gerät, eine fatale Form des Sozialdarwinismus, der „blinde Marsch der Menschheit auf die untrennbar verbundenen Ziele des sozialen Aufstiegs und der Selbstzerstörung zu" (728). Mit dem Verlust des göttlichen Einflusses auf menschliches Geschick verbindet er den Untergang der Menschheit. Indem ein Bild gesellschaftlichen Lebens entsteht, dessen Werte sich ebenso (wenn auch auf subtilere Weise) aus den in Darwins Theorie postulierten Maximen speisen wie das vom ursprünglichen Kampf der Arten geprägte Feuerland, wird dieser Eindruck noch verstärkt. Als FitzRoy erkennen muss, dass Darwins Theorien Fuß fassen und immer breitere Anerkennung finden, empfindet er Schuldgefühle ob seiner Unterstützung von Darwins Forschungen. Überspitzt formuliert wird Darwins Aufstieg in FitzRoys Augen zum Sieg des Antichristen über Gott, zum Sieg der auf Chaos beruhenden Unmoral über ein sich auf die Existenz einer übergeordneten Instanz berufendes Lebensziel.

Darwins am Ende von *Origin of Species* zum Ausdruck kommender Glaube an Fortschritt durch natürliche Selektion ist FitzRoy der endgültige Rückschritt in ein antichristliches und somit auch rückständiges Zeitalter:

> Aus dem Kampf der Natur, aus Hunger und Tod, geht also unmittelbar das Höchste hervor, das wir uns vorstellen können: die Erzeugung immer höherer und vollkommenerer Wesen.

---

49 Die exakten Worte Wilberforces waren bereits im direkten Nachgang der Debatte im Blätterwald umstritten. Vgl. etwa J. R. Lucas: Wilberforce and Huxley. A Legendary Encounter. In: *The Historical Journal* 22 (1979). S. 313–330; und Keith Thompson: Huxley, Wilberforce and the Oxford Museum. In: *American Scientist* 88 (2000). S. 210. DOI 10.1511/2000.3.210. Für eine literarische Aufarbeitung des Stoffs vgl. Crispin Whittells Theaterstück *Darwin in Malibu* (2003).

> Es ist etwas wahrlich Erhabenes um die Auffassung, daß der Schöpfer den Keim alles Lebens, das uns umgibt, nur wenigen oder gar nur einer einzigen Form eingehaucht hat und daß, während sich unsere Erde nach den Gesetzen der Schwerkraft im Kreise bewegt, aus einem so schlichten Anfang eine unendliche Zahl der schönsten und wunderbarsten Formen entstand und noch weiter entsteht.[50]

So steht sowohl am Anfang als auch am Ende des Romans der Tod: Der Roman beginnt mit dem Selbstmord des Vorgängers von FitzRoy als Kapitän der HMS Beagle, und so nimmt auch er selbst sich mit dem letzten Satz des Romans das Leben: „Die Rasierklinge fühlte sich kalt an seiner Kehle an." (729) Hier muss der Roman auch enden angesichts eines *deus absconditus*, dem man sich zwar anvertrauen kann, der aber die Geschicke der Menschen nicht auf der Grundlage eines christlichen Ethos lenken kann (oder will).

8 Schlussfolgerungen

Die Darwin'sche Evolutionstheorie findet in *This Thing of Darkness* in zweierlei Weise ihren Niederschlag. Zum einen kann der Text als Ideenroman gelten: Insbesondere die Diskussionen zwischen FitzRoy und Darwin leuchten das Verhältnis zwischen wissenschaftlichem Denken und Religiosität aus. Auf der Handlungsebene wirkt insbesondere die natürliche Selektion. Zunächst erscheinen die verschiedenen Ausformungen der Kolonialpolitik als Überlebenskampf, der von den Kolonialmächten unter dem Deckmantel göttlich motivierten Missionierungswillens in gnadenloser Manier geführt wird. Darwin selbst verbindet religiösen Eifer mit der Rechtfertigung ‚natürlicher Selektion' im ungleichen Kampf zwischen Besatzern und Ureinwohnern. Zudem zeigt sich, dass FitzRoy im Sinne von Darwins Theorie unfähig ist, sich an die veränderlichen Gegebenheiten in seiner Umgebung anzupassen – und dass er dementsprechend auf der Strecke bleiben muss. Während Darwins Plot in *Origin of Species* als „komisch" in dem Sinne gelten kann, dass er auf ein glückliches Ende hinausläuft,[51] so erweist sich das Geschehen in *This Thing of Darkness* als zutiefst tragisch: Nicht nur FitzRoy, sondern auch Darwin stehen den Fährnissen menschlichen Lebens machtlos gegenüber. Während Darwin sich zumindest öffentlich in eine kryptische, von biblischem Vokabular umwehte Rhetorik flüchtet, persönlich aber an seinen Glaubenskrisen zu zerbrechen droht, reklamiert FitzRoy sein durch Darwin erschüttertes Selbst-

50 Charles Darwin: *Die Entstehung der Arten durch natürliche Zuchtwahl.* Übers. von Carl W. Neumann, Nachwort von Gerhard Heberer. Stuttgart: Reclam, 1967. S. 678.

51 Vgl. Levine: *Darwin and the Novelists*, S. 20–21.

verständnis als dem Tier qua göttlicher Schöpfung überlegenes, rationales Wesen durch den einzigen Akt, der dem Menschen eigen und den Göttern unmöglich ist, für sich zurück: indem er Hand an sich legt.[52]

Thompson erfasst Darwins Theorien sowohl in ihrer ganzen Tragweite für ein christlich geprägtes Weltbild als auch in ihren Implikationen für das menschliche Zusammenleben. Dabei kann der Text zunächst als Kritik an einer sich zu gleichen Teilen aus wissenschaftlichen wie religiösen Grundsätzen speisenden kolonialen Ideologie gelesen werden, die aus unterschiedlichen Motivationen heraus das durch die Kolonialherren begangene Unrecht verteidigt. In diesem Kontext wird außerdem die von solcher Ideologie vorausgesetzte Überlegenheit westlicher Zivilisation unterminiert, und dies nicht zuletzt dadurch, dass die britische Gesellschaft des Viktorianischen Zeitalters als Anschauungsmaterial für Darwins evolutionäre Theorien dient. Durch diese Anwendung sozialdarwinistischer Maximen auf der narrativen Ebene schmiegt sich der Text an postkoloniale Theoriebildung an.[53] Darüber hinaus verdient die experimentelle Behandlung der Auswirkungen verschiedener Welterklärungsmodelle auf die Gestaltung des Handlungsverlaufs Erwähnung. Das abrupte Ende des Romans, sein Schweigen bezüglich der Möglichkeit jenseitiger Erlösung, legt auf den ersten Blick eine kritische Auseinandersetzung mit traditionellen, teleologisch ausgerichteten Erzählmodellen, sich aus religiösen Grundsätzen speisend, nahe. Der strikt lineare Handlungsverlauf sowie der zu gleichen Teilen endgültige und offene Schluss des Romans deuten jedoch die Unmöglichkeit an, die fundamentalen Fragen des menschlichen Lebens (insbesondere jene nach dessen Sinn angesichts eines ungewissen Endes) letztgültig weder wissenschaftlich noch religiös beantworten zu können. Vor dem Hintergrund der langen Geschichte der Interaktion zwischen Wissenschaft und Religion[54] erscheinen die beiden ‚Kontrahenten' in *This Thing of Darkness* wie ein unversöhnliches Ehepaar, das nicht mit, aber auch nicht ohne den jeweils anderen und dessen alternative Weltsicht leben kann. Letztlich wird so deutlich, dass Wissenschaft und Religion nicht in voneinander getrennten Sphären operieren (soll-

52 Vgl. Plinius, *Naturalis historia*, 2, 5, 27: „inperfectae vero in homine naturae praecipua solatia, ne deum quidem posse omnia – namque nec sibi potest mortem consciscere, si velit, quod homini dedit optimum in tantis vitae poenis". Hier zit. nach C. Plinius Secundis: *Naturalis historia. Libri XXXVII*. Bd. 1: Libri I–VI. Hrsg. von Karl Mayhoff. Stuttgart und Leipzig: Teubner, 1996 [Nachdruck der Erstausgabe Stuttgart und Leipzig 1906]. S. 135. Vgl. auch Amérys 2000 Jahre später getroffene Feststellung, der Freitod sei „*ein Privileg des Humanen*". Jean Améry: *Hand an sich legen. Diskurs über den Freitod*. Stuttgart: Klett-Cotta, 1979. S. 52. Herv. im Orig.

53 In diesem Kontext verspricht eine eingehende, konzentrierte Untersuchung der intertextuellen Bezüge zu Shakespeares *Sturm* interessante Ergebnisse.

54 Diese wird nachgezeichnet von John Hedley Brooke: *Science and Religion. Some Historical Perspectives*. Cambridge: Cambridge UP, 2006.

ten), sondern dass Argumente aus den jeweiligen Bereichen gegenseitig, wenn sie schon nicht befruchtend wirken, doch wenigstens Akzeptanz finden sollten, um zu einer moralischen Anspruch und wissenschaftlichen Fortschritt verbindenden Weltsicht gelangen zu können, die auch das Unergründliche menschlicher Existenz zu umspannen vermag. Auch wenn der jeweilige Wahrheitsanspruch ein fundamental anderer sein mag, so zeigt sich doch, dass auch die Wissenschaft nicht ohne Fiktion und Mythen zu operieren vermag.

Literatur

Améry, Jean: *Hand an sich legen. Diskurs über den Freitod*. 6. Auflage. Stuttgart: Klett-Cotta, 1979.

Asher, Robert J.: *Evolution and Belief. Confessions of a Religious Paleontologist*. Cambridge: Cambridge University Press, 2012.

Aust, Hugo: *Der historische Roman*. Stuttgart: Metzler, 1994.

Barker, Eileen: Let There Be Light. Scientific Creatonism in the Twentieth Century. In: *Darwinism and Divinity. Essays on Evolution and Religious Belief*. Hrsg. von John Durant. London: Blackwell, 1985. S. 181–204.

Battestin, Martin C.: *The Providence of Wit. Aspects of Form in Augustan Literature*. 2. Auflage. Charlottesville: University Press of Virginia, 1989.

Beer, Gillian: *Darwin's Plots. Evolutionary Narrative in Darwin, George Eliot and Nineteenth-Century Fiction*. 2. Auflage. Cambridge: Cambridge University Press, 2000.

Booker, M. Keith: Cultural Crisis Then and Now. Science, Literature, and Religion in John Banville's „Doctor Copernicus" and „Kepler". In: *Critique* 39 (1998). S. 176–192.

Broders, Simone: „A True Poet, and of the Devil's Party". Theodicy and Paradox in John Milton's „Paradise Lost". In: *But Vindicate the Ways of God to Man. Literature and Theodicy*. Hrsg. von Rudolf Freiburg und Susanne Gruss. Tübingen: Stauffenburg, 2004. S. 73–84.

Brooke, John Hedley: The Relations between Darwin's Science and his Religion. In: *Darwinism and Divinity: Essays on Evolution and Religious Belief*. Hrsg. von John Durant. London: Blackwell, 1985. S. 40–75.

Brooke, John Hedley: Darwin and Victorian Christianity. In: *The Cambridge Companion to Darwin*. Hrsg. von Jonathan Hodge und Gregory Radick. Cambridge: Cambridge University Press, 2003. S. 192–213.

Brooke, John Hedley: *Science and Religion. Some Historical Perspectives*. 15. Auflage. Cambridge: Cambridge University Press, 2006.

Brooke, John Hedley: Genesis and the Scientists. In: *Reading Genesis after Darwin*. Hrsg. von Stephen C. Barton und David Wilkinson. Oxford: Oxford University Press, 2009. S. 94–109.

Browne, Janet, und Michael Neve (Hrsg.): *Voyage of the ‚Beagle'. Charles Darwin's Journal of Researches*. Harmondsworth: Penguin, 1989.

Cantor, Geoffrey: What Shall We Do with the ‚Conflict Thesis'? In: *Science and Religion. New Historical Perspectives*. Hrsg. von Thomas Dixon, Geoffrey Cantor und Stephen Pumfrey. Cambridge: Cambridge University Press, 2010. S. 283–298.

Darwin, Charles: *On the Origin of Species by Means of Natural Selection*. 5. Auflage. London: John Murray, 1869.

Darwin, Charles: *Autobiographie*. Hrsg. von S. L. Sobol. Leipzig: Urania Verlag, 1959.

Darwin, Charles: *Die Entstehung der Arten durch natürliche Zuchtwahl*. Übers. von Carl W. Neumann, mit einem Nachwort von Gerhard Heberer. Stuttgart: Reclam, 1967.

Dawkins, Richard: *Das egoistische Gen*. Berlin: Springer, 1978.

Dawkins, Richard: *The Blind Watchmaker. Why the Evidence of Evolution Reveals a Universe Without Design*. New York: Norton and Company, 1986.

Dennett, Daniel C.: *Darwin's Dangerous Idea. Evolution and the Meanings of Life*. New York: Simon and Schuster, 1995.

Durant, John: Introduction. In: *Darwinism and Divinity. Essays on Evolution and Religious Belief*. Hrsg. von John Durant. London: Blackwell, 1985. S. 1–7.

Durant, John: Darwinism and Divinity. A Century of Debate. In: *Darwinism and Divinity. Essays on Evolution and Religious Belief*. Hrsg. von John Durant. London: Blackwell, 1985. S. 9–39.

Freud, Sigmund: Die Fixierung an das Trauma, das Unbewusste. In: ders.: *Vorlesungen zur Einführung in die Psychoanalyse*. Studienausgabe. Bd. 1. Frankfurt a. M.: Fischer, 2000. S. 273–284.

Habermas, Jürgen: Die Krise der Erkenntniskritik. In: ders.: *Erkenntnis und Interesse*. 2. Auflage. Frankfurt a. M.: Suhrkamp, 1969. S. 11–87.

Huxley, Thomas Henry: The Origin of the Species. In: *Westminster Review* 17 (1860). S. 541–570.

Huxley, Thomas Henry: From „Evolution and Ethics". In: *The Oxford Book of Essays*. Hrsg. von John Gross. Oxford: Oxford University Press, 1992. S. 247–251.

Kuhn, Thomas S.: *Die Struktur wissenschaftlicher Revolutionen*. 10. Auflage. Frankfurt a. M.: Suhrkamp, 1990.

Levine, George: *Darwin and the Novelists. Patterns of Science in Victorian Fiction*. Cambridge, MA: Harvard University Press, 1988.

Lucas, J. R.: Wilberforce and Huxley. A Legendary Encounter. In: *The Historical Journal* 22 (1979). S. 313–330.

Mannoni, Octave: *Prospero and Caliban. The Psychology of Colonization*. Mit einem neuen Vorwort von Maurice Bloch. Ann Arbor: University of Michigan Press, 1990.

Midgley, Mary: The Religion of Evolution. In: *Darwinism and Divinity. Essays on Evolution and Religious Belief*. Hrsg. von John Durant. London: Blackwell, 1985. S. 154–180.

Nünning, Ansgar: *Von historischer Fiktion zu historiographischer Metafiktion*. Trier: Wissenschaftlicher Verlag, 1995.

Onega, Susana: Introduction. „A Knack for Yarns": The Narrativization of History and the End of History. In: *Telling Histories. Narrativizing History, Historicizing Literature*. Hrsg. von Susana Onega. Atlanta: Editions Rodopi, 1995. S. 7–18.

Paley, William: *Natural Theology*. New York: American Tract Society, 1881.

Plinius Secundis: *Naturalis historia. Libri XXXVII*. Bd. 1: Libri I–VI. Hrsg. von Karl Mayhoff. Stuttgart und Leipzig: Teubner, 1996 [Nachdruck der Erstausgabe Stuttgart und Leipzig 1906].

Richards, Robert J.: Darwin on Mind, Morals and Emotions. In: *The Cambridge Companion to Darwin*. Hrsg. von Jonathan Hodge und Gregory Radick. Cambridge: Cambridge University Press, 2003. S. 92–115.

Roberts, Jon H.: Religious Reactions to Darwin. In: *The Cambridge Companion to Science and Religion*. Hrsg. von Peter Harrison. Cambridge: Cambridge University Press, 2010. S. 80–102.
Sanders, Andrew: *The Victorian Historical Novel, 1840–1880*. London: Macmillan, 1978.
Shakespeare, William: *The Tempest*. Hrsg. von Anne Barton. London: Penguin, 1996.
Spencer, Herbert: *The Principles of Biology*. 2 Bde. London: Williams and Norgate, 1864.
Thompson, Harry: *This Thing of Darkness*. London: Headline, 2006.
Thompson, Keith: Huxley, Wilberforce and the Oxford Museum. In: *American Scientist* 88 (2000). S. 210. http://www.americanscientist.org/issues/pub/2000/3/huxley-wilberforce-and-the-oxford-museum (14. April 2015). DOI 10.1511/2000.3.210.
Thomson, James: *The Seasons*. Hrsg. von Henry D. Roberts. London: Routledge, 1939.
Watson, Francis: Genesis before Darwin. In: *Reading Genesis after Darwin*. Hrsg. von Stephen C. Barton und David Wilkinson. Oxford: Oxford University Press, 2009. S. 23–37
Wyhe, John van: *The History of Phrenology on the Web*. http://www.historyofphrenology.org.uk/system/veneration.htm. Onlineabdruck von George Combe: *A System of Phrenology*. 2 Bde. 5. Auflage. 1853 (14. April 2015).

Harald Neumeyer

Frank Schätzings *Der Schwarm* (2004) und die ‚terra incognita' Tiefsee

Abstract: Der Aufsatz fragt nach der Beziehung zwischen Frank Schätzings Meeresroman *Der Schwarm* und den aktuellen Meereswissenschaften. In einem ersten Schritt werden dazu die Gegenstände, Rahmenbedingungen, Problemlagen und Argumentationsfiguren der Meeresforschung vorgestellt. In einem zweiten Schritt wird nachgewiesen, dass Schätzings Roman keineswegs nur an die Inhalte der Meereskunde anschließt, sondern auch methodische Probleme und taxonomische Lücken, technische Voraussetzungen und die spezifische Perspektivik, Schlussverfahren und Explikationsmuster der Meeresforschung verhandelt. Dieses ‚wissenschaftliche Erzählen', das sein eigenes Nicht-Wissen mitthematisiert, wird indes im Laufe des Romans von einem ‚mythischen Erzählen' abgelöst, das mit der Erfindung der Yrr eine intentionale Instanz imaginiert, die innerhalb der fiktionalen Konstruktion des Romans ein totales Wissen um alle von der Tiefsee ausgehenden Katastrophen ermöglicht.

1 Einleitung

Frank Schätzings 2004 erschienener Roman *Der Schwarm*[1] entwirft ein Untergangsszenario, das sich anschickt, jeden Hollywoodfilm zu überbieten. Alle Katastrophen gehen dabei von den Ozeanen aus: Schwärme „armlanger, schimmernder Fische" tauchen vor Südamerika auf und versenken Kutter (22, 199); im Atlantik verklemmen Heere von Zebramuscheln Schiffsruder und legen dadurch die Schiffe lahm (114–119); vor den Küsten der USA und Kanadas attackieren Orcas im Verbund mit anderen Walen Personenboote, bringen sie zum Kentern und fallen über die im Meer schwimmenden Menschen her (153–161); die Strände Costa Ricas und Australiens werden von Scharen giftiger Quallen, von Portugiesischen Galeeren und Seewespen, bedroht (199–201); in Frankreich sind Hummer von dem einzelligen Plankton *Pfiesteria piscicida* befallen, explodieren an Land und leiten dabei ein für den Menschen tödliches Gift ins Trinkwasser (231–235); vor Grönland kommt der globale Kreislauf der Meeresströmungen zum

1 Frank Schätzing: *Der Schwarm*. 11. Aufl. Frankfurt a. M.: Fischer TB, 2011. Im Folgenden werden Zitate aus Schätzings Roman direkt – im Haupttext wie in den Fußnoten – in Klammern hinter der entsprechenden Stelle angeführt. Die Angaben beziehen sich auf diese Ausgabe.

Stillstand, da der Golfstrom nicht mehr fließt, steht Europa vor dem Einbruch einer neuen Eiszeit (284); und ein „symbiotisches System" aus Borstenwürmern und „Methan fressenden Bakterien" (34, 55–56, 98–99) arbeitet sich in den Kontinentalhang Norwegens vor, bis mehrere „Blowouts" (253–258, 284–285, 386–387) den Hang in Bewegung setzen (398–400) und Tsunamis auslösen (402–404), die über Norwegen, den Osten Großbritanniens und den Westen Dänemarks, Holland, Belgien und Norddeutschland hinwegrasen (404–434) – „[e]s war die Apokalypse" (425).[2] In aller Eile werden unter Führung der amerikanischen Regierung mehrere Wissenschaftler zusammengerufen, deren Aufgabe es ist, diese – wie es in der Überschrift des ersten und längsten Romankapitels heißt – „anomalien" (25) herzuleiten. Ein nahezu nicht zu bewältigender Auftrag! Denn der deutsche Experte für Tiefseewürmer, Gerhard Bohrmann, hat längst schon dem norwegischen Biologen Sigur Johanson erklärt, dass auch im Zeitalter von Tauchrobotern und Tiefseesimulatoren gilt: „Aber *was* da unten ist – *wirklich* ist! –, wissen wir trotzdem nicht." (140, Herv. im Orig.)

Die Frage, der die folgenden Überlegungen nachgehen möchten, lautet schlicht: Was hat dieses Untergangsszenario mit Meeresforschung zu tun – und zwar nicht so sehr mit den Thesen und Praktiken der Meeresforschung, die im Roman selbst dargestellt werden und deshalb immer schon einer der fiktionalen Kohärenz dienenden Konturierung unterliegen, sondern in erster Linie mit den Inhalten, Problemstellungen, Verfahren und Zielsetzungen der Meeresforschung, wie sie in den letzten Jahrzehnten weltweit betrieben wird? Anders gefragt: Welche Beziehung besteht zwischen Schätzings Meeresliteratur und den aktuellen Meereswissenschaften?[3]

---

2 Diese Apokalypse findet dann ihre Fortsetzung in einer Invasion von „Milliarden weißer Krebse", die „eine Seuche" (516), in die amerikanischen Kernmetropolen New York und Washington (586) einschleppen.

3 Ich wähle damit einen anderen Zugang zum Roman als die beiden ausführlichen Analysen von Patrick Ramponi: Globen, Fluten, Schwärme. Das kulturelle Wissen maritimer Globalisierung am Beispiel von Frank Schätzings „Der Schwarm". In: *Bluescreen. Visionen, Träume, Albträume und Reflexionen des Phantastischen und Utopischen*. Hrsg. von Walter Delabar und Frauke Schlieckau. Bielefeld: Aisthesis, 2010, S. 262–273; und Berbeli Wanning: Yrrsinn oder die Auflehnung der Natur: Kulturökologische Betrachtungen zu „Der Schwarm" von Frank Schätzing. In: *Kulturökologie und Literatur. Beiträge zu einem transdisziplinären Paradigma der Literaturwissenschaft*. Hrsg. von Hubert Zapf. Heidelberg: Winter, 2008. S. 339–357. Beide – wie bereits die Titel bekunden – ordnen den Roman aktuellen kulturpolitischen Diskussionsthemen, der Globalisierung und der Ökologie, zu.

2 Meereswissenschaften: Die Auslotung von Nicht-Wissen

Meeresforschung ist Gefahrenforschung: Sie wägt die Gefahren, mit denen die Ozeane die Menschen bedrohen, ebenso ab wie die Gefahren, die von den Menschen auf die Ozeane ausgehen.[4] Das Wissen, das die Meeresforschung in einem Verbundsystem von Zoologie und Botanik, Physik und Mikrobiologie, Geologie und Meteorologie herstellt, liefert deshalb nicht nur Daten und Fakten, es ist auch ein Präventionswissen, das der Katastrophenkalkulation dient. (Populär-)Wissenschaftliche Publikationen der Ozeanographie sowie Lehrbücher zur Meeresbiologie verdeutlichen, dass sich die Forschung dabei in einem Rahmen des Wahrscheinlichen und Möglichen bewegt und stets mit den Grenzen des eigenen Wissens konfrontiert ist.[5] Generell lässt sich sagen: Das Wissen der Meereskunde ist in nahezu allen Bereichen von Nicht-Wissen durchzogen, Ungewissheiten und Unwägbarkeiten ausgesetzt und auf Mutmaßungen und Hochrechnungen angewiesen.

Im Folgenden sollen vier Bereiche der Meereswissenschaften skizziert werden. Dass diese Skizze aus einer fachfremden Perspektive, sozusagen mit einem ‚Blick von Außen' vorgenommen wird, hat Konsequenzen. Einem fachfremden Blick kann es nicht darum gehen, die Inhalte des Wissens auf deren Gültigkeit und Kohärenz zu überprüfen. Sehr wohl allerdings kann es ihm darum gehen, verstärkt nach der besonderen Präsentationsweise dieses Wissens, dessen Rahmenbedingungen, Problemlagen und Argumentationsfiguren zu fragen. Doch zunächst zu den Gegenständen und Schwerpunkten der Meereswissenschaften!

Erstens: das Wasser. Im Zentrum stehen hier die Qualitäten des Wassers – Salzgehalt, Dichte, Temperatur und Druck.[6] Ferner werden die Gesetzmäßig-

---

4 Zu Ersteren vgl. im Folgenden die Ausführungen zur Plattentektonik und zu Methanaustritten, zu Letzteren allgemein die Fallstudien über Nord- und Ostsee von Sebastian A. Gerlach: *Spezielle Ökologie. Marine Systeme*. Heidelberg: Springer, 1994. S. 113–150; sowie im Besonderen zu den Problemen der Überfischung und der Verklappung von Industriemüll die Ausführungen von Hein von Westernhagen: Eingriffe des Menschen ins Meer – ein Überblick. In: *Faszination Meeresforschung. Ein ökologisches Lesebuch*. Hrsg. von Gotthilf Hempel, Irmtraut Hempel und Sigrid Schiel. Bremen: Hauschild, 2006. S. 341–358.

5 Vgl. Antje Boetius und Henning Boetius: *Das dunkle Paradies. Die Entdeckung der Tiefsee*. München: Bertelsmann, 2011; Gerlach: *Marine Systeme*; *Faszination Meeresforschung. Ein ökologisches Lesebuch*. Hrsg. von Gotthilf Hempel, Irmtraut Hempel und Sigrid Schiel. Bremen: Hauschild, 2006; Ulrich Sommer: *Biologische Meereskunde*. 2. überarb. Aufl. Heidelberg: Springer, 2005; Pierre Tardent: *Meeresbiologie. Eine Einführung*. 3. Aufl. Stuttgart: Thieme, 2005.

6 Vgl. Sommer: *Biologische Meereskunde*, S. 36–54; Tardent: *Meeresbiologie*, S. 160–196.

keiten und die Auswirkungen des Auftriebs, d. h. des Aufsteigens von kaltem, nährstoffreichem Wasser, und des Abtriebs, d. h. des Hinabsinkens von schwerem Wasser, analysiert.[7] Darüber hinaus beobachtet und bewertet man die Veränderungen und Funktionen der Wasserbewegung, die vor allem dem Transport von Nährstoffen und Sauerstoff dient.[8] Und schließlich werden die einzelnen Meeresströme, wie die den Äquatorialstrom oder den Golfstrom verbindende thermohaline Zirkulation (der globale Kreislauf des ozeanischen Wassers, der durch horizontale Temperatur- und Salzgehaltsunterschiede bedingt ist)[9] und die thermohaline Konvektion (die vertikale Umschichtung der Wassers)[10] untersucht. Dabei ist bis heute nicht definitiv geklärt, worin genau die Ursachen und die Effekte der Umwälzungen und des Austauschs von Wassermassen in der Tiefsee bestehen.[11]

Zweitens: die Biodiversität der Meere. Im Vordergrund steht hier die taxonomische Inventarisierung und molekulargenetische Bestimmung aller Lebensformen. Zu diesen gehören – neben Mikroorganismen wie Bakterien und Pilzen[12] – das Phytoplankton, mikroskopisch kleine, im Wasser schwebende einzellige Algen,[13] das Zooplankton, im Wasser treibende Tiere,[14] und das Nekton, die freischwimmenden Tiere von der Sardelle bis zum Wal.[15] Forschungsgegenstände sind die Formen und Funktionen symbiotischer Lebensgemeinschaften,[16] die horizontalen und vertikalen Wanderungen des Nektons,[17] die Modi und Prozesse

---

7 Boetius, Boetius: *Das dunkle Paradies*, S. 278–280; Gerlach: *Marine Systeme*, S. 40–52; Matthias Wolff: Auftriebsgebiete. In: *Faszination Meeresforschung. Ein ökologisches Lesebuch*. Hrsg. von Gotthilf Hempel, Irmtraut Hempel und Sigrid Schiel. Bremen: Hauschild, 2006. S. 48–55.

8 Vgl. Eberhard Fahrbach und Gerd Rohardt: Die physikalische Umwelt im Überblick. In: *Faszination Meeresforschung. Ein ökologisches Lesebuch*. Hrsg. von Gotthilf Hempel, Irmtraut Hempel und Sigrid Schiel. Bremen: Hauschild, 2006. S. 14–22, hier S. 14–15.

9 Vgl. Boetius, Boetius: *Das dunkle Paradies*, S. 272–277; Fahrbach, Rohardt: Die physikalische Umwelt, S. 21–22.

10 Vgl. Boetius, Boetius: *Das dunkle Paradies*, S. 271–272; Tardent: *Meeresbiologie*, S. 228–229.

11 Vgl. Boetius, Boetius: *Das dunkle Paradies*, S. 273.

12 Vgl. Tardent: *Meeresbiologie*, S. 25–31.

13 Vgl. Sommer: *Biologische Meereskunde*, S. 136–147; Tardent: *Meeresbiologie*, S. 44–48.

14 Vgl. Sommer: *Biologische Meereskunde*, S. 148–160; Tardent: *Meeresbiologie*, S. 48–69.

15 Vgl. Sommer: *Biologische Meereskunde*, S. 167–186; Tardent: *Meeresbiologie*, S. 73–91.

16 Vgl. allgemein Sommer: *Biologische Meereskunde*, S. 264–267. Vgl. mit Blick auf die Biolumineszenz als Effekt einer Symbiose: Sigrid Schiel: Biolumineszenz mariner Organismen. In: *Faszination Meeresforschung. Ein ökologisches Lesebuch*. Hrsg. von Gotthilf Hempel, Irmtraut Hempel und Sigrid Schiel. Bremen: Hauschild, 2006. S. 288–291.

17 Vgl. Gerlach: *Marine Systeme*, S. 37–39; Sommer: *Biologische Meereskunde*, S. 177–182; Tardent: *Meeresbiologie*, S. 83–88.

der Fortpflanzung[18] und das marine Nahrungsnetz,[19] an dessen Anfang die Primärproduktion des Phytoplanktons steht – die Umwandlung von Sonnenenergie in chemische Energie, ohne die es kein Leben in den Ozeanen gibt.[20]

Hinsichtlich der Biodiversität selbst, gehen die Meereskundler davon aus, dass „bis zu 2 Millionen Arten darauf warten, im Meer entdeckt zu werden": Allein „etwa 250" Fischarten sind jährlich neu zu klassifizieren,[21] wobei im Besonderen die Tiefsee von einem nahezu unerschöpflichen Reichtum an unterschiedlichsten Lebensformen gekennzeichnet ist.[22] Um eine Ahnung von der Vielfalt der Lebewesen und deren Eigenschaften zu erlangen, schließen die Meereswissenschaften vom Gegebenen auf das Wahrscheinliche und Mögliche: So hat man etwa aus den in Mägen von Pottwalen gefundenen Überresten von Kalmaren sowohl das Jagdverhalten der Wale als auch Größe, Aussehen und Lebensraum der Kalmare näher zu bestimmen versucht.[23] Diese tendenziell unabschließbare Inventarisierungsarbeit, die stets auf neue Lücken und Leerstellen im bestehenden Tableau des Wissens stößt, verknüpft sich mit dem Appell zum Erhalt der Biodiversität, der indes weniger auf Wissen als auf Nicht-Wissen beruht: Man kann zwar keineswegs letztgültig belegen, doch aufgrund der Wechselbeziehungen zwischen den Arten auch nicht definitiv ausschließen, dass das Aussterben einer Art schädlich für das gesamte Ökosystem ist.[24]

Drittens: die Zonen des Meeres. Man gliedert die Ozeane räumlich in Schelfe (bis zu 200 Meter), in Kontinentalhänge und Kontinentalfüße (bis 3000 Meter)

---

18 Vgl. Tardent: *Meeresbiologie*, S. 238–264.

19 Vgl. Sigrid Schiel und Barbara Niehoff: Das Pelagial; sowie Holger Auel und Wilhelm Hagen: Eine virtuelle Reise durch die Weltmeere – Energieflüsse, Nahrungswege und Anpassungspfade. Beide in: *Faszination Meeresforschung. Ein ökologisches Lesebuch*. Hrsg. von Gotthilf Hempel, Irmtraut Hempel und Sigrid Schiel. Bremen: Hauschild, 2006. S. 24–31 (Schiel, Niehoff, hier S. 30–31), 31–39 (Auel, Hagen, hier bes. S. 34–39); ferner Boetius, Boetius: *Das dunkle Paradies*, S. 320–326; Sommer: *Biologische Meereskunde*, S. 200–219, 279–290, 340–348.

20 Vgl. Gerlach: *Marine Systeme*, S. 23–28; Sommer: *Biologische Meereskunde*, S. 372–379; Tardent: *Meeresbiologie*, S. 268–272.

21 Vgl. Rainer Froese: Volkszählung im Meer. In: *Faszination Meeresforschung. Ein ökologisches Lesebuch*. Hrsg. von Gotthilf Hempel, Irmtraut Hempel und Sigrid Schiel. Bremen: Hauschild, 2006. S. 384.

22 Vgl. Boetius, Boetius: *Das dunkle Paradies*, S. 283–284; ferner Dieter Piepenburg: Am Grund des Ozeans – der große Unbekannte. Ein Überblick; sowie Angelika Brandt: Lebensgemeinschaften der Tiefsee. Beide in: *Faszination Meeresforschung. Ein ökologisches Lesebuch*. Hrsg. von Gotthilf Hempel, Irmtraut Hempel und Sigrid Schiel. Bremen: Hauschild, 2006. S. 156–165 (Piepenburg, hier bes. S. 164), 166–170 (Brandt, hier bes. S. 169–170).

23 Vgl. Boetius, Boetius: *Das dunkle Paradies*, S. 340; Tardent: *Meeresbiologie*, S. 73.

24 So die Argumentation von Boetius und Boetius: *Das dunkle Paradies*, S. 317–320.

sowie in Tiefseeebenen (bis 6000 Meter) und Tiefseegräben (bis 11 000 Meter).[25] Überlagert wird diese Unterteilung durch die in eine euphotische und eine aphotische Zone.[26] Die euphotische Zone reicht bis auf ungefähr 200 Meter hinab: Hier ist genügend Sonnenlicht vorhanden, das das Phytoplankton zur Photosynthese nutzt. Danach beginnt die aphotische Zone, der Bereich, in den auch kein Restlicht mehr vordringt und der im pazifischen Marianengraben mit knapp über 11 000 Metern die tiefste Tiefe der Ozeane erreicht. Da in dieser Zone keine Photosynthese mehr möglich ist, sind alle in ihr lebenden Organismen auf den vertikalen Energietransfer angewiesen. Einen Forschungsschwerpunkt bildet auch dieser Energietransfer, der sich vor allem in der sogenannten ‚Sedimentation' vollzieht – dem Absinken organischer und anorganischer Partikel auf den Meeresboden.[27] Diese Partikel, der ‚marine snow', der den Tiefseelebewesen als Nahrung dient, stellen eine gallertartige Masse aus Kieselalgen, Kotballen des Zooplanktons und weiteren, nicht identifizierbaren, organischen Materialien dar.[28]

In der Erforschung der Meereszonen kommt auch die Katastrophenkalkulation ins Spiel, und zwar mit Blick auf die Tektonik der Erdplatten.[29] An den Kontinentalrändern trifft die dünne ozeanische auf die dicke kontinentale Kruste. Dabei werden zwei Typen von Rändern unterschieden: die aktiven und die passiven. An den aktiven Rändern schiebt sich die Ozeanplatte unter die Kontinentalplatte. In diesen sogenannten Subduktionszonen liegen nicht nur fast alle hochexplosiven Vulkane; hier kommt es auch regelmäßig zu Erdbeben. An den passiven Kontinentalrändern herrscht statt einer Konvergenz eine Divergenz der Platten, sodass sich dieselben nicht aufeinander zu, sondern aneinander vorbei bewegen. Erst seit wenigen Jahren weiß man, dass auch diese Ränder Veränderungen ausgesetzt sind, die sich katastrophisch auswirken: Das hohe Gewicht der Sedimen-

25 Vgl. Piepenburg: Am Grund des Ozeans, S. 163–164.

26 Vgl. Schiel, Niehoff: Das Pelagial, S. 25–27. Vgl. die ausführliche „ökologische Gliederung der marinen Hydrosphäre bzw. Biosphäre" bei Tardent: *Meeresbiologie*, S. 17–20.

27 Vgl. Gerlach: *Marine Systeme*, S. 83–85; Tardent: *Meeresbiologie*, S. 137–140.

28 Vgl. Boetius, Boetius: *Das dunkle Paradies*, S. 327–328; Schiel, Niehoff: Das Pelagial, S. 27; Meinhard Simon: Das Bakterioplankton – Riese und Regulator im marinen Stoffumsatz. In: *Faszination Meeresforschung. Ein ökologisches Lesebuch*. Hrsg. von Gotthilf Hempel, Irmtraut Hempel und Sigrid Schiel. Bremen: Hauschild, 2006. S. 70–80, bes. S. 75–76.

29 Vgl. Boetius, Boetius: *Das dunkle Paradies*, S. 166–167; Tardent: *Meeresbiologie*, S. 4–6; Laurenz Thomsen: Kontinentalränder – Leben am Abhang. In: *Faszination Meeresforschung. Ein ökologisches Lesebuch*. Hrsg. von Gotthilf Hempel, Irmtraut Hempel und Sigrid Schiel. Bremen: Hauschild, 2006. S. 180–183.

tauflagen vermag nämlich Hangrutschungen und Gasaustritte in Gang zu setzen, die wiederum Tsunamis hervorrufen können.[30]

Viertens: das Meer als Klimafaktor. Indem das Meer der Atmosphäre einen großen Teil des von den Menschen erzeugten Kohlendioxids entzieht und im Wasser auflöst und verteilt, wirkt es klimastabilisierend. Zuständig für dieses ‚marine Kohlendioxid-System' sind zwei Pumpen – die ‚physikalische Pumpe', die der Atmosphäre das Kohlendioxid entnimmt und im Wasser löst, und die ‚biologische Pumpe', die das Kohlendioxid von der oberen Wasserschicht zum Meeresboden befördert und dort ablagert.[31] Schwankungen in der Kohlendioxid-Konzentration des Meerwassers können merkliche Effekte auf das Ökosystem haben. In einem Blick auf die geologische Vergangenheit, der auch Aufschluss über das in der Zukunft Mögliche geben soll, kam man zu der Annahme, dass vor ca. 250 Millionen Jahren eine Erhöhung des Kohlendioxid-Gehalts im Meerwasser das größte bekannte Massensterben der Erdgeschichte bedingt hat. Auf der Folie dieser vergangenen Katastrophe wird nun keineswegs ein neues Massensterben prognostiziert. Doch der Blick in die Historie macht in erhöhtem Maße wahrscheinlich, dass eine Zunahme der Kohlendioxid-Konzentration auch in Zukunft Auswirkungen auf die Lebensdauer und auf die Reproduktion zahlreicher Lebensarten hat.[32]

Klimastabilisierung leisten die Ozeane auch dadurch, dass Methan in den Sedimentschichten verbraucht wird, und zwar durch die sogenannten ‚Methanfresser'.[33] Diese gehören zu den Archaeen, einzelligen Organismen, die in Symbiose mit Sulfat atmenden Bakterien leben und mit diesen zusammen Methan in Kohlendioxid und Sulfid umwandeln. Die ‚Methanfresser' sorgen also dafür, dass nur wenig Methan aus dem Meer in die Atmosphäre entweicht. Erst vor einigen Jahren hat man festgestellt, dass das meiste Methan in Form von Gashydraten im Tiefseeboden lagert.[34] Mit diesem neuen Wissen verbindet sich zugleich ein Gefahrenbewusstsein: Das Gas kann nämlich in ‚Blowouts' austreten, an die Oberfläche aufsteigen und dadurch den Treibhauseffekt anheizen.

---

30 Vgl. Boetius, Boetius: *Das dunkle Paradies*, S. 167.

31 Vgl. ebd., S. 327; Arne Körtzinger: Der marine Kohlenstoffkreislauf – eine biogeochemische Betrachtung. In: *Faszination Meeresforschung. Ein ökologisches Lesebuch*. Hrsg. von Gotthilf Hempel, Irmtraut Hempel und Sigrid Schiel. Bremen: Hauschild, 2006. S. 256–262.

32 Hans O. Pörtner: CO_2 „nur" ein Klimafaktor? Wirkungen auf Meerestiere. In: *Faszination Meeresforschung. Ein ökologisches Lesebuch*. Hrsg. von Gotthilf Hempel, Irmtraut Hempel und Sigrid Schiel. Bremen: Hauschild, 2006. S. 292–300.

33 Vgl. Boetius, Boetius: *Das dunkle Paradies*, S. 359–360.

34 Vgl. Antje Boetius: Mikroorganismen des Tiefseebodens: Vielfalt, Verteilung und Funktion. In: *Faszination Meeresforschung. Ein ökologisches Lesebuch*. Hrsg. von Gotthilf Hempel, Irmtraut Hempel und Sigrid Schiel. Bremen: Hauschild, 2006. S. 279–287, bes. S. 282–283.

Das Wasser, die Biodiversität, die Zonierung, das Klima: Der Überblick über Gegenstände und Schwerpunkte der Meeresforschung veranschaulicht, dass der Tiefsee – dem Lebensraum der aphotischen Zone – eine besondere Bedeutung zukommt. Dort finden die Umwälzung und der Austausch von Wassermassen statt, dort herrscht eine bis heute nicht klassifizierte Artenvielfalt, dort entstehen Tsunamis wie Erdbeben und dort wird über das Klima mitentschieden. Doch die Erforschung der Tiefsee ist keineswegs einfach, zumindest nicht so einfach, wie sich dies Jules Verne 1870 in seinem Roman *Vingt mille lieues sous les mers* vorgestellt hat. Kapitän Nemo, Professor Aronnax und dessen Begleiter Conseil und Land ist es problemlos möglich, zu Fuß über den Meeresboden zu spazieren[35] oder durch eine Kristallglasscheibe des U-Boots Nautilus „einen Kalmar von ungeheuren Ausmaßen" zu beobachten.[36] Unablässig imaginiert Vernes Roman in dergleichen Szenarien, dass die Tiefsee der sinnlichen Wahrnehmung unmittelbar zugänglich ist und der Mensch an den dort vorzufindenden „Wunder[n] der Schöpfung"[37] teilhaben kann. Diese Zugänglichkeit wird deshalb so exzessiv ausgemalt, weil sie, wie Aronnax zu Beginn des Romans verkündet, nicht gegeben ist:

> Die Tiefen der Ozeane sind uns völlig unbekannt. Keine Sonde hat sie bisher erreichen können. Was geht in den entlegenen Abgründen vor sich? Welche Wesen leben in zwölf oder fünfzehn Meilen unter dem Meeresspiegel und wie können sie dort überhaupt überleben? Wie sind diese Lebewesen beschaffen? Man vermag kaum Mutmaßungen darüber anzustellen.[38]

Dass die Zugänglichkeit der Tiefsee nicht gegeben ist, macht sie zu einer *terra incognita*, zu einem geheimnisvollen und rätselhaften Raum, der die Imagination der Menschen anregt. An dieser Wahrnehmung der Tiefsee hat sich bis in die Gegenwart nichts geändert, sodass die Fragen, die sich Vernes Professor stellt, die Meereswissenschaftler immer noch beschäftigen. Rainer Froese vom Kieler Geomar-Institut vermerkt 2009: „Noch heute ist unser Wissen über die Bewohner der marinen Lebensräume mager, oberflächlich und unvollständig. Bis jetzt waren mehr Menschen im Weltraum als in der Tiefsee".[39] So gelang es zum Beispiel

35 Jules Verne: *20000 Meilen unter dem Meer*. Neu übers. und hrsg. von Volker Dehs. München: dtv, 2009. S. 172–193.

36 Ebd., S. 562–565.

37 Ebd., S. 179.

38 Ebd., S. 17–18.

39 Froese: Volkszählung, S. 384. Vgl. die ganz ähnlichen Formulierungen bei Boetius, Boetius: *Das dunkle Paradies*, S. 11; Brandt: Lebensgemeinschaften der Tiefsee, S. 166; Piepenburg: Am Grund des Ozeans, S. 156.

erst 2005 dem japanischen Forschungsteam um Tsunemi Kubodera, was bei Verne dessen Protagonisten bereits über ein Jahrhundert zuvor vergönnt war – die Sichtung eines lebenden Riesenkalmars in dessen natürlicher Umgebung. Mit einer speziellen Kamera konnten im westlichen Nordpazifik in einer Tiefe von 250 bis 900 Metern die biolumineszierenden Angriffe eines Kalmars auf einen ausgehängter Köder gefilmt werden. Dabei verlor er einen seiner Fangarme im Köderhaken. Aus der Länge dieses Fangarms, sie betrug über fünf Meter, schloss man auf eine Gesamtlänge des Körpers von rund acht Metern[40] – genau die Maße übrigens, die der von Verne phantasierte Kalmar besitzt.[41]

Doch warum ist Vernes Imagination von einer umfassenden Zugänglichkeit der Tiefsee bis heute nicht Wirklichkeit geworden? Indirekt gibt Vernes Roman selbst die Antwort: Er zeigt nämlich, dass der Mensch nicht so einfach in die Tiefsee vordringen kann, sondern dazu technischer Hilfsmittel bedarf – Taucheranzüge mit aufschraubbaren „Metallhelm[en]", „Ruhmkorff-Lampe[n]" für das „Dämmerlicht"[42] und ein U-Boot in der „Form eines riesigen Fisches aus Stahl".[43] Techniken, mit denen entweder der Mensch sich selbst hinunter begibt oder die er statt seiner hinabschickt, gibt es heute viele: ‚Deepflights' (bemannte Tauchboote), ROVs (ferngesteuerte Unterwasserroboter) und ‚Multicorer' (Geräte zur Entnahme von Bodenproben).[44] Diese Techniken benötigt man deshalb, weil das Meer, dieser über zwei Drittel der gesamten Erdoberfläche bedeckende Raum, nicht der natürliche Lebensraum des Menschen ist – und zwar, wie sich als fundamentale Grenze jeder meereswissenschaftlichen Forschung erweist, aus vier Gründen.[45] Erstens ist der Mensch ein Luftatmer und hat organisch keine Möglichkeiten entwickelt, um sich dauerhaft unter Wasser aufzuhalten. Zweitens herrscht für den Menschen in der Tiefsee absolute Finsternis. Schon das Restlicht unterhalb von 200 Metern ist für ihn nicht mehr wahrnehmbar. Drittens liegt die Wassertemperatur in der Tiefsee bei lediglich zwei Grad, sodass ein Zusammenbruch des menschlichen Kreislaufs vorprogrammiert ist. Und viertens nimmt der Wasserdruck alle zehn Meter um ein Bar zu, sodass bereits in einer Tiefe von

---

40 Vgl. Tsunemi Kubodera, Yasuhiro Koyama und Kyoichi Mori: Observations of wild hunting behaviour and bioluminescence of a large deep-sea, eight-armed squid, Taningia danae. In: *Proceedings of the Royal Society: Biological Sciences* 272 (2006), S. 1029–1034.

41 Vgl. Verne: *20000 Meilen*, S. 563.

42 Ebd., S. 175.

43 Ebd., S. 71.

44 Vgl. Ingo Schewe und Michael Klages: Erforschung des Meeresbodens. Von der Dredge zum Tiefseeroboter; sowie Klaus von Bröckel: Über Forschungsschiffe. Beide in: *Faszination Meeresforschung. Ein ökologisches Lesebuch*. Hrsg. von Gotthilf Hempel, Irmtraut Hempel und Sigrid Schiel. Bremen: Hauschild, 2006. S. 193–196 (Schewe, Klages), 394–400 (Bröckel).

45 Vgl. zum Folgenden Piepenburg: Am Grund des Ozeans, S. 156.

50 Metern auf dem Körper knapp 50 Kilogramm pro Quadratzentimeter lasten und die menschlichen Organe einreißen bzw. zerquetscht werden können. Aufgrund dieser vier Faktoren ist eine In-situ-Forschung nur eingeschränkt möglich: Das Nicht-Wissen der Meereskundler, um es salopp auszudrücken, steigt mit zunehmender Meerestiefe. So sind z. B. die gesamte Soziobiologie der Tiefseewesen sowie deren Fortpflanzungssysteme noch gänzlich unerforscht.[46] Und so ist die Herkunft zahlreicher Tiefseegeräusche, die man durch Hydrophone eingefangen und aufgezeichnet hat, nach wie vor völlig ungeklärt.[47] Die Geschichte der Aufzeichnung solcher Geräusche verdeutlicht überdies, dass die technischen Hilfsmittel keineswegs nur Wissen herstellen, sondern auch neue Geheimnisse und Rätsel anzeigen. Die fortschreitende Technisierung der Tiefseeforschung schafft also mit dem Wissen, das sie hervorbringt, zugleich wieder Nicht-Wissen.

Aufgrund der spezifischen Umweltfaktoren der Tiefsee prägen sich besondere Ökosysteme wie etwa die ‚Black Smokers' und die ‚Cold Seeps'[48] aus. ‚Black Smokers' entstehen beim Austritt heißer und mit Metallen wie Mineralien beladener Flüssigkeiten aus dem Meeresboden. Erst vor wenigen Jahren wurde in diesem Ökosystem eine neuartige Form der Symbiose aufgefunden – eine Symbiose aus Röhrenwürmern und Schwefelbakterien, bei der die Würmer die Bakterien mit Sauerstoff sowie Kohlendioxid und die Bakterien die Würmer mit Zucker versorgen.[49] ‚Cold Seeps', bei denen mineralreiches Porenwasser aus den Sedimenten sickert, kommen an allen Kontinentalrändern vor. Sie bilden gleichfalls symbiosereiche Lebensräume. Seit der Entdeckung dieser ‚kalten Quellen' verknüpft sich mit dem Wissen um ihre Eigenschaften ein Bewusstsein um ihre Gefahr: In den ‚Cold Seeps' kann nicht nur Rohöl aus natürlichen Leckstellen des Meeresbodens austreten, sondern auch explosionsartig gasförmiges Methan freigesetzt werden.[50]

Was die Anpassungsleistungen der Lebewesen an die Bedingungen der Tiefsee betrifft, sind vor allem die sinnesphysiologischen Anpassungen analysiert – etwa die Biolumineszenz, die druckempfindlichen Hautrezeptoren und

---

46 Vgl. Boetius, Boetius: *Das dunkle Paradies*, S. 315; Brandt: Lebensgemeinschaften der Tiefsee, S. 170.

47 Vgl. Boetius, Boetius: *Das dunkle Paradies*, S. 305.

48 Vgl. zur folgenden Unterscheidung Olav Giere: Heiße Quellen und kalte Seeps. In: *Faszination Meeresforschung. Ein ökologisches Lesebuch*. Hrsg. von Gotthilf Hempel, Irmtraut Hempel und Sigrid Schiel. Bremen: Hauschild, 2006. S. 171–179.

49 Vgl. Boetius, Boetius: *Das dunkle Paradies*, S. 354–355.

50 Ebd., S. 359.

die Aussendung von Ultraschalllauten.[51] Darüber hinaus werden Phänomene wie Gigantismus und Zwergwuchs evolutionstheoretisch hergeleitet.[52] Ausführlichere Forschungen stehen jedoch vor dem Problem, dass viele Tiefseewesen nicht an die Oberfläche gebracht werden können, da die Abnahme des Drucks und die Zunahme der Temperatur für sie lebensbedrohlich ist.[53] Die Umweltfaktoren der Tiefsee fungieren also als eine harte Grenze: Denn so wie der Mensch sich nicht einfach in die Tiefsee hinab begeben kann, so lässt sich auch die Tiefsee nicht einfach zum Menschen heraufholen. Die Tiefseeforschung verdeutlicht damit in zugespitzter Weise, worin das generelle Dilemma der Meereswissenschaften besteht – an dem tendenziell endlosen Geschäft zu arbeiten, das dem Menschen Verschlossene zu erschließen, eine *terra incognita* zu vermessen, die bei aller Vermessung *terra incognita* bleibt.

Damit soll keineswegs geleugnet werden, dass die Meereskunde Daten und Fakten, Regeln und Gesetze liefert, die einer Erschließung der Ozeane zuarbeiten, mithin ein das Gefahrenwissen flankierendes ‚positives Wissen' bereitstellen. Einem ‚fachfremden Blick', der den Rahmenbedingungen, Problemlagen und Argumentationsfiguren der Meeresforschung nachfragt, erweisen sich indes fünf andere Aspekte als bemerkenswert. Erstens wird das ‚positive Wissen' so präsentiert, dass zugleich – ausgehend von der natürlichen und fundamentalen Grenze aller Forschungen, die der Lebensraum der Ozeane selbst bildet – die inhaltlichen wie methodischen Probleme und die Lücken wie Leerstellen der Inventarisierungsarbeit in den Blick genommen werden. Zweitens verbindet sich dieser Hinweis auf das eigene Nicht-Wissen stets mit dem Verweis auf die Notwendigkeit technischer Hilfsmittel als den Bedingungen der Wissensherstellung. So werden die Möglichkeiten von Laborversuchen an Land[54] und von Langzeitbeobachtungen unter Wasser[55] erörtert, Forschungsverfahren – von der Epifluoreszenzmikrosko-

---

51 Vgl. Auel, Hagen: Eine virtuelle Reise durch die Weltmeere, S. 34; Boetius, Boetius: *Das dunkle Paradies*, S. 299–308; Tardent: *Meeresbiologie*, S. 219–225.

52 Vgl. Boetius, Boetius: *Das dunkle Paradies*, S. 341, 348–349; Schiel, Niehoff: Das Pelagial, S. 27; Sommer: *Biologische Meereskunde*, S. 18.

53 Vgl. Boetius, Boetius: *Das dunkle Paradies*, S. 288–290; Schewe, Klages: Erforschung des Meeresbodens, S. 195; Tardent: *Meeresbiologie*, S. 193–194.

54 Vgl. Boetius: Mikroorganismen des Tiefseebodens, S. 282; Simon: Das Bakterioplankton, S. 77; Tardent: *Meeresbiologie*, S. 194.

55 Vgl. Thomas Soltwedel: Langzeitbeobachtungen im HAUSGARTEN – aktuelle Strategien der biologischen Ozeanographie. In: *Faszination Meeresforschung. Ein ökologisches Lesebuch*. Hrsg. von Gotthilf Hempel, Irmtraut Hempel und Sigrid Schiel. Bremen: Hauschild, 2006. S. 197–198.

pie[56] bis hin zu High-Tech-Messplattformen[57] – abgewogen und zu deren Effizienzsteigerung angeregt. Dabei können jedoch die Techniken immer auch neue Forschungsprobleme sichtbar machen – wie etwa im Falle der kleinere Organismen wegblasenden Bodenprobengeräte.[58] Und sie können stets auch neues Nicht-Wissen schaffen – wie etwa im Falle der erwähnten Aufzeichnungen von Tiefseegeräuschen. Drittens liegt den Darstellungen der Meeresforscher oft ein ‚doppelter Blick' zugrunde: ein Blick in die Vergangenheit der Erdgeschichte und ein Blick in die Zukunft des Ökosystems. Mit dieser Historie und Prognose gleichermaßen umschließenden Perspektivik, wobei Historie und Prognose unverbunden nebeneinanderstehen,[59] aber auch in einer Kalkulation von Katastrophen verzahnt werden können,[60] bewegen sich die Meereswissenschaften in einem Bereich des Wahrscheinlichen und Möglichen. Viertens bringt die Meeresforschung bei der Erkundung der Lebensarten ein spezifisches Schlussverfahren zum Einsatz: Ausgehend von gegebenen Spuren und vorhandenen Resten – wie etwa den Kalmarschnäbeln in Pottwalmägen oder eines sich im Köderhaken verfangenden Tentakel – wird die Gesamtform eines Lebewesens ermittelt. Wie der ‚doppelte Blick' arbeitet auch dieses Schlussverfahren im Bereich des Wahrscheinlichen und Möglichen. Fünftens operieren die Meereswissenschaften mit wiederkehrenden Explikationsmustern und Argumentationsfiguren, die Wissen ermöglichen und es intern organisieren sollen. Hierzu gehört die Evolutionstheorie, mit der man z. B. Gigantismus wie Zwergwuchs zu plausibilisieren versucht.[61] Hierzu zählt zudem das Begründungsmodell, wonach das Kleine und Unscheinbare – wie etwa das Phytoplankton – maximale und für alle wahrnehmbare Effekte hervorruft.[62] Und hierzu ist schließlich das Erklärungsschema zu rechnen, wonach aufgrund der zahlreichen Symbiosen, der sowohl vertikalen als auch horizontalen Tierwanderungen

---

56 Vgl. Boetius: Mikroorganismen des Tiefseebodens, S. 282–283; Simon: Das Bakterioplankton, S. 71.

57 Vgl. Schewe, Klages: Erforschung des Meeresbodens, S. 194.

58 Vgl. ebd., S. 193.

59 So bei Tardent: *Meeresbiologie*, S. 4–17, 281–282, der mit einem erdgeschichtlichen Aufriss beginnt und mit einem Ausblick auf die Zukunft endet.

60 Vgl. dazu neben der bereits angesprochenen Arbeit von Hans O. Pörtner auch Julian Gutt: Stabilität, Störungen oder Zufall. Wer steuert marine Biodiversität? In: *Faszination Meeresforschung. Ein ökologisches Lesebuch*. Hrsg. von Gotthilf Hempel, Irmtraut Hempel und Sigrid Schiel. Bremen: Hauschild, 2006. S. 375–379.

61 In deren Rahmen werden auch andere ‚Anpassungsprozesse' wie die „Dichteregulation" erläutert Tardent: *Meeresbiologie*, S. 187–193.

62 Vgl. Tardent: *Meeresbiologie*, S. 33, S. 208–209; Simon: Das Bakterioplankton, S. 70.

und der die Ozeane umgreifenden thermohalinen Zirkulation alles mit allem zusammenhängt und deshalb meist globale Folgen hat.[63]

3 Meeresliteratur: Die Imagination totalen Wissens

Vergegenwärtigt man sich noch einmal einzelne Aspekte des im ersten Kapitel von Schätzings Roman entworfenen Untergangsszenarios – den Stillstand der thermohalinen Zirkulation, das „symbiotische System" aus Borstenwürmern und ‚Methanfressern', die ‚Blowouts', Hangrutschungen und Tsunamis –, dann partizipiert der Roman ganz offensichtlich am Gefahrenwissen der Meereskunde im Allgemeinen und am „Schreckensrepertoire der Hydratforschung" (376) im Besonderen. Wie allerdings kommt dieses Wissen in den Roman hinein? Anders gefragt: Wie wird es im Roman selbst eingeholt?

Für das erste Kapitel, das das Untergangsszenario auffächert, lassen sich drei Verfahren unterscheiden. Da ist zunächst ein heterodiegetischer Erzähler mit Nullfokalisierung – ein Mega-Wissenschaftler, der über das Wissen all der Wissenschaftler unterschiedlichster Provenienz verfügt, von denen er erzählt. So teilt er z. B. die Geschichte der nordatlantischen Schelfregionen ebenso mit (62–64) wie die Funktionsweise der Hydrophone (271–272) und den Verlauf des Golfstroms (283–284). Der Erzähler streut sein Wissen, da er als hetereodiegetischer nicht von den erzählten Unglücken bedroht ist, selbst dann noch in die Handlung ein, wenn die Menschheit ihrer Auslöschung entgegentaumelt. So erklärt er etwa in dem Moment die Entstehung von Tsunamis, als diese die Hafenstädte Norwegens überrollen (402–404). Darüber hinaus stellt der Roman zwischen den einzelnen Katastrophen immer wieder institutionalisierte Räume und Szenarien der Wissensvermittlung dar: die Universität und die Vorlesung,[64] die Pressekonferenz[65]

63 Vgl. dazu exemplarisch das El Niño-Phänomen, eine im vierjährigem Rhythmus um Weihnachten einsetzende Klima-Anomalie an der südamerikanischen Westküste: Wolff: Auftriebsgebiete. Vgl. in diesem Zusammenhang auch das Plädoyer zum Erhalt der Biodiversität von Richard Ellis: *Der lebendige Ozean. Nachrichten aus der Wasserwelt*. Hamburg: marebuch, 2006. S. 435–454.

64 Vgl. die Vorlesung über Methanvorkommen und Methanabbau, die Bohrmann vor einer Reihe geladener Schüler hält (126–131).

65 Vgl. das Frage-Antwort-Spiel von Reportern und Wissenschaftlern während der Autopsie eines Wales (145–149).

und das journalistische Interview,[66] die Lagebesprechung,[67] Laboratorien[68] und Büros.[69] Indem er von diesen Räumen und Szenarien erzählt, kann der Roman mit innerer Plausibilität zentrale Wissensbestände der Meereskunde verhandeln. Dass wiederum alle auftretenden Wissenschaftler Spezialisten sind, ermöglicht es dem Roman schließlich, mit Blick auf seine Figuren überall und jederzeit einen kommunikativen Austausch ozeanographischen Wissens zu initiieren.[70]

Gleicht man die Wissenspartikel, die mithilfe dieser Narrationsverfahren aufgerufen werden, mit denen der Meeresforschung ab, dann lässt sich feststellen, dass der Roman nicht nur an deren Gefahrenwissen teilhat, sondern auch voll deren ‚positiven Wissens' ist – z. B. Arten angemessen beschreibt und Symbiosen fachgemäß erläutert. Doch erschöpft sich im Falle von Schätzings *Der Schwarm* die Beziehung zwischen Meereswissenschaften und Meeresliteratur schon darin, dass der literarische Text eine inhaltliche Wiedergabe von Wissensbeständen betreibt, eine – gleichgültig, ob spielerische, kritische oder affirmative – Ansammlung von Daten und Fakten, Regeln und Gesetze der Meeresforschung liefert?[71] Oder greift der Roman auch die anderen Dimensionen der Meereskunde auf – die methodischen Probleme und inhaltlichen Lücken, die technischen Bedingungen der Wissensproduktion, die Perspektivik des ‚doppelten Blicks', das Schlussver-

---

66 Vgl. das Gespräch über Meeresströmungen zwischen der Wissenschaftsjournalistin Karen Weaver und dem Meereswissenschaftler Lukas Bauer an Bord der „*Juno*" (248–253).

67 Vgl. die Besprechungen im Konferenzraum von „Statoil", einem norwegischen Unternehmen, das die Erschließung von Erdölvorkommen in der Tiefsee anvisiert und angesichts der entdeckten Borstenwürmer die wissenschaftlichen Urteile von Johanson (181–187, 320–329) und Bohrmann (243–245) einholt. Vgl. zudem die große Konferenz von Politikern, Militärs, Geheimdienstagenten und Wissenschaftlern im „Château Whistler" zu Beginn des zweiten Kapitels, auf der sämtliche „Anomalien" des ersten Kapitels zusammenfassend vorgestellt und analysiert werden (456–491).

68 Vgl. den „Beobachtungsraum des Vancouver Aquariums", in dem Leon Anawak ethologische Experimente durchführt (76–82), den Raum des Tiefseesimulators im Kieler Institut Geomar (133–138, 273–277), in dem die Borstenwürmer analysiert werden, das Labor Bernard Roches, in dem dieser die Reste der explodierten Hummer untersucht (231–235), und das „Beobachtungslabor" des Aquariums, in dem das Unterwasser-Verhalten eines Walrudels nachverfolgt wird (311–315).

69 Vgl. das Büro Anawaks, in dem er bei Betrachtung von Videomaterialien über Verhaltensforschung nachdenkt (218–223), und das Büro Bohrmanns, in dem das „Schreckensrepertoire der Hydratforschung" erörtert wird (374–377).

70 Vgl. exemplarisch das Gespräch über Wale zwischen Anawak und der Weltraumforscherin Samantha Crowe (41–50), das über Bakterien zwischen Johanson und der „Statoil"-Mitarbeiterin Tina Lund (55–57) und das über Unterwasserroboter zwischen Johanson und Jean-Jacques Alban, dem Ersten Offizier der „*Thorvaldson*" (64–69).

71 Aufgrund dieser Ansammlung tendiert der Roman tatsächlich dazu, wie Ramponi: Globen, Fluten, Schwärme, S. 266, formuliert, „die grenzenlose Weite der Meere gleichsam enzyklopädisch" aufzufüllen.

fahren vom Gegebenen aufs Mögliche und die Explikationsmuster wie Argumentationsfiguren? Zur Beantwortung dieser Frage soll zunächst weiterhin das erste Kapitel des Romans betrachtet werden.

Wenn der Erzähler schon sehr früh einbekennt: „Jenseits der Schelfmeere begann das unbekannte Universum, über das die Wissenschaft tatsächlich weniger wusste als über den Weltraum." (62–63), bezieht auch er das von ihm ausgebreitete Wissen auf ein Nicht-Wissen um die *terra incognita* der Tiefsee. Doch auch auf der Handlungs- und Figurenebene schlagen die inhaltlichen wie methodischen Probleme der Meeresforschung und die Leerstellen wie Lücken ihrer Inventarisierungsarbeit durch. Einsatzpunkt des Romans bildet der Versuch, eine offensichtlich neue Lebensart zu bestimmen – die Borstenwürmer auf den Hydratfeldern. Johanson ordnet die Würmer einer im Golf von Mexiko „entdeckten Art" (33) zu. Das Problem dieser Klassifizierung wird allerdings sogleich sichtbar: Die neuen Würmer sind „zu groß für ihre Spezies" (34). Also werden sie zu einer „genetischen Analyse" (57) ins Labor geschickt, die sie der Gattung der „Polychäten" zuschlägt. Doch auch diese Klassifizierung wirft ein Problem auf: „die extrem ausgeprägten Kiefer" der Würmer (98). „Ich weiß nicht", muss Johanson das Scheitern seiner taxonomischen Bestimmungsversuche einbekennen, als er gefragt wird, was die Würmer „da unten" am Kontinentalhang treiben (99). So schickt er Proben zum Kieler Forschungszentrum Geomar, da dieses über einen Tiefseesimulator verfügt, der die Eigenschaften und Wirkungen der Würmer näher bestimmen soll.

Ganz ähnlich stellen sich die Schwierigkeiten bei der Untersuchung der explodierten Hummer dar. Die Laborarbeit des Biologen Bernard Roche zielt darauf, in der gallertartigen Masse, die „kaum noch feste Substanz" besitzt, „molekulare Verbindungen nachzuweisen" (216). Zunächst entdeckt er ein „hochwirksames Neurotoxin, von dem er allerdings nicht wusste, ob es der Gallerte entstammte oder dem Wasser in dem Glas." (216) Sodann kann er zwar das Plankton *Pfiesteria piscicida* identifizieren, jedoch lediglich eine von seinen Artgenossen abweichende Form, die ihn in „Zweifel" ob seiner Klassifikation versetzt (234). Diese Zweifel werden noch dadurch verschärft, dass das ihm vorliegende Material keine endgültigen Erklärungen zulässt:

> Vor allem aber fragte er sich, wie der Hummer überhaupt so lange hatte überleben können. Stammten die Algen aus seinem Inneren? Zusammen mit der Substanz? Die gallertartige Masse, die an der Luft zerfiel, schien jedenfalls etwas völlig anderes zu sein als diese Algen, etwas definitiv Unbekanntes. Entstammte überhaupt beides dem Innern des Hummers? Aber was war dann mit dem Hummerfleisch geschehen? (235)

Die Probleme, auf die Johanson und Roche bei ihren Forschungen stoßen, ergeben sich deshalb, weil die beiden Wissenschaftler ihnen unbekannte Phänomene in bekannte Größen überführen müssen und weil sie dazu auf das auch „Zweifel" produzierende Verfahren angewiesen sind, von Spuren und Resten auf ein wahrscheinliches bzw. mögliches Ganzes und dessen Qualitäten wie Effekte zu schließen. Doch diese ‚ganz normalen' Schwierigkeiten erlangen in *Der Schwarm* eine humanpolitische Dimension. Von der Arbeit der Wissenschaftler hängt es nämlich ab, ob man die hereinbrechenden Katastrophen in den Griff bekommt: Ihre Forschungen, die die „Anomalien" herzuleiten haben, avancieren zu detektivischen Recherchen im Kampf ums Überleben der Menschheit. Dementsprechend gewinnt Schätzings Roman gerade dadurch seinen Thrillercharakter, dass er das Alltagsgeschäft der Wissenschaftler mit seinen sämtlichen Problemen in einer alles anderen als alltäglicher Situation darstellt, bei der jede Verzögerung den Untergang der menschlichen Gattung bedeuten kann.

Schätzings Roman verhandelt auch die technischen Bedingungen der Wissensherstellung. „In der Tiefsee sind wir blind." (140), benennt Bohrmann die fundamentale Grenze aller meereswissenschaftlichen Forschungen. Konsequent müssen ROVs eingesetzt werden, um Videoaufnahmen vom Kontinentalhang zu machen und die Würmer an Land zu holen (69–71). Und konsequent kann die Funktion dieser Würmer – „Transporter" von ‚Methanfressern' zu sein (274), denen sie mit ihren Kiefern den Weg in die gefrorenen Hydrate freifressen, um dabei selbst zu „ersticken" (137) – erst durch den Tiefseesimulator erschlossen werden. Denn mit dem Simulator, so berichtet Bohrmann Johanson, lassen sich Szenarien durchspielen, die die „tatsächlichen Gegebenheiten vermitteln": Mit ihm können also die Probleme einer In-situ-Forschung minimiert werden. Doch die technische Überschreitung der der Forschung gezogenen Grenze geht mit nächsten Einschränkungen einher. Bohrmann weist nämlich auch darauf hin, dass der Simulator „nur winzige Ausschnitte der Wirklichkeit" liefert (134).[72] Diesen Darstellungsmodus des Simulators macht der Roman zum eigenen Gestaltungsprinzip. Denn Schätzings *Schwarm* liefert gleichfalls „Ausschnitte": Er springt von Ort zu Ort, zeigt einen Fischer vor Peru (11–23), sodann Johanson bei seiner Arbeit in Norwegen (26–35), daraufhin den Cetologen Leon Anawak in der „*Davies Whaling Station*" auf Vancouver Island (36–50, Herv. im Orig.), abermals Johanson auf seinem Weg an Bord des Forschungsschiffes „*Thorvaldson*" (51–75, Herv. im Orig.) usw. Der Leser erhält damit zwar mehrere „Ausschnitte", doch eben nur „Ausschnitte", eingeschränkte Sichtweisen auf die Wirklichkeit, sodass es ihm unmöglich ist, einen plausiblen Zusammenhang zwischen den sich an

72 Dieses Wechselspiel von Entgrenzung und Begrenzung der Forschung durch den Einsatz technischer Hilfsmittel thematisiert der Roman in mehreren Passagen: etwa auch in den Ausführungen Anawaks zu Telemetrie und Unterwasserkameras (220–221) oder in den Bemerkungen des Erzählers zu den auf den Meeresboden hinabgelassenen Videogreifern (246) und zum Tiefseesimulator (273).

verschiedenen Orten ereignenden Katastrophen herzustellen. Dadurch wird ihm auch die Begrenztheit der Ausschnittspräsentationen des Simulators vorgeführt.

Der ‚doppelte Blick' der Meereskundler kommt im Roman gleichfalls zum Tragen: Er prägt die Perspektive der Figuren und die des Erzählers. Bohrmann etwa ist damit beschäftigt, eine 55 Millionen Jahre zurückliegende, von freigesetztem Methan ausgelöste, „Klimakatastrophe" nachzustellen (134–135), um die Risiken eines industriellen Methanabbaus in der Tiefsee zu berechnen. Und der Erzähler wendet seinen Blick um 18 000 Jahre zurück, um einen Methanaustritt in der Folge „sinkende[n] Wasserdruck[s]" zu beschreiben, der das Verlaufsmuster – schlagartige Aufblähung des freiwerdenden Methans, Auseinanderreißen des Sediments, Einbruch des Kontinentalhangs – für die durch die ‚Methanfresser' drohende Katastrophe vorgeben könnte (395–396). Dabei malt er in seiner Vorhersage die Kalkulationen des Kieler Forschungsinstituts aus, die einen „Kollaps" (374) für die unmittelbare Gegenwart veranschlagen und „einen Storegga-Effekt" (376) in Aussicht stellen – eben eine Hangrutschung, wie sie sich vor 18.000 Jahren ereignet hat. Dieser ‚doppelte Blick' hat für den Roman eine strukturierende Funktion: Durch ihn wird aus der Historie eine Prognose abgeleitet, auf die dann die weitere Handlung zuläuft, bis die vorausgesagte Zukunft zur Gegenwart wird: „Dann rutschte der nördliche Kontinentalhang ab." (434) Durch diese spezifische Verwendung des ‚doppelten Blicks' motiviert der Roman zugleich das von ihm selbst erzählte Untergangsszenario wissenschaftlich – als ein Ereignis, das sich erdgeschichtlich bereits zugetragen hat und das sich unter entsprechenden Bedingungen jederzeit wiederholen kann.

Auch zwei der zentralen Explikationsraster wie Argumentationsfiguren der Meeresforschung werden vom Roman aufgegriffen. Wenn Bohrmann mit dem erstaunten Ausruf: „Wie kann etwas so Winziges einen Eisdeckel von über hundert Metern Dicke zerstören?" (375), der Symbiose aus Borstenwürmern und ‚Methanfressern' nachfragt, dann konstatiert er, dass das Kleine große Wirkungen hervorzubringen vermag. Und wenn der Erzähler die Konsequenzen eines Stillstandes der thermohalinen Zirkulation andenkt und den Einbruch einer Eiszeit erwägt, dann bringt er das Erklärungsschema zum Einsatz, wonach alles mit allem zusammenhängt und deshalb stets globale Effekte hervorruft (283–284). Vielleicht hält man Schätzings Untergangsszenario, zumal aufgrund seiner Addition von zwei ‚Hauptkatastrophen' – den Hangrutschungen mit Tsunamis, verursacht durch ein „symbiotisches System", und der drohenden Eiszeit, ausgelöst durch die Unterbrechung des Umlaufs der Meeresströme – für *fiction*. Doch ist dieses Szenario auch *science*, da es stringent aus grundlegenden Explikationsmustern der Meereskunde entfaltet ist. Vielleicht sieht man zudem Schätzings Symbiose aus Borstenwürmern und ‚Methanfressern' als „faktisch unmöglich" (376) an, wie dies selbst Bohrmann erwägt, und weist sie damit gleichfalls dem Bereich der *fiction* zu. Doch knüpft auch diese Symbiose an die *science* an, da sowohl ‚Methanfresser' als auch vergleichbare bakterielle Lebensgemeinschaften existieren. In gewisser Weise praktizieren nicht nur die Forscher im Roman, sondern auch der Roman selbst das Schlussverfahren der Meereswissenschaften, indem er vom Gegebenen auf ein Mögliches schließt: Denn wenn es ‚Methanfresser' gibt, die aus dem Boden austretendes Methan binden, könnte es auch ‚Methanfresser' geben, die sich ihre Nahrung aktiv beschaffen und dabei einen bedrohlichen Überschuss an Methan freisetzen.

Nicht zuletzt dieses Gedankenspiel des Romans veranschaulicht, dass auch über ein Jahrhundert nach Verne die Tiefsee immer noch die Phantasie von Schriftstellern anregt. Die Erkenntnisse der Meereskunde führen also keineswegs dazu, dass die Tiefsee nicht mehr als *terra incogita* erscheint und damit auch nicht mehr als Raum der Imaginationen fungiert. Ganz im Gegenteil: Das erste Kapitel von Schätzings *Schwarm* zeigt, dass sich die Imaginationen eines literarischen Textes nachhaltig aus den Meereswissenschaften herschreiben. Auf der Ebene des Dargestellten speist sich der Roman aus den Wissenschaften in den beschriebenen Lebensformen und geschilderten Naturprozessen, die das ‚positive Wissen' der Meereskunde ebenso wie deren Gefahrenwissen abrufen, in den ‚Methanfressern', die nach dem Schlussverfahren vom Gegebenen auf ein Mögliches gebildet sind, und im Untergangsszenario, das nach den Explikationsmustern gebaut ist, wonach das Kleine große Wirkungen hat und wonach alles mit allem zusammenhängt. Auf der Ebene des Darstellenden speist sich der Roman aus den Wissenschaften im Thrillercharakter, der aus dem unter einem immensen Zeitdruck stehenden Alltagsgeschäft der Forscher resultiert, Wissen durch die Lösung methodischer Probleme und durch die Füllung taxonomischer Lücken herzustellen, in der Präsentation in Ausschnitten, die die Einschränkung durch die technischen Bedingungen der Wissensproduktion zum Narrationsprinzip erhebt, und in der der Perspektivik des ‚doppelten Blicks' folgenden Handlungsstruktur, in der eine verheißene Zukunft zur erlebten Gegenwart wird. Schätzings erstes Romankapitel treibt aus einer Wissenschaft, die auch schon ein Imaginieren und Fingieren, ein Aussinnen und Gestalten praktiziert, deren poetisches Potential hervor, dem es sich selbst als literarischer Text verdankt.

Die Kapitel „Château Disaster" (435–650), „Independence" (651–894), „Abwärts" (895–950) und „Kontakt" (951–979) haben, wenngleich sie am und im Meer spielen, nur noch wenig mit Meeresforschung zu tun. Als könnten für Mutationen nicht auch komplexe Beziehungsnetze oder unkalkulierbare Zufallsereignisse verantwortlich sein,[73] unterstellen Schätzings Wissenschaftler schlicht, dass sich

73 Vgl. Gutt: Stabilität, Störungen oder Zufall, S. 379.

sämtliche „Anomalien" auf eine einzige Ursache zurückführen lassen. Spannend ist auch dieser zweite Teil des Romans, weil die Wissenschaftler weiterhin im Kampf ums Überleben der Menschheit daran arbeiten, Unbekanntes in Bekanntes und damit Nicht-Wissen in Wissen zu überführen. Ausschnittspräsentation findet indes keine mehr statt, da sich alle Personen an einem Ort einfinden, um durch diese räumliche Konzentration von Expertenwissen das Geheimnis der „Anomalien" zu lüften. Auch die Perspektivik des ‚doppelten Blicks' spielt keine Rolle mehr, weil die nun eingetretenen Katastrophen aus ihrer unmittelbaren Gegenwart und nicht im Rückgriff auf die erdgeschichtliche Vergangenheit erklärt werden. Vor allem aber werden das Schlussverfahren und die Explikationsmuster wie Argumentationsfiguren der Meereskunde *ad acta* gelegt. Denn als Verursacher der „Anomalien" wird eine „fremde[] Intelligenz[]", eine „zweite göttliche Rasse" (572) angenommen und schließlich auch entdeckt, sodass man, wie sich Johanson freut, „auf einen Schlag die Erklärung für sämtliche Mutationen" hat (576). Gleich den Aliens der Hollywoodproduktionen[74] verfügt diese Intelligenz über Gedächtnis, Selbstbewusstsein und Mitteilungsfähigkeit, agiert als intentionales Subjekt, als „planende[r] Geist" (574), der nach einem „Kollektivbeschluss" (672) die Menschen angreift, um diese „aus[zu]rotten", bevor die Menschen „das Leben in den Meeren ausrotten." (581) Dieser „Feind" (580), der „auf die Bedrohung des Kollektivs" mit der „Logik des Tötens" antwortet, „unser Feind" (837), wie ihn die Wissenschaftler entgegen aller Beteuerungen von einer „seriösen Beschäftigung mit der Andersartigkeit fremder Kulturen" (665) nennen, kommt indes nicht aus dem Weltraum herab, sondern steigt aus der Tiefsee empor – und zwar in Form von Einzellern, denen Johanson in einem gedankenverlorenen Tippen auf dem Laptop schon vorab den Namen Yrr gegeben hat (474). Die in Schwärmen auftretenden Yrr bilden eine „phosphoreszierende blaue Wolke", aus der plötzlich und unvorhersehbar ein „schlängelnder Blitz" hervorschießt (336, 484, 776), der die „neuronalen Netze" anderer Lebewesen „befällt" (576), um sie zu fremdgesteuerten Maschinen im Kampf gegen das Menschengeschlecht zu machen. So vermerkt Johanson über die Borstenwürmer:

> Diese Würmer am Kontinentalhang wurden gezüchtet. [...] Ihr Zweck besteht darin, Bakterien ins Eis zu transportieren, also haben wir es gewissermaßen mit *Cruise Missiles* aus der Familie der Polychäten zu tun. Mit Biowaffen, die von jemandem entwickelt wurden, dessen gesamte Kultur auf der Manipulation organischen Lebens beruht. (576, Herv. im Orig.)

74 Aufgrund dieser in zahlreichen Passagen präsenten Analogie behält der stellvertretende CIA-Direktor Jack Vanderbilt über den Roman hinaus recht, wenn er in einer ersten Reaktion die Annahme einer „fremde[n] Intelligenz[]" als Ursache der Katastrophen für „Kino" hält (581).

Zum Austritt des Methans, zu Hangrutschungen und Tsunamis, zur Zerstörung Nordeuropas, zu dieser Kettenreaktion, die auf eine „Vernichtung der Menschheit" (581) hinausläuft, kommt es demnach nur deshalb, weil die Yrrs mit ‚Methanfressern' vollgepumpte Borstenwürmer heranziehen und als ‚Selbstmordkommando' in die Hydratfelder der Tiefsee hinabschicken.[75]

Mit der Erfindung der Yrr betreibt der Roman eine intraterrestrische Wendung des Extraterrestrischen.[76] Die literarische *fiction* verlässt damit den Rahmen der meereswissenschaftlichen *science*. Dies zeigt sich in fünf Aspekten und hat eine Konsequenz. Erstens verdanken sich die Yrr keinem Schluss von einem existierenden Plankton auf ein mögliches, sondern einem Akt der Anthropomorphisierung. Dieser findet seine Zuspitzung darin, dass die Bewegungen der Yrrs – ganz im Gegensatz zum Schwarmverhalten bei Meerestieren[77] – von einer „Königin" (836) koordiniert werden, die auch die Steuerung des gesamten Handelns übernimmt. Zweitens besitzt das Kleine, der Yrr-Einzeller, nur deshalb eine große Wirkung, weil es dies gezielt will, und nicht, weil es innerhalb eines

75 Der Roman überträgt derart die innerhalb der Fiktion verworfene CIA-Verschwörungstheorie, wonach sich „hinter allem" biochemische Terroranschläge des Nahen Ostens verbergen (488–489), auf die Natur: Die Yrr nehmen die „Manipulation" von Lebewesen in „kleine Killer" vor, die man der „islamische[n] Welt" unterstellt (520–521). Damit jedoch geht der Roman keineswegs über das „weltverschwörungstheoretische Muster" hinaus, wie Ramponi: Globen, Fluten, Schwärme, S. 269, meint, sondern naturalisiert es, indem er dessen Grundprinzip – „Unerklärliches zurückzuführen auf intentional handelnde Akteure" – in der Erfindung der Yrrs einlöst und damit selbst eine Art Verschwörungstheorie präsentiert.

76 Explizit thematisiert er diese Wendung in einer längeren Rede Johansons im „Château Whistler": „Der Weltraum liegt in den Ozeanen. Die Außerirdischen kommen nicht aus weit entfernten Galaxien, sondern haben sich am Grund der Tiefsee entwickelt." (572) Implizit markiert damit der Roman zugleich seinen eigenen Perspektiven- und Darstellungswechsel – von den Paradigmen der Meeresforschung zu den Genremustern der Alien-Filme. Dabei stellen noch die Passagen, in denen sich Schätzings *Schwarm* ideologiekritisch von den Hollywoodproduktionen zu distanzieren versucht, die Techniken des Romans aus. So vermerkt Crowe über die Außerirdischen in *Unheimliche Begegnung der dritten Art*, was ebenso für die fiktionale Gestaltung der Yrrs gilt: „Alles an ihnen ist zutiefst menschlich, weil menschgewollt, bis hin zur Dramaturgie ihres Auftretens" (665). Und so ergänzt sie mit Blick auf die Aliens in *Independence Day*, was gleichfalls auf die romaninterne Konstruktion der Yrrs zutrifft: „Sie sind böse, indem sie unsere Vorstellungen von Bösartigkeit erfüllen. Auch ihnen wird keine wirkliche Andersartigkeit zugestanden." (665–666)

77 Vgl. Tardent: *Meeresbiologie*, S. 82–83, wonach es „innerhalb eines Schwarmes keine soziale Rangordnung gibt, keinen ‚Führer', welche die Richtung der Schwarmbewegungen mit den z. T. brüsken Richtungsänderungen bestimmen. Wie letztere unter Vermeidung von Kollisionen ausgelöst und gesteuert werden, bleibt nach wie vor ein Rätsel." Schätzings Anthropomorphisierung suggeriert dort Wissen, wo in den Meereswissenschaften Nicht-Wissen herrscht, und ist damit Ausdruck für das zentrale Prozedere des gesamten zweiten Romanteils – mit allen Mitteln alles erklären zu wollen.

Ökosystems eine spezifische Funktion innehat. Drittens hängt nur deshalb alles mit allem zusammen, weil hinter jedem Ereignis ein und dieselbe planende Intelligenz steht, und nicht, weil es eine Vielzahl von Netzwerken gibt, in denen die Lebewesen in komplexen Beziehungen miteinander verflochten sind. Viertens blendet der Roman in seinem zweiten Teil die beiden meereswissenschaftlichen Herleitungen für den Methanaustritt und für den Einbruch einer Eiszeit ab, die er im ersten Teil noch angespielt hat – die Abnahme des hydrostatischen Drucks und die Unterbrechung der thermohalinen Zirkulation. Und fünftens grenzt er das Explikationsschema systematisch aus, das in der Meereskunde zumeist zur Herleitung von Mutationen herangezogen wird – das der Evolutionstheorie. Denn dieses Begründungsmodell, das die biologischen Veränderungen von Lebewesen auf natürliche und langfristige Prozesse zurückführt, kann dort keinen Platz finden, wo eine Erklärungsvariante entfaltet wird, nach der eine Intelligenz durch aktiven Eingriff und in kürzester Zeit Borstenwürmer und ‚Methanfresser', Wale und Fische, Quallen und Hummer neurologisch zu manipulieren versteht.

Konsequenz der intraterrestrischen Wendung des Extraterrestrischen ist es, dass am Ende von *Der Schwarm* keine *terra incognita* mehr existiert. Denn während Vernes Roman, indem er seine Protagonisten die „Wunder" der Unterwasserwelt vor Ort wahrnehmen lässt, eine unmittelbare Zugänglichkeit der Tiefsee imaginiert, malt Schätzings Roman, indem er alle aus den Ozeanen aufsteigende Rätsel einer Lösung zuführt, deren umfassende Erschließbarkeit aus. Und während die Meereswissenschaften immer wieder ihr Nicht-Wissen thematisieren, stellt Schätzings Meeresliteratur das totale Wissen um alle noch so irritierenden „Anomalien" aus. Mit Blick auf die Machart des Romans bedeutet dies, dass an die Stelle eines ‚wissenschaftlichen Erzählens', das stets das eigene Nicht-Wissen miterzählt, ein ‚mythisches Erzählen' tritt: Durch die Erfindung der Yrrs schafft der Roman einen Mythos, der den Wissenschaftlern im zweiten Teil sämtliche Explikationslücken zu füllen erlaubt,[78] die sie im ersten Teil noch rat- und rastlos umgetrieben haben. Denn „*was* da unten ist", „wissen" Bohrmann und seine Kollegen zum Schluss ihrer Forschungen nur zu genau – Schwärme von intelligenten Einzellern. Zugespitzt formuliert heißt dies: Nicht die Meereswissenschaften, mit deren Fortschritten auch das Wissen darum fortschreitet, was man nicht weiß, sondern ein Meeresroman, der hinter allen unbekannten Erscheinungen und unvertrauten Ereignissen eine intentionale Größe veranschlagt, schickt sich an, die Tiefsee als Raum der Imagination abzuschaffen. Doch wie bei

78 Vgl. zu dieser Funktion des Mythos Hans Blumenberg: *Arbeit am Mythos*. 5. Aufl. Frankfurt a. M.: Suhrkamp, 1990. S. 11–12.

Verne die unmittelbare Zugänglichkeit ist die umfassende Erschließbarkeit bei Schätzing eine Phantasie – eine Phantasie zudem, zu der die Tiefsee als *terra incognita* angeregt hat.

Literatur

Auel, Holger, und Wilhelm Hagen: Eine virtuelle Reise durch die Weltmeere – Energieflüsse, Nahrungswege und Anpassungspfade. In: *Faszination Meeresforschung*. Hrsg. von Gotthilf Hempel, Irmtraut Hempel und Sigrid Schiel. Bremen: H. M. Hauschild, 2006. S. 31–39.

Blumenberg, Hans: *Arbeit am Mythos*. 5. Auflage. Frankfurt a. M.: Suhrkamp, 1990.

Boetius, Antje: Mikroorganismen des Tiefseebodens. Vielfalt, Verteilung und Funktion. In: *Faszination Meeresforschung*. Hrsg. von Gotthilf Hempel, Irmtraut Hempel und Sigrid Schiel. Bremen: H. M. Hauschild, 2006. S. 279–287.

Boetius, Antje, und Henning Boetius: *Das dunkle Paradies. Die Entdeckung der Tiefsee*. München: Bertelsmann, 2011.

Brandt, Angelika: Lebensgemeinschaften der Tiefsee. In: *Faszination Meeresforschung*. Hrsg. von Gotthilf Hempel, Irmtraut Hempel und Sigrid Schiel. Bremen: H. M. Hauschild, 2006. S. 166–170.

Bröckel, Klaus von: Über Forschungsschiffe. In: *Faszination Meeresforschung*. Hrsg. von Gotthilf Hempel, Irmtraut Hempel und Sigrid Schiel. Bremen: H. M. Hauschild, 2006. S. 394–400.

Ellis, Richard: *Der lebendige Ozean. Nachrichten aus der Wasserwelt*. Hamburg: marebuch, 2006.

Fahrbach, Eberhard, und Gerd Rohardt: Die physikalische Umwelt im Überblick. In: *Faszination Meeresforschung*. Hrsg. von Gotthilf Hempel, Irmtraut Hempel und Sigrid Schiel. Bremen: H. M. Hauschild, 2006. S. 14–22.

Froese, Rainer: Volkszählung im Meer. In: *Faszination Meeresforschung*. Hrsg. von Gotthilf Hempel, Irmtraut Hempel und Sigrid Schiel. Bremen: H. M. Hauschild, 2006. S. 384.

Gerlach, Sebastian A.: *Spezielle Ökologie. Marine Systeme*. Heidelberg: Springer, 1994.

Giere, Olav: Heiße Quellen und kalte Seeps. In: *Faszination Meeresforschung*. Hrsg. von Gotthilf Hempel, Irmtraut Hempel und Sigrid Schiel. Bremen: H. M. Hauschild, 2006. S. 171–179.

Gutt, Julian: Stabilität, Störungen oder Zufall. Wer steuert marine Biodiversität? In: *Faszination Meeresforschung*. Hrsg. von Gotthilf Hempel, Irmtraut Hempel und Sigrid Schiel. Bremen: H. M. Hauschild, 2006. S. 375–379.

Körtzinger, Arne: Der marine Kohlenstoffkreislauf – eine biogeochemische Betrachtung. In: *Faszination Meeresforschung*. Hrsg. von Gotthilf Hempel, Irmtraut Hempel und Sigrid Schiel. Bremen: H. M. Hauschild, 2006. S. 256–262.

Kubodera, Tsunemi, Yasuhiro Koyama und Kyoichi Mori: Observations of wild hunting behaviour and bioluminescence of a large deep-sea, eight-armed squid, Taningia danae. In: *Proceedings of the Royal Society: Biological Sciences* 272 (2006), S. 1029–1034.

Piepenburg, Dieter: Am Grund des Ozeans – der große Unbekannte. Ein Überblick. In: *Faszination Meeresforschung*. Hrsg. von Gotthilf Hempel, Irmtraut Hempel und Sigrid Schiel. Bremen: H. M. Hauschild, 2006. S. 156–165.

Pörtner, Hans O.: CO_2 „nur" ein Klimafaktor? Wirkungen auf Meerestiere. In: *Faszination Meeresforschung*. Hrsg. von Gotthilf Hempel, Irmtraut Hempel und Sigrid Schiel. Bremen: H. M. Hauschild, 2006. S. 292–300.

Ramponi, Patrick: Globen, Fluten Schwärme. Das kulturelle Wissen maritimer Globalisierung am Beispiel von Frank Schätzings „Der Schwarm". In: *Bluescreen. Visionen, Träume, Albträume und Reflexionen des Phantastischen und Utopischen*. Hrsg. von Walter Delabar und Frauke Schlieckau. Bielefeld: Aisthesis, 2010. S. 262–273.

Schätzing, Frank: *Der Schwarm*. 11. Auflage. Frankfurt a. M.: Fischer TB, 2011.

Schewe, Ingo, und Michael Klages: Erforschung des Meeresbodens. Von der Dredge zum Tiefseeroboter. In: *Faszination Meeresforschung*. Hrsg. von Gotthilf Hempel, Irmtraut Hempel und Sigrid Schiel. Bremen: H. M. Hauschild, 2006. S. 193–196.

Schiel, Sigrid: Biolumineszenz mariner Organismen. In: *Faszination Meeresforschung*. Hrsg. von Gotthilf Hempel, Irmtraut Hempel und Sigrid Schiel. Bremen: H. M. Hauschild, 2006. S. 288–291.

Schiel, Sigrid, und Barbara Niehoff: Das Pelagial. In: *Faszination Meeresforschung*. Hrsg. von Gotthilf Hempel, Irmtraut Hempel und Sigrid Schiel. Bremen: H. M. Hauschild, 2006. S. 24–31.

Simon, Meinhard: Das Bakterioplankton – Riese und Regulator im marinen Stoffumsatz. In: *Faszination Meeresforschung*. Hrsg. von Gotthilf Hempel, Irmtraut Hempel und Sigrid Schiel. Bremen: H. M. Hauschild, 2006. S. 70–80.

Sommer, Ulrich: *Biologische Meereskunde*. 2. überarbeitete Auflage. Heidelberg: Springer, 1998.

Soltwedel, Thomas: Langzeitbeobachtungen im HAUSGARTEN – aktuelle Strategien der biologischen Ozeanographie. In: *Faszination Meeresforschung*. Hrsg. von Gotthilf Hempel, Irmtraut Hempel und Sigrid Schiel. Bremen: H. M. Hauschild, 2006. S. 197–198.

Tardent, Pierre: *Meeresbiologie. Eine Einführung*. 3. Auflage. Stuttgart: Thieme, 2005.

Thomsen, Laurenz: Kontinentalränder – Leben am Abhang. In: *Faszination Meeresforschung*. Hrsg. von Gotthilf Hempel, Irmtraut Hempel und Sigrid Schiel. Bremen: H. M. Hauschild, 2006. S. 180–183.

Verne, Jules: *20000 Meilen unter dem Meer*. Hrsg. von Volker Dehs. München: dtv, 2009.

Wanning, Berbeli: Yrrsinn oder die Auflehnung der Natur: Kulturökologische Betrachtungen zu „Der Schwarm" von Frank Schätzing. In: *Kulturökologie und Literatur. Beiträge zu einem transdisziplinären Paradigma der Literaturwissenschaft*. Hrsg. von Hubert Zapf. Heidelberg: Winter, 2008. S. 339–357.

Westernhagen, Hein von: Eingriffe des Menschen ins Meer – ein Überblick. In: *Faszination Meeresforschung*. Hrsg. von Gotthilf Hempel, Irmtraut Hempel und Sigrid Schiel. Bremen: H. M. Hauschild, 2006. S. 341–358.

Wolff, Matthias: Auftriebsgebiete. In: *Faszination Meeresforschung*. Hrsg. von Gotthilf Hempel, Irmtraut Hempel und Sigrid Schiel. Bremen: H. M. Hauschild, 2006. S. 48–55.

Monika Gänßbauer

Von Goldlaufkäfern und Bilharziose

Ein Blick in das literarische Werk der chinesischen Autorin Can Xue

Abstract: Der folgende Beitrag geht den Verbindungen zwischen Wissenschaft und Literatur in den Werken der chinesischen Gegenwartsautorin Can Xue nach und wird sich ihrem Werk aus einer sinologischen Perspektive annähern. Im chinesischen Kontext gab es keine *Literature and Science*-Debatte, wie wir sie aus dem euro-amerikanischen Sprachraum kennen. In der Volksrepublik China liegt eine deutlich anders geprägte gesellschaftliche und literarische Situation vor, was nicht bedeutet, dass in China keine Auseinandersetzung mit Fragen von Literatur und Wissenschaft stattfände. Can Xues Werk zeigt eine sehr subtile Auseinandersetzung mit solchen Fragen. Und darüber hinaus: Denn anders als der Westen kam China mit einer Ausdifferenzierung wissenschaftlicher Spezialdisziplinen erst im Zuge des gewaltsamen Eindringens der Westmächte im neunzehnten Jahrhundert in Berührung. Zuvor herrschten in China andere Kategorien für die Erfassung von Realität und Wissen. Can Xues Werk nun lässt nicht nur eine Faszination für biologische und medizinische Begriffe erkennen, es setzt sich auch mit dem traditionellen kosmologischen Spekulationssystem auseinander, ebenso wie sie Elemente des in der Volksrepublik China bis heute dominierenden marxistisch-maoistischen Diskurses und der bis heute verbreiteten Wissenschaftsgläubigkeit, kritisch-ironisch reflektiert. Dies zeichnet ihr Werk besonders aus.

> The attempt to peer into the very core of a text,
> to possess once and for all its meaning, is vain –
> it is only ourselves that we find there, not the work itself.
> (David Lodge)[1]

Can Xue ist der Künstlername von Deng Xiaohua, die 1953 in Changsha, Hunan, geboren wurde. Ihr Vater war Direktor eines Zeitungsverlages, des Verlags der *New Hunan Daily News*, ihre Mutter Journalistin. Die Eltern wurden 1957 im Zuge der Rechtsabweichlerkampagne kritisiert und zur Umerziehung aufs Land geschickt.[2]

---

1 David Lodge: *Small World*. London: Secker & Warburg, 1984. S. 27. Für Anregungen zu diesem Text danke ich Aura Heydenreich, Klaus Mecke und Dirk Niefanger.

2 Die Rechtsabweichlerkampagne folgte sehr schnell auf die Hundert-Blumen-Kampagne in China. In der Hundert-Blumen-Kampagne waren Intellektuelle dazu aufgefordert worden, offen

1966, zu Beginn der Kulturrevolution,[3] wurde ihr Vater inhaftiert. In dieser Zeit lebte Can Xue allein in einem Raum im Souterrain eines Hauses. Sie war wegen ihrer schwachen Gesundheit nicht aufs Land geschickt worden. Can Xue konnte wegen der ständigen politischen Kampagnen nur den Hauptschulabschluss absolvieren. Nach 1970 fand sie für zehn Jahre Arbeit in einer Fabrik. 1980 eröffnete sie mit ihrem Mann eine Schneiderei, die sie bis heute betreibt. 1983 begann sie zu schreiben. Can Xues Werke sind bereits in zahlreiche Sprachen übersetzt worden. Allein auf Englisch liegen von ihr mehrere Bände in Übersetzung vor: *Dialogues in Paradise*, *Old Floating Cloud. Two Novellas*, *Five Spice Street* sowie *Vertical Motion. Stories*.[4] Von Susan Sontag soll – dem Schriftsteller Bradford Morrow zufolge – die folgende Einschätzung stammen: „[I]f China has one possibility of a Nobel laureate it was Can Xue."[5]

Themen Can Xues sind traumatische Erfahrungen, die sie mit den vielfältigen politischen Kampagnen der Volksrepublik China verbindet, der Zerfall menschlicher Beziehungen und reale ländliche bzw. kleinstädtische Milieus, die von ihr in einer surrealistischen Erzählweise unter Einbeziehung visionär-traumhafter Vorgänge präsentiert werden. Literarisch sieht sie selbst sich von Kafka, Dante und Borges beeinflusst.[6]

Sie erklärte einmal zum Motiv ihres Schreibens: „I believe that I have something to say about these ten years [gemeint ist die Zeit der Kulturrevolution, M. G.],

zu ihrer Wahrnehmung von Fehlentwicklungen im ‚Neuen China' Stellung zu beziehen. Wer sich aber tatsächlich mit Kritik hervorgewagt hatte, wurde ab 1957 oft scharf angegangen, inhaftiert oder in Arbeitslager verbannt.

3 Die Kulturrevolution (1966–1976) war eine Massenkampagne, die von Mao Zedong initiiert wurde, um seine Idee der permanenten Revolution umzusetzen. Mao wandte sich unter Umgehung der Parteistrukturen direkt an die Jugendlichen des Landes und mobilisierte sie. Sie sollten gegen alles Alte, Verkrustete sowie gegen etablierte Autoritäten rebellieren. Der sich in der Folgezeit entwickelnde Terror und die Auseinandersetzungen zwischen Gruppen von Jugendlichen, Arbeitern und Militär brachten das Land an den Rand eines Bürgerkrieges.

4 Can Xue: *Dialogues in Paradise*. Übers. von Ronald R. Janssen und Jian Zhang. Evanston: Northwestern UP, 1989; dies.: *Old Floating Cloud. Two Novellas*. Übers. von Ronald R. Janssen. Evanston: Northwestern UP, 1991; dies.: *Five Spice Street*. Übers. von Karen Gernant und Chen Zeping. Yale: Yale UP, 2009; dies.: *Vertical Motion. Stories*. Übers. von Karen Gernant und Chen Zeping. Rochester: Open Letter, 2011.

5 Bradford Morrow: *Can Xue. Appreciations*. http://web.mit.edu/ccw/can-xue/appreciations-bradford-morrow.shtml. Website Contemporary Chinese Writers des Massachusetts Institute of Technology, Cambridge. Undatiert. (14. April 2015).

6 Laura McCandlish: *Stubbornly Illuminating „the Dirty Snow that Refuses to Melt": A Conversation with Can Xue*. http://u.osu.edu/mclc/online-series/mccandlish/. Website der Modern Chinese Literature and Culture Resource Center der Ohio State University, Columbus. Beitrag von 2002. (14. April 2015).

and about the future […] something beyond ordinary consciousness, beyond ordinary talk […]. Something abstract.“[7]

Den tieferliegenden Themen Can Xues kommt man meines Erachtens über ihre eigenen Reflexionen zu Kafka näher. In einem Text mit dem Titel *The Castle's Will* beschreibt sie, wie K. im Schloss anruft, in der Hoffnung, das Schloss betreten zu dürfen. Die Antwort aus dem Hörer ist ein summender, hoher Ton, der K.s Körper durchdringt.[8] Dies sei die wahre Antwort des Schlosses, schreibt Can Xue, aber K. verstehe sie nicht. Denn: „his brain is set against his belly.“[9]

Später kommt es zu einem Treffen von K. mit Sekretär Bürgel aus dem Schloss. K. erlebt diese Begegnung in einem halb träumenden, halb wachen Zustand.[10] Can Xue interpretiert hier: „This is […] a spectacular example of the belly defeating the brain […]; it is the splendid sight of life defeating death.“ Eine wichtige Frage sei, so Can Xue, ob man es wage, in die Erfahrung des Traums hineinzuexplodieren.

Ein chinesischer Literaturwissenschaftler, Li Jie, hat Can Xues Prosa denn auch „traum-imitierende Fiktion“ [fangmeng xiaoshuo] genannt.[11] Doch, wie Michael Lackner festgestellt hat, fällt es den Vertretern des heutigen intellektuellen China schwer, Träumen Bedeutung zuzumessen. Einst als Medium der Voraussage genutzt, scheine es vielen chinesischen Intellektuellen heute, als besitze der Traum nicht einmal Aussagekraft.[12]

Can Xue ist eine Autorin, die von den Behörden kritisch gesehen wird, nicht nur wegen ihres traumgleichen Schreibens, sondern auch wegen ihrer ironisierenden Darstellung der chinesischen Kampagnen-Slogans und deren zerstörerischer

---

7 Zit. nach Rong Cai: In the Madding Crowd. In: dies.: *The Subject in Crisis in Contemporary Chinese Literature*. Honolulu: University of Hawaii Press, 2004, S. 92–126, hier S. 98.

8 Bei Kafka steht: „Aus der Hörmuschel kam ein Summen, wie K. es sonst beim Telephonieren nie gehört hatte. Es war, […] wie wenn sich aus diesem Summen […] eine einzige hohe, aber starke Stimme bilde, die an das Ohr schlug, so wie wenn sie fordere, tiefer einzudringen als in das armselige Gehör.“ Franz Kafka: *Das Schloss*. Berlin: S. Fischer, 1951. S. 32.

9 Can Xue: *The Castle's Will. Reading Kafka's „Castle“* [20. Dezember 1997]. http://www.greeninteger.com/green_integer_review/issue_1/Can-Xue-kafka.htm. Übers. von Joachim Kurtz auf dem Online-Portal Green Integer, Los Angeles 2006. (14. April 2015).

10 Es handelt sich um das 18. Kapitel von *Das Schloss*: „K. […] merkte […], daß ihn das, wovon Bürgel sprach, wahrscheinlich sehr betraf, aber er hatte jetzt eine große Abneigung gegen alle Dinge, die ihn betrafen, er rückte mit dem Kopf ein wenig beiseite, als mache er dadurch den Fragen Bürgels den Weg frei und könne von ihnen nicht mehr berührt werden.“ Kafka: *Das Schloss*, S. 344.

11 Vgl. Rong Cai: In the Madding Crowd. S. 96.

12 Michael Lackner: *Der chinesische Traumwald. Traditionelle Theorien des Traumes und seiner Deutung im Spiegel der ming-zeitlichen Anthologie Meng-lin hsüan-chieh*. Frankfurt a. M. u. a.: Lang, 1985. S. VI.

Wirkung auf menschliche Beziehungen.[13] Sie hat sich auch der Aufnahme in den Chinesischen Schriftstellerverband, dem offiziellen, parteinahen Organ von Autorinnen und Autoren Chinas, verweigert, und einige ihrer Werke wurden in der Volksrepublik verboten.[14] Dem Urteil von Dylan Suher und Joan Hua, Can Xue sei keine politische Autorin, ist darum nicht zuzustimmen.[15]

Es lohnt, an dieser Stelle einige direkte Einblicke in Texte von Can Xue zu geben, insbesondere mit Blick auf die Verbindung zwischen Wissenschaft und Literatur. Ich selbst habe einmal einen Text von Can Xue ins Deutsche übersetzt und war damals überrascht von der Häufigkeit, mit der sie in ihre Texte ungewöhnliche medizinische und biologische Begriffe einbringt. Der Text, den ich übersetzte, war überschrieben mit: *Ein bilharziöser Zwerg*.[16] Die Autorin scheint fasziniert zu sein von biologischen und medizinischen Phänomenen. Als LeserIn und ÜbersetzerIn von Can Xue wird man wohl immer wieder zu einem Lexikon greifen müssen, um die seltenen Begriffe, die sie in ihre Texte einwebt, zu identifizieren. An dieser Stelle ist auch der Hinweis angebracht, den Wolf Baus, Übersetzer mehrerer Texte von Can Xue, gegeben hat. Er las 1985 zum ersten Mal eine Erzählung von Can Xue und war überrascht, eine „so durch und durch ‚kranke' Geschichte" vorzufinden.[17] Die Lektüre ihrer Texte kann tatsächlich Verstörung und Ekel hervorrufen,[18] und Wang Meng, der ehemalige Kulturminister der Volksrepublik China,

13 An einer Stelle schreibt Can Xue, dass sie das zum Ausdruck bringe, was ihren Vater, der während der Rechtsabweichlerkampagne und in der Kulturrevolution angegriffen wurde, umgetrieben habe, was er aber nicht habe äußern können. Vgl. Can Xue: *Quguang Yundong*. Shanghai: Shanghai Wenyi, 2008. S. 236.

14 Vgl. McCandlish: *Stubbornly Illuminating*.

15 Dylan Suher und Joan Hua: An Interview with Can Xue. In: *Asymptote Journal* (Juli 2013). http://asymptotejournal.com/article.php?cat=Interview&id=22&curr_index=1. (14. April 2015).

16 Can Xue: Ein bilharziöser Zwerg. Übers. von Monika Gänßbauer. In: *Hefte für Ostasiatische Literatur* 18 (Mai 1995). S. 40–45. Bilharziose ist eine tropische Infektionskrankheit, die durch Egel übertragen wird.

17 Wolf Baus: Can Xues Berichte aus der Wildnis. In: Can Xue: *Dialoge im Paradies. Erzählungen aus der Volksrepublik China*. Übers. und mit einem Vorwort versehen von Wolf Baus. Dortmund: projekt, 1996. S. 7–14, hier S. 7.

18 Hier ein Beispiel für eine solche Szene aus einer Erzählung Can Xues von 1985: „‚Dein Zimmer war so hell, das hat mich irritiert. Das Blut pocht mir in den Adern, als würde eine Trommel geschlagen. Schau hier!' Sie zeigte auf ihre Schläfe, über die ein runder, fetter Regenwurm kroch. ‚Dann schon lieber Skorbut. Du weißt ja gar nicht, wie das ist, wenn einem den ganzen Tag lang was im Leibe herumwühlt ...' Dabei legte sie mir die dicke Hand auf die Schulter, sie war eiskalt und tropfte in einem fort." Can Xue: Die Hütte auf dem Berg. In: dies.: *Dialoge im Paradies*, S. 45–50, hier S. 48. Über diese Erzählung schreibt Wu Liang: „This story shook, frightened, and surprised people; unable to understand its meaning, they felt confused." Wu Liang: Re-Membering the Cultural Revolution. Chinese Avant-garde Literature of the 1980s. In: *Chinese Literature in the*

bekannte einmal, dass er zwar fasziniert sei von Cans Erzählungen, aber selten die Geduld aufbringe, sie zu Ende zu lesen.[19]

Die Autorin erklärt selbst in einem Interview, ihre Texte hätten keinen durchgehenden, konsistenten Plot, eher eine durchgehende Stimmung: „Ich schreibe, wie sich die Leute durchs Dunkel tasten, und über die Empfindungen, wenn sie sich dabei berühren."[20] Einer in der Volksrepublik China lange Zeit geforderten sozialistisch-realistischen Erzählweise entzieht sich die Autorin von Anfang an. Ähnlich wie Aura Heydenreich dies für Günter Eich festgestellt hat, konstatiert auch Can Xue in ihrem Schreiben eine „Krise des Ordnungskodex, der die Sprache reguliert." Diese Krise zu verschärfen und eskalieren zu lassen, ist auch ein Motiv ihres Schreibens. Auch Can Xues Schreiben kann als subversiv gedeutet werden.[21]

In einer Erzählung, betitelt mit „Sommertage im schönen Süden", lesen wir über den Vater der Erzählerin:

> Er hatte eine Uhr, die täglich eine halbe Stunde verlor. Also stemmte er alle paar Tage das Gehäuse mit einer kleinen Schere auf und reparierte sie mit Werkzeugen, die er speziell zu diesem Zweck angefertigt hatte. Jahrelang werkelte er immer wieder an ihr herum und kämpfte gegen ihre ungesunden Tendenzen, aber diese Uhr ging weiterhin, wie von einem Malariaanfall geschüttelt, mal zu langsam, mal zu schnell. Er ließ deswegen den Kopf nicht hängen, reparierte hochgestimmt an ihr herum und meinte zu den Leuten: „Diese Uhr hier stammt aus der Schweiz und ist schon dreißig Jahre alt. Wo findet man heutzutage noch so gute Uhren?" Er litt an Beriberi.[22]

Wie eine Traumschilderung erscheint die Erzählung „Dialoge im Paradies I":

> „Meine Haut ist ein ganz besonderes kristallines Gestein", flüstertest du mir vertraulich zu [...]. „Unendlich viele Rotdornbeeren gibt es in den südlichen Wäldern, und wilde Tiere lauern in den Büschen." [...] „Ganz ruhig ...", flüstertest du mir ins Ohr [...]: „Sieh dort, die Flunder in der Sternenbrandung! Sonne und Mond werden zusammen aufgehen [...] und unter dem alten Baum dort: ganz ruhig ein jugendlicher Schädel, kunstvoll ziseliert."[23]

Second Half of a Modern Century. A Critical Survey. Hrsg. von Pang-yuan Chi und David Der-wei Wang. Bloomington: Indiana UP, 2000. S. 124–136, hier S. 129.

19 Zit. nach Baus: Can Xues Berichte aus der Wildnis, S. 11.

20 Zit. nach ebd., S. 13.

21 Vgl. Aura Maria Heydenreich: *Wachstafel und Weltformel. Erinnerungspoetik und Wissenschaftskritik in Günter Eichs „Maulwürfen"*. Göttingen: Vandenhoeck & Ruprecht, 2007. S. 380–381.

22 Can Xue: Sommertage im schönen Süden. In: dies.: *Dialoge im Paradies*, S. 15–26, hier S. 20–21. Beriberi ist eine Erkrankung, die durch Vitamin B1-Mangel entsteht und zu Störungen der Nerven, der Muskulatur und des Herz-Kreislauf-Systems führen kann.

23 Can Xue: Dialoge im Paradies I. In: dies.: *Dialoge im Paradies*, S. 27–31, hier S. 28, 31.

Can Xue findet wie wohl wenige chinesische Gegenwartsautoren in ihren Texten auch Zugang zur Welt chinesischer Mythen und Bilder.[24] Explizit erklärt sie in einem ihrer Interviews: „I look to the wisdom of the past."[25] In dem eben zitierten Text beispielsweise evoziert sie mit dem letzten Satz – dem jugendlichen Schädel unter dem alten Baum – folgendes Gleichnis aus dem daoistischen Klassiker *Zhuangzi*:

> Dschuang Dsi sah einst unterwegs einen leeren Totenschädel, der zwar gebleicht war, aber seine Form noch hatte. Er tippte ihn an mit der Reitpeitsche und begann also ihn zu fragen: „Bist du in der Gier nach Leben von dem Pfade der Vernunft abgewichen, daß du in diese Lage kamst? Oder hast du ein Reich zugrunde gebracht und bist mit Beil oder Axt hingerichtet worden, daß du in diese Lage kamst? Oder hast du einen üblen Wandel geführt und Schande gebracht über Vater und Mutter, Weib und Kind, daß du in diese Lage kamst? [...] Oder bist du, nachdem des Lebens Herbst und Lenz sich geendet, in diese Lage gekommen?" Als er diese Worte geendet, da nahm er den Schädel zum Kissen und schlief. Um Mitternacht erschien ihm der Schädel im Traum und sprach: „Du hast da geredet wie ein Schwätzer. Alles, was du erwähnst, sind nur Sorgen der lebenden Menschen. Im Tode gibt es nichts derart [...]. Im Tode gibt es weder Fürsten noch Knechte und nicht den Wechsel der Jahreszeiten. Wir lassen uns treiben, und unser Lenz und Herbst sind die Bewegungen von Himmel und Erde. Selbst das Glück eines Königs auf dem Throne kommt dem unseren nicht gleich."[26]

Von Zhuangzi befragt, ob er aber nicht doch lieber in die Menschenwelt zurückkehren wolle, erwidert der Schädel: „Wie könnte ich mein königliches Glück wegwerfen, um wieder die Mühen der Menschenwelt auf mich zu nehmen?"[27] Can Xue beschrieb in einem Interview ihren Weg des Schreibens „as a constant deepening of the inner mind".[28] An anderer Stelle erklärte sie: „The most important thing is that I write from the unconscious."[29]

Was sich an vielen Stellen in Can Xues Werk abzeichnet, ist andererseits eine tiefe Skepsis der Autorin gegenüber einer in China bis heute weitverbreiteten Wissenschaftsgläubigkeit. Als sich in der Novelle „Yellow Mud Street" die Bäuche der Menschen blähen und manche von einem ‚Plagegespenst' sprechen, das sie

---

24 Sie selbst hat einmal gesagt: „The highest state for writing a story is purely philosophical and sensual." Zit. nach He Liwei: About Can Xue. In: *Chinese Literature* (1989). S. 144–147, hier S. 147.

25 McCandlish: *Stubbornly Illuminating*.

26 Dschuang Dsi: *Das wahre Buch vom südlichen Blütenland*. Übers. von Richard Wilhelm. Jena: Diederichs, 1912. S. 137–138. Der Zhuangzi ist ein frühes daoistisches Weisheitsbuch, das aus dem zweiten bis vierten Jahrhundert v. Chr. stammt und sich u. a.. mit den Themen Leben, Tod und Natur befasst.

27 Ebd., S. 138.

28 Zit. nach Ronald R. Janssen: Afterword: Can Xue's ‚Attacks of Madness'. In: Can Xue: *Dialogues in Paradise*. S. 162–172, hier S. 165.

29 McCandlish: *Stubbornly Illuminating*.

heimsuche, schlägt ein Teil der Straßenbewohner einen anderen Weg ein: „What was growing inside them? No one knew. A couple of believers in modern science went to the hospital to get X-rayed. But even after repeated X-rays nothing could be found [...]. This proved that even science was unbelievable".[30]

D. W. Y. Kwok hat gezeigt, dass sich in China ab dem späten neunzehnten Jahrhundert, nach dem Sieg der Westmächte in den Opiumkriegen, eine starke Wissenschaftsgläubigkeit entwickelte.[31] Viele chinesische Protagonisten sahen den Grund für die Niederlage des ‚Reichs der Mitte' gegen ein paar kleine westliche Staaten in einer angeblichen wissenschaftlichen Rückständigkeit Chinas begründet. Der bekannte Reformer Hu Shi erklärte 1923:

> During the last thirty years or so there is a name which has acquired an incomparable position of respect in China; no one [...] dares openly slight or jeer at it. The name is Science. The worth of this almost nationwide worship is another question. But we can at least say that ever since the beginning of reformist tendencies (1890s) in China, there is no single person who calls himself a modern man and yet dares openly to belittle Science.[32]

In den 1930er und 1940er Jahren und mit dem Siegeszug der Kommunistischen Partei Chinas verbanden sich sozialistische mit szientistischen Vorstellungen, wie in dem folgenden Zitat eines führenden Intellektuellen der Zeit deutlich wird: „During this scientific age, only when revolutionary nature and scientific essence are joined can there be creative and accurate theory."[33] Der Erlanger Sinologe Thomas Fröhlich hat 2012 einen Vortrag dem Thema Fortschrittsoptimismus in China gewidmet.[34] Während der Fortschrittsgedanke in Europa tödlichen Schlägen ausgesetzt war, so Fröhlich, entwickelte sich in China ab dem neunzehnten und im zwanzigsten Jahrhundert die Vorstellung, dass wissenschaftliche Zivilisation eine große Rolle spiele und dass die nachholende Modernisierung möglich sei. In den frühen Jahrzehnten der Volksrepublik China folgte man z. B. einem Modell der Biologie, das ausgehend von Marx'schen Aussagen das Ziel der Biologie darin sah, die Natur zu verändern und zu kontrollieren statt sie ‚nur' zu verstehen. Dies hat Laurence Schneider in seinem Werk *Biology and*

---

30 Can Xue: Yellow Mud Street. In: dies.: *Old Floating Cloud. Two Novellas.* S. 1–174, hier S. 29.

31 D. W. Y. Kwok: *Scientism in Chinese Thought 1900–1950.* New Haven: Yale UP, 1965.

32 Zit. nach ebd., S. 11–12.

33 Zit. nach ebd., S. 177.

34 Thomas Fröhlich: Fortschrittsoptimismus und Prognose im modernen China. TV-Vortrag in der Reihe alpha-Campus Vorlesung: Collegium alexandrinum. Ausgestrahlt am 20. März 2012, 16.00 bis 16.30 Uhr auf BR alpha.

Revolution in Twentieth-Century China[35] herausgearbeitet. Man meinte damals sogar, dass sich die vererbte Natur von Pflanzen verändern ließe, indem man die Umgebung verändere, also z. B. Temperatur und Licht. Wintergetreide könne sich so zu Sommergetreide wandeln etc. Auch Mao Zedong wollte die Entwicklung der Naturwissenschaften immer stärker kontrollieren und steuern. Judith Shapiro bezieht sich darauf in ihrem Werk *Mao's War Against Nature*. So wurde beispielsweise durch massenhafte Abholzung der Wälder in Chinas Südwesten oder durch den Versuch, das Grasland in Chinas Nordosten in Ackerland zu verwandeln, das ökologische Gleichgewicht empfindlich gestört.[36] Thomas Fröhlich erkennt auch noch im heutigen, nach-maoistischen China einen „Machbarkeits-Optimismus". Moderne werde in China nicht als planlos verlaufender Prozess wahrgenommen, der von Kontingenz durchzogen sei. Stattdessen halte man den wissenschaftlich-technologischen Fortschritt für vorhersehbar. Modernisierung sei planbar und beherrschbar, so die Vorstellung. Can Xue nimmt zu solchen Haltungen eine, wie ich meine, konträre und ironisierende Position ein, und es ist gut möglich, dass ihre reichlichen Einsprengsel wissenschaftlicher Begriffe als Verweis auf eine Kontingenzerfahrung zu deuten sind.[37] In der Novelle „Yellow Mud Street" etwa werden über den Lautsprecher des Dorfes immer wieder Slogans verbreitet:

> Though they listened attentively, they could understand nothing. Vaguely they heard something about „an entire nation in arms", [...] about achieving eternity by taking glossy ganoderma fungus, about the patent for inventing the compass, and so on [...] People decided none of it concerned them and shuffled back to their attics.[38]

Eine Protagonistin in *Five Spice Street* erklärt absurderweise, sie habe sich ein Mikroskop gekauft, speziell, um ihre eigenen Augen zu untersuchen.[39] Auch die Ergebnisse der Psychologie als Wissenschaft werden von Can Xue ironisiert, etwa wenn sie die Leute in der Straße der Fünf Gewürze sich außerordentlich darüber freuen lässt, dass sie spontan einem unter ihnen eine „Eunuchenpsychologie" bescheinigen können.[40]

Doch nicht nur von wissenschaftlichen Erkenntnissen und Begriffen ist in Can Xues Texten die Rede. Auch religiös konnotierte Realitäten Chinas kommen

35 Laurence Schneider: *Biology and Revolution in Twentieth-Century China*, Lanham, Md.: Rowman and Littlefield, 2003.

36 Judith Shapiro: *Mao's War Against Nature. Politics and the Environment in Revolutionary China*. Cambridge. Cambridge UP, 2001.

37 Hier danke ich Dirk Niefanger für seine gedanklichen Anregungen.

38 Can Xue: Yellow Mud Street, S. 51.

39 Can Xue: *Five Spice Street*, S. 7.

40 Ebd., S. 15.

zur Sprache. Wolf Baus hat Cans Schreiben einmal als eine Art von Exorzismus charakterisiert – einen Exorzismus ihrer Ängste und Sehnsüchte, und Can Xue selbst erklärte in einem autobiographischen Werk, sie stehe mit einem Bein am Rand der Gesellschaft, mit dem anderen im Reich der weiten Magie.[41] Madam X aus der Erzählung von der Straße der Fünf Gewürze arbeitet beispielsweise mit Spiegeln, die Dämonen sichtbar machen können – eine alte daoistisch geprägte Vorstellung.[42] Eine andere Protagonistin des Werks, die nur „die Witwe" genannt wird, glaubt aber nicht an Dämonen. Sie will der Sache auf den Grund gehen und die Wahrheit herausschütteln aus den Menschen, die durch Madam X in Trance versetzt worden waren. Jene erklären, sie hätten Sternenlicht explodieren sehen und fliegen können, oder sie nahmen in ihrer Trance Rache. Ein anderer wurde sich plötzlich seiner Lungen und seines Herzens bewusst.[43] Was Can Xue hier beschreibt, sind traditionelle chinesische Methoden der Heilung und der Durchdringung der Welt. Es sind Methoden einer Wissenschaft, eines kosmologischen Spekulationssystems, das sich in China entwickelt hat – und doch von Beginn des zwanzigsten Jahrhunderts an bis heute als abergläubisch bezeichnet wird. Nach der Gründung der Republik 1912 erklärten Propagandisten der Regierung: „If only we can rescue the masses from the bitter sea of superstition in which so many have sunk so deep, then we might regain our lost [...] dedication to progress and make the Chinese people [...] forever capable of surviving in the world."[44]

Im Jahr 1927 begann die stärkste Verfolgung sogenannter „abergläubischer Berufe und Örtlichkeiten", die China je gekannt hatte, so Michael Lackner:

> Eine Säkularisierungsbewegung noch nicht dagewesenen Ausmaßes verstaatlichte Tempel und deren Eigentum, schloss Buden und Büros von Wahrsagern, die zum Ergreifen anderer, ‚fortschrittlicher' Berufe gezwungen werden sollten und verbot die Ausübung der traditionellen chinesischen Medizin. Diese Kampagne gegen den Aberglauben führt in ihrer Rhetorik, Zielsetzung und ihren polizeilichen Maßnahmen bruchlos zu den späteren Kampagnen der Volksrepublik China.[45]

41 Can Xue: *Quguang Yundong*, S. 88.

42 Vgl. Catherine Despeux: Talismans and Sacred Diagrams. In: *Daoism Handbook*. Hrsg. von Livia Kohn. Leiden: Brill, 2000. S. 498–540, bes. S. 530.

43 Can Xue: *Five Spice Street*, S. 23.

44 Zit. nach Rebecca Nedostup: *Superstitious Regimes. Religion and the Politics of Chinese Modernity*. Harvard: Harvard UP, 2009. S. 11.

45 Michael Lackner: Alter Wein in neuen Schläuchen? Die mantischen Künste Chinas zwischen „Wissenschaft", „Aberglaube" und „Wahrheit". Unveröff. Vortrag im Rahmen der Ringvorlesung „Schicksal, Freiheit und Prognose" an der Universität Erlangen-Nürnberg im Wintersemester 2011/2012. 14. Dezember 2011.

Natürlich kennt Can Xue diese negative Haltung von Offiziellen der Volksrepublik China gegenüber traditionellen chinesischen Praktiken. Die Figur der Witwe in der Straße der Fünf Gewürze verkörpert diese Haltung. Sie hält die Erfahrungen der Klienten von Madam X für seltsames Gerede. Die Aussagen der behandelten Menschen sind aus ihrer Sicht nichts wert. Sie hätten, so „die Witwe", genauso gut nichts sagen können. Die Spannung zwischen Widersprüchen – wie hier in der Haltung ihrer Protagonisten – zum Äußersten zu treiben, damit Menschen sie erkennen, ist Can Xues Aussage nach ein Ziel ihres Schreibens.[46]

In der titelgebenden Erzählung des jüngst erschienenen Bandes *Vertical Motion* schreibt Can Xue: „We are little critters who live in the black earth beneath the desert."[47] Wenn die Kriechtiere nicht graben, erinnern sie sich an Geschichten ihrer Vorfahren oder träumen wie Schmetterlingspuppen in der schwarzen Erde. Die Träume sind seltsam, und das erzählerische Ich berichtet, bei einem Traum sei ihm sein Mund abhanden gekommen. Die anderen trösten das Ich. Sie beziehen sich auf die Ahnen, um zu beweisen, dass „nichts falsch war mit unserem Leben." Einmal schläft das Ich nach harter Arbeit traumlos – ein tiefer Schlaf wie der Tod. „Ich war frei von Konfusion und Sorge."[48] Das Leben ist also geprägt von Arbeit, von Begegnungen mit anderen Menschen und von Träumen. Im Gegensatz dazu steht der traumlose, von Sorge befreiende Tod. Hier wird erneut ein Text von Zhuangzi evoziert, wo sich folgendes Gleichnis findet:

> Wie weiß ich denn, dass die Vorliebe für das Leben (berechtigt und) nicht eine Verwirrung ist? [...] Wie weiß ich denn, dass das Verabscheuen des Todes (berechtigt ist und der Tod) nicht vielmehr (dem Zustand) des jung heimatlos Gewordenen (gleicht), der gar nicht weiß, dass er zurückgekehrt ist (wenn er nach Hause kommt)? [...] Wie soll ich wissen, ob der Tote nicht bereut, dass es ihn vordem zu leben verlangte? [...] Einer, der im Traum Tränen vergießt, geht am nächsten Morgen auf die Jagd.[49]

Seltsam sind die meisten Träume der Erzählerin in „Vertical Motion", aber am schlimmsten ist der Albtraum, ohne Mund zu sein, ohne Möglichkeit der Artikulation, verstummt. Auch die Ahnen spielen in diesem Text eine große Rolle: Man vergegenwärtigt sich ihre Geschichten, die Ahnen werden herangezogen, um zu beweisen, dass „nichts falsch war mit unserem Leben". Hier scheint eine weitere

---

46 Can Xue: *Literature Needs to Bring about Another Copernican Revolution.* http://web.mit.edu/ccw/can-xue/files/CanXue-Copernican.pdf. Website des Massachusetts Institute of Technology, Cambridge 2010. (14. April 2015).

47 Can Xue: Vertical Motion. In: dies.: *Vertical Motion. Stories.* S. 3–14, hier S. 3.

48 Ebd., S. 8.

49 Zit. nach Hans-Georg Möller: *In der Mitte des Kreises. Daoistisches Denken.* Frankfurt a. M. u. a.: Insel, 2001. S. 100–101.

chinesische Tradition auf: die Verbindung mit den Ahnen und die Verantwortung ihnen gegenüber.[50] Die Aussage, dass „nichts falsch war mit unserem Leben", steht im Kontrast zu all den Zerstörungen menschlicher Beziehungen und Einmischungen in das Privatleben, die Can Xue erlebt hat und die sie immer wieder beschreibt, wie in dem folgenden Text, in dem sie die ständigen politischen Diskussionen und Untersuchungen der Kampagnen des zwanzigsten Jahrhunderts ironisiert:

> Sores even began to appear on the walls [...]. This started when the wall surrounding „S" factory swelled into a big lump. In the sun it gave off an unbearable stink. Facing the big swelling, Old Yue, his face long and blue, looked at his watch. It was 7:30. „Comrades, let's have a good discussion," he said. „Please keep your windows closed at night!" Old lady Qi dashed in and out, nodding affirmatively to every one. „There's a dead dog behind the latrine." Zhang Mie-zi ran in [...]. Old Yue looked at his watch again: still 7:30. [...] „The investigation has confirmed that there are altogether eight whores on Yellow Mud Street."[51]

In Can Xues Werken finden sich, so lässt sich zusammenfassen, häufig biologische und medizinische Begriffe, die einen Teil der Faszination ihrer Texte ausmachen, die meines Erachtens aber auch ironisch-kritisch auf die in der Volksrepublik China bis heute weithin verbreitete starke Wissenschafts- und Fortschrittsgläubigkeit Bezug nehmen.[52] Der chinesischen Tradition entstammende wissenschaftlich-spekulative Entwicklungen lehnt Can Xue nicht ab – anders, als dies in offiziell sanktionierten Texten in China bis heute geschieht. Stattdessen rekurriert sie immer wieder darauf. Träume, der Kontakt mit den Ahnen und die Verbindung zu traditionellen chinesischen Weisheits- und Heilungstexten spielen in ihrem Œuvre eine wichtige Rolle. Mitte 2013 erklärte Can Xue in einem Interview, ihre Methode bestehe darin, westliche Kultur zu nutzen, um

---

50 Eindrucksvoll zeigt z. B. die Studie von C. Fred Blake (*Burning Money. The Material Spirit of the Chinese Lifeworld*. Honolulu: University of Hawaii Press, 2011) das Aufleben alter Praktiken der Ahnenverehrung in China. Auch Vincent Goossaert und David A. Palmer (*The Religious Question in Modern China*. Chicago: University of Chicago Press, 2011. Bes. Kap. 9) weisen darauf hin, dass die Ahnenverehrung im ländlichen China mittlerweile wieder weitverbreitet ist.

51 Can Xue: Yellow Mud Street, S. 35. Wu Liang stellt hier zu Recht fest: „Fear in Can Xue's fiction is the fear of the weak, who are unprepared for attacks from the outside and unprotected from the constant invasions and presence of others." Wu Liang: Re-Membering the Cultural Revolution, S. 130. Can Xue selbst schreibt in einem Rückblick auf ihr Leben, dass ihr die Würde des Menschen von Jugend an enorm wichtig gewesen sei, dass aber diese Würde in der Zeit ihrer Jugend nicht geachtet wurde. Vgl. Can Xue: Quguang Yundong, S. 124.

52 In China werden die Begriffe Wissenschaft und Fortschritt in einen sehr engen Zusammenhang gestellt.

die traditionsreiche chinesische Kultur gleichsam auszugraben und die beiden Ufer westlicher und chinesischer Kulturen miteinander zu kombinieren.[53]

Literatur

Baus, Wolf: Can Xues Berichte aus der Wildnis. In: Can Xue: *Dialoge im Paradies. Erzählungen aus der Volksrepublik China*. Übers. und mit einem Vorwort versehen von Wolf Baus. Dortmund: projekt, 1996. S. 7–14.

Blake, C. Fred: *Burning Money. The Material Spirit of the Chinese Lifeworld*. Honolulu: University of Hawaii Press, 2011.

Despeux, Catherine: Talismans and Sacred Diagrams. In: *Daoism Handbook*. Hrsg. von Livia Kohn. Leiden: Brill, 2000, S. 498–540.

Dschuang Dsi: *Das wahre Buch vom südlichen Blütenland*. Übers. von Richard Wilhelm. Jena: Diederichs, 1912.

Fröhlich, Thomas: Fortschrittsoptimismus und Prognose im modernen China. TV-Vortrag in der Reihe alpha-Campus Vorlesung: Collegium alexandrinum. Ausgestrahlt am 20. März 2012, 16.00 bis 16.30 Uhr auf BR alpha.

Goossaert, Vincent, und Palmer, David A.: *The Religious Question in Modern China*. Chicago: University of Chicago Press, 2011.

He, Liwei: About Can Xue. In: *Chinese Literature* (1989). S. 144–147.

Janssen, Ronald R.: Afterword: Can Xue's ‚Attacks of Madness'. In: Can Xue: *Dialogues in Paradise*. Übers. von Ronald R. Janssen und Jian Zhang. Evanston: Northwestern University Press, 1989. S. 162–172.

Kafka, Franz: *Das Schloss* [1929]. Berlin: S. Fischer, 1951.

Kwok, D. W. Y.: *Scientism in Chinese Thought 1900–1950*. New Haven: Yale University Press, 1965.

Lackner, Michael: *Der chinesische Traumwald. Traditionelle Theorien des Traumes und seiner Deutung im Spiegel der ming-zeitlichen Anthologie Meng-lin hsüan-chieh*, Frankfurt a. M. u. a.: Lang, 1985.

Lackner, Michael: Alter Wein in neuen Schläuchen? Die mantischen Künste Chinas zwischen „Wissenschaft", „Aberglaube" und „Wahrheit". Unveröffentlichter Vortrag im Rahmen der Ringvorlesung „Schicksal, Freiheit und Prognose" an der Universität Erlangen-Nürnberg im Wintersemester 2011/2012. 14. Dezember 2011.

McCandlish, Laura: *Stubbornly Illuminating „the Dirty Snow that Refuses to Melt": A Conversation with Can Xue*. http://u.osu.edu/mclc/online-series/mccandlish/. Website der Modern Chinese Literature and Culture Resource Center der Ohio State University, Columbus 2002 (14. April 2015).

Möller, Hans-Georg: *In der Mitte des Kreises. Daoistisches Denken*. Frankfurt a. M. u. a.: Insel, 2001.

53 Suher, Hua: An Interview with Can Xue.

Morrow, Bradford: *Can Xue. Appreciations*. http://web.mit.edu/ccw/can-xue/appreciations-bradford-morrow.shtml. Website Contemporary Chinese Writers des Massachusetts Institute of Technology, Cambridge. Undatiert (14. April 2015).

Müller, Eva: Can Xue. In: *Lexikon der chinesischen Literatur*. Hrsg. von Eva Müller und Volker Klöpsch. München: Beck, 2004. S. 47–48.

Nedostup, Rebecca: *Superstitious Regimes. Religion and the Politics of Chinese Modernity*. Harvard: Harvard University Press, 2009.

Rong, Cai: In the Madding Crowd. In: dies.: *The Subject in Crisis in Contemporary Chinese Literature*. Honolulu: University of Hawaii Press, 2004. S. 92–126.

Schneider, Laurence: *Biology and Revolution in Twentieth-Century China*. Lanham, MD: Rowman and Littlefield, 2003.

Shapiro, Judith: *Mao's War Against Nature. Politics and the Environment in Revolutionary China*. Cambridge: Cambridge University Press, 2001.

Suher, Dylan, und Joan Hua: An Interview with Can Xue. In: *Asymptote Journal* (Juli 2013). http://asymptotejournal.com/article.php?cat=Interview&id=22&curr_index=1 (14. April 2015).

Wu, Liang: Re-Membering the Cultural Revolution. Chinese Avant-garde Literature of the 1980s. In: *Chinese Literature in the Second Half of a Modern Century. A Critical Survey*. Hrsg. von Pang-yuan Chi und David Der-wie Wang. Bloomington: Indiana University Press, 2000. S. 124–136.

Xue, Can: *Dialogues in Paradise*. Übers. von Ronald R. Janssen und Jian Zhang. Evanston: Northwestern University Press, 1989.

Xue, Can: *Old Floating Cloud. Two Novellas*. Übers. von Ronald R. Janssen. Evanston: Northwestern University Press, 1991.

Xue, Can: Ein bilharziöser Zwerg. Übers. von Monika Gänßbauer. In: *Hefte für Ostasiatische Literatur* 18 (Mai 1995). S. 40–45.

Xue, Can: *The Castle's Will. Reading Kafka's „Castle"* [20. Dezember 1997] http://www.greeninteger.com/green_integer_review/issue_1/Can-Xue-kafka.htm. Übers. von Joachim Kurtz auf dem Online-Portal Green Integer, Los Angeles 2006 (14. April 2015).

Xue, Can: *Quguang Yundong* [Bewegung in Richtung Licht]. Shanghai: Shanghai Wenyi, 2008.

Xue, Can: *Five Spice Street*. Übers. von Karen Gernant und Chen Zeping. Yale: Yale University Press, 2009.

Xue, Can: *Literature Needs to Bring about Another Copernican Revolution*. http://web.mit.edu/ccw/can-xue/files/CanXue-Copernican.pdf. Beitrag auf der Website des Massachusetts Institute of Technology, Cambridge 2010 (14. April 2015).

Xue, Can: *Vertical Motion. Stories*. Übers. von Karen Gernant und Chen Zeping. Rochester: Open Letter, 2011.

Anhang

Angaben zu den Autoren und Herausgebern

Monika Gänßbauer

Studium der Sinologie, Literatur Chinas sowie Politikwissenschaft in Erlangen, Bochum und Beijing. Promotion an der Ruhr-Universität Bochum zum Umgang mit der Kulturrevolution in literarischen Werken. 2008 Habilitation an der Friedrich-Alexander-Universität Erlangen-Nürnberg für das Fach Sinologie. Seit 2009 Vertretung des Lehrstuhlinhabers Prof. Dr. Michael Lackner am Institut für Sinologie der Friedrich-Alexander-Universität Erlangen-Nürnberg.

Ausgewählte Veröffentlichungen: *Trauma der Vergangenheit. Der Autor Feng Jicai und die Kulturrevolution*. Dortmund: projekt, 1996; *Parteistaat und Protestantische Kirche. Religionspolitik im nachmaoistischen China*. Frankfurt a. M.: Lembeck, 2004; *Confucianism and Social Issues in China. The Academician Kang Xiaoguang*. Bochum, Freiburg: projekt 2011; (als Hrsg.) *Kinder der Bergschlucht. Chinesische Gegenwartsessays*. Bochum, Freiburg: projekt, 2012; (als Hrsg.) *In Richtung Meer. Neue chinesische Essays*. Bochum, Freiburg: projekt 2013.

Holger Helbig

Studium der Neueren deutschen Literaturgeschichte, Nordamerikanischen Philologie sowie Germanistischen Sprachwissenschaft an der Friedrich-Schiller-Universität Jena und der Friedrich-Alexander-Universität Erlangen-Nürnberg. 1995 Promotion über Uwe Johnson. Im Anschluss Visiting Scholar an der Columbia University, New York, dann Wissenschaftlicher Angestellter, schließlich Wissenschaftlicher Assistent am Institut für deutsche Sprach- und Literaturwissenschaft in Erlangen-Nürnberg. 2003 Habilitation mit einer Arbeit zu Goethes Farbenlehre. Bis 2009 Heisenberg-Stipendiat der Deutschen Forschungsgemeinschaft und Oberassistent am Institut für Germanistik in Erlangen-Nürnberg. 2009 Visiting Scholar an der Harvard University. Seit 2009 Inhaber der Uwe Johnson-Stiftungsprofessur für Neuere deutsche Literaturwissenschaft des 20. Jahrhunderts an der Universität Rostock.

Ausgewählte Veröffentlichungen: *Beschreibung einer Beschreibung. Untersuchungen zu Uwe Johnsons Roman „Das dritte Buch über Achim“*. Göttingen: Vandenhoeck & Ruprecht, 1996; *Naturgemäße Ordnung. Darstellung und Methode in Goethes Lehre von den Farben*. Köln: Bohlau, 2004; Vor einer Ananas im Stadtmuseum. Über die Kontextgebundenheit epistemischer Objekte. In: *Ausgepackt. Die Sammlungen der Universität Erlangen-Nürnberg*. Begleitband zur gleichnamigen Ausstellung im Stadtmuseum Erlangen vom 20. Mai bis 29. Juli 2007. Hrsg. von Udo Andraschke u. a. Erlangen: Stadtmuseum Erlangen, 2007. S. 45–56; Kompilator Kempowski. Das Echolot als Museum. In: *Walter Kempowski: Bürgerliche Repräsentanz, Erinnerungskultur, Gegenwartsbewältigung*. Hrsg. von Lutz Hagestedt. Berlin, New York: De Gruyter, 2010. S. 203–220; Schleiermachers „Grundheft Hermeneutik“ als Exponat. Museologische Betrachtung als hermeneutische Praxis. In: *WeltWissen. 300 Jahre Wissenschaft in Berlin*. Katalog zur Ausstellung im Martin-Gropius-Bau, 24. September 2010 bis 9. Januar 2011. Hrsg. von Jochen Hennig u. a. München: Hirmer, 2010. S. 66–75.

Aura Heydenreich

Studium der Neueren deutschen Literaturwissenschaft, Anglistik und Politikwissenschaft an der Friedrich-Alexander-Universität Erlangen-Nürnberg und der Babeş-Bolyai-Universität Cluj, Master of European Studies in Cluj. Bis 2001 Wissenschaftliche Mitarbeiterin am dortigen Institut für Germanistik. 2006 Promotion in Neuerer deutscher Literaturwissenschaft in Erlangen-Nürnberg. Ab 2007 Lehrkraft für besondere Aufgaben, ab 2009 Akademische Rätin am Lehrstuhl für Neuere deutsche Literaturgeschichte, Department Germanistik und Komparatistik, der Friedrich-Alexander-Universität Erlangen-Nürnberg. Mitbegründerin und stellvertretende Sprecherin des Erlanger Forschungszentrums für Literatur und Naturwissenschaften ELINAS. Mitglied der Deutschen Physikalischen Gesellschaft (DPG) und der Society of Literature, Science and the Arts (SLSA).

Ausgewählte Veröffentlichungen: *Wachstafel und Weltformel. Erinnerungspoetik und Wissenschaftskritik in Gunter Eichs Spätwerk.* Göttingen: Vandenhoeck & Ruprecht, 2007; Die Grenzen der Axiomatik und die Kritik der enzyklopädischen Wissensordnung. David Hilberts „Grundlagen der Mathematik" in Gunter Eichs Maulwurf „Hilpert". In: *Zahlen, Zeichen und Figuren. Mathematische Inspirationen in Kunst und Literatur.* Hrsg. von Andrea Albrecht u. a. Berlin: De Gruyter, 2011. S. 486–510; Wahl, Verwandtschaft, Versuch(ung): Wissensordnungen und narrative Beobachtungsexperimente in Johann Wolfgang Goethes „Wahlverwandtschaften". In: *Jahrbuch der deutschen Schillergesellschaft* 56 (2012). S. 126–154; Physik, Figur, Wissen: Das quantentheoretische Superpositionsprinzip als Narrativ der Intersexualität in Ulrike Draesners „Mitgift". In: *Text + Kritik* 201 (Themenheft zu Ulrike Draesener, 2014). S. 58–66; Closed Timelike Curves. Gödel's Solution for Einstein's Field Equations in the General Theory of Relativity and Bach's „The Musical Offering" as Configuration Models for Narrative Identity Constructions in Richard Powers's „The Time of Our Singing". In: *Narrated Communities and Narrated Realities. Narration as Cognitive Processing and Cultural Practice.* Hrsg. von Hermann Blume, Christoph Leitgeb und Michael Rössner. Amsterdam: Rodopi 2015. S. 153–173; (Hrsg. zusammen mit Klaus Mecke) *Physik und Poetik: Produktionsästhetik und Werkgenese. Autoren und Autorinnen im Dialog.* Berlin: De Gruyter, 2015.

Karin Höpker

Studium der Amerikanistik, Anglistik und Neueren deutschen Literaturwissenschaft an der Friedrich-Alexander-Universität Erlangen-Nürnberg und der Indiana University Bloomington. 2008 Promotion mit einer Arbeit zu Stadt- und Raumkonzepten in der Amerikanischen Science-Fiction-Literatur, im Anschluss Postdoktorandin im Stipendienprogramm zur Förderung besonders begabter Nachwuchswissenschaftlerinnen. Seit 2009 Wissenschaftliche Mitarbeiterin (Akademische Rätin a. Z.) am Lehrstuhl für Amerikanistik der Friedrich-Alexander-Universität Erlangen-Nürnberg. Laufendes Forschungsprojekt: „The Edge of Reason: Fiction, Risk and Probability in American Antebellum Narratives".

Ausgewählte Veröffentlichungen: *No Maps for these Territories – Cities, Spaces, and Archaeologies of the Future in William Gibson.* New York und Amsterdam: Rodopi, 2011; The Cab and the City – Chance Encounters and Certalian Perspectives in Jim Jarmusch's Night on Earth. In: *EthniCities. Ethnicity and Metropolitan Cultures in the Americas.* Hrsg. von Jens Gurr u. a. Trier: WVT, 2011. S. 155–170; Happiness in Distress – Richard Powers' „Generosity" and Narratives of the Biomedical Self. In: *Ideas of Order. Narrative Patterns in the Novels of Richard Powers.* Hrsg. von Antje Kley und Jan Kucharzewski. Heidelberg: Winter, 2012. S. 285–312; A Sense of an Ending. Risk, Catastrophe and Precarious Humanity in Margaret Atwood's Oryx and Crake. In: *The Anticipation of Catastrophe. Environmental Risk in North American Literature and Culture.* Hrsg. von Sylvia Mayer u. a. Heidelberg: Winter, 2014. S. 161–180; Slices of Life – Killing and Seriality in Dexter. In: *Amerikanische Fernsehserien der Gegenwart.* Hrsg. von Heike Paul und Christoph Ernst. Bielefeld: transcript, 2015 [im Erscheinen].

Manuel Illi

Studium der Neueren deutschen Literaturwissenschaft, Philosophie und Germanistischen Linguistik an der Friedrich-Alexander-Universität Erlangen-Nürnberg. Bis 2008 ebendort Masterstudiengang „Ethik der Textkulturen". Im Anschluss Wissenschaftlicher Mitarbeiter, zunächst am Institut für deutsche Philologie der Ludwig-Maximilians-Universität München, seit 2009 am Lehrstuhl für Neuere deutsche Literaturgeschichte, Department Germanistik und Komparatistik, der Friedrich-Alexander-Universität Erlangen-Nürnberg. Dissertation: *Sprache in Wissenschaft und Dichtung. Diskursive Formationen von Mathematik, Physik, Logik und Dichtung im 17. und 18. Jahrhundert.*

Ausgewählte Veröffentlichungen: „Und Gott chillte"? Einige Überlegungen zu neueren ‚Bibelprojekten' aus literaturtheoretischer Perspektive. In: *Bibel und Literatur. Methodische Zugänge und theoretische Perspektiven.* Hrsg. von Andrea Polaschegg und Daniel Weidner. München: Fink, 2012. S. 135–150; Mascha Kaléko: Verse für Zeitgenossen (1945). In: *Handbuch der deutschsprachigen Exilliteratur. Von Heinrich Heine bis Herta Müller.* Hrsg. von Bettina Bannasch und Gerhild Rochus. Berlin und New York: De Gruyter, 2013, S. 343–349; Signal und Sigel. Hermann Brochs sprach- und symboltheoretische Reflexionen zwischen Romantik und Neopositivismus. In: *Hermann Broch und die Romantik.* Hrsg. von Paul-Michael Lützeler und Doren Wohlleben. Berlin: De Gruyter, 2014. S. 87–105.

Antje Kley

Studium der Anglistik/Amerikanistik, Germanistik und Women's Studies an der Universität Mannheim, der Emory University in Atlanta, GA und der School of Criticism and Theory in Hanover, NH. 2000 Promotion in Mannheim. Im Anschluss Wissenschaftliche Assistentin am Englischen Seminar der Christian-Albrechts-Universität zu Kiel. 2006 Habilitation. Seit Januar 2007 Professorin für Nordamerikanische Literatur- und Kulturwissenschaft an der Friedrich-Alexander-Universität Erlangen-Nürnberg, seit November 2009 ebendort Inhaberin des Lehrstuhls für Amerikanistik, insbesondere Literaturwissenschaft. Forschungsschwerpunkte: Narratologie, Fiktionstheorie sowie Formen und Funktionen des Romans, Autobiographisches Schreiben, postkoloniales Erzählen, Inter- und Transkulturalität, Ethik und Ästhetik, Medientheorie, sowie Science and Technology Studies mit einem Schwerpunkt auf Wissensproduktionen an der Schnittstelle von Biotechnologie, Medien und Gesellschaft. Sie ist als Antragstellerin beteiligt am Graduiertenkolleg 1718 „Präsenz und implizites Wissen".

Ausgewählte Veröffentlichungen: *Das erlesene Selbst. Zu Politik und Poetik der Selbstreflexion bei Roth, Delany, Lorde und Kingston.* Tübingen: Narr, 2001; *Ethik medialer Repräsentation im englischen und amerikanischen Roman, 1741–2000.* Heidelberg: Winter, 2009; (Hrsg. zusammen mit Jan Kucharzewski) *Ideas of Order. Narrative Patterns in the Novels of Richard Powers.* Heidelberg: Winter, 2012; Narratives of Recognition in Contemporary American Fiction: Edward P. Jones's „The Known World" and Richard Powers's „The Echo Maker". In: *AmSt* 57.4 (2012). S. 643–661; Literatur als Präsentifikation impliziten Wissens. Kulturkontakt in Mary Rowlandsons ‚captivity narrative' (1682) und Toni Morrisons Kurzgeschichte „Recitativ" (1983). In: *Präsenz und implizites Wissen. Zur Interdependenz zweier Schlüsselbegriffe der Kultur- und Sozialwissenschaften.* Hrsg. von Christoph Ernst und Heike Paul. Bielefeld: transcript, 2013. S. 211–237.

Bernadette Malinowski
Studium der Vergleichenden Literaturwissenschaft, Philosophie und Italienischen Literaturwissenschaft an der Universität Augsburg und der Brandeis University, MA. 2001 Promotion zu Paradigmen prophetischer Dichtung von Klopstock bis Whitman, 2008 Habilitation mit einer Arbeit über Literarische Wissenschaftsgeschichte und Wissenschaftstheorie. Bis 2011 Wissenschaftliche Mitarbeiterin und Wissenschaftliche Assistentin, später Akademische Oberrätin an der Universität Augsburg. Seit April 2011 Professorin für Neuere Deutsche und Vergleichende Literaturwissenschaft an der TU Chemnitz. Forschungsschwerpunkte: kulturanthropologische (Erinnern und Vergessen, Bekennen, Krankheit) und literaturtheoretische Fragen (das Imaginäre, literarische Inszenierungen wissenschaftlicher Diskurse).

Ausgewählte Veröffentlichungen: *„Das Heilige sei mein Wort". Paradigmen prophetischer Dichtung von Klopstock bis Whitman.* Würzburg: Königshausen & Neumann, 2002; (zusammen mit Gert-Ludwig Ingold) „...im andern dupliziert". Zur Rezeption cartesischer Erkenntnistheorie und Naturwissenschaft in Durs Grünbeins „Vom Schnee oder Descartes in Deutschland". In: *Schreiben am Schnittpunkt. Poesie und Wissen bei Durs Grünbein.* Hrsg. von Kai Bremer, Fabian Lampart und Jörg Wesche. Freiburg u. a.: Rombach, 2007. S. 271–306; „Il trapassar del segno". Aspekte ästhetischen Fragens. In: *Theorien der Literatur. Grundlagen und Perspektiven.* Bd. 4. Hrsg. von Günter Butzer und Hubert Zapf. Tübingen: Francke, 2009. S. 241–269; „Leben des Galilei" als philosophisches Theater. In: *Der Philosoph Bertolt Brecht.* Hrsg. von Mathias Mayer. Würzburg: Königshausen & Neumann, 2011. S. 101–132.

Klaus Mecke
Studium der Physik und Philosophie in Darmstadt und München. Promotion in Physik an der Ludwig-Maximilian-Universität München. Im Anschluss Postdoktorand an der University of Texas in Austin und Recherche associé an der Joseph Fourier Universität Grenoble. Schließlich Professur der Theoretischen Physik an der Friedrich-Alexander-Universität Erlangen-Nürnberg. Mitbegründer und Sprecher des Erlanger Forschungszentrums für Literatur- und Naturwissenschaften ELINAS.

Ausgewählte Veröffentlichungen: *Integralgeometrie in der Statistischen Physik. Perkolation, komplexe Flüssigkeiten und die Struktur des Universums.* Frankfurt a. M.: Thun, 1994; Das physikalische Modell – eine quantitative Metapher? In: *Metapher und Modell.* Hrsg. von Wolfgang Bergem. Trier: Wissenschaftsverlag Trier, 1996. S. 225–252; Physik im Spiegel der Literatur. In: *Didaktik der Physik.* Hrsg. von Helga Behrendt. Alsbach: Leuchtturm, 1998, S. 61–76; Narratives in Physics. Quantitative Metaphors and FORMULA ∈ tropes. In: *Narrated Communities and Narrated Realities. Erzählen als Erkenntnisprozess und kulturelle Praxis.* Hrsg. von Hermann Blume. Amsterdam: Rodopi, 2015. S. 31–51; (Hrsg. zusammen mit Aura Heydenreich) *Physik und Poetik: Produktionsästhetik und Werkgenese. Autoren und Autorinnen im Dialog.* Berlin: De Gruyter, 2015.

Patrick Müller
Studium der Englischen und Deutschen Philologie sowie Philosophie an der Westfälischen Wilhelms-Universität, Münster, und der University of Edinburgh. 2007 Promotion in Englischer Philologie in Münster. Bis 2012 Wissenschaftlicher Mitarbeiter und Mitglied des Shaftesbury-Projekts der Friedrich-Alexander-Universität Erlangen-Nürnberg. Zurzeit Vorbereitung der Habilitationsschrift „War of the Worlds? Science and Religion in Contemporary Literature" im Rahmen interdisziplinär geprägter Forschungsschwerpunkte (Überschneidungen zwischen Theologie und Literatur).

Ausgewählte Veröffentlichungen: *Latitudinarianism and Didacticism. Moral Theology in Fielding, Sterne, and Goldsmith*. Frankfurt a. M.: Lang, 2009; Shaftesbury on the Psychoanalyst's Couch. A Historicist Perspective on Gender and (Homo)Sexuality in ‚Characteristicks' and the Earl's Private Writings. In: *Swift Studies* 25 (2010). S. 56–81; „The impediment that cannot say its name". Stammering and Trauma in Selected American and British Texts. In: *Anglia* 130 (2012). S. 54–74; (als Hrsg.) *„New Ages, New Opinions": Shaftesbury in his World and Today*. Frankfurt a. M.: Lang, 2013.

Harald Neumeyer
Studium der Germanistik, Philosophie, Romanistik und Politik in Heidelberg, Göttingen, Madrid und Freiburg. 1997 Promotion an der Universität Freiburg. Im Anschluss DFG-Postdoktoranden-Stipendiat des Graduiertenkollegs „Klassizismus und Romantik im europäischen Kontext" an der Universität Gießen. Zwischen 2000 und 2012 zunächst Wissenschaftlicher Angestellter, später Akademischer Rat, schließlich Akademischer Oberrat am Lehrstuhl für Neuere deutsche Literaturwissenschaft der Universität Bayreuth. 2008 Habilitation in Bayreuth für das Fachgebiet Neuere deutsche Literaturwissenschaft. Seit 2012 Professor für Neuere deutsche Literaturgeschichte an der Friedrich-Alexander-Universität Erlangen-Nürnberg. Geschäftsführer der Deutschen Kafka-Gesellschaft.

Ausgewählte Veröffentlichungen: *Der Flaneur. Konzeptionen der Moderne*. Würzburg: Königshausen & Neumann, 1999; *Anomalien, Autonomien und das Unbewusste. Selbstmord in Wissenschaft und Literatur von 1700 bis 1800*. Göttingen: Wallstein, 2009; Wie aus Aberglauben und Wissenschaft Literatur wird. Johann Wolfgang Goethes „Die Braut von Corinth" und die ‚Vampirdebatte' des 18. Jahrhunderts. In: *Liminale Anthropologie. Zwischenzeiten, Schwellenphänomene, Zwischenräume in Literatur und Philosophie*. Hrsg. von Roland Borgards u. a. Würzburg: Königshausen & Neumann, 2012. S. 85–104; „[...] in diesem Augenblick des Todes". Heinrich von Kleists ‚letzte Worte' im Kontext von Wissenschaft und Literatur um 1800. In: *Ökonomie des Opfers. Literatur im Zeichen des Suizids*. Hrsg. von Günter Blamberger u. a. Paderborn: Fink, 2013. S. 191–217; (Hrsg. zusammen mit Roland Borgards, Nicolas Pethes und Yvonne Wübben) *Literatur und Wissen. Ein interdisziplinäres Handbuch*. Stuttgart und Weimar: Metzler, 2013.

Winfried Thielmann
Zunächst Studium der Physik, dann Deutsch als Fremdsprache, Neuerer Deutscher Literatur und Musikwissenschaft in München. 1999 Promotion mit einer Schrift über physikalische Begriffsbildung. 2006 Habilitation über einen Vergleich der sprachlichen Ressourcen und Verfahren der deutschen und englischen Wissenschaftssprache. Von 1994 bis 2003 Dozent an der Australian National University, Canberra. Anschließend Assistent am Institut für Deutsch als Fremdsprache in München, Lehrstuhlvertretungen in Potsdam und Dresden. Seit 2009 Professor für Deutsch als Fremd- und Zweitsprache an der TU Chemnitz. Forschungsgebiete: Linguistik der deutschen Gegenwartssprache, Didaktik des Deutschen als Fremd- und Zweitsprache, Interkulturelle Kommunikation, Wissenschaftssprachkomparatistik und linguistisch basierte Wissenschafts- und Erkenntnistheorie.

Ausgewählte Veröffentlichungen: *Fachsprache der Physik als begriffliches Instrumentarium. Exemplarische Untersuchungen zur Funktionalität naturwissenschaftlicher Begrifflichkeit bei der Wissensgewinnung und -strukturierung im Rahmen der experimentellen Befragung von Natur*. Frankfurt a. M.: Lang, 1999; Zur Einzelsprachenspezifik wissenschaftlichen Sprachausbaus im gnoseologischen Funktionsbereich von Sprache. In: *Linguistik online* 52.2 (2012).

http://www.linguistik-online.de/52_12/thielmann.pdf (10. April 2014); Immunisierung gegen Wissen und seinen Transfer – zu den argumentativen Verfahren der Pseudowissenschaftlichkeit. In: *Autarke Kommunikation. Wissenstransfer in Zeiten von Fundamentalismen*. Hrsg. von Matthias Ballod u. a. Frankfurt a. M.: Lang, 2013. S. 69–76; Nationalsprachen versus lingua franca in der Wissenschaft. In: *Kommunikation – Objekt und Agens von Wissenschaft*. Hrsg. von Reinhard Neck u. a. Wien: Böhlau, 2013. S. 186–198.

Dirk Vanderbeke
Studium der Anglistik/Amerikanistik und Germanistik an der Johann-Wolfgang-Goethe-Universität Frankfurt a. M. und der University of Wisconsin, Milwaukee. 1994 Promotion über das Phänomen der Undarstellbarkeit in Philosophie, Naturwissenschaft und Literatur. Im Anschluss (bis 2006) Wissenschaftlicher Mitarbeiter am Institut für Anglistik/Amerikanistik der Universität Greifswald. 2002 Habilitation über die Naturwissenschaften im Spiegel der Science Studies und der englischen Literatur des ausgehenden zwanzigsten Jahrhunderts. Seit 2007 Dauergastprofessor an der Universität von Zielona Góra. 2008 Ernennung zum Professor für englische Literaturwissenschaft an der Friedrich-Schiller-Universität Jena. Forschungsschwerpunkte: moderne und postmoderne Literatur, Romanwerk von Janes Joyce und Thomas Pynchon, Wissenschaftsgeschichte, John Milton, Science Fiction, Kriminalliteratur und Phantastik, Comics und Graphic Novels, Film und Filmtheorie. Anlässlich des 100. Bloomsdays 2004 erschien eine gemeinsam mit einigen Mitarbeitern erstellte und herausgegebene kommentierte Ausgabe der deutschen Übersetzung von James Joyces *Ulysses*.

Ausgewählte Veröffentlichungen: *Worüber man nicht sprechen kann. Aspekte der Undarstellbarkeit in Philosophie, Naturwissenschaft und Literatur*. Stuttgart: Metzler & Poeschel, 1995; *Theoretische Welten und literarische Transformationen. Die Naturwissenschaften im Spiegel der ‚science studies' und der englischen Literatur des ausgehenden 20. Jahrhunderts*. Tübingen: Niemeyer, 2004; N Tropes for Entropy in Pynchon's Early Works. In: *Pynchon Notes* 46–49 (2000–2001). S. 35–59; Of Parts and Wholes: Self-similarity and Synecdoche in Science, Culture and Literature. In: *Reconstruction* 4.4 (Herbst 2004). http://reconstruction.eserver.org/Issues/044/vanderbeke.htm (14. April 2015); Science is magic that works. The return of magic in the literature on science. In: *Magic, Science, Technology and Literature*. Hrsg. von J. Mildorf u. a. Berlin: LIT, 2007. S. 209–224; [Art.] Physics. In: *The Routledge Companion to Literature and Science*. Hrsg. von Bruce Clarke u. a. London: Routledge, 2011. S. 192–202.

Caroline Welsh
Studium der Germanistik, Anglistik und Linguistik an der Albert-Ludwigs-Universität Freiburg. 1998 bis 2002 Promotion am Graduiertenkolleg „Klassizismus und Romantik" der Universität Gießen, Dissertation zu „Hirnhöhlenpoetiken. Literatur und Ästhetik im Spiegel anthropologischer Theorien zur Wahrnehmung um 1800". Im Anschluss (bis 2010) Wissenschaftliche Mitarbeiterin, zunächst am Zentrum für Literatur- und Kulturforschung, Berlin, danach am Institut für Neuere Deutsche Literaturwissenschaft der Universität Bayreuth, am Institut für Deutsche und Niederländische Philologie der FU Berlin und am Department für Germanistik und Komparatistik der Friedrich-Alexander-Universität Erlangen-Nürnberg. 2012 Habilitation in Erlangen-Nürnberg. Seit Februar 2013 Privat-Dozentin am Lehrstuhl für Neuere deutsche Literaturgeschichte, Department für Germanistik und Komparatistik, in Erlangen-Nürnberg. Mitglied der Erlanger Emerging Fields Initiative „Human Rights in Healthcare" und des DFG-Netzwerkprojekts „Hörwissen im Wandel. Zur Wissensgeschichte des Hörens in der Moderne". Laufendes Forschungsprojekt:

„Euthanasie – Sterbehilfe – Sterbebegleitung. Der ‚gute' und der ‚schöne' Tod in Literatur und Medizin seit der Aufklärung".

Ausgewählte Veröffentlichungen: [Art.] Gehirn. In: *Literatur und Medizin im europäischen Kontext. Ein Lexikon*. Hrsg. von Bettina von Jagow und Florian Steger. Göttingen: Vandenhoeck & Ruprecht, 2005. Sp. 263–268; (Hrsg. zusammen mit Christoph Hoffmann) *Umwege des Lesens. Aus dem Labor philologischer Neugierde*. Berlin: Parerga, 2006; Euthanasie, Lebenswille, Patiententäuschung. Arthur Schnitzlers literarische Reflexionen im Kontext zeitgenössischer Medizin und Literatur. In: *Jahrbuch der deutschen Schillergesellschaft* 55 (2011). S. 275–306; Stimmung – The Emergence of a Concept and its Modifications in Psychology and Physiology. In: *Travelling Concepts for the Study of Culture*. Hrsg. von Birgit Neumann und Ansgar Nünning. Berlin: De Gruyter, 2012. S. 267–289. Sterbehilfe und Sterbebegleitung in gegenwärtiger Literatur und Medizin. In: *Zeitschrift für Germansitik*, Neue Folge XXV (2015) H. 3. S. 499–513.

Index

FSC
www.fsc.org
MIX
Papier | Fördert gute Waldnutzung
FSC® C083411

Kolibri 360 GmbH
Ferdinand-Jühlke-Straße 7
99095 Erfurt, Deutschland
produktsicherheit@kolibri360.de